U0210765

理性与浪漫的交织

The Interwinevment of Rationality and Romance

中国建筑美学论文集

王世仁 著

中国建筑工业出版社

初版序

我不懂建筑。王世仁同志要我写序，又推不掉，只好诚惶诚恐地乱说几句。既惶恐，又乱说，这有点矛盾，但只好如此。

这本书的好些文章，发表前或在发表后，我大体都看过，但看得很不仔细。当年他在哲学研究所美学研究室工作的时候，我们也经常相互交换过一些意见，虽然谈得并不太多；但总起来看，我们的一些看法是大体相近的，例如谈及建筑的民族形式等问题时，便如此。

我可能属于顽固派，虽不懂建筑，却依然一直坚持六十年代初自己文章中的好些基本看法，如认为建筑的"民族形式、传统不是原封搬用古代某些固定的技巧、格式、形象（如红绿彩色、对称结构、大屋顶等），而是在新的实用目的、新的材料技术的艺术运用的前提下，来批判地继承古代建筑所表现出来的民族精神和气派（如平易近人、亲切理智、恢宏大度……）和造成这种气派的某些传统的形式结构原则"（见《美学论集》第397页，原载《文汇报》1962年11月15日）。在文化艺术中，我一般非常讨厌脱离甚或违背现代性来强调所谓民族性，或把某种固定、僵硬的外在形象、框架、公式当作民族性。中国民族的特征正在于，它善于大胆吸收消化外来事物作出适合于自己的现实生存和发展的独立创造。这才是中国人真正的历史精神和民族风貌。

王世仁的文章，从"明堂"讲到宝塔，既有宏观的鸟瞰，又有比较细致的讨论，例如关于中国建筑中的数的问题，等等，后一方面是我更感兴趣的方面，特别愿意介绍给读者，并希望王世仁同志会写出更多更细致的论著来。

李泽厚

1986年1月

再版前记

这本文集，初版于1987年，由中国建筑工业出版社印行；再版于1990年，由台湾淑馨出版社印行。这次由百花文艺出版社印行第三版，对前两版的内容作了较多增删。“敝帚自珍”，我对原来的书名自我感觉颇为良好，所以仍用原名。

“美学”是日文译名，原名Aesthetic，是1750年由德国哲学家鲍姆加通引入拉丁文创立的一门学科，它的本意是“感觉的”或“朦胧的认识”，是专门研究人的“本质力量”马克思语，即人类的非生物的功能中情感的学科，以后它就与逻辑学、伦理学共同构成古典哲学的基本框架，直至现代，仍然属于哲学研究的对象。

然而在所有哲学研究的课题中，美学是最困难的。这是因为，情感是一种复杂的心理活动，但心理科学在当前仍然存在着难以逾越的障碍，因此二百多年来，美学仍然处于假设探索的阶段。美是什么，美感由何产生，美有什么规律，这类关于“美”的哲学固然不必说难有结论，即使对于美学研究主要对象中的艺术来说，对各门艺术的审美功能，审美心理或审美经验的研究，也仍然处于描述、诠释的阶段。因而作为艺术门类之首的建筑，对它的美学界定就更加困难了。20世纪80年代中期，我为《中国大百科全书·哲学卷》写的“建筑美学思想”条目中，把西方传统美学的建筑审美观分为三类，即：

一、建筑的审美价值主要表现在它所体现的伦理价值；

二、建筑美是一种客观存在，也就是形式美法则；

三、建筑美在于建筑形象作用于人的心理活动产生的某种反应。

同时，我又把现代建筑的美学观作了一般的介绍，指出它在理论上是对传统美学观全盘否定，在创作实践上是完全抛弃传统。在这个条目中，我还对中国传统建筑的美学特征作了简单的概括，指出它与西方的不同在于：

一、建筑的审美价值和它的伦理价值密切相关；

二、建筑艺术的形式美直接来源于功能内容和工程实际；

三、重视环境的内在意境甚于单纯的造型美观。

后来，我在《中华民族的智慧与传统建筑的生命》一文中，把传统建筑的文化构架归纳为四点，即天人同构、情理相依、刚柔互济、工艺合一，也可以看作是传统建筑的审美观。

古今中外，众说纷纭，还可能有更多的观点，但有一点是共同的，无论是哲学家、艺术家、建筑师，乃至皇帝、总统、官员、富豪都承认建筑有美学内容，都能提出自己的审美标准，这就给建筑美学的发展提供了发展的条件。而我自己对建筑美学的认识，从一开始更多重视的是建筑艺术中民族审美的心理机制，这是我把建筑作为一种文化现象进行剖析后得出的认识。所有的文化现象都是由物质层面、心理层面和心物结合层面构成的机体。物质层面可变性最大，心理层面保守性最强，两者结合的层面最终表现为一个民族的一种文化现象，这在建筑上表现得尤其明显，本文集中《中国建筑文化的机体构成与运动》就试图对此作出说明。

话说回来，美学本身还远远没有形成科学意义上的理论，在哲学三姊妹中，它的理论构架比起逻辑学、伦理学来，显得相当脆弱，许多论断还是假设。对此我们要有充分的估计。曾经有一位学者说过，美学的核心是心理学，但要解开人类的心理之谜，恐怕还得一二百年，也许有些永远不能解开。但是就建筑美学来说，重要的不是结论而是过程。对此，我愿把《建筑美学散论》中结尾的一段在这里重复一次，以说明我现在对建筑美学的认识：

我们不必在理论上穷其究竟，非得找到“终极的真理”不可；我们只是在探讨的过程中，使建筑师更聪明一些。美学是哲学的一个支柱。哲学不解决任何实际问题，但可以使解决实际问题的人聪明起来，把实际问题解决得更好。研究建筑美学，无非也就是使建筑师的眼界更开阔，思维更清晰，感觉更丰富，手法更纯熟，使他们的创作更接近美的标准。虽然这个标准现在还在争论之中，而且会永远争论下去，因此对建筑美学的讨论也会长期延续下去。这个研究探讨的过程，就是不断创造建筑美的过程，也就是我们今天要重视建筑美学的目的。

2005年1月

中国建筑美学的核心是“文质彬彬”

（新版自序）

这本文集自从1986年出版以后，到2005年再版了三次。去年中国建筑工业出版社两位编辑找我，希望再版一次。她们说，凡是读建筑历史理论的研究生，导师都把此书指定为学生必读，同样的话我也从几位当初的研究生，如今已是博士生导师的教授那里听说过。如今建筑学发展很快，看来此书在业内还有需求，为此重检原著，把过去删除和新加入的共五篇补入，初版中李泽厚先生写的序也一并再次发表。按照惯例，这一次再版也应该写一篇序，写什么呢？我想到了我的学业大多受沐于老师梁思成教授，这本文集中许多观点，例如民族形式问题，也是受他的启发，我就把这本文集当作一瓣心香献给老师。2011年4月20日，为纪念清华大学百年校庆举办梁思成先生思想研讨会，我有一篇发言，就权当是这本文集的序，全文如下：

梁先生的学术思想是一个宝库，大体上可以分为两大部分或两个阶段。一个是20世纪30～40年代的20年，这个阶段的主要成果是解读古建筑，包括宋、清两部“文法”和大量的实物勘测研究。这些成果偏重于技术层面，其闪光点是科学的精神，即怀疑和实证，后世的研究者似乎也多着眼于这方面，成果很多。第二个是20世纪50～60年代，即新中国成立至“文化大革命”的约20年。它是在爱国的自由主义知识分子自觉向无产阶级靠拢（标志是入党）的痛苦改造过程中，在政治斗争风暴的袭扰中某些短暂的宽松的时候里表现出的学术思想。这些成果偏重于认识层面，其闪亮点是深邃的智慧，即逻辑和求索。后世的研究者似乎对这方面还不够很重视，成果也不太多。我认为在这方面梁先生曾经大力提倡的“社会主义的内容，民族的形式”这个题目很有“再认识”的必要。

今天我们没有必要去拷问这个题目是不是套用了毛泽东在《新民主主义论》

里关于新中国文化应当是“民族的形式，新民主主义的内容”，只就其内涵来说，梁先生是把建筑作为一种文化现象进行阐释，并揭示出了建筑的社会价值，应该说是具有非凡智慧的理论突破。

凡事物都有内容和形式构成，也就是古人说的“质”和“文”。孔子说：“质胜文则野，文胜质则史，文质彬彬，然后君子。”用到建筑上，“质”就是功能、技术、经济，“文”就是形态、式样、风格。只强调前者就是粗野，过分注重后者就是造作。文质彬彬，尽美尽善，工艺合一，这是自春秋战国以来中国建筑的基本价值取向。

梁先生多次著文申述建筑的社会性。有时还强调建筑历史的社会科学属性，正是基于他对中国古代建筑的深刻认识。中国社会从周朝开始就建立了一整套的社会制度体系，秦统一全国后更加强化，“百代皆沿秦制度”，汉代又把三《礼》引入社会构架。建筑方面无论是秦的巨大、汉的沉稳、唐的恢宏、宋的飘逸、明的规整、清的华缛，都是在一整套制度的框架中演化。建筑的形象有等级制度，设计有模数制度，施工有工官制度，以至民间阴宅阳宅兴造也有堪舆制度，也可以说中国古代建筑的核心价值就是制度化，建筑的实用功能中最重要的内容之一就是制度功能。中国古代建筑既是社会制度的产物，又是社会制度体系中不可或缺的一个构架。这个构架一直到近代资本市场兴起，封建皇权崩溃后才初步解体，有了资本主义的内容，也就有中西合璧的近代形式。但封建主义阴影仍然或浓或淡地影响到今天的“初级阶段”。

在“文质彬彬”的理念指导下，制度化的内容必然要求相应的形式规格化。但是纵观历代建筑风格的演变，形式又有相对的独立性，也就是有自身的美学规律。建筑是一个独立的艺术门类，这是古今中外美学家都肯定的事实，因此建筑美学也是一门有丰富内涵和认知功能的学问。梁先生多次强调建筑的艺术属性，曾经用形式美的法则对各时代建筑的风格分类归纳，只是限于历史环境（1955年以后谈建筑美有极大的风险），只能提到“民族的形式”这个层次，没能深入到民族的审美经验、审美功能等深层次的范畴。其实从梁先生的文化背景，个人素质来看，这方面倒是他的长项。但是即使如此，仅仅这个命题也能引导我们对建筑的审美经验进行更加深入的思考。在梁先生学术思想的感召下，我曾经对中国建筑作过一点研究，觉得其中颇有启发心智的课题。

总之，一部中国建筑史，就是内容与形式不断磨合适应的历史。制度化的内容要求规格化的形式，规格化的形式又不断充实制度化的内容。在这个过程中，民族的审美经验（审美心理）既促进了制度化和规格化逐步完善，又在创作和使用中不断完善，使它们更加成熟稳定，“民族的形式”最终是要在民族的审美经验中完善起来。或者，这也是梁先生最终的希望。

目　录

建筑中的美学问题

建筑是人类创造的最值得自豪的文明成果之一。人类自从脱离了穴居野处构木为巢的原始居住状态，开始按照生活的实用要求建造房屋以来，就对建筑产生了审美的观念。恩格斯在《家庭、私有制和国家的起源》一书中指出，在原始社会末期，已经有了“作为艺术的建筑术的萌芽[1]”了。在一切与人类物质生活有直接关系的产品中，建筑是最早进入艺术行列的一种。虽然除了少量的纯纪念性建筑物以外，一切建筑都有实用的功能，而且都要依靠科学技术的手段才能建造起来，但是自古以来人类花费在非实用建筑方面的劳力与财富和在这方面表现出的创造才能，却远远超过实用的需求。所以，建筑绝不是单纯实用要求和科学技术功能的产品，它的审美因素一直在制约着实用功能和技术手段，在某些时代，某些建筑中，审美因素甚至起着决定的作用。在外文中，建筑——Architecture 的原意是“巨大的工艺”，而最初的工艺都是包含着艺术创作的因素。建筑具有艺术的特征是早已被人类所认识了的。

中外古今的建筑，包括城市、各种类型的房屋、陵墓、园林、纪念碑等，可以说是千姿百态，在这里不可能全面系统地介绍各个时期、各种类型的建筑艺术特征，也不可能全面分析它们的美学内容，只能从一般的审美角度谈谈有关建筑美学的一些基本内容。

一、建筑的艺术特征

历来的古典美学家都把建筑列入艺术部类的首位。建筑和绘画、雕刻合称为三大空间艺术，或三大造型艺术。它和其他部类的艺术有着共同的特征，比如，

1　恩格斯．家庭、私有制和国家的起源．北京：人民出版社，1972：24.

有鲜明的艺术形象，有强烈的艺术感染力，有不容忽视的审美价值，有民族的、时代的、流派的风格，有按照艺术规律进行创作的创作方法等。但它又有自己的个性特征。建筑的艺术特征主要有以下几点：

1. 它的艺术形象直接和它的功能要求（包括物质功能和精神功能）联系。在大量的建筑中，功能的好坏往往和观感的美丑交织在一起。一座通风不良，噪声震耳，光线幽暗的车间，打扮得再好看，也不会引起工人的美感。故宫在今天的游人看来是很美的，但在清朝帝后们的心目中，宫殿并不像我们今天感到的那种美，而宁肯只把它当作一个权位的象征，他们绝大部分时间是住在园林里面。作为一种生存环境，人们的现实生活离不开建筑，所以建筑形象给人的感染是带有“强制”性的。一个人可以不听音乐，不看画展，不读小说，不进剧院，却不可能不住住宅，不遛马路，不进商店，不赴集会。现实生活“逼迫”人们对建筑提出审美评价。每一个人或多或少或深或浅都能对建筑发表一番评论。所以，建筑艺术的生活基础很厚，群众基础很广，建筑艺术的美感对人也最直接。

2. 它是以自己的巨大形象反映着社会生活中的主题，揭示生活中的矛盾。在欧洲，人们称建筑是“石头写成的史书”。法国伟大作家雨果在《巴黎圣母院》里形容巴黎圣母院说：“最伟大的建筑物大半是社会的产物而不是个人的产物……它们是民族的宝藏，世纪的积累，是人类社会才华不断升华所留下的残渣。总之，它们是一种岩层。每个时代的浪潮都给它们增添冲积土，每一代人都在这座纪念性建筑上铺上他们自己的一层土，每个人都在它上面放上自己的一块石[1]。”世界上建筑艺术风格变化最多的首推欧洲。每一种建筑风格都非常突出地反映了当时社会的特点。例如，古希腊建筑亲切明快的风格，反映了奴隶制城邦社会民主的、开朗的生活；古罗马建筑雄伟豪华的风格，则是奴隶主穷兵黩武、骄奢淫逸的生活写照。中世纪哥特风格的基督教堂，以它们高耸的尖塔，超人的尺度和光怪的装饰，既显示了教会的极端权力，又展现出市民力量的勃兴，在它们身上反映出了当代欧洲大陆的社会矛盾。以后，17世纪的法国古典主义建筑，是以古罗马的列柱和拱门为形式特征，在这种形式的固定框子里，用一整套数学的和几何的方法进行构图设计，它排除一切地方的、民族的特点，甚至无视不同类型建筑的不同功能要求，强制推行千篇一律的所谓“国际式”的风格。这一股潮流也从建筑这一个侧面反映出了法王路易十四统治全欧，鼓吹“朕即国家”的绝对君权思想。中国也不例外。中国古代城市的规模和布局，各

1 雨果，陈敬容译．巴黎圣母院．北京：人民文学出版社，1982：128-129.

类建筑的体量和形式，大都是方整划一，主从分明，轴线贯通，层次井然；而且从南到北，千百年保持着统一的风格，基本形式没有发生过大的变化。这是世界建筑史上罕见的现象。这种现象非常深刻地反映了中国封建社会的基本特点——国家统一，皇权至上，等级森严，典章完备，生产和生活变化的幅度不大，思想意识的传统性很强。以全中国大约两千座城市的布局和其中的各类建筑所构成的形象，突出地刻画出了封建社会的等级制度，伦理观念和人们的生活节奏，这是任何一种其他门类的艺术无法做到的。

3. 它是综合多种艺术手段，运用空间构图的手法而创造的正面形象。建筑艺术只能一般地构成正面形象，不可能出现悲剧的、讽刺的、幽默的、伤感的、颓废的建筑；就建筑艺术本身来说，也很难创造出落后的形象。天安门是封建王朝宫殿的正门，但也可以是伟大祖国的象征（它是国徽的构图中心）。昨天的鬼神殿堂，今天就可能成为旅游胜地或博物馆，而为人们所珍爱。这说明建筑艺术的内容与形式相互造应的范围相当广阔。比如，所谓崇高伟大、肃穆静谧、隽逸清新、亲切安详、雍容华贵、质朴刚健、雄浑宏阔、挺拔俊秀……都是运用多种艺术手法综合而成的形象特征。它们既是感觉形式，又包涵着审美内容，并常常体现一种意境。在这些艺术的意境里，不同时代可以赋予它们不同的内容。比如中国的园林，给人以淡雅宁静，清新秀丽的感觉，在园林的意境里，既可以容纳老庄的思想，也可以表现儒学的思想，还可以寄托对大好河山的眷恋之情。构成浓厚的艺术意境，只靠房屋本身是不够的，它必须而且能够把其他艺术综合起来，如绘画、雕塑、园艺、工艺美术以及文学、书法等；有时还需要借助音乐效果以渲染气氛，如园林中的松涛鹤唳、鸟语泉淙，宫殿中的丝竹鼓吹，寺庙中的钟鼓钵磬等。从这个特征来说，古典建筑艺术的民主性精华更多一些，有不少成功的艺术手法值得继承。

4. 它在特殊的条件下，也可以使用象征的手法表现一定的具体主题。建筑基本上是由几何形的线、面、体组成的空间实体，很难以自身的形式表现具体的内容，因此常常要借助其他艺术形式，如雕塑、绘画、匾联等来加以“说明”。但在特定的条件下，也可以运用一些具体象征手法，引起人们的联想，从而表现出具体的主题内容。比如古希腊曾用比例修长、线条柔和的爱奥尼柱式（Ionic order）象征女性的秀美，用比例粗壮、线条刚直的多立克柱式（Doric order）象征男性的雄健。中世纪哥特式教堂十字形的平面和向上飞腾的尖塔，也象征出了基督教的教义和宗教精神。莫斯科红场上的列宁墓，体量低矮，轮廓线条简洁，外形类似大厦的基础，这个形象能使人联想起列宁平凡而伟大的性格和奠定了无产阶级革命基业的功勋，中国传统建筑中也有不少象征的手法。比如天坛，以圆形为基本构图，蓝色为基本色调，柏林为基本背景，还使用了一、三、五、九等与“天”数有关的尺度，突出地象征出“天”这个具体的主题。帝王的园林中常用“一池三岛”的布局形式象征传说中东海的蓬莱、瀛洲、方丈三仙山，以代表神仙境界。但成功的象征手法都是当它的涵义与人们的习俗有着密切的联系，并为社会所普遍承认的时候，才可能发生艺术的感染作用。所以象征手法大多使用在重要的、政治性和纪念性很强的建筑中。有一些很庸俗的所谓象征手法，如在体形上模仿某种事物，或者在外形上加一点标志，或者硬要凑一些象征某些事件的数字，是起不到艺术作用的。这种庸俗的手法古代有，现代也有，比如搞个五角星式的平面，屋顶上放几个火炬，墙上装饰一些镰刀斧头等，以为这就象征了革命，其实是毫无艺术价值的。

二、历史上对建筑美的认识

这里先谈谈国外历史上的一些审美观点，关于中国传统建筑的审美观点，将在下面论述。

1. 强调建筑的审美价值在于它所表现的伦理价值。也就是说，人对建筑艺术的美感不在于建筑本身的美丑，而在于它的形象是否完美地表现出了某种物质的或精神的内容，也就是现实生活的伦理价值。古希腊的亚里士多德在《诗学》里说：“我们看见那些图像所以感到快感，就因为我们一面在看，一面在求知，断定每一事物是某一事物，比方说，‘这就是那个事物’”[1]。黑格尔在他写的《美学》里，更把艺术形式是否能够完美地体现出它的内容作为艺术水平进化的标志。他认为，建筑艺术只能从外形上“暗示”或象征出某种“理念”，建筑本身和“理念”并没有必然的联系，因而这种象征也是很勉强的。这种勉强的联系和象征，正是早期艺术如埃及、巴比伦建筑的特征。而当“理念”向前发展，要求更适合它的艺术形式时，雕刻、绘画等便应运而生，建筑也就走下了美的历史舞台[2]。俄国著名文艺理论家赫尔岑指出：“没有一种艺术比建筑学更接近神秘主义的了，它是抽象的、几何学的、无声音乐的、冷静的东西，它的生活就在象征、形象和暗示里面……建筑物、教堂（庙宇）并不像塑像或者绘画、诗或者交响乐，它们在自己身上并不包含目的[3]。”围绕着这种基本观点，对建筑美出现了多种解释。有的从政治、经济、宗教等方面去解释建筑风格的变化，

1 罗念生译 . 诗学及杨周翰译 .《诗艺》，北京：人民文学出版社，1962：11.

2 参见黑格尔 . 朱光潜译 . 美学 . 第二卷第一章，第三卷序论、第一部分 . 北京：商务印书馆，1979.

3 巴金译 . 往事与随想 . 上海：上海译文出版社，1979：365.

认为建筑美在于完满地体现出了这些因素；有的从科学技术、自然条件等方面的变化去解释建筑形式的来源，认为建筑美在于合乎逻辑地表现出了这些变化；还有的从民族习俗、生活风尚等方面去解释建筑艺术的生活基础，认为建筑美在于集中地反映出了一个时代一个民族的审美倾向。欧洲从古到今的许多建筑风格，希腊的、罗马的、早期基督教的、哥特的、文艺复兴的、巴洛克和洛可可的、古典主义和折中主义的、浪漫主义和古典复兴的、现代派、功能主义、有机建筑……人们确实能够从它们的形象里感知到深厚的伦理内容和与这些内容相联系的审美价值，这是相当流行而且在传统建筑美学理论中曾经占主导的一种观点。

2. 强调建筑美在于符合客观的形式美法则。这种理论的最早代表首推公元前 6 世纪古希腊的毕达哥拉斯学派发现的所谓“黄金分割”比例。文艺复兴时期和 18 世纪古典主义的建筑家们，大多用“黄金分割”或与它近似的比例，如 $1:\sqrt{2}$、2:3 等来进行建筑的构图设计。现代建筑大师柯布西耶对人体进行图解，发现了人体各部分之间也存在着“黄金分割”的比例关系 [1]。他把人体的数学图解与建筑的空间关系和标准构件关系协调起来，创造了现代建筑的“模度”观念，使新技术与传统的美学结合在一起。美在于客观的形式美法则的论点，是有一定科学依据的。

关于建筑的形式美的理论，从文艺复兴以来，通过两条途径日臻完善。一条是许多建筑家测量了大量古希腊、罗马的遗迹，从其中总结出一套比例法则，特别是对这些建筑中最富有特色的五种列柱形式进行分析，得出了他们认为最美的比例关系，称为“五种典范”或“五种柱式”（Five Orders）[2]。“柱式”的理论一直是古典主义和折中主义建筑形式美的范本。另一条是通过对大量古典建筑进行平面和立面的构图分析，主要是几何的分析，从中抽象出若干法则。“柱式”法则为构图分析提供了重要的分析方法，也丰富了形式美法则的内容。自文艺复兴以来，论述形式美的著作浩如烟海，说法很多，大体上可以分为两类：第一类可以说是“纯”形式美的法则，如统一与变化、比例与尺度、对称与均衡、韵律与序列等。这类法则大都可以抽象成为一些数学的、几何的数学或图像（如“黄金分割”的比例），可以说是探索建筑美的“基本功”[3]。第二类则是结合人的审美能动因素和习惯因素，探索一些特殊的形式美法则。例如各类建筑的性格

1　参见童寯 . 外中分割 . 建筑师（第 1 辑）. 北京：中国建筑工业出版社，1979.

2　这 5 种柱式是多立克(Doric)、爱奥尼(Ionic)、塔斯干(Tuscan)、科林新(corinthian)、混合式(Composite)，都属罗马柱式；古典柱式中还包括三种希腊柱式、即多立克、爱奥尼、科林新。

3　可参看 [美] 托伯特·哈姆林，邹德侬译、沈玉麟校 . 建筑形式美的原则 . 北京：中国建筑工业出版社，1982.

特征（开朗、幽静、安详、震慑……）、风格特征（雄伟、挺秀、恬静、绮丽、雍容、豪华……）、民族特征、地域特征、结构特征、材料特征等。建筑美学中关于形式美的理论虽然历史悠久，而且分析得相当细致，但在实践中，往往与复杂的建筑现象缺乏严密的逻辑关系；因此对形式美的进一步探索，终于深入到心理学方面去了。

3. 强调美是一种心理因素，建筑美是人的心理活动的反应。这是自 19 世纪以来建立的科学心理学运用于审美理论的新探索。美学心理学家们把构成建筑形象的若干要素，如线条、体量、色彩、质地、空间、装饰等等解剖开来，或者进行心理——生理实验，或者进行情感分析，力图把人对建筑的美感通过综合归纳，找出某些对应的规律。比如，说美的比例关系来源于人类生理机能的协调运动和人对客观事物和谐均匀的心理要求。又比如，说美的形式来源于拟人的象征，或再现美好事物的希求。再比如，说某些建筑的性格和风格是人的情感的再现，如渴慕、激情、敬畏、虔诚、力量、风雅等情感，都可以再现于形式之中。更有的通过实验，从抽象的线、形、色中判断建筑对人导致的情感状态，如说水平线导致安详和理性，垂直线导致狂喜和激情，曲线导致踌躇犹豫，直线导致坚定果断，圆形给人以完满感，立方体给人以肯定感等。

在各种心理美学中，"移情说"的影响是巨大的。简单说来，这种理论认为，建筑的美感在于观赏者与建筑形象完全打成一片，使无生命的建筑有了人性，有了情感，有了生气。比如我们在看到一些建筑时，常常会说，这个建筑"生气勃勃"，那个建筑"娴静幽雅"；这一个"像巨人"一样雄壮，那一个"像魔鬼"一样恐怖。看到一个尖塔，会说它"向上飞腾"到云端；看到一座别墅，也能说它"自由延伸"到山崖。在建筑的审美理论中，"移情说"所举的事实多不胜举，看来比前面的两种更具有说服力。但这种理论无论从心理学方面或是从哲学——美学体系方面来说，都还有待进一步的深化和更加广泛的探讨。

西方对于建筑审美理论的探索是有巨大贡献的，尤其是近代心理美学的发展，开拓了通往科学审美理论的广阔前途。早在 1840 年，恩格斯在他的早期著作《齐格弗里特的故乡》一文中，就论述了古典建筑中三种典型风格的美学特征。他说："希腊式的建筑使人感到明快，摩尔式的建筑[1]使人觉得忧郁，哥特式的建筑神圣得令人心醉神迷；希腊式的建筑风格像艳阳天，摩尔式的建筑风格像星光闪烁的黄昏，哥特式的建筑风格像朝霞[2]。"虽然只是寥寥数语，恩格斯此

1　指北非、西班牙的伊斯兰风格的建筑。

2　载《马克思恩格斯全集》第 41 卷第 139 页。（人民出版社 1982 年版）

文也不是专门讨论建筑美学，然而他却触及到了建筑艺术的审美核心问题。随着审美心理学的发展，对建筑审美理论的探索也必然要逐步走向更加深入系统，更加科学。

三、人对建筑艺术的一般审美感受

综合上述问题，我们可以把人对建筑艺术的审美感受归纳为以下三方面：

1. 环境气氛。建筑是人类生活最基本的环境。无论是小小的居室或是深深的廊院，是宽阔的广场或是幽曲的园林，人只要在里面活动，就不能不受到环境气氛的感染，发生相应的审美反应。环境是构成建筑艺术感染力最主要的因素。比如埃及的金字塔，必须是放置在广阔无垠的沙漠中，才能给人以永恒的神秘之感，如果把它们放到中国的江南水乡，就完全变成了另一种气氛。中世纪的哥特教堂，必须是在周围狭窄曲折的街巷中，才能显示出向上飞腾之势，表现出中世纪的宗教情调，如果把它们放到纽约的摩天大楼丛中，就变成小玩意了。峨眉、普陀、五台、九华、青城、武当等名山的古刹，只有在峰回路转与苍松翠竹的掩映中，才能把人的情感带进幽雅清静的境界。现在这些地方有的开辟了笔直的公路，有的修建了洋式的宾馆，说是便于旅游，其实恰恰是削弱了它们供人游赏的艺术价值。

环境的艺术感染力，不仅产生于山形、水流、植物等自然条件的巧妙配合，更重要的还存在于建筑群的空间关系和建筑与环境的关系之中。这些空间关系构成了有机的观赏整体，也就是空间的序列流程；它们是统一的、连贯的、均衡的和合乎构图逻辑的，既符合形式美的法则，又能构成特定的意境，还能唤起丰富的联想。大至一个风景区，像西湖的湖光、山色、长堤、十景，互相关联而又各具特色；或整个一座城市，像唐代的长安和明清的北京，城阙、街陌、坊里、宫殿，层层深入而渐至高潮。这些环境序列产生了连续的、强烈的审美感受。一组群体建筑，只要经过统一的规划，必然也是一个完整的序列结构。无论是规则式的（如北京的故宫），或是自由式的（如苏州的园林），它们都有明确的起始、陪衬、主体和结尾，构成一个有节奏的完整体系。西方 19 世纪的艺术家把建筑称为“凝固的音乐”，除了形容建筑和音乐一样有着明确的韵律以外，也说明完美的建筑序列有如一曲完美的乐章，都是有始有终，有主题有陪衬，表现为一种和谐的旋律。至于一座单体建筑，即使是很小的住宅，也有自己的序列安排，如房间的排列，结构的组合，空间的穿插，色调的配置等，如果这些都安置得妥帖合理，又符合人的审美习惯，一个完美的环境序列也就形成了。

建筑虽然是一种空间艺术，但由于它的序列特征，它的流动式的观赏进程，便有可能向时间艺术转化。这种时空关系的转化，大大深化了建筑的美学内容，也大大丰富了建筑的艺术形象。在西方古典建筑中，创造整体的环境序列的水平，远远不如创造个别组群和单座建筑的水平高。而中国古典建筑在这方面则有着悠久的历史和高度的成就，甚至可以说中国建筑艺术的成就主要表现在创造了异常丰富的环境序列。当代西方建筑的审美观也在转向环境的整体性与建筑序列的有机性。环境美正在成为建筑美学的主要内容。

2.造型风格。作为一个巨大的物质实体，建筑的造型给人以强烈的直观感受。但是建筑的造型绝不仅仅是一个两度空间的正立面，而是三度空间；如果构成了序列，就又渗入了第四度的时间因素。所以一切优秀建筑的造型美都是综合了各种形式美法则的浑然一体。不能设想，那些外立面很美而内部空间关系紊乱，或者本身比例不错而整体尺度失真的建筑造型能给人以美感。抽象的形式美法则，在不同时代、不同民族、不同地区的不同类型的建筑中具体运用，就体现为风格美。其中有时代风格、民族风格、类型风格、建筑师个人风格等，而最主要的是民族风格。民族风格体现了民族的作风和民族的气派，是人民群众的心理反响；同时又不可避免地带有时代特征，所以民族风格总是随着时代的变化而变化。欧洲古典主义时期强行推广的所谓“国际式”风格，因为无视民族特征，虽然每一座建筑都严格遵守着形式美法则，但却是千人一面，枯燥无味，所以不久便被倡导“古典复兴”的折中主义所代替。一时，各个民族各个时代形形色色的建筑形式“复兴”起来，竟延续了两个世纪之久。但它们又逐渐形成了一套僵化的俗套子，还给各种类型的建筑规定了固定的风格，如银行是古典主义式，学校是哥特式，剧院是文艺复兴式，住宅是西班牙式等，因此终于也被人们厌烦了。接着现代建筑应运而生。虽然现代建筑以它们简洁明快的造型冲垮了古典式的造型，但那种千篇一律的无个性的玻璃盒子，却始终和民族审美心理格格不入。近年来不少有见识的建筑家又在高呼重视民族传统，从历史中寻求创作灵感。事实说明，尽管技术条件，甚至基本形式相同，不同国家民族的建筑风格也有所不同。如，同是欧洲哥特式的教堂，法国、德国、英国、西班牙就有明显的差异；同是自然式的园林，同是木构架曲线屋顶的建筑，日本的和中国的也很不相同。那种以为在现代科学技术飞跃发展，实用功能不断提出新要求的条件下，民族风格不复存在，只要“现代化”而不要民族化的观点显然是没有根据的。世界上许多国家都为创造本民族的新风格作过有益的探索。我国在20世纪30和50年代也掀起过“民族形式”的建筑潮流。尽管创作方法不完全对头，有些还造成了浪费，但不能说方向不对。当然，在现代建筑中不加区别地滥用古代建筑的构件，完全照抄古典建筑的形式美法则是错误的；但完全否定民族传统，反对在继承的基础上革新，显然也是违背了人对建筑艺术的审美规律。艺术史，包括建筑史上的许多事例说明，不继承旧的就不能创造新的，也不能取代旧的。传统的民族审美观是创造造型美不可忽视的重要因素。

3. 象征涵义。建筑不能再现具体的事物形象，但可以通过对环境的渲染和对造型的处理，表现出某些象征涵义，以便触发人的联想，使人从直观的感觉进入认识的境界。在建筑形象中如何表达象征涵义，是中外古典建筑中一个很重要的美学命题，也可以说是建筑艺术所追求的最高境界。因为一切艺术的美学价值，都在于使人们的情感上获得愉悦的同时，又能在思想上形成和升华为高尚的境界。只是由于建筑的实用、技术和经济等物质方面的限制很严，不可能也不应该脱离了这些物质条件单纯从审美角度评价建筑，而象征力很强，艺术价值很高的建筑，又往往需要比较宽裕的物质条件，这就给创造审美价值较高的建筑艺术提出了不少难题。其实，如果承认建筑具有艺术特征和审美价值，那么对不同审美要求的建筑，评价的标准也应当有所不同。现代建筑的一些流派事实上是否认建筑的审美价值的。有人认为“住房是居住的机器”[1]；有人认为“宁肯用房屋(Building)这个字而不用建筑(Architecture)这个字”[2]。他们反对“学院派”的泥古不化，强调功能、技术、经济，这当然是正确的，但他们恰恰忘记了，建筑的特征是物质和精神的统一，技术和艺术的统一，善和美的统一。既然古代落后的技术条件和简单的使用要求能够创造出审美价值很高的建筑，技术条件不知高出多少倍的现代建筑为什么反而不能够呢？

古往今来，人们在开掘建筑的象征涵义方面有许多的论述，我们只举两个例子来说明象征涵义可能达到的审美深度。一个是近代法国诗人梵乐希写了一本论建筑的书，叫做《优班尼欧斯或论建筑》，其中有一段对话，说的是一位建筑师和他的朋友费得诺斯在郊野里散步，谈论一座小庙宇。建筑师说：“它是一个科林斯女郎的数学的造像呀！这个我曾幸福地恋爱着女郎，这小庙很忠实地复示着她的身体的特殊比例，它为我活着。我寄寓于它的，它回赐给我。”费得诺斯说：“怪不得它有这般不可思议的窈窕呢！人在它里面真能感觉到一个人格的存在，一个女子的奇花初放，一个可爱的人儿的音乐的和谐。它唤醒一个不能达到边缘的回忆……倘使我放肆我的想象，我就要，你晓得，把它唤做一阕

1 勒·柯布西耶语，参看《外国近现代建筑史》第 79 页。(中国建筑工业出版社，1982 年版)

2 密斯·凡·德·罗语，参看《与米斯·凡·德·罗的谈话》，载《建筑师》第 1 辑第 175 页。(中国建筑工业出版社，1979 年 8 月出版)

新婚的歌，里面夹着清亮的笛声，我现在已听到它在我内心里升起来了[1]。”这个例子直接地描述了单座建筑的象征涵义，它的审美深度显然大大超过了科林斯（Corinthain）柱式一般形式美的艺术效果。再一个是传为李白的词《忆秦娥》：“箫声咽，秦娥梦断秦楼月。秦楼月，年年柳色，灞陵伤别。乐游原上清秋节，咸阳古道音尘绝。音尘绝，西风残照，汉家陵阙”[2]。这个例子也生动地渲染了整体环境的象征涵义，远远超过了一座楼阁，几处残阙可能构成的审美深度。两个例子都是把音乐，建筑和理想的女性风貌融合在一个统一的意境里。西方建筑长于造型美，中国建筑长于环境美，但都能达到联想的深度，在开拓人的审美意识方面殊途同归。

四、中国传统建筑的民族审美观

中国建筑是世界上独树一帜的建筑体系，有着悠久的民族传统。但是关于这个独特的建筑艺术体系，却很少有人从它的审美特征方面作过深入的、令人信服的分析。加以中国长期处于封建社会，官方统治者和士大夫历来视工艺为末技，尽管事实上存在着鲜明的建筑美学观点，也极少有成文的理论体系流传下来。在这里，只是提出一些值得深入探索的问题。

1.建筑艺术的审美价值与伦理价值密切相关。建筑艺术不但要满足审美的愉悦，更要为现实的伦理秩序服务。中华民族的传统文化是建立在实践的理性的基础上的。美和善，艺术和典章，情感和理性，心理和伦理都密切相关联。早在大约春秋时期的《乐记》中，就把这类关系概括成为礼和乐两个范畴。礼，是社会的伦理标准；乐，是个人的情感表现[3]。郭沫若说：“中国旧时的所谓‘乐’，它的内容包括得很广。音乐、诗歌、舞蹈，本是三位一体可不用说，绘画、雕镂、建筑等造型艺术也被包含着……凡是使人快乐，使人的感官可以得到享受的东西，都可以广泛地称之为乐，但它以音乐为代表，是毫无问题的[4]。”所以，建筑的审美价值是服从于“礼”的要求的。礼乐密切结合，就是中国传统理性精神的表现形态。把音乐作为艺术的总代表，是因为音乐最便于体现和谐秩序

---

1 宗白华：《美学散步·中国古代的音乐寓言与音乐思想》第163～164页。（上海人民出版社，1981年版）

2 载《唐宋名家词选》第1页。（古典文学出版社，1957年版）

3 如《乐本篇》：“故礼以导其志，乐以和其声”；《乐论篇》：“乐至则无怨，礼至则不争”；“礼者、殊事合敬者也，乐者，异文合爱者也”；“合情饰貌者，礼乐之事也”，论述很多。可参看北京大学哲学系美学教研组编《中国美学史资料选编》上册第58～70页。（中华书局，1980年版）

4 郭沫若．青铜时代·公孙尼子与其音乐理论．郭沫若全集历史编（第1卷）．北京：人民出版社，1982：492.

和序列关系，最便于广泛运用形式美法则，也最便于容纳众多的艺术主题。建筑在这些方面与音乐是相通的，而且与人的生活关系更加密切，它的审美价值与伦理价值更容易结合起来。传统建筑的理性精神主要表现在以下三个方面：第一，广泛运用数的等差关系。中国传统建筑从整体布局到细小的装饰，都存在着很有规律的数字等差关系。比如，间数以九间（清代扩大到十一间）为最大，依次降为七、五、三、一；进深以十三架为最高，以下递减至三架；屋角仙人走兽以十二个为最多，同样递减至二个；台座有一、二、三层的差别；斗栱按挑出的层数有三、五、七……至十一“踩”；装饰图案的用量，门窗格纹的花样，也有一些数量的等差规则。而这些规则，又多是通过朝廷的法典（如唐代的《营缮令》，宋代的《营造法式》等[1]）固定下来，直接用这些数字的差别表示出不同等级人的建筑等级差别；同时也在艺术上形成了有规则的节奏，给人以统一的和谐的美感。第二，建筑审美所追求的境界是由空间的直观向时间的知解渗透。中国建筑的美，不在于单体的造型比例，而在于群体的序列组合；不在于局部的雕琢趣味，而在于整体的神韵气度；不在于突兀惊异，而在于节奏明晰；不在于可看，而在于可游。许多优秀作品如长安、北京、故宫、天坛、圆明园、避暑山庄和外八庙，以至万里长城等，给予人们的感受，远远不止于愉悦快感，而是通过序列的推移展示出历史的意识，给人以哲理的启示。第三，建筑创作以现实生活为依据，以人的正常知解力为审美的标准。绝大部分的建筑形象，即使是帝王陵墓或是鬼神殿堂，都没有越出过人的正常审美习惯。它的艺术感染力主要是着眼于启示人对现实生活的反响，而不要求虚幻狂迷的宗教情绪。它要求空间比例，组合方式，装饰手法，结构机能等，都是人所能理解，所能接受的。中国的皇宫是庶民住宅的扩大，陵墓是生人堂室的再现，寺庙是世间衙署的翻版，就连牌坊、碑碣、华表等纪念建筑小品也是由生活中的实用物件蜕变而来的。无论多么华贵庄重高大的建筑，都没有高不可攀的尺度，没有逻辑不清的结构，没有节奏模糊的序列，没有不可理想的装饰，总而言之，都是以人为基本尺度而创作的。

2. 建筑艺术的感染力是在理性的基础上发挥浪漫的情调，尽量开拓审美的境界。建筑艺术和一切动人的艺术一样，仅仅靠理性是缺乏感染力的，或者说是缺乏更深更广的审美境界的。它必须同时富有浪漫情调，即必须有夸张想象，有奔放的形式。理性与浪漫交织到一起，艺术就插上了飞升的双翅，可以达到

1 可参看《旧唐书·舆服志》，《唐会要·杂录》，《唐六典》引《营缮令》，《宋史·舆服志》，《元史·刑法志》，《明会典·礼部》，《明律例·服舍违式》，《清律例·服舍违式》，《清通礼》等。

更高更美的境界。传统建筑的浪漫情调首先表现在尽量使无生命的建筑具有生命的情感。乾隆说："山无曲折不致灵，水无波澜不致清，室无高下不致情。然室不能自为高下，故因山构屋者其趣恒佳[1]"。为什么建筑布置得高低错落就能致人以情呢？园林布局最能说明这个特点。中国园林讲究"巧于因借"，从而达到"步移景异"的效果。它能使人们在蜿蜒曲折的构图形式中，体会到有丰富生命的情和意。大至一个风景区，小至一座小庭园，无论是假山曲水，亭榭廊台，还是花草树木，飞鸟游鱼，都能触发人的想象力，唤起许多美好的联想，这就叫做"情景交融"。古代许多动人的诗词歌赋，往往是凭借着园林景物抒发出来的。许多景物的题名，如"坦坦荡荡"、"茹古涵今"、"淡泊宁静"、"香远益清"等，也都凝聚着人的主观情感。这种触景生情，物我合一的审美境界，正是理性与浪漫交织的结果。其次，在建筑的造型上也抒发了浓厚的浪漫情调。其中最突出的是反翘的曲线屋顶和浓重强烈的色彩。传统建筑的屋顶，在整个造型上占的比重很大，是最引人注意的部分。早在周代，就有诗人歌唱舒展的屋顶，说是"如鸟斯革（音 jí），如翚斯飞[2]"，把屋顶比拟为飞鸟的展翅，后来逐渐发展为反凹的曲线屋面，又出现了翼角的起翘。在曲线屋顶最成熟的宋代，一个屋顶上没有一条是直线。现存实物中，如故宫的角楼，可以说是中国建筑造型美的杰作，它就是以屋顶的巧妙组合取胜的。本来屋顶只是遮荫挡雨保暖防卫的构筑物，它的结构也只是符合力学原则的有规则的构件组合；但也就是在这个最实用和技术要求最高的部分，发挥了最大胆的想象力，使得中国建筑的屋顶式样，在世界上是最多的，形象也是最动人的。至于色彩，中国建筑用色的强烈大胆，在世界上也很少见，把大量的原色、互补色和金、银、黑、白等很难调和的色彩搭配到一起，给人的印象是很深的。这样大胆地用色，显然是出于某种强烈的审美欲望，表现出热切奔放的审美情绪。再次，审美的浪漫情调，必然导致建筑艺术追求象征的涵义，力求使建筑这种抽象的艺术富有具体形象的特征。如秦始皇营建咸阳，以阿房宫前殿象征太极，渭水灌都象征天河，以终南山峰象征宫阙大门，筑土为山象征蓬莱仙境；又仿造六国宫殿建在咸阳北山，象征天下一统。汉武帝造上林苑，置牵牛、织女石像，又置喷水石鲸和蓬莱三仙山于昆明池，将宫苑比拟为天上宫殿。又如清朝圆明园在正中轴线上布置水池，周设九岛，名"九洲清晏"，代表禹贡九洲。又模仿建造了江南名园、西湖十景和庐山、兰亭等名胜。这叫做"移天缩地在君怀"，是属于形式的象征。还有一

1 《塔山西面记》，载［清］于敏中等《钦定日下旧闻考》第二册，第 366 页。（北京古籍出版社，1981 年版）
2 《诗集传》卷 11《小雅·斯干》。（上海古籍出版社，1980 年版）

种意境的象征。有些是用建筑或景物的名来启示意境的联想，如临水庭园多取《桃花源记》的情思，曲水茅亭多取兰亭流觞的佳话等。还有一些是通过环境序列和造型的处理，给人造成实在的感觉，使人从无生命的木瓦砖石中感觉到具体的事物。如北京的故宫，从正阳门到景山，通过一系列长宽不同，高低有序的空间处理，事实上给人构成了一个皇权的形象概念。天坛的大片林海，圆形的祈年殿、皇穹宇和圜丘以及它们之间的比例处理，也给人构成了皇天至上的概念。这都是属于象征手法。再有一些是运用古典诗词中的比、兴手法，由一种形象联想起另一种事物，使象征涵义的深度和广度都远远超过原来形象的美学价值。比如康熙皇帝营造避暑山庄，引用北朝的典故，说在园林中玩赏芝兰就想到要爱护德行，见到松竹就想到要保持节操，临近清流就想到要提倡廉洁，而看到杂草就想到要鄙视贪婪。又比如四合院式的住宅采用对称布局，中间高两侧底，内院大外院小，门窗向内，外墙封闭，这就能使人联想起封建社会中所谓长幼有序，内外有别，尊卑有定的伦理秩序以及内向的家族观念和内省的修身标准。这些是需要丰富的想象力才能取得的，也是需要浓烈的浪漫情调才能造成的。

3. 建筑艺术的形式美法则直接来源于建筑工程的实践。优秀的传统建筑所以能给人以美感，是因为它们的造型都符合形式美的法则。但是传统建筑在空间关系、结构方式和装饰手法等方面所表现的形式美，都是直接来源于实用和技术，也就是建筑工程的实践。比如：建筑物之间的和建筑与环境之间的空间关系，有些是以观赏者的视觉经验为构图依据，在因视距变化而构成的不同画面中布置建筑、确定建筑的体量、轮廓和群体的疏密程度；有些从视觉的心理反应出发，运用收、放、敞、闭、开、遮、曲、转、俯、仰等手法，在变幻中使人感受到空间的美。其次，空间的组织一般都是由实用出发，因势利导构成艺术造型，从而给人以美感。比如南方紧凑的天井，北方开敞的院落，主要是出于通风和日照的实用要求；东南和西南许多民间建筑的外形错落有致，空间构图活泼美观，也主要是出于减少土方工程，尽量利用山地的要求。

传统建筑结构的一个主要特征，是各个结构部分和结构构件之间有着统一的数学比例关系，即模数关系。早在春秋战国时期的工艺专著《考工记》中，关于城市建筑、道路、水渠的一些尺寸就有着一定的比例关系，常用的最小公倍数是 2 和 3。至少从唐代起，建筑结构的各部分尺寸和构件尺寸，已经有了相当严密的模数关系。这种模数关系，在宋代是以“材”为基本模数。“材”的比例是宽 2 高 3，合乎习惯上公认最美的矩形比例，也合乎一般材料力学的最佳比例。“材”分八等，每“材”的高度从九寸递减为四寸五分，又将每一“材”的高度分为 15 份，宽度分为 10 份，以 6∶4 份为一“栔”。不同等级的“材”

适用于不同等级的建筑，而每一座建筑的各部分都可以按规定用“材”和“栔”加以组合计算[1]。一直到清代，虽然各时期的具体规则有些变化，但运用“模数”设计建筑的原则是一致的。

在中国传统建筑中，可以说没有纯粹为了装饰而出现的艺术构件和艺术手法。白石台座就是房屋的基础，雕花石础是出于木柱的防潮要求，菱花窗格是为了便于夹绢糊纸，油漆彩画是保护木材的必要措施，屋顶上的仙人走兽是固定屋瓦的铁钉套子。凡是一般归于装饰方面的东西，都是它们的实际用途，去掉了装饰物，也就损害了坚固和实用。中国古代的匠师们，就是凭借着这些实用所必需的手段，在建筑艺术舞台上驰骋美的想象，创造出了许多美的装饰构图和装饰技巧。

建筑美学涉及的范围很广阔，理论派别也很多，任何简单化的论断都难以全面准确地说明建筑的审美特征。人类的物质生活越丰富，科学技术越先进，必然导致提出更高的精神享受，要求更多的艺术品类。作为人们生活须臾不可或缺的建筑，人们对它的艺术要求只会越来越多，建筑审美的境界只会越来越高。那种既不承认历史规律，又不正视现实生活，就主观地断定现代建筑无艺术可言的论点，是没有什么根据的。

（原载《美学专题选讲汇编》，中央广播电视大学出版社，1984 年出版）

---

1 见 [宋] 李诫 :《营造法式》卷四 .《大木作制度一》。（商务印书馆《万有文库》，1933 年版）

环境艺术与建筑美学

一、环境与建筑的艺术特征

环境艺术是人类在特定的自然和社会生活条件下创造的一种综合性空间艺术，大体上可以分为三种类型：第一种是以自然风景和古迹名胜为主的景观环境。它又分为两类:一类是基本上没有经过人工经营的自然景观,如中国的黄山、九寨沟、洞庭湖，美国的大峡谷等；另一类是建筑与自然相结合，富有人文内涵的人文景观，如中国的泰山、峨眉山、明十三陵，埃及的金字塔等。第二种是以城镇街区、建筑组群和建筑物为主的建筑空间序列,如中国的北京和紫禁城、曲阜和孔庙、南京中山陵等。第三种是以室内布置、陈设小品和庭院绿化为主的日常生活环境，如住宅、宴会厅、商场等。

虽然目前对自然景观是否具有美的客观要素，或自然景观能否够得上是艺术品还有争议，但不同的自然形态能给人以不同的审美感受，也能给人以艺术的感染则是人们普遍承认的事实。也就是说，事实上存在着具有审美价值的自然景观。而且人们经过长期的审美经验积累，已经对自然景观的个性特征作出了某些公认的客观界定，如所谓泰山雄，华山险，峨眉秀，青城幽，洞庭旷，武陵奥以及江天寥廓，草原苍莽，湖光明丽，峰岭跌宕等；又经过长期的观察，对景物的形式特征也作出了某些公认的界定，如山有陡、峭、劈、绵、悬……水有淌、瀑、泻、漫、湍……树木有郁、繁、虬、浪、挺……天候有蒸、蔚、笼、晖、霁……以及如龙，如虎，如臂，如带，如镜，如绣等。关于自然景观的审美功能、审美判断等都属于自然美研究的范围，这里不作深入研讨，但是从建筑与自然结合而产生的人文景观来看，建筑艺术又往往与自然景观联系在一起，讲建筑艺术也离不开自然美。至于日常生活环境，目前更多是属于环境装饰和工艺美术的范围，这里也不作细致分析，但是从建筑的整体性、综合性来看，室内环境和装饰陈设也是其中重要的组成部分，讲建筑艺术也不能离开它们。这里，我们还是以建筑艺术的主体部分即城镇、建筑组群和建筑物为主进行分析讨论，而联系到自然环境和室内布置。

建筑艺术是一个多义词，它既指作为艺术门类之一的建筑本身，也指它们的艺术形式、艺术语言和艺术手段。从建筑本身来说，它包括城乡建筑环境、各类实用的房屋、陵墓、园林、纪念建筑物和建筑小品，都是以空间造型为其形象特征。作为一种艺术门类，建筑艺术首先具有艺术的基本共性。这些共性如下：

它的形象具有艺术感染力，能够引起人们的审美心理感受。绝大多数建筑是以实用为主，又受到严格的技术条件和经济条件限制，而且就其创造的初衷来说，也是服从于实用、技术和经济条件的；作为一种技术产品，建筑的形象也可以给人以技术美的感受。但是，由于建筑包容的范围非常广泛，它的空间容量很大，艺术语言空间序列、比例、尺度、色彩、质地、样式等丰富，还能综合其他艺术绘画、雕塑、工艺美术、园艺、音乐等共同创造形象，所以，建筑的造型可以突破纯实用或纯技术的限制而构成许多富有精神内涵的感人的形象，足以打动人的感情。特殊的纪念性建筑、游赏性建筑是这样，即使是以实用为主的建筑，如住宅、工厂、桥梁等，作为某种特定的环境构成中的一部分，通过艺术手法的处理，同样可以创造出富有个性的艺术氛围。

它能以自己的形象反映生活中的主题，即建筑的形式可以反映某些社会内容。西方人称建筑是“石刻的史书”，就是说在建筑的形象中记录着一代社会的重要活动。我们今天见到的古代遗迹，如埃及的金字塔，希腊的神庙，罗马的角斗场，法国的基督教堂，中国的长城、天坛、皇宫等，从它们的形象中都能认识到当时人们的精神气质，当时的社会制度、民族关系、宗教信仰等。有些特殊的建筑，运用了特殊的艺术手法，还可以强烈地表达出某些具体的历史题材，这在纪念性建筑中尤其明显。虽然绝大多数的建筑形象主要是由抽象的空间体量所组成，一般不容易具象地反映某一具体生活情节，但它们的空间氛围，造型式样以及运用某些象征手法，也还是可以达到艺术意义上的反映效果的。

它有鲜明的艺术风格，主要是时代风格、民族和地方风格，而且这些风格又与当代的其他艺术门类相通。从时代风格来看，比如欧洲的古希腊建筑具有宁静典雅的风格，就和同时期的雕刻是一致的，甚至可以说，古希腊建筑具有当时雕刻的风格；又如，哥特建筑具有神秘朦胧的风格，也和同时期的雕塑、绘画是一致的，甚至可以说，哥特的雕塑、绘画具有当时建筑的风格。现代西方建筑强调体量对比，造型简洁，讲究空间结构，也和当时的抽象雕塑、绘画，以至文学、音乐是一致的。中国建筑也是如此，我们常说的汉魏质朴，隋唐豪放，两宋秀逸，明清典丽，这些风格不但概括了当时的建筑风格特征，也适用于概括绘画、诗词、书法和工艺美术。至于地方的和民族的风格，更是建筑富有艺术特征的一个重要因素。同是中世纪的欧洲哥特式教堂，就有法国、德国、英国、西班牙等几种不同的风格；同是以木结构、曲线大屋顶为造型特色的东方建筑，中国、日本、朝鲜、越南也各有自己的风格。在中国，大量现存的明清时期建筑，就可以明显地区分为北方、江南、岭南、西北、西南等地方风格，以及蒙、藏、回、维、壮、瑶、侗、黎等不同的民族风格；而这些各具特色的地方民族风格，它们表现出的气质、韵味和某些特有的装饰题材手法，构图比例式样，都与当地的其他艺术一致。地方的和民族的艺术风格，是该地区、该民族人民审美心理结构的反映。这种心理结构是长时期生活实践，包括审美的和艺术创作实践的积累，具有相当牢固的传统性和保守性。它在各种艺术创作，以至整个生活的价值取向方面都要顽强地表现出来。

它的创造需要经过形象思维的"构思"，即创作或设计。创造建筑形象，受着严格的使用要求、技术条件和经济条件的限制，不能和其他艺术一样可以最大限度地驰骋想象力。但是，在同样的功能要求，技术的和经济的条件下，却可以创造出各式各样的不同风格的形象，有的平淡无味，有的风韵无穷，有的典雅，有的新奇。这就是设计师通过不同的形象思维出现的不同创作结果。因为一个建筑的形象是由多种因素相互配合而成的，而这些因素又往往有很大的通融、组合余地，例如地形环境的剪裁；格局体量的摆布，结构材料的选择，式样比例的推敲，装饰色彩的搭配等，都包含着许许多多可供选择的因素和可能组合的方案。把这许多因素进行筛选、组合、搭配、安排、并进行审美的判断，就需要进行构思。这是和其他艺术的创造过程一样的。从一方面看，建筑艺术创作的制约条件非常严格；但从另一方面看，由于它的形象构成因素范围很大，表现的手法很多，相应地，创造力的发挥也有很大的自由度。

肯定建筑具有艺术作品的共性，并不能真正认识建筑艺术，必须全面地认识建筑艺术本身独具的特征，才有助于提高鉴赏水平和创作水平。建筑艺术独具的特征如下：

1. **实用性** 不言而喻，绝大多数建筑首先是实用的物质产品，除了少量的纪念碑以外，"用"是第一位而"看"是第二位的，即使是主要供人观赏的纪念碑、园林、陵墓也要考虑人的活动空间和其他必不可少的一些实用要求。实用比重大或实用与观赏比重大体相近的建筑，如果实用功能很差就会大大降低艺术力量。不能设想一座朝向不好，通风不良，格局紊乱，楼梯、栏杆、过道、门窗有悖人体工程的住宅会给人以美感；相反，如果功能处理得当，用起来很舒适，即使外形简单一些也能引起人的愉悦情感。就是艺术性比重比较大的公共性纪念性建筑，如大会堂、大剧院、大酒店、园林、豪华商店，如果仅只外表华丽，而用起来别别扭扭，也会被人讥为华而不实。欣赏评价建筑，一定要注意它的实用功能。实用性是艺术性的基础，而且艺术性中也常常包含着实用的因素。

2. 群众性 没有一个人能离开建筑。人们可以不看画展，不读小说，不去剧院，不听音乐，却不能不住住宅，不进商店，不逛马路；恐怕大多数人也不能不去医院、学校、办公楼和车站。因此，每一个人都能或多或少对他接触的建筑发表一番评论或者说进行一番审美判断。有人说，建筑是政治性最强的一门艺术，这里的“政治性”指的就是“群众性”。人对建筑的评价是带有“强制性”的，任何建筑都要“直面人生”，都要经过最广泛的群众评议。它采用什么形式，它的形象美不美，艺术水平高不高都要被强行通过“民意测验”，而不能由建筑设计师个人说了算。文艺复兴时期著名的罗马圣彼得教堂就是经过三代建筑师，修改了许多次方案才完成的，建成的与原设计的很不相同。所谓“建筑是石刻的史书”，就包含着它真实地记录了一个时代人民群众普遍的审美倾向这个事实。所以，建筑有鲜明的时代风格、民族风格、地方风格、类型风格，但很难像其他艺术一样有鲜明的个人风格。

3. 纪念性 建筑是很贵重的，巨大、触目的物质实体，一旦建成，除非不可抗拒的灾害、战争或特别重要的建筑改造，它就要长期保留下去，很难被遗忘或丢失，事实上就成了一个时代、一个民族、一个地方的纪念物。希腊的神庙、罗马的广场、中国的万里长城、非洲的村寨以及遍布各地的古城堡、古街区、古塔古庙，当初它们中许多并不是专门的纪念建筑，但是随着岁月流逝，沧海桑田，残存下来的却成了纪念性很强的遗物了。后世的人们观赏它们，总能从其中获得丰富的历史感，激发出情感的涟漪。比如，当我们漫步街头，稍微留心一下就可以分辨出，这是某某年代的房子，那是某某时期的街道，接着也就会联想起某某年代、某某时期的人情风尚，以至某些特殊事件、特殊人物。建筑的这种纪念性，使得文物建筑成为当代人类文明的一份宝贵财富，成为传递历史文化信息可靠的载体。正是因为这样，当今世界各国都在强调要保护古建筑、古城市、古街区，这成了建筑界、文化界的一个热门话题。

4. 正面性 建筑基本上是由抽象的几何体形构成的，即使加上某些装饰，配上壁画、雕塑、碑碣、匾联也很难具体叙述出某一具体情节内容。它主要是靠环境和造型氛围一般地表达某种情趣和意味。也就是说，只能正面地、一般地反映生活，而不可能出现类似悲剧式的、颓废式的、讽刺式的、伤感式的、漫画式的形象；就形象本身来说也无所谓进步、落后、革命、反动。比如，昨天是宣扬迷信的宗教寺庙，今天就可以是进行历史教育的博物馆；以往是帝王贵族的宫殿坛庙，现在也可以成为文化宫。天安门本来是帝王皇城的正门，现在则是国家国徽的图案；万里长城原来是防卫侵扰的军事工程，是刀光剑影下的战争产物，现在却又成了中国以至全世界的文化遗产，是中华民族的骄傲，世界著名的旅游胜地。这种内容与形式几乎可以无限适应的特点，正是它的正面性的结果。这一特点也说明，建筑艺术遗产中包容着极为丰富的人民性精华，那种动辄给艺术遗产贴上落后、反动标签的做法，至少对建筑是不适用的。

5. 时空交汇性 建筑首先是一个空间环境。在室外观赏建筑，在一个视点上只能看到它的正侧两个面，如果是坡屋顶，也只能看到三个面；在室内也只能看到上、下、前、左、右五个面而且不都是完整的。但一座最简单的建筑，从室内到室外至少有十一个面。人们为了对一座建筑获得完整的印象就必须不断地改变视点。也就是说，在任何一点上观赏建筑，感觉都是不完整的，必须从远到近，从外到内，全部看完每一个面，才能获得完整的感觉。如果是一个建筑群，走的路线就会更长，还常常要走回头路，也就是要反复观赏。古希腊的建筑，是按照古典的雕塑审美观设计的，它们注重室外远超过室内，注重对形式的考究远超过对功能的满足，注重单座体量的比例远超过对群体的序列安排，总是力求表达出某种静观的效果，但即使是这样，人们对它们的理解也必须从各种角度去认识。中国建筑则特别重视群体的安排，充分利用人在观赏建筑中必须移动的客观事实，有意识地组织序列。拿北方一个典型的四合院来说，要先穿胡同，然后进大门，再绕照壁，过前院，再进垂花门，走过抄手游廊，才能进入正房；而正房又有明厅暗房，房中又有前罩后炕。这样一个必须走过的程序，不是可有可无，可长可短，而是被“强制”完成的。这样也就渗入了时间的因素，于是，由空间而时间，由静态的三度实体而动态的四度感觉，时空交汇到了一起，也只有在这个时空交汇中，人们获得了不同的审美感受，建筑发挥了审美价值。所以许多优秀的建筑，特别是公共性的游赏建筑都十分重视空间序列的展开，尽量延长观赏的时间流程，用时间来烘托空间。

6. 环境特定性 建筑物一旦建成了就很难移动，除非极特殊的情况，不会出现房子搬家的事。建筑的艺术形象永远和它周围的环境融成一个整体，有许多建筑还必须依靠特定的环境才能形成富有个性的形象。戏曲换个剧场，舞蹈换个舞台，绘画换个展室，对它们本身都不会发生多少影响，但建筑换了环境，就会失去和改变或削弱原有的艺术价值。比如埃及的金字塔，必须是放在广阔无垠的沙漠中，才能显示出永恒的性格，如果搬到了中国的江南水乡，效果立刻改变。欧洲的哥特教堂，必须是处在中世纪狭窄曲折的街巷中，或古城堡的顶上，才能充分显示飞腾向上的气势，如果放到纽约摩天大楼中间，就变成小玩意儿了。峨眉、九华、青城、武当等名山古刹，必须在山回峰转，青松翠竹的掩映下，才显得幽雅清静，若把它们中的任何一座搬到现代城市中，就一点意思也没有了。北京的人民大会堂和历史博物馆，孤立地看，无论是柱子、屋檐、窗户等，几乎每个构件都超出了常见的尺度，显得笨重不堪，但放在巨大的天安门广场上，就很恰当，一点也不显得大了。建筑的这种环境特定性，决定了建筑艺术的创作必须从总体出发，兼顾"左邻右舍"。千万不能任意"自我表现"；也决定了建筑艺术的美学评价必须是由全体到个别，由环境到房屋。

7. 艺术综合性 建筑艺术的感染力，主要来源于建筑环境、建筑群序列组织和建筑物本身的比例、尺度、韵律，但由于它本身是一种可以容纳别的东西的空间，所以也就能够将其他艺术品种容纳进去，加以配合，起到渲染加强艺术感染力的作用，有时还能起到突出建筑性格的画龙点睛的作用。雕塑、绘画主要是壁画园艺、工艺美术碑碣、匾联、家具、陈设等，以至音乐教堂的钟声、琴声、宫殿坛庙的礼仪音乐，园林的流水、鸟鸣等都能融合到建筑中，共同创造特有的艺术形象。比如欧洲古典建筑的雕刻和壁画，就是当时建筑艺术必不可少的组成部分，如果去掉了它们，这些建筑也就黯然失色了。中国建筑以群体取胜，造成建筑独特的性格固然主要依靠序列组织的方式，但也往往依靠其他附属的艺术，如——华表、狮象、灯炉、屏障、碑刻、幢幡、旗帜等。中国建筑的单座房屋，造型简单规格，但为了突出建筑的内容，也常用壁画、匾联、碑碣、塑像来加以"说明"。戏剧、电影也是综合性艺术，但处理的手法和审美效果与建筑是完全不一样的。

8. 象征表现性 通常的艺术分类把建筑归入表现性艺术，但由于建筑基本上是由抽象的几何形体组成，对题材的表现只能由象征而引起联想。古典美学家例如黑格尔就直接把建筑作为象征型艺术的代表。由于建筑的内容与形式相互适应的范围非常广阔，而且形式表现力很强，又有可以容纳其他艺术的特点，所以能够充分发挥出象征的力量。如果某种特定的形式包括造型、色彩、式样、附属艺术等与人们对某些事物的认识发生了对应联系，它的表现力即艺术感染力可以超过任何一种其他艺术。比如中国的天坛圜丘和祈年殿，就非常恰当地表现出古代人们对"天"的认识。天坛以圆形为基本造型，以蓝色为基本色调，以柏树林为基本背景，利用地形有意将主体建筑抬高突出，又配以各种祭祀使用的炉、灯台等小品，进一步还使用了与气候有关的数字十二月、二十四节、四季等，和象征"天"的"阳"数奇数：三、五、七、九和其倍数，是一组极富象征力而造型又很美的建筑。又如希腊人用比例粗壮，线条刚健的多立克柱式象征男性，用比例修长、线条柔和的爱奥尼柱式象征女性，用比例更修长，装饰更美丽的科林斯柱式象征少女，也都很富有表现力。莫斯科红场上的列宁墓，体量低矮，轮廓呈阶梯形，类似一个巨大的柱子基础，通体不加装饰，这个形象能使人联想起列宁平凡朴实的性格及其奠定了苏联人民革命基业的巨大功绩。但是，建筑的象征性是建筑艺术长期探索的一个深层的重大课题，从历史上看，有很成功的，但也有不少庸俗肤浅的手法。每个时代，每个国家民族都有很多重大事件和重大追求需要利用建筑艺术加以表现，如何运用建筑的象征特点把它们表现得完美，确是非常必要也是非常困难的。

二、建筑的审美价值之一——社会功能

建筑是人类社会最早出现的艺术门类之一，建筑中的美学问题也是人们最早探讨的美学课题之一。当建筑还处于手工业生产的时代，无论是建筑师自觉的创作或是工匠们不太自觉的劳作，他们都是把建筑作为艺术品对待的，我们今天欣赏古代建筑，从巍峨的宫殿、教堂到简朴的民居、作坊，总能从其中感觉到醇厚的艺术风味。因此，古典美学家、艺术理论家都毫无例外地对建筑进行艺术方面的美学探讨。但是到了近代大工业生产出现以后，古代的建筑艺术大部分失去了存在的物质基础，随着建筑功能、材料、结构、设备的巨大变革，建筑生产也成了机械化工业生产的一部分，于是人们对建筑还能不能算得是艺术或者说还有没有艺术性，就发生了根本的分歧。从 20 世纪初的半个世纪中兴起的现代建筑运动，理论上最鲜明的一点就是否认建筑是艺术，然而却又大谈建筑美学，大力宣扬现代建筑的美学价值。到了六十年代以后兴起的“后现代”Post-Modern 建筑，其流派多不胜数，创作出的建筑可以说是千姿百态，每一流派也都在努力以美学理论证明着自己的价值。虽然目前还没有，估计相当长一段时间内也不会有公认的完备的“建筑美学”，但从古至今探讨建筑美学问题的理论，即建筑美学思想，最终都集中到建筑的审美功能这一根本问题。什么是建筑美，这种美是怎样产生的，它对人对社会有什么作用等问题，都是属于建筑审美功能的范围。由于建筑自身具有很强的综合性，它和社会、和人有着多方面、多层次的联系，因此，它的审美功能也不可能是单一的。但基本上可以归纳为社会功能和认知功能两大类。

从社会功能来说，建筑的审美价值主要是它本身包含体现的伦理价值，政治价值。建筑形象本身无所谓美或不美，艺术水平无所谓高或不高，只有当建

筑的形式充分体现出了某种伟大高尚的精神内容，它的审美价值才大，艺术水平才高，艺术形象才美。所谓伟大、高尚，则因社会形态、建筑类型不同，其具体的涵义也不同，但都是以当代主导的伦理、政治标准为价值取向的。简要说来，建筑美在于内容的充实。

从西方美学思想来看，这种观念在古希腊时期就比较流行。如苏格拉底认为，任何美的东西，同时也应该是善的；不能适应目的的美，其实是丑。古代埃及的神庙、陵墓金字塔，亚述巴比伦的宫殿、观星台，印度的石窟寺、佛塔等，都是在刻意追求某种崇高、伟大、富有威慑力量的精神，充分显示了当时社会的政治伦理制度。欧洲中世纪神学美学家认为，一切美的东西都来源于上帝的光辉，因而在基督教绝对统治时期兴起的哥特 Gothic 式建筑，风靡全欧达四百年之久，一直到今天仍被认为这种风格最鲜明地体现了基督教的精神。在文艺复兴时期，以反对神权统治，追求人性解放为理想的各种文艺创作，不约而同地采取了古希腊罗马的形式，用“复古”的外衣来体现新的时代精神。而到了 19 世纪初叶，人们厌恶工业革命初期原始资本积累带来的冷酷现实，兴起了一股浪漫主义文艺思潮，其重要的一个特点就是把对现实的绝望转变成对往昔的怀念，向往旧日田园牧歌的农业生活情调以及以宗教为纽带的社会结构。这给当时的建筑美学思想以极大的影响，当时的建筑师和艺术评论家认为，建筑美必须恢复到中世纪的自然情调，必须重现哥特精神，以体现对上帝的景仰，所以基督教国家的建筑又大都把走下历史舞台的哥特风格“复兴”起来，称为“哥特复兴”。

哲学家们对这一美学思想作了思辨的概括，把种种经验描述归纳为一个基本概念，即强调建筑之所以成为审美对象，其根本的内在因素是建筑可以成为一种象征物，它的审美价值就在于恰当有效地象征出某种精神。关于这一点，黑格尔从精神现象方面作了系统的阐述，叔本华则从物质表象的内在机能方面作了深入的分析。

黑格尔认为，世界的精神现象无不是某种客观存在的“理念”的具体显现形式；理念由低级到高级不断地运行，在不同阶段呈现出不同的形式。在艺术方面，先体现为象征型的以建筑为代表，其次是古典型的以雕刻为代表，最后是浪漫型的以绘画、音乐和诗为代表。在象征型阶段，外在的物质实体与内在的精神内容没有必然联系，物质实体只能暗示精神内容。这是初级的象征，例如古埃及、巴比伦的建筑，大都是体量巨大的抽象的几何体。它们之所以被感到崇高、伟大，其实还是由于它们所追求的“神”的精神和对永恒的生命的追求；只有同时认识、理解了关于“神”的和关于永恒的生命的内容，才能与那些巨大而抽象的体形取得认同。从这一点看，所有的建筑都可以算作是象征型艺术。但理念依附于建筑向前运行，仍可以进入古典型阶段。这就是古希腊、罗马的建筑。它们既有实用功能，又有精神功能，两者契合得完美无间。人们在使用建筑时也获得了审美感受。再往前，即到了中世纪的哥特时期。哥特式风格虽来源于宗教功能要求如大规模的祈祷活动，但实际上又远远超越了实用功能，主导的设计思想为体现上帝的光辉和民间的虔诚心态。这时，哥特建筑又充分发挥了象征作用，使得理念向前飞跃，成为更高层次的象征——浪漫型的艺术。再往前，在哥特后期产生了世俗的园林艺术。园林也有实用功能，但精神功能驰骋的场地更为开阔，更接近纯浪漫型的艺术——绘画。所以在黑格尔看来，建筑艺术在走过了哥特式而进入园林之后，便完成了自身精神——理念表现的全过程，以后的各种风格只不过是以往精神现象的重复。他用这个哲学的概括证明了建筑审美和建筑创作的领域就在于不断地完善象征的表现形式。

叔本华在其名著《作为意志与表象的世界》一书中建立了一个世界表象的模式：意志自在之物——理念意志的直接客体化——事物意志的间接客体化。凡事物都是由某种先验的“意志”构成的，建筑的“意志”就是建筑之所以不同于其他事物的唯一的属性；这些属性经过抽象归纳而成为“理念”，“理念”则显示为各种建筑“表象”。从审美意识来看，构成建筑物质的各种形式表象是低档次的，不能成为审美鉴赏的主题；但它们的物质属性重力、内聚力、固体性、液体性、对光的吸收反映等则是高档次的，是物质的理念形态，只有把这些理念显示出来，才可以加以审美鉴赏。也就是说，建筑的审美鉴赏主题，就是这些理念的显现形态。因为建筑的风格、式样、空间、装饰等，都不是构成建筑理念的主体，反映不了建筑的“意志”，所以都不能成为审美的主题。而只有重力建筑的荷载和固体性叔本华语，即建筑的结构体系之间的斗争，才是建筑之区别于别的事物的“意志”所在，是建筑的“理念”的显现。用各种方法使这一斗争完善地明晰地呈现出来，就是建筑审美的唯一课题。整个建筑物是一大块物质，它的重力要把它压到地面，而结构构件则要把它撑起来。一个要压下，一个要撑上，简单的房屋可以用柱子和梁直接撑起，但体量大，重量也大的房屋就很费力，于是可以采取巧妙的迂回方式，使构件互相依附搭接，构成一个有机的结构框架。这就形成了审美对象，具有审美价值。既然只有重力荷载和结构的斗争才可以成为审美主题，那么舍此以外的就是多余。柱子最好是圆形，因为圆形最经济，方形就显得啰唆；柱头的托盘是必要的，因为可以扩大承压面积，而其他花饰就纯属没有必要存在的附加物；其他如檐口、托梁、拱券、穹窿等也都应当直率地显示其直接的结构功能。可见，叔本华对建筑审美功能的分析，正在于强调建筑的内在构成机能，与黑格尔的理论互相补充，深入到了建筑的象征内涵的深层。对象征内涵的开掘，正是发挥建筑审美的社会功能必然的道路。

从 20 世纪 20 年代起，“现代建筑”潮流席卷欧美工业发达国家。现代建筑的基本理论是反对建筑在实用功能和建造技术以外的一切“附加物”，不承认建筑是艺术作品；但同时又承认建筑具有审美价值。他们主张的建筑审美价值主要表现在两方面：一是用与传统形式完全不同的崭新形象，象征与传统彻底决裂，呼唤人们对工业时代的情感，表达现代生活的节奏感和现代审美趣味的新奇感；再是大力宣扬美的客观性，尽量表现数学力学的逻辑性和材料性能的刚韧性。这实际上是把建筑美归入了技术美的范围。现代建筑的代表人物格罗皮乌斯 Walter Gropius（1883 ~ 1969）说：“现代建筑师一定能创造出自己的美学章法。通过精确的不含糊的形式，清新的对比，各种部件之间的秩序、形体和色彩的匀称与统一来创造自己的美学章法。这是社会的力量与经济所需要的。”又说：“艺术的作品永远同时又是一个技术上的成功。”他在 1925 年创办的包豪斯工艺学校，成为新兴的技术美学的理论和实践中心，其基础乃是现代建筑。另一位代表人物勒·柯布西耶 Le Corbusier（1887 ~ 1965）在 1923 年出版了《走向新建筑》。这本书可说是现代建筑的理论总结。他在书中写道：

> 工程师受经济法则推动，受数学公式所指导，使我们与自然法则一致，达到了和谐。
>
> 原始的形体是美的形体，因为它使我们能清晰地辨识。
>
> 建筑师用形式的排列组合，实现了一个纯粹是他精神创造的程式……

可以看出，现代建筑的理论在摒弃传统的建筑审美价值的同时，力图赋予建筑以新的审美功能，而这种功能仍然是着眼于发掘形式中包含的内容，用新的形式展示新的内容——工业时代的社会经济政治结构和科学技术成就。事实上半个世纪间西方国家中兴建的大量现代建筑，也确实把当代的社会内容揭示得淋漓尽致——技术发达了，但精神空虚了；节奏加快了，但人情淡薄了；个体伸展了，但群体萎缩了；人力突出了，但自然破坏了……由此可见，现代建筑貌似反对建筑美的精神内容，但却是执着地追求着当代资本主义社会力图表达的整个精神世界，仍然是美善合一的审美思想。只有到了 20 世纪六七十年代，“后现代”Post-Modern 建筑兴起后才有了改变。

所谓“后现代”建筑，也可以称为“反现代”Anti-Modern 建筑，因为这股潮流是以反对现代建筑的基本理论相标榜的，特别是反对现代建筑否定传统、否定地方民族特色和否定建筑的人文内涵等这些最典型的观点。虽然，近二三十年来不少建筑创作都被冠以“后现代”名称，但并没有形成一整套统一的美学体系，创作实践也是五花八门的。只有一个共同的倾向，即都在试图通过建筑形象表达出某种明确的意向，赋予形象某种规定的内涵。比如，“新古典主义”追求历史符号，运用古典的严谨比例以显示某种理性精神；“新方言派”则注意从地方的民间建筑许多不是出于建筑师设计的商店、酒吧或乡村住宅中吸收形式特征，以表现建筑的大众化倾向；“重技派”则注重显示现代科学技术的最新成就，刻意表现现代工业技术的巨大力量；而“象征主义”或“隐喻主义”又企图赋予建筑某些具象形式，使它直接表现出某些具体的事物。显然，“后现代”建筑的形式是为内容——社会的、伦理的、政治的题材服务的。它们仍然是古典美学“美善合一”观念的继续。

中国古代基本上没有专门论述建筑美学的著作，但许多典籍和文艺作品中却记载了极为丰富的有关建筑审美功能的思想。其中最大量最鲜明的就是以儒家思想为基础的天人合一和美善合一“至美至善”的观点，即特别强调建筑与社会、与自然的认同关系和建筑美的社会功能。中国自春秋战国以来，就对商周时期视为人格神的“天”天神、天帝进行了哲学的改造，以后的所谓“天”，具有自然规律天道、社会秩序天理和个人性格天性的性质，总的倾向是把自然、社会和个人视为一个有机的、对应的整体构架。世界上一切事物都和天道有着对应的关系，顺天道者昌，逆天道者亡。世上万物在现象上是独立存在的个体，但本体上却是整体机构的一个局部。这种哲学思想培养了中国人根深蒂固的群体和谐意识，由此也决定了以维护群体存在为目的的典章制度。当然，在奴隶—封建制度下，这种群体意识主要体现为家族意识，而典章制度主要是为维护专制等级服务的，但折射到审美意识上，积淀到审美心理上，就形成了某种独立的形态特征。它不强调审美的独立性，即所谓“非功利”、“无意识”、“心理距离”、“游戏”、“模仿”等，而重在发挥美的社会功能，使美与善，心理与伦理，艺术与典章，合规律性与合目的性统一起来。这一哲学——美学思想也充分体现在建筑中。其系统性、自觉性在世界上是仅见的，一直指导着古代中国的建筑创作实践。

中国的工官制度即一切重要的工艺创作都由国家管理——早在西周就已确立。这一制度把建筑工程纳入了国家的典章，以后日趋完善。建筑形式成为礼制的组成部分，用以象征王权至上的社会结构，以及与这一结构有着紧密联系的政治、宗教、伦理等文化内涵。如萧何为汉高祖营造长安宫殿，明确提出：“天子以四海为家，宫殿非壮丽无以重威”。汉班固《西都赋》形容长安，“体象乎天地，经纬乎阴阳；据坤灵之正位，仿太紫之圆方”。秦始皇营造咸阳，仿造六国宫殿建于咸阳北阪上，以象征国内统一。同样，康熙、乾隆营造承德避暑山庄，仿造国内著名风景名胜，又在山庄周围仿建西藏、新疆等地少数民族庙宇，象征多民族国家的巩固发展。明清的北京和紫禁城，以一条长达 3.8 公里笔直的轴线贯通，中间排列二十多组大小不等的庭院和高低参差的殿阁城台，把皇权的气氛渲染得淋漓尽致。但这种对社会政治内容的象征，又是通过和谐的节奏感和成熟的比例形式来显示的。古籍中记载了许多王朝的建筑制度，它们既反映着严格的封建等级关系，又有着某种数学规则。如：

都城　王城方九里；诸侯城按爵位等级依次降为七、五、三里。王城门高五雉 1 雉高为 1 丈，城高七雉，隅高九雉；诸侯城依次降为三、五、七。

宗庙　天子七庙，诸侯五，大夫三，士一；天子庙堂高九尺，诸侯七尺，大夫五尺，士三尺。

住宅　唐制三品以上堂舍不得过五间九架，门屋不得过三间五架；四、五品堂舍五间七架，门屋三间两架；六、七品以下堂舍三间五架，门屋一间两架。

坟墓　唐制一品墓地方九十步，坟高一丈八尺；二品方八十步，坟高一丈六尺；三品方七十步，坟高一支四尺；四品方六十步，坟高一丈二尺；五品方五十步，坟高一丈；六品以下方二十步，坟高八尺；庶人方七步，坟高四尺。五品以上立碑，螭首龟趺，上高九尺；七品以下圭首方趺，上高四尺。石人石兽，三品以上六对；五品以上四对。

中国建筑在创作中又充分运用审美经验的联想纽带，使它表达出时代的文化内涵，调动起人对建筑美的认识。如前面所说的通过等级制度而形成的和谐感、节奏感，足以促使人们认识当时社会制度的必然性、永恒性、合理性。与此同时，在形象创作中又通过多种手段，典型地表现出当时人追慕的文化以及形成这种文化的心理特征。形象模拟即是一种重要手段。如北京的天坛祭天神的圆坛和祈年殿祭谷神的殿宇，用圆形、蓝色、柏树林为基调，再加与“天”、“阳”有关的数字组织建筑构件，确能引起人们对“天”的认识，而这种认识又是通过和谐、完美、精致的建筑造型体现出来的。天坛可以说是世界建筑史上象征力最强，造型又最美的杰作之一。又如中国的皇家园林，其中既有模拟东海三仙山的“一池三岛”，又有标榜重农立国的“织耕图”形象，还有浓缩天下名山风景和高人逸士山居别业的小庭园，用以体现天人合一，宇内一统和尊重传统文化。所采用的艺术手法又是从大自然中撷取的，山回水转，有奥有旷，处处构成美丽的画面，使人们从怡情悦性的审美中升华到对文化的认识。强调建筑形象的逻辑关系也是一种重要手段。中国传统的审美观念始终保持着清醒的理性，对艺术的创作总是要求有圆满的逻辑解释，努力追求一以贯通，完整无缺，章法合度，毋悖体宜。不仅是要求有合理的功能、经济的效用、合乎科学的结构这类物质功能方面的逻辑，更重要的是要求建筑的格局、体制、风格、性格、式样等等合乎审美的逻辑。如，王城要比诸侯城大，府、州、县城递减，递减还要有等差比例，这就是城市美的逻辑。王府大于宫殿，庶民住宅超过贵族官邸，人们就会感到别扭，因为各类人的身份是金字塔式的层层叠加，建筑也必须与它对应，否则就是乱套，不美。主殿用绿琉璃而偏殿用黄，宫殿用“苏式”彩画而民居用“龙锦和玺”，这都大大有悖规制，因而也就不美。这些虽是封建的政治等级规定，但长期的审美反应也就变成了心理逻辑的要求，在审美判断中并不带有阶级意识，因此，逐渐形成了一套习惯的形象逻辑。比如，主殿必须大于偏殿，四坡的庑殿顶必须放在正中，主殿庭院要比后院偏院开阔，园林空间要曲折而官邸衙门要规整……

当人们进入一个空间序列时，要求情绪由低至高再由高至低，格局也要由小至大再由大至小，这才感到序列之美。不能设想，在故宫这一个大组群中，将御花园放到太和门位置，太和殿移到储秀宫里，午门去掉台座，天安门前堆起假山。即使是曲折宛转的园林也要讲究“立基”。《园冶》说：“凡园圃立基，定厅堂为主”，然后随地形“择成馆舍”，最后才“余构亭台”，凡建筑、假山、花木、桥溪都要合乎“体宜”。“体宜”即逻辑，是不可随意改动的。建筑的格局造型按照既定的不同逻辑，就可以构成不同的性格和风格。宫殿坛庙是礼仪场所，礼仪是严肃的，因此建筑要对称，不但格局对称，房屋式样对称，家具也要对称，连题名也要对偶。这才能显示出宫殿坛庙的性格，才可以引发美感。园林是供游赏的，游赏是轻松的，因此建筑也要灵活，不但格局灵活，房屋式样灵活，彩画门窗也要灵活，题名也要风雅，才能显示出园林的性格，才可以引发美感。建筑造型也有性格的逻辑标准。庑殿顶最壮丽，歇山顶次之，悬山硬山顶又次之，攒尖顶最简单。亭子多出现在轻巧活泼的环境中，所以都用攒尖顶，因而也很有活泼的性格。其他如近水建筑多通透开敞，山顶建筑多不成组群，城楼高阁多用重檐，牌坊只用于组群前面，楼房只能放在主殿后面……这些都体现了各种建筑造型与它们性格之间的逻辑关系。此外，中国建筑中还有一种世界上仅有的最奇特的手段，即用匾、联、碑、碣、坊、牌等文字装饰来“提示”出建筑的内容。它是直接的理性提示，似乎有悖于中国艺术比较倾向含蓄的传统，但由于所提示的内容中蕴含着丰富的内涵，许多词句本身就是很含蓄的文学，而且这种提示又和建筑的功能性格紧密相连，因此还是民族的传统。

提示有两种形式：第一种是提示的内容与建筑形象没有特别紧密的关系。如佛寺与道观，府邸与衙署，节孝坊与街巷坊，寺庙园林与私家园林，神仙楼阁与市井楼阁，皇宫殿宇与寺庙殿宇，高山亭榭与临水亭榭都大体上相似。它们所要求表现的内容就只有通过题名敷文加以提示，其审美价值就全部体现在那工整优美的箴言雅论和清词丽句中了。人们提起黄鹤楼、滕王阁、岳阳楼、醉翁亭、放鹤亭、鹳雀楼，首先想到的是那些脍炙人口的唐宋诗文，于是这些亭阁也就有了个性，审美价值大大增高。一座大殿名叫“太和”，便有皇宫的气派；名叫“棱恩”，便有祭祀的静肃。三间小房，题作读书的书斋，便显得雅致；题作玩赏的亭榭，便显得幽静；题作祭祀的祠堂，便显得严肃；题作佛道的殿宇，便显得神秘。皇宫中那些充满君临天下，天人感应的匾联，如承天、皇极、弘仁、宣治、文华、武英、日精、月华、乾清、坤宁等，对发挥宫殿的审美功能，关系至大。第二种是所提示的内容与建筑形式或环境有某些特殊的联系，提示就是“点题”，往往能起画龙点睛的作用。如圆明园福海中央三岛题名“蓬岛瑶台”，临水楼阁题名“方壶胜境”，名称与环境形象契合，神仙意味更浓。其他如临水建筑题名为“曲水荷香”、“沧浪屿”、“鱼藻轩”、“坦坦荡荡”，山间馆轩题名为“贮云”、“复岫”、“罨画”、“青绮”、“枕碧”、“含粹”等都能与环境吻合。至于“卐”字形建筑取名“万方安和”，扇面形建筑取名“扬仁风”，谐音谐意，提示得更加明确。

通过建筑形象中包含的社会内容以显示其审美功能，在现代社会中日益显示出重要的价值。如今，人们一方面在努力创造新的形象并尽可能赋予多的内容，如巴西的新首都、北京的天安门广场、悉尼的歌剧院、巴黎的蓬皮杜艺术中心、莫斯科的红场都形成了国家政治文化的象征。另一方面，则尽量保护古建筑、古城区，如北京的故宫、钟鼓楼，巴黎的凯旋门、圣母院，意大利的罗马、威尼斯古街区，日本的京都、奈良古寺庙群等，因为这些古代遗产中包含的历史内涵，对一个国家一个民族未来的文化发展，其作用已大大超过了这些古物自身的价值。注意研究建筑审美的社会功能，以增加建筑创作的社会责任感，正是建筑美学中这一古老命题的生命所在。

三、建筑的审美价值之二——认知功能

建筑是巨大的物质实体，它既依附于某种特定的自然环境又能构成某种特定的艺术环境。人在这些巨大的物质实体和环境中间，主要通过视觉，有时也

借助触觉、听觉，总能获得不同的感觉；同时，这些感觉又经过思维、观照、情绪等心理活动，能以形成不同的认知。建筑是由石头、砖瓦、木材、钢筋、水泥、油漆、玻璃等搭接垒砌而成的。这些材料也可以给人以感知，但人对建筑的感知绝不会和对材料的一样。这是因为，建筑有不同于其他物质的艺术语言，只有这些特定的语言组合，才能赋予建筑特定的审美价值。也就是说，只有认识、运用建筑特有的艺术语言，才能发挥出建筑的审美价值。这就是建筑审美的感知功能。

建筑审美的认知功能，主要表现在以下三个方面。

第一，感受功能。建筑形象通过人的感官使人获得直觉感受，即快感——舒服、酣畅、愉悦等。这种感受基本上还属于生理直觉，没有升华到心理层次的知觉判断。首先是和谐感，即建筑的体量、空间、式样、色彩、质地搭配得谐调统一，人在身临其境时不感到混乱别扭。和谐是美的基础。最简单的几何体矩形、圆形、锥形、梯形等是和谐的，简单体形的重复和有规则的组合也是和谐的。但不是所有的建筑都能做到简单体形的重复组合，更需要将不和谐的因素和谐起来，这就是统一。统一可以使人情绪安定平稳，最常见的是基调的统一，即用一个大的基调统帅全局。例如北京故宫，有近万间房屋，从室内到室外，房屋到庭院，不下几十种形式，但有一种基调，这就是，格局方正对称和黄琉璃瓦红墙身，所以它是统一的也是和谐的。其次是节奏感。最简单的节奏是有规则的重复，有些是外立面的组合形式，如门、窗、柱列等；有些是室内房间的排列形式，如宿舍、学校、医院等。但不是所有建筑都能做到简单的重复排列，于是就有环境序列构成，如城市中的广场与干道、大街与小巷，风景名胜中山水道路树木与建筑，巨大建筑群体的房屋与庭院，都可构成更高层次的节奏。中国许多优秀的传统建筑，不仅个体立面、平面富有节奏感，特别在组织空间序列方面大大突出了建筑的节奏功能。如北京故宫（图 1），从总体上看，由正阳门到午门是长长的前导，太和殿、乾清宫组群是皇宫的核心也是序列的高潮，御花园以后从景山直抵钟鼓楼则是结尾，形成一个由低至高又至低的大节奏。而每一段又可划分出若干低—高—低的小节奏。如核心部分，太和门和内金水桥广场，既是前部分节奏中午门的结尾，又是这部分节奏的前导，太和门后的太和殿是高潮，而后面的保和殿及乾清门前广场是结尾，序列节奏是很明确的（图 1）再就是充实感。建筑形象恰如其分，可以使人从中感到丰满实在，心神满足，而不会有失落感。比如，住宅尺度合宜，冬暖夏凉，生活起居各得其所；公共场所空间开敞，功能明确而工艺考究；宗教建筑安静清洁，形式变化而又接近自然等，人们在使用中获得了充实感。

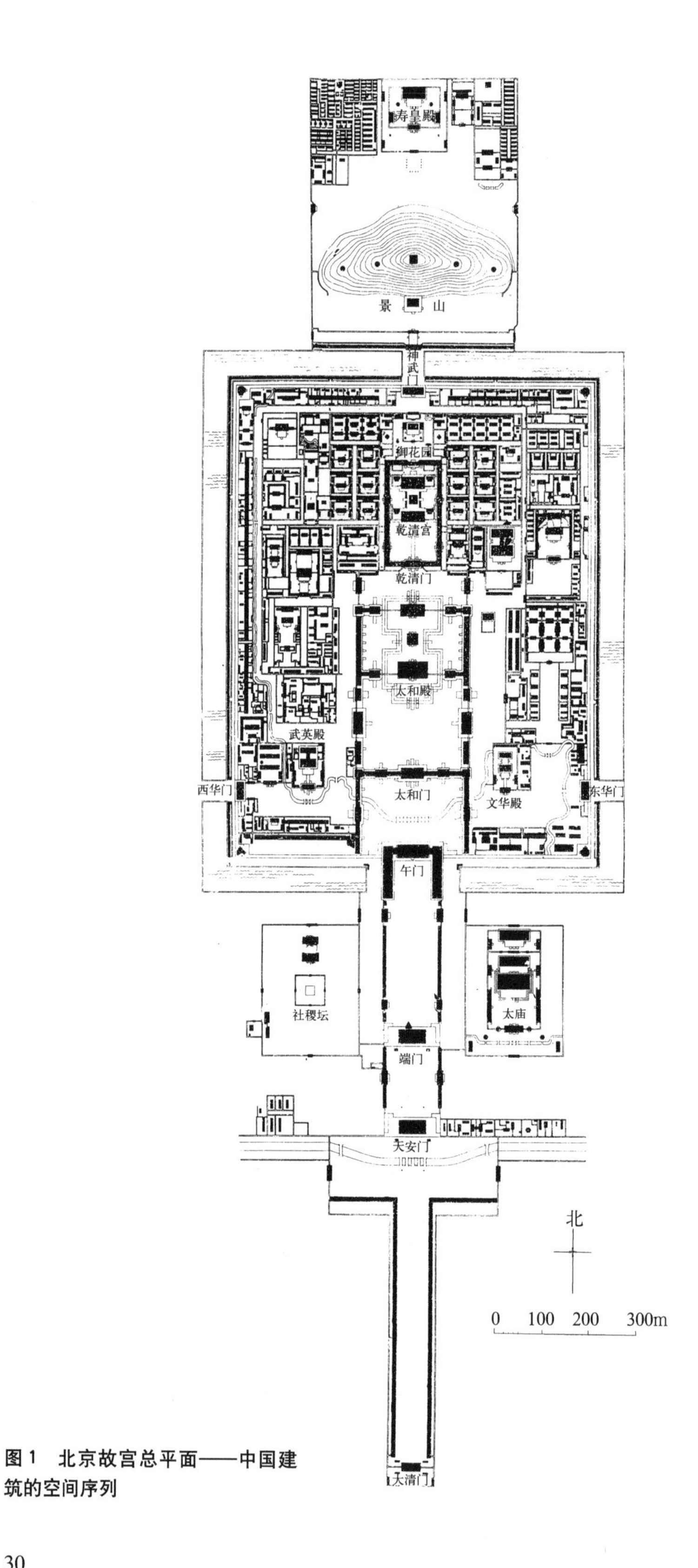

图1　北京故宫总平面——中国建筑的空间序列

第二，感应功能。建筑形象通过人的视觉感受，调动了心理活动，使人的心理有所感应，获得比快感更高一层的美感。前面讲的感官感受也必然会引起心理活动，但还没有形成感应效果，基本上还属于生理机制，也就是还没有引入经验判断。但感应与认识也不同，它还是一种直觉的判断，没有渗入理性分析。

当人们置身于某一建筑环境时，往往会发生某些情绪反应。如对庙堂感到威慑，对陵墓感到肃穆，对住宅感到亲切，对园林感到轻松，对图书馆感到博大，对纪念碑感到崇敬，对大商场感到富足，对大广场感到心旷神怡……进一步，对某些建筑还能有比较贴切的评价，比如质朴刚劲如埃及金字塔，雄浑壮伟如罗马圣彼得教堂，飘逸俊秀如日本园林，雍容典丽如中国北京故宫，细腻婉约如巴洛克式宫殿……更进一步，还能对某些建筑作更深入的形象比喻，如说这个航空港“生气勃勃”，那个小园林“娴静幽雅”，这个古神庙“像巨人一样雄伟”，那个小亭榭“像少女一样绰约”，这个教堂“向上飞腾”到云端，那个别墅“自由伸展”出山崖……如果能有更细心的体察，比喻生动，感应的范围就会更大。比如恩格斯在1848年写的《齐格弗里特的故乡》，就对欧洲三种主要古典风格作了生动的描述，至今为人们所接受，他说：“希腊式的建筑使人感到明快，摩尔式的建筑指北非西班牙伊斯兰风格建筑——笔者注使人觉得忧郁，哥特式的建筑神圣得令人心醉神迷，希腊式的建筑风格像艳阳天，摩尔式的建筑风格像星光闪烁的黄昏，哥特式的建筑风格像朝霞”。中国古代对建筑也有很形象的描述，而且大都用诗词对联加以表述。《诗·小雅·斯干》描述周代建筑，“如跂斯翼，如矢斯棘，如鸟斯革（jí），如翚斯飞”，说的是宫殿建筑像张翅而立的大鸟，起飞时如箭矢如小鸟一样有力，到了空中像凤凰一样翱翔。从中可以想见当时宫殿格局规整，线条刚劲，屋顶舒展的形象。所有这类比喻、形容、评价都属于审美经验判断，是物我合一的情景交融。

近代心理学对感应功能作过许多有益的探讨。早期的实验心理学曾把构成建筑形象的若干要素体形、线条、色彩等解剖出来，对人进行心理—生理实验，得出一些统计结果，如水平线富有内在感、合理性和理智；垂直线象征无限性、狂喜和激情；直线代表果断、坚定、有力；曲线代表踌躇、灵活和装饰性；螺旋形象征升腾、超然；立方体代表完整性；球体代表完满和有规律；圆有平衡感、控制力；椭圆给人以不肯定、不安静的感觉等。显然，这种理论虽然经过实验统计，有一定的经验合理性，但完全脱离了环境的、社会的、民族的影响，对形式的抽象又过于简单，其结果并不能确切解释所有丰富多彩的建筑美的现象。

在形形色色的审美心理学理论中，“移情说”和“格式塔”心理学被引入解释建筑审美功能，是有一定说服力的。按照前者的理论，当观赏者觉得他自己仿佛生活在作品的生命之中时，这件作品就是有生命的，有美学价值的。比如，建筑富丽多彩，可以使人愉快充实；水平线较多的建筑可以给人以宁静感，而朴实率真的造型则给人以开朗感。"移情"的奥秘虽然至今还没有被科学地揭开，但多数人的经验描述足以证明确实存在着一种"物我合一"的感应关系，建筑美是有感应功能的。"格式塔"Gestalt 是音译，意谓组织结构或整体，也可译为"完型"。此派认为，心理现象最基本的特征是在意识经验中显现的结构性或整体性，是一个平衡的"力场"；所有的心理活动都是某种"力场"现象，每一种自觉的经验心理效应都是力场诸因素复合的结果，因此每一种效应都不是孤立的一种情绪。用以解释建筑审美，如果建筑形象特别是组合形态中蕴含着某种"力"的势态，构成某种"力场"结构就可以激发起人们心理深处"埋藏"的力场记忆，因而产生美感。例如一座高耸的尖塔，显示出力的由弱至强；一组层层深入的寺庙院落，显示出力的逐渐扩张，它们都可以在心理深处找到相应的力场结构，因此尖塔、寺庙就有审美价值。此外，格式塔审美心理学还着重研究"图形"的形成原理，常使用虚实相衬而成图形的结论来评价建筑构图的效应。

第三，联想功能。建筑有象征性，象征的价值是通过调动联想功能而取得的。前面说过，古今中外的建筑师都把发掘建筑的象征价值作为创作中的重要课题，探索过多种象征手段，有的用直接模拟，有的用间接"比兴"，有的靠辅助"提示"，总的都在寻求一种由此建筑及彼涵义的最有效的方法。可是，尽管许多象征性很强的建筑已被历史认可了，却留下了一堆疑问：金字塔和埃及法老的生死观有什么必然联系？为什么哥特式教堂很好地象征出天主教的精神？中国的宝塔为啥就是佛的象征？悉尼歌剧院、蓬皮杜艺术中心究竟象征了什么……困惑着人们的问题，恐怕在没有彻底揭开心理学之谜以前是难以说得清楚了。不过近代的符号美学理论似乎在这方面有一定的说服力。符号美学认为，艺术作品之所以能够感人，是因为它们是实际对象的抽象形式，是一种既不脱离个别事物，又完全不同于经验中个别事物的更有意味的形式，这就是符号。艺术创作就是要创造符号性的形式。空间艺术三姊妹绘画、雕塑、建筑都是空间的符号形式，这种形式叫作空间幻象，所以它们就是"虚幻的空间"。绘画是景物的幻象，雕塑是生命体的幻象，建筑是内涵更广阔的幻象，它们之能成为艺术作品，正是因为它们所表现的都是自身以外的东西，而不是它们的自身。也就是说，绘画并不表现绘画，雕塑也表现不了雕塑，建筑也不能表现自己。对建筑，符号美学创始人苏珊·朗格规定它的基本抽象是一个"种族领域"ethnic domain。这个领域是一定历史时期的人按照当时特定的功能而创造的；不是物理的、自然的、纯实用的功能，而是时代的人所创造的文化的凝聚，这只能用"种族"的涵义来表达。因此，它必然是一种幻象或一种形式象征。苏珊·朗格在《情感与形式》一书中写道："建筑家创造了它的意象：一个有形呈现的人类环境。它表现了组成某种文化的特定节奏的功能样式。"它是历史与现实，传统与改革，平静与激昂，约束与放纵，单调与复杂等矛盾的集合。建筑空间就是这样一种功能性存在的符号，我们也可以叫作人类生活的副本。比如教堂，它就是生命的符号，是人对生老病死等生命奥秘认识的符号，而不是为了实际生命纯实用功能，如祭祀活动、采光通风等等而创造的一个场所，所以，印度教、佛教、伊斯兰教、基督教、道教、萨满教……诸多宗教都按照自己对生命的不同理解而创造了不同形式的庙宇、石窟、塔、祠、教堂。20 世纪 50 年代初，现代建筑大师柯布西耶设计了法国朗香圣母教堂，这是现代建筑中运用生命符号最成功的一个教堂设计。它那无规则的，光影反差极大的空间，表现出某种生命的蠕动，似乎具有无限的内张力量，又似乎充满对现实世界的无穷疑问。因此它也就成为具有现代美学意义上的一项杰作。符号美学的创立，为发挥建筑的联想功能提供了理论依据。它告诉人们，某些庸俗的象征，例如在房子上镶个五角红星，屋顶上竖几个有机玻璃的火炬或红旗就象征了革命，其实并不能真正拨动情感之弦，不能开启审美心灵之门。应当深入了解生活，了解历史，了解现实，将活生生的"种族"功能植入建筑形象，才能永葆建筑艺术的青春。

无论是感官的感受，心理的感应，认识的联理都要通过具体的形式才可获得。有了美的形式，才能产生审美价值，这就是形式美的作用。形式美是有一定法则的，形式美法则就是建筑的艺术语言。经过长期的创作实践，这种艺术语言日渐完善，基本上可分为两大类：第一类是符号形式，是具象的；第二类是空间形式，是一些抽象的法则，通过具体的式样表现出来。

符号形式不是前述符号美学理论所说的富有感情色彩的符号涵义，而是一些具体的式样、风格，但它们中有一些也具有某些公认的文化性质，同时也可以构成表达某种情感的符号。

符号形式主要有以下两种：

柱式 古代建筑基本上是由立柱与横梁构成的框架，作为室内外空间的过渡，往往设有一排外廊。这个外廊既是实际功能活动最频繁的场所，又是视觉最容易集中的地方，自然就成为艺术处理的重点，许多民族的建筑特征都表现在这个外廊上。古埃及、巴比伦、拜占庭、中欧罗曼式、哥特式、古印度、阿拉伯和中国建筑都有各自完整的柱廊形式，而影响最大最成熟的则是古希腊——罗马的五种柱式，后世称为"典范"Order（图 2）。最早是希腊的三种：多立克 Doric，比例粗壮，线条刚劲有力；爱奥尼 Ionic，比例修长，线条柔和，柱帽

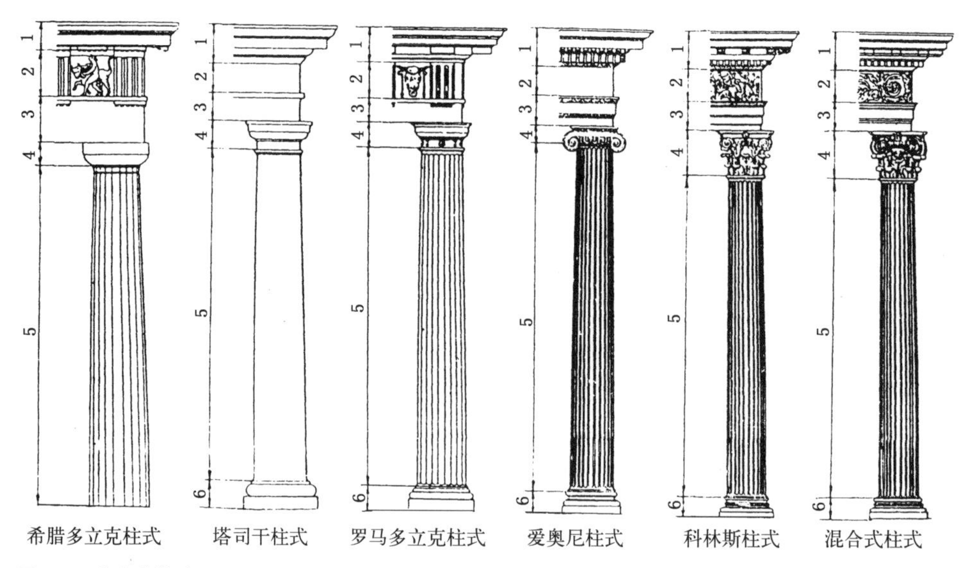

图 2　西方古典柱式

雕成卷涡；科林斯 Corinthian，比例更加修长，柱帽雕成毛莨叶片。罗马人曾把多立克比作男性，爱奥尼比作女性，科林斯比作少女。古罗马继承希腊的柱式，但改造了多立克，使它略显柔和；又把爱奥尼和科林斯的柱帽组合到一起，创造了一种更华丽的“混合式”Composite；还创造了一种和罗马多立克相似，但柱身不加装饰的塔司干 Tuscan 式。这些柱子上面的梁枋、檐板也有相应的规则形式，总起来就叫做“柱式”。到文艺复兴时期，经过帕拉蒂奥和维尼奥拉的多次测量，调整尺寸，总结出一整套柱式的比例法则，称为“五种柱式典范”Five Orders。它们是从欧洲文艺复兴到 20 世纪初五六百年间欧美建筑中最鲜明的符号。

中国木构建筑也有自己的柱式。在有斗栱支撑屋檐挑出的成组木构件的大型建筑中，由台基有些做成线条雕刻复杂的“须弥座”、柱础也常有复杂的雕刻、木柱或石柱、梁枋、斗栱、两层木椽、瓦檐组成；在没有斗栱的小型建筑中各部分适当加以简化；同时按照房屋等级绘制定型的彩画。中国建筑有一套定型的“法式”制度，这一套外廊的柱式组成也是法式中的一部分。中国建筑的时代特征、性格特征就是通过法式，也通过柱式的符号表现出来的（图 3）。

母题　motif 即形成一种建筑风格和建筑性格的某些基本形式。母题的形成，有自然地理的因素，如阿拉伯的拱形屋顶，北欧的陡坡屋顶，埃及的收分很大的墙体等；但更多的是长期审美经验形成的符号，如上面说的柱式即是一例。另外，像中国建筑飞檐翘角的曲线屋顶和彩画，哥特建筑的尖形拱券，斯

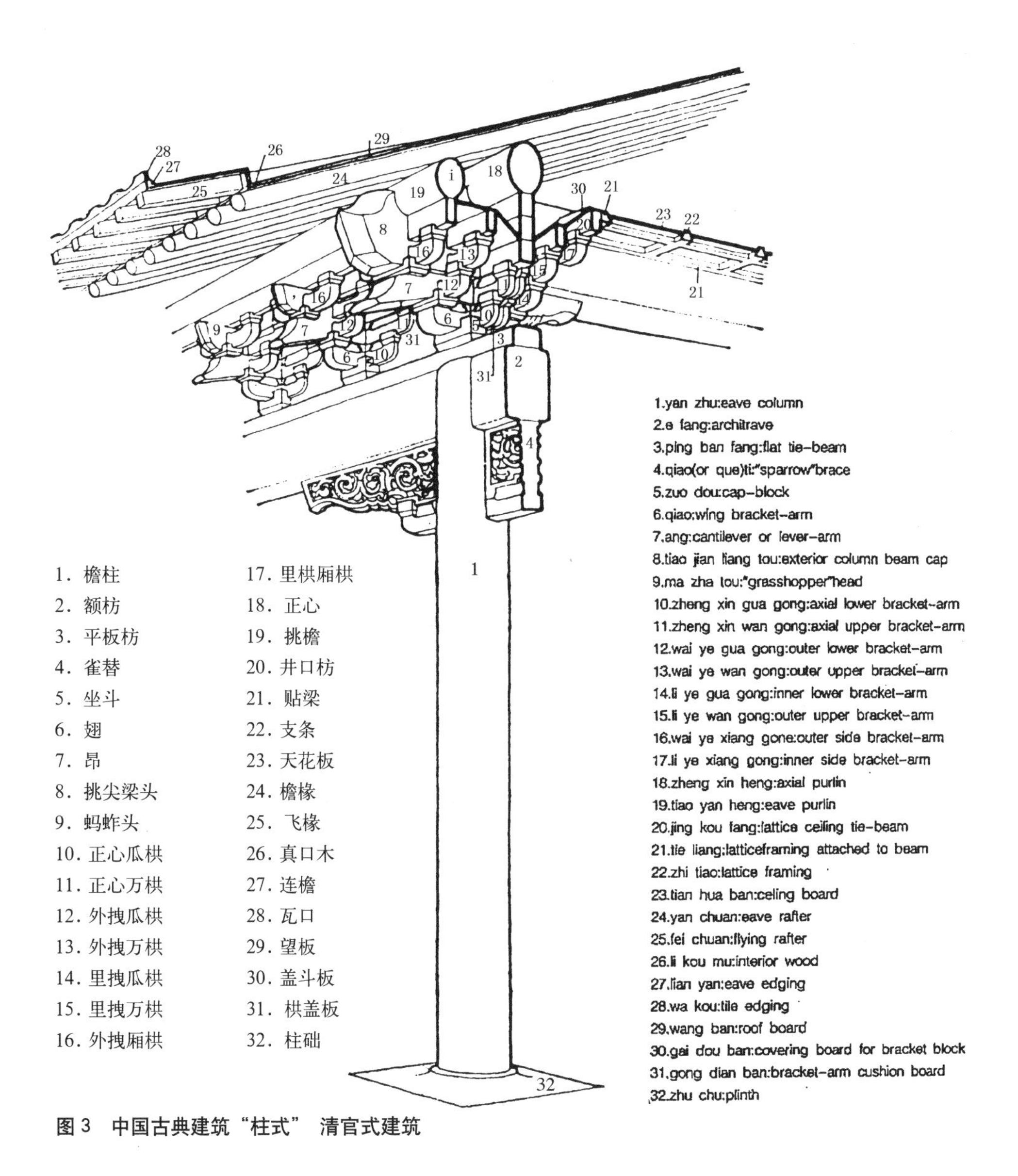

图 3　中国古典建筑“柱式”　清官式建筑

拉夫建筑洋葱形的塔顶，日本建筑裸露的木骨架，巴洛克建筑复杂的曲线柱式，西班牙建筑的黄墙红瓦深拱廊，西藏建筑的平顶厚檐墙和梯形窗套等，它们都是形成风格的特有的形式特征。

建筑风格是建筑艺术最敏感的一个现象，也是争论最大的一个课题。事实上，基于自然、功能、技术等物质因素而出现的形式，可以给建筑风格以重大影响，但最终形成风格特征的核心还是符号的鲜明性。一座最普通的楼房，即使是最平庸的建筑师使用最平庸的建筑处理手法，只要母题运用恰当或母题的特征鲜明，也会赋予它一定的风格特征。例如，加几个琉璃亭子，就有中国风格；窗顶作成曲线尖拱形，就有伊斯兰风格；前面加一排西方古典柱式门廊，就有欧美风格；女儿墙加檐口饰带，就带有西藏风格。布局对称、树木修剪，再加喷泉雕像，就有西方园林风格；布局曲折，亭廊委婉，再加假山曲水，便是中国园林风格。现代建筑否认建筑具有艺术风格，主张形式自然地由功能、技术产生，但实际上没有一座建筑的形式是这样“自然地”产生的，它们总带有某些非功能的风格特征，总有一些特殊的母题，哪怕是最“纯净”的一个钢架玻璃盒子式建筑，它那大面积的玻璃并不是全部功能所需要，它就是一个母题。这母题代表着现代结构、材料和技术的成就，因此它也不可能只是空前绝后的一座，而是普遍存在的“现代”风格。

母题还是显示建筑性格的符号。性格与建筑类型基本是一致的。比如中国古代建筑、宫殿、坛庙、寺观、陵墓、住宅、商店、作坊，基本风格是一致的，形成统一风格的母题是相同的，但它们的性格有差异，这差异就在于另外一些母题不同，比如宫殿寺庙用琉璃瓦，而民居商店绝不会用；佛教寺院常有佛塔，没有佛塔的也有另外一些标志物如影壁、牌坊、香炉、石碑，绝不会和衙署府邸等世俗建筑混淆。现代建筑功能复杂，类型比古代要多，正是因为有一些非此莫属的功能性符号，才使得现代建筑也有很鲜明的性格。

建筑形式美的第二种类型是空间形式。过去大多数人就称它们是形式美法则，有时也称作构图原理。对它们的研究已有了很长历史。因为相当长时间内人们认为建筑美学就是研究形式美法则，所以成果很多，分析得很细。综合起来，主要有以下三大类：

1．统一与均衡 统一可产生和谐感，均衡可产生稳定感。一般认为，人体的构造机能是均衡和谐的统一体，一切美的事物也要与之对应，所以统一与均衡是形式美最基本的法则。最简单的统一是各部分形状相似，或是各个单体组成一个群体，或是各个部分组成一个单体。比如古代的村落市镇就是由基本上差不多的民居组成，尽管布局没有条理，但却是统一和谐的。可是建筑形式不可能都是那么几个简单的体形，大型公共建筑往往由许多不相似的体形组合在一起，许多城市的街道是由几个时代，不同类型的建筑凑在一起的，把它们统一起来就要有更多的处理手段。最常用的是以大统小或以主统次，若干不相似的体形中有一个体量特别大，就可以形成以它为主的统一感，其他次要的较小的体量就会在印象中“遗失”。但也可以“集小统大”，即若干体量虽小，位置虽属次要的部分彼此有相似之处，多次重复就可以加强印象，使体量虽大的主体部分退居次要位置，在印象中被“遗失”。这里，充分利用“母题”，使它们突出在显要位置一般处于视线最前面更可达到统一的效果。比如在一大群形式极不相似的建筑如一条街道前面设置一排柱廊，甚至只设一道围墙，只要这柱廊或围墙的母题鲜明,即使它们和后面的任何建筑毫不相似,也可以获得统一的效果。

一般说来，统一中就包含了均衡的因素，所谓均衡，就是一条轴线两侧“彼此相当”，共同统一于轴线。最简单的形式是绝对对称。对称有两种形式，一种是只有一条轴线，轴线两侧完全一致，如矩形、椭圆、正梯形、正三角形等，也称为镜面对称;另一种是轴线的角度可以任意改变,改变后的两侧仍是对称的,仿佛是轴线与图形垂直，故又称为立轴对称，最常见的是成互相垂直的十字轴线对称形式，如正方形、正圆形、正八角、“十”字、“田”字、“井”字、“亞”字形等。但事实上除少量纪念性很强的建筑外，很少有绝对对称的建筑，它们都采用非对称的均衡，即利用杠杆平衡原理，或使轴线改变位置，或增减轴线一侧的“量”，以取得均衡。例如，一侧高而窄，另一侧矮而长 ；一侧是小体量的组合，另一侧是一个大的体量 ；一侧是建筑物，另一侧是平台花坛 ；一侧是小而实，另一侧是大而虚如深拱廊 ；一侧是体量小但装饰富丽的螺旋楼梯，另一

图 4　对称（上 2 幅）与非对称（下 3 幅）均衡

侧是体量大而平直的墙面等，这些体形的、虚实的、装饰的、趣味的差别，都可“换算”成一些绝对的“量”，从而达到感觉上的平衡，以取得和谐稳定的审美效应（图 4）。

2. 比例与尺度 西方人说建筑是凝固的音乐，音乐是流动的建筑。这个比喻所以得到广泛的传播，主要原因之一就是因为它们都是由一定的数学比例组成的匀称的整体。比例是建筑美的基础，尺度则是它的具体化。

无论是古典的建筑美学还是现代的技术美学对建筑美的认识有多么大的分歧，但有一点是共同的，即都承认比例是构成建筑美的最基本条件，而对尺度的处理则是建筑创作最重要的课题之一。

建筑的比例包括这样一些内容：

第一，几何相似。房屋的整体和局部呈相似形，它们的体形边界呈矩形，各部分的对角线互相平行或互相垂直，这样就可构成一组和谐的比例；或者可划分出几个不宜太多相似形，彼此有规则地组合在一起，也可构成和谐的比例（图 5）。

第二，数学关系。最常见的公认为美的比例是“黄金分割”，即一线段分成长短两段，使长段与短段之比等于全段与长段之比，其比值为 1 ：1.618……若是一个矩形，则短边为 1，长边为 1.618……（图 6）此种比例早在古希腊时期已被发现，并用几何作图法可以求得，后来人们也用

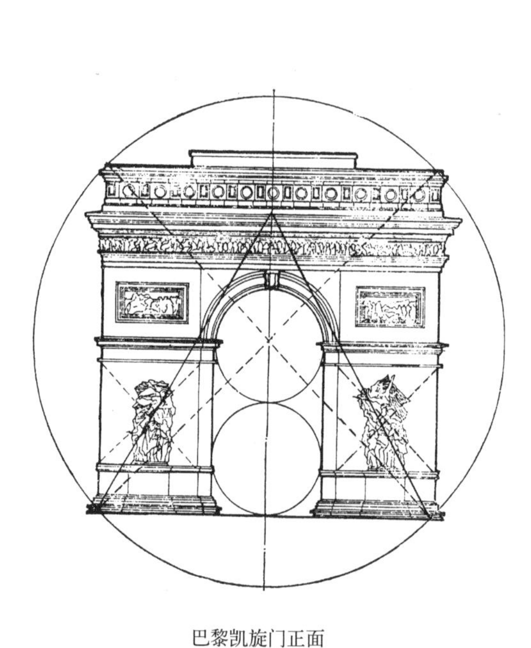

巴黎凯旋门正面

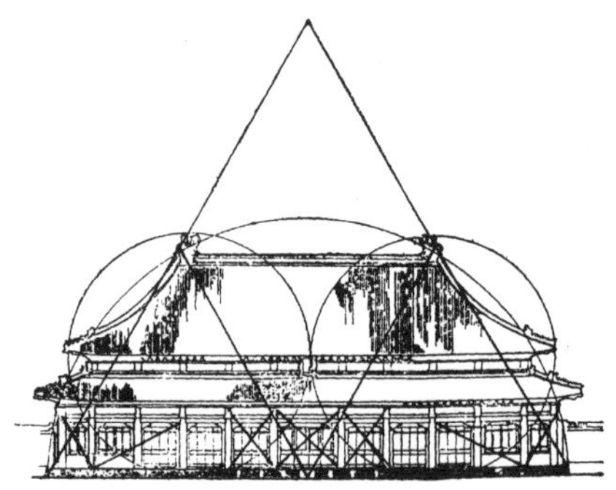

北京故宫太和殿正面

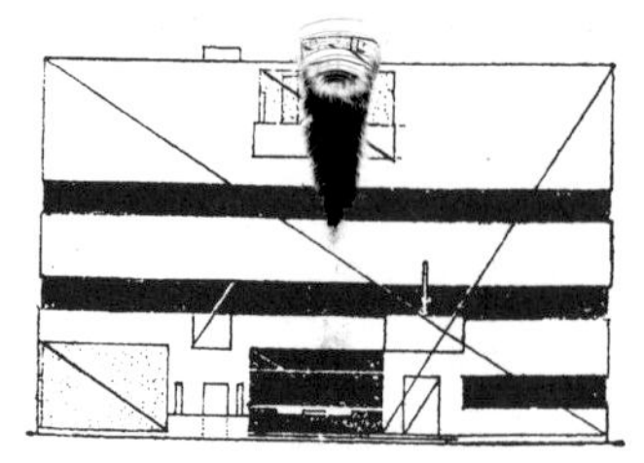

史太因住宅正面

图 5 建筑的比例关系

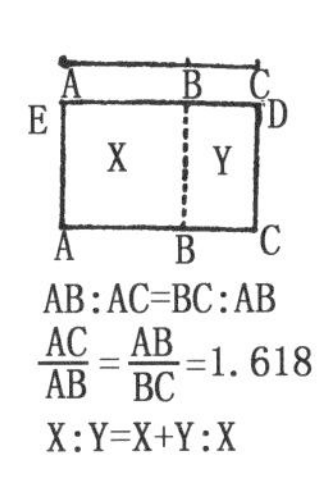

$AO=OC=\frac{1}{2}AC$

$DC=AO$

$\frac{AC}{AB}=\frac{AB}{BC}1.618\cdots\cdots$

A E D OB C

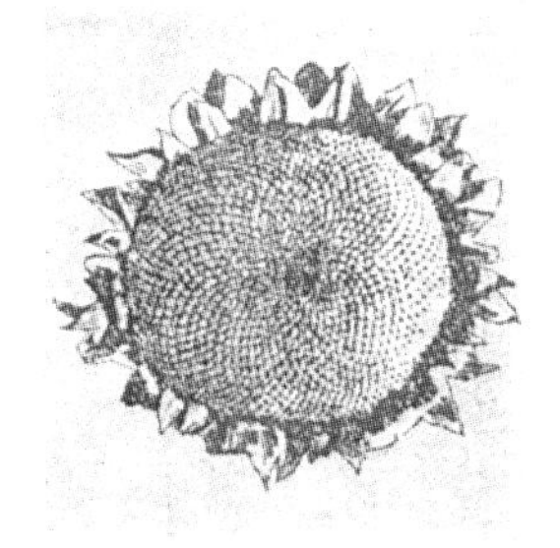

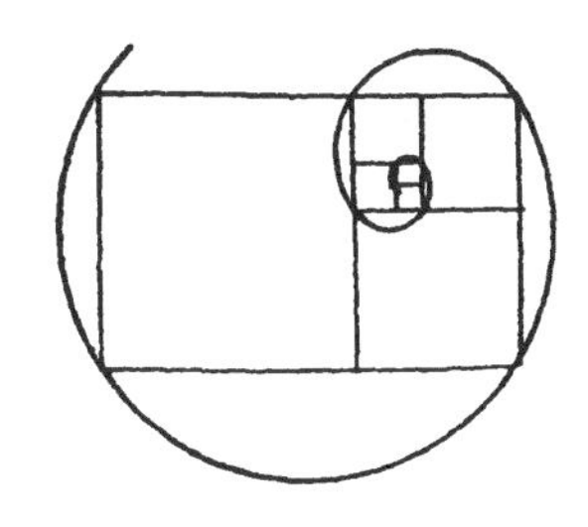

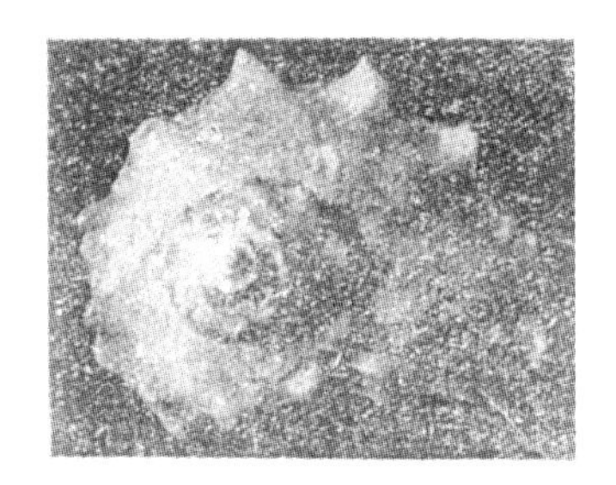

图 6　黄金分割（上）及其在自然界（贝壳与葵花）的表现

$\frac{-1+\sqrt{5}}{2}$的算式得出。这一公认为美的比例不但存在于图形中，在音乐和自然界中也可见到，甚至可以应用到工业生产中即统筹法。文艺复兴时期的大师们对它进行过许多测试，惊叹于它的无所不在而称之为“神分线”。近代建筑大师勒·柯布西耶曾据此分析人体，假定标准人体高为六英尺 72 英寸 1.83 米，高举左手，由手指尖至头顶高 432 毫米，头顶至腹腔节为 698 毫米，两者比值为 1.615；由腹腔节至足底为 1130 毫米，与上段的比值恰为 1.618; 再细分人体各部分，仍可出现无数接近 1.618 的比值（图 7）。早在古罗马时，建筑师维特鲁威就定人体高为足长的六倍。“足”即成为英语的“尺”foot。文艺复兴大建筑家阿尔伯蒂制定人体尺寸表，也定标准身高为六英尺。勒·柯布西耶在 1946 年将人

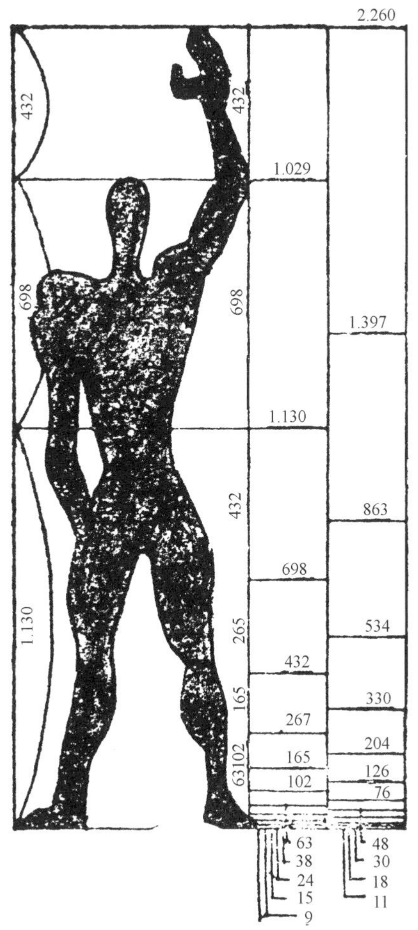

图 7　勒·柯布西耶人体模度　黄金分割

体比例折合数学后定为基本尺度，包括长短、面积、体积，设计出一种比例格，对推进建筑的标准化工业化贡献很大，也保证了按此建造可获得美的比例。

第三，模度关系。就是选用一个基本数字或一种基本图形，以此为基数来规定建筑构件的尺寸，有些类似音乐中的"调"。如古希腊、罗马的柱式均以柱子下部直径为模度，柱身、柱础、柱帽、檐枋、檐口等均为柱径的倍数或分数。又如中国早在春秋战国时期就有了比较严密的模度制，《考工记》规定，道路的模度是"轨"8尺，城墙城楼是"雉"宽3丈高1丈，居室是"几"3尺，厅堂是"筵"9尺，门是"扃"大扃3尺、小扃2尺，庭院是"寻"7尺，田野是"步"6尺等。至少从唐代起，就用斗栱中一个栱的断面尺寸为模度，这个栱断面的比例是3∶2。宋《营造法式》规定，一个栱断面的尺寸为1"材"，"材"分八等，从高九寸宽六寸至高四寸五分宽三寸；每"材"又分为高十五宽十"分"，建筑的各个部分都用"材"和"分"的倍数加以确定，而建筑的规格则以用"材"的等级来划分（图8）。现代建筑的设计，多数包括中国采用"三模"制，即以300毫米为基本模度，建筑的各部分尺寸都是它的倍数。

过去人们主要是文艺复兴以后的古典主义时代把比例推崇为至高无上的法则，也是建筑美学的主要内容，但事实上人对建筑的视觉是有透视误差的，而且视点不可能是固定的，这样就会大大改变图面上的比例关系。经验证明，建筑的审美效应也不是仅仅由比例决定的。所以现在普遍的看法是，推敲比例是建筑创作不可缺少的重要手段，良好的比例也是建筑美的重要因素，但也不可拘泥过甚，

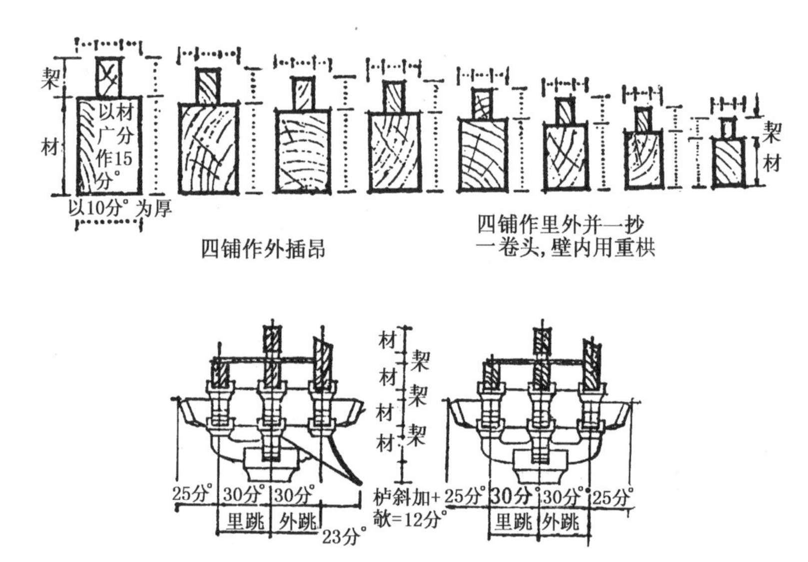

图8 宋《营造法式》材、分比例

强调到不适当的程度。相对来说，尺度倒是更加重要一些。

尺度与尺寸有密切的关系，但又不是绝对的尺寸，它是一种由具体的尺寸与人的感知共同构成的比较关系。有的建筑尺寸不大，但可能尺度很大如陵墓、纪念碑；而有的尺寸很大，但尺度却较小如高层住宅；有些建筑尺寸相同，但由于处理手法不同，就可能产生两种尺度，比如两座尺寸相等的高塔，一座用竖线条划分或用较密的横线条划分，另一座用横线条划分或没有划分，则前者的尺度要比后者大。形成尺度感有多种因素。

首先，人体是一把基本标尺，与人体活动直接相关的部分如门、台阶、栏杆、窗台、坐凳等应当是真实可靠的。建筑物可以无限高大，但这些基本尺度却不可任意改变，由它们就可以比较出真实的建筑尺度，如果改变了这些尺度，整个建筑尺度就会失真；如果缺少这些基本尺度，或它们的尺度不明确，那么就会出现“无尺度”的造型，经验证明，“无尺度”的造型是僵死的造型（图 9）。

其次，人的习惯感知也是一种标尺，而习惯感知则来源于生活的积累。比如，尺寸小的剧院与住宅放在一起，尺度要比实际大得多，因为在习惯上，住宅“应该”小而剧院是“应该”大的。又比如，现代公园中设置假山、游廊，从公园使用上要求它们的尺寸都比较大，但尺度感却要小得多，因为习惯上假山、游廊只在古典小园林中才有，它们是不“应该”过大的。

第三，环境与序列足以影响尺度感。一个狭小环境中的建筑，因空间的对比可以显得比实际的大；但如过分局促而不能见到全貌时，又可能显得比实际的小。同样，在开阔的环境中的建筑，因空间的对比可以显得比实际的小；但如果处理得当如加一些较小的陪衬物，也可以显得比实际的大。北京天安门广场因

图 9　正确的（左图）与错误的（右图）尺度

为绝对尺寸很大，所以两侧的人民大会堂和历史博物馆必须放大尺度与之谐调，这样两座庞大建筑的尺度感就小于实际尺寸，不显过大。北部的天安门尺寸较大，在失去了古代的空间环境后尺度将会变小，但由于街道没有南移，实际视距变化不大，又保存了原有的陪衬物华表、石狮、金水桥、宫墙等，结果它原来的尺度感并没有发生变化。广场中的人民英雄纪念碑，造型模拟古代石碑，也可以说是放大了的古碑，很有可能出现"无尺度"的印象，但在它的下面加了一个平台。平台的栏杆、台阶既合乎人的尺度，也合乎习惯上一般纪念性建筑常有的平台如天坛尺度，所以纪念碑的高大尺度就没有失真。

3. 韵律与序列 韵律也可称节奏，和音乐一样都是某些基本因素有规律的重复现象，不过前者是简单的重复，如门窗柱子按一定距离有规则地排列就可形成韵律感；而后者比较复杂，或者是某些部位有规则的交错排列，或者是依托某一中心常是轴线位置有规则地递减递加向外辐射。韵律扩大到空间组织，就成为序列，无韵律的序列也就无美感可言。有的序列比较小，如一座大教堂，一所四合院，有的可以很大，如北京城中轴线的序列长达 3.8 公里，明十三陵序列长达 6 公里多。

将建筑比拟为音乐，共同富有韵律节奏也是一个重要的原因。歌德说他在罗马圣彼得教堂前散步，深深感到了音乐的节奏，就是因为大教堂前的广场是由整齐划一的柱廊围合，而广场的形状又是一个规则的椭圆形；同时，广场与大教堂共一条轴线，平缓的柱廊与高耸的教堂，以及教堂富有韵律感的圆顶组合，构成了主次分明，基调明确的节奏。西方古典建筑重视单座房屋的韵律结构，大多数表现在正面柱子、门、窗的排列组合；同时也重视平面布局的韵律，常以大厅为中心，围绕大厅有规则地布置楼梯、过道和次要房间，构成某种辐射式的韵律。中国古典建筑的造型与结构关系紧密，许多单座建筑造型的韵律都表现在结构构件的安排。如房屋多为单数开间，梁枋显示出明确的间架，正中一间明间最大，两侧开间逐步减小，形成一种韵律。多层楼阁或佛塔层层出檐，有的在檐上还有挑出的走廊栏杆。这些屋檐、栏杆形成规则的水平线条，又往往由下而上逐层收进减低，节奏感更强。室内常常不设天花板，裸露的梁、枋、檩、椽、斗、栱，体系分明，排列有序，也构成了很强的节奏（图 10）。彩画也有韵律，在构图上，总体图案多为简单的重复，但细部花饰却交错换位；在色彩上，常用蓝、绿两色上下左右交替排列，中间夹以朱红，韵律感很强。现代建筑由于多是标准化、工业化生产，既有模度的限制，又在美学上刻意表现结构机能，所以大部分富有节奏感，如连续的拱架，规则的网架和悬索，成套生产的墙板，高层重复的框架等。

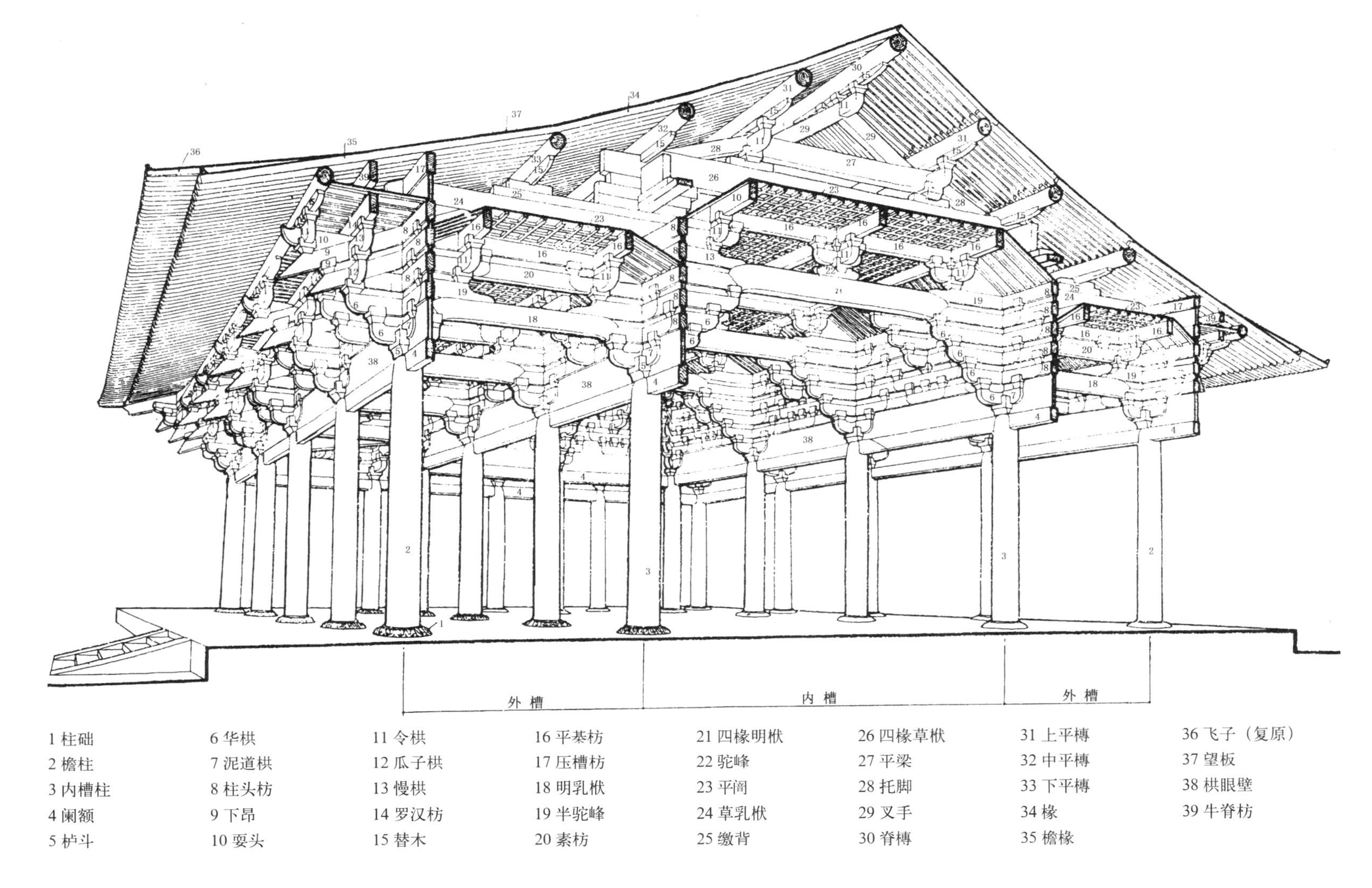

图 10　山西五台山唐代佛光寺大殿室内结构的韵律

空间序列可分为有规则的和比较自由的两大类。规则的序列节奏感比较强，容易引发出比较直觉的感情。比如古埃及的神庙、印度的石窟寺，由大门向内划成几个空间，各个空间面积逐渐减小，高度逐渐减低，很快就形成一个富有神秘感的序列。又如北京故宫的前导部分，由正阳门向北，先是一个界限不太明确的方形广场棋盘街，它正面的大清门也就不显得突出。进门以后，是由连檐通脊的两排“千步廊”构成的狭长广场，千步廊是最简单的韵律重复，逼得人的视线只能向正面的天安门望去。当走完千步廊以后，突然出现一个横向广场，使人的视觉发生了急剧变化，立刻进入另一个韵律空间，处于正面的天安门正处在韵律中心，给人造成一种极强烈的印象（图 1）。类似的手法，在古代许多宫殿、寺庙中屡见不鲜，真可说是起伏跌宕，仪态万千。

所谓比较自由的序列，并不是没有任何规则，而是序列的节奏呈两极端发展——一个极端是起伏较大，比如中国的某些私家园林，走廊曲折，空间穿插变化，但总体空间不大，虽然身临其间可以获得“步移景异”的多种感受，但景物变换过快，往往令人目不暇接。这样的节奏可以构成丰富多彩的美感，但曲折到了没有章法的地步也可能造成拥挤杂芜的压抑感——尽管对象仍是美丽的园林；另一个极端是序列起伏不大，延续很长。如明十三陵，由陵外的石牌坊开始，进入大红门，再绕过大碑楼、四座华表，完成了一个起伏不大的序列前导。当过了大碑楼进入神道时，由石柱、石人、石兽构成的序列节奏就比较急促，但由于周围环境空旷，所以虽急促但不急迫。走过龙凤门后便进入长长的道路，其间只有两座石桥算是微弱的节拍。但这约五公里长的一条道路实际是长陵前面最有力的前奏，行走其间，可见山峦起伏，气象森然，待到达长陵或定陵等门前，便另有一番庄严肃穆的感受。这一序列看似无规则，但对于这一具体环境中的具体对象，却是最好的安排。其他如青城山、峨眉山、杭州西湖等著名风景区，也有类似的序列处理。不过，如果不看环境不看对象，这种起伏不大而距离又长的序列，完全可以变得冗长散漫，自然也谈不到韵律的美感了。

重视序列构成法则在现代建筑中尤其重要，因为现代建筑的审美观念已从注重单座房屋的风格式样转向对整体环境的把握。中国建筑中最优秀的一份遗产就是处理环境空间的美学原则，中国的堪舆学说即风水学说，相地经验和多不胜数的优秀群体实例，说明中国人的环境美学观是自觉而成熟的，尤其长于组织序列结构，我们应当充分予以重视。

本文为原为应用美学丛书《建筑美学·第一章》科学普及出版社 1991 年

建筑美学散论

在我们生活的这个世界上，几千年来，人类创造了无可数计的建筑物，它们千姿百态，光怪陆离，和这个世界上的丛山莽林，长河大漠一样，令人眼花缭乱。这些自然的与人造的，过去的与现在的，绚烂无比的物质世界，在人们的头脑里又构建出一个生动丰满的精彩世界，逗引起人们的讴歌赞叹。

古希腊有一个美丽的传说，说的是远古时候，在色雷斯这个地方有一位英俊的年轻人名叫俄耳甫斯 Orpheus，传说他是河神和一位文艺女神的儿子，是音乐和诗歌的发明者，太阳神阿波罗把自己的七弦竖琴送给他，文艺女神缪斯亲手教他弹奏。他的琴声出神入化，使得山岳起舞，流水凝绝，岩石树木为琴声所陶醉，纷纷像中了魔法一样随他走去。有一天，他带着岩石树木来到一块空地上，竖琴弹起后，这些木石居然按着琴声的旋律节奏组成了一座座房屋，形成了一个市场。琴声终了，这些节奏旋律就凝结在建筑物上，化成了和谐匀称的比例。从此，人们漫步在这个市场上，就仿佛陶醉在永恒的音乐之中。这当然只是一个传说，但这个传说恰好说明，今天世界上公认古希腊建筑的美为后世难以企及，其原因就在于它们那无比和谐的比例节奏。和这个传说同时，古希腊哲学家毕达哥拉斯及其门徒长期潜心研究宇宙的构成，他们发现，美的音乐有着完整的教学比例规则，建筑和音乐一样，和谐的比例节奏，正是建筑美的基本要素，他们由此进一步断言，整个宇宙也是由若干个和谐的教学比例规则构成的[1]。

古希腊这个美丽的传说一直流传到后世。当 19 世纪欧洲浪漫文艺思潮兴起，早已走下历史舞台的古代建筑艺术又受到人们的青睐，许多哲学家、艺术家、文艺批评家都大谈古代建筑的美，对那些和谐的比例造型推崇备至。大诗人歌德就很赞赏上面说的那个希腊传说，他说，当人们在罗马梵蒂冈的圣彼得大教

1　陈志华《关于建筑是凝固的音乐》

堂内散步时，一定也会有这种经验，会觉得自己是游泳在石柱林立的乐章享受之中。所以在当时浪漫主义的文艺家口中流传着这样一句话："建筑是凝固的音乐。"有人说第一个说出这句话的是谢林，也有人说是许莱格尔。再过不久，一位音乐理论和作曲家姆尼兹·豪普德曼在他的名著《和声与节奏的本性》中把这句话倒转过来，说："音乐是流动的建筑。"当时俄国著名的文艺批评家赫尔岑也说："没有一种艺术比建筑更接近神秘主义的了，它是抽象的几何学的、无声音乐的、冷静的东西，它的生命就在象征、形象和暗示里面。"[1] 由此看来，拿建筑和音乐来类比，来讴歌，在当时确是颇为流行的。

到了近代，法国有位诗人梵乐希写了一本论建筑艺术的书《优班尼欧斯或论建筑》，书中说到有一位建筑师和他的好朋友费得诺斯在郊野中散步时，看到一座石造的小神庙，用的是古希腊科林斯 Corinthian 的柱式，建筑师说：

> 听啊，费得诺斯，这个小庙……当过路人看见它，不外是一个风姿绰约的小庙——一件小东西，四根柱子在一单纯的体式中——我在它里面却寄寓着我生命里一个光明日子的回忆啊，甜蜜可爱的变化呀！这个我曾幸福地恋爱着的女郎，这小庙里很忠实地复示着她身体的特殊比例，它为我活着。我寄寓于它的，它回赐给我。

费得诺斯说：

> 怪不得它有这般不可思议的窈窕呢！人在它里面真能感觉到一个人格的存在，一个女子的奇花初放，一个可爱的人儿的音乐和谐……倘使我放肆我的想象，我就要，你晓得，把它唤作一阕新婚的歌，里面夹着清亮的笛声，我现在正听到它在我内心里升起来了。

一个小小的石造神庙，因为本身富有完美的比例，竟使得诗人联想起少女、短笛和新婚的歌声。[2]

在古代中国，人们也把建筑艺术列为"乐"的一种类型。古代最完整的美学著作《乐记》，就是以音乐为代表，全面论述各种艺术的理论。郭沫若在谈到《乐记》时说："中国旧时的'乐'，它的内容包括很广。音乐、诗歌、舞蹈本是

---

1 引自巴金《往事与随想》

2 见宗白华《中国古代的音乐寓言与音乐思想》

三位一体可不用说，绘画、雕镂、建筑等造型艺术也被包含着。”古代中国人很少单独谈建筑艺术，而总是把它的艺术形式和它的社会功能联系到一起，就是说，包括建筑在内的一切艺术，都包含着社会功能——“礼”和艺术形式——“乐”两个不可分割的侧面。“礼”要求一个永恒的、好像金字塔形状的完整结构，而“乐”则要求用各种艺术形态把这个金字塔的结构体现出来，构建出一个稳定的均衡的和谐的艺术部类。《左传》说：“一气、二体、三类、四畅、五声、六律、七音、八风、九歌，以相成也。清浊、大小、短长、疾徐、哀乐、刚柔、迟速、高下、出入、周疏，以相济也。”[1] 这段话在字面上是说构成音乐的所有因素都要相成相济，和谐协调，而实际上是以音乐类比一切文化艺术。《乐记》说，音乐“倡和有应，回邪曲直，各归其分，而万物之理，各以类相动也”[2]。“倡和有应，各归其分”就是均衡和谐，这是“万物之理”，建筑自然也不例外。《乐记》又说：“乐者，非谓黄钟大吕弦歌干扬也，乐之末节也”[3]。就是说，具体的音乐不过是末节，“乐”应当有更广泛的内涵。什么内涵呢？《礼记》、《吕氏春秋》、《淮南子》中都有以十二月为纲目，配以自然人事和音乐的声调声律，也和帝王临朝居住的房舍相对应，建构成一个礼乐相融的世界模式。到魏晋时期，阮籍归纳得更加简明，他说：“尊卑有分，上下有等，谓之礼；人安其分，情意无哀，谓之乐。车服、旌旗、宫室、饮食，礼之具也；钟、磬、鞞、鼓、琴、瑟、歌、舞，乐之器也”[4]。阮籍是魏晋之际著名的“竹林七贤”之一，他精通文艺，富有哲理思想，他把一切生活实用的东西——包括建筑，都归为礼的载体——“具”；而可以奏出音调的乐器都归为乐的载体——“器”。器具相合，礼乐相成，世界才有秩序，建筑宫室是和音乐相通的。中国先秦至魏晋的音乐观念，大体上和古希腊毕达哥拉斯学派相似，都强调乐曲的和谐秩序，以及这种秩序与宇宙自然规律的认同统一。但中国人又进一步把这种秩序观念深入到人的内心世界，社会的伦理结构，内容要深刻得多了。

“诗言志，歌永言，声依永，律和声”[5]。在古代中国，诗、歌同源，诗原来都是歌。后来文人们作诗，和诗的变体赋、词、小令等也有不少可以变成歌，而诗词的平仄、声韵、对仗本身就极富有音乐感。以诗来讴歌建筑，是古代中国人赋予建筑以音乐形象最常见的形式。

---

1 《昭公二十年》
2 《乐象篇》
3 《乐情篇》
4 《乐论》
5 《尚书·尧典》

《诗·小雅》形容周代建筑的屋顶形式："如跂斯翼，如矢斯棘同疾，如鸟斯革同急，如翚斯飞"，说的是屋面舒展，像张开的羽翼；屋脊挺拔，像离弦的箭矢；有的屋顶参差曲折，像小鸟急飞；有的又轻扬飘逸，像凤凰翱翔，真是充满了音乐感。"赋"是诗的变体，也可以说是散文诗。东汉班固作《西都赋》，歌颂西都长安："建金城而万雉，呀周池而成渊。披三条之广路，立十二之通门。内则街衢洞达，闾阎且千。九市开场，货别隧分。人不得顾，车不得旋。阗城溢郭，旁流百廛。红尘四合，烟云相连……"歌颂宫殿："体象乎天地，经纬乎阴阳。据坤灵之正位，仿太紫之圆方。树中天之华阙，丰冠山之朱堂。因瑰材而究奇，抗应龙之虹梁。列棼橑以布翼，荷栋桴而高骧。雕玉瑱以居楹，裁金璧以饰珰。发五色之渥彩，光闪朗以景彰……"铿锵有声的节奏，层次明晰的描述，把音乐的美深深注入到建筑中去了。流传至今的中国古代诗词歌赋曲令，恐怕不下几十万首，如果有人作一点统计，至少有一半以上与建筑和建筑构成的环境有关，有些简直就是以建筑为依托，为比兴，为背景，为脉络来抒发诗意的。其中，以词的内涵最为丰富。词开始是歌曲，音乐的旋律节奏更加细腻流畅，用来描述园林名胜，情景交融感人至深。

试看两首宋词——

柳外轻雷池上雨，雨声碎荷声。
小楼西角断虹明，阑干倚处，待得月华生。
燕子飞来窥画栋，玉钩垂下帘旌。
凉波不动簟纹平，水精双枕，旁有堕钗横。

——欧阳修《临江仙》

秋千院落垂帘幕，彩笔闲来题绣户。
墙头丹杏雨余花，门外绿杨风后絮。
朝云信迷如何处？应作襄王春梦去。
紫骝认得旧游踪，嘶过画桥东畔路。

——晏几道《木兰花》

雨声荷声，绿杨丹杏，小楼画桥，垂帘绣户，秋千燕子，墙头马上，那是多么令人心醉的音乐般的境界。

"建筑是凝固的音乐"，还是一个广泛的艺术命题。艺术有许多门类，艺术理论家有许多分类的方法。但不管怎么分类，建筑和音乐都是艺术的两个极端，一个最具体实在，一个最抽象虚渺。建筑是绝对静止的，人只用眼睛就可以感受到它，但又必须不停地移动才能获得完整的印象；音乐则是绝对流动的，人只用耳朵就可以感受到它，但又必须安静地领悟才能获得完整的印象。只用眼睛就能欣赏的建筑，通过审美主体的移动就能获得虚空的意境；而只用耳朵就能欣赏的音乐，通过审美主体的静观却能获得实在的感受。人们通过长期的艺术实践，逐渐认识到即使是距离最远的门类，也可以在超越艺术实体的境界中得到融合，那么，类别相近的门类就更加有可能融合出新的品种了。中国园林的诗情画意美，欧美建筑的雕塑工艺美，都是这种融合的例证。以建筑类比音乐，有不少研究者作过具体分析。意大利建筑史学者布鲁诺·维赛在其名著《建筑空间论》中引用了一个建筑与音乐节奏的对应图，是讲文艺复兴建筑的。中国建筑史学者梁思成画过两个比较图，一个用辽代密檐塔的造型来说明中国建筑的节奏，另一个用杂乱无章的廊柱式样说明一种“狂想曲”的形象。[1]但他们都只是从单座建筑着眼，如果我们拿一些中国古代优秀的建筑环境来分析，它们构成的空间序列的音乐感就更强了。像北京故宫、明十三陵、天坛、颐和园等，都可以按其观赏路线中的高低错落，谱写出真正的交响乐章，有前序，有高潮，有结尾，有和声，有变调，其形象是异常鲜明的。

文艺女神依靠着两只翅膀在世间飞翔，一只是浪漫主义，另一只是理性主义，任何艺术美的创造都不可能只靠其中的一只，只不过创造艺术的人观察事物的角度和创作的方法畸轻畸重，文艺女神飞翔得偏此偏彼，人们也就把作品按偏重的一面加以分类罢了。建筑美也是这样，有人从浪漫主义方面观察，或作品的浪漫主义成份大些，就容易使人从风貌的内蕴、意境中驰骋想象；另一些人从理性主义方面观察，或作品的理性主义的成份大些，就容易使人从构成的逻辑、概念中耙梳条缕。“建筑是凝固的音乐”，这无疑是浪漫主义者的真实感受，而理性主义者则是从另一方面对建筑作了细致的观察。

古埃及金字塔之谜，一直困扰着历代建筑家和美学家们。它们那精确的方位、尺寸和建筑的技术以及各部分尺寸中蕴含的神秘数字和体量、形式，包含着当时创造这一奇迹的人们对纪念建筑深刻的理性认识。金字塔的永恒性格和造成这种性格之间存在着什么必然联系，它和从古至今人们对它始终如一的审美感受有什么内在的契机，确是令人费解的美学之谜。和金字塔相似的还有古巴比伦的观星台，古希腊的柱式神庙以及古代中国的明堂坛庙，这些都值得深入加以讨论。

1世纪罗马帝国的建筑工程师维特鲁威写了一本论建筑的书——《建筑十

---

1 见《建筑和建筑的艺术》《千篇一律与千变万化》

书》，第一次对西方建筑美作了理性的分析。他说，建筑是由坚固、适用和美观三因素构成，建筑美不是作为物质实体的建筑自然形成的，它是设计人构思[1]创作的结果，是一种理性活动的成果。建筑美包括室内外合理的布局，外貌的优美，各个组成部分的相互谐调，造型富有整体性等。该书对希腊“柱式”order特别加以论述，指出柱式之美就在于各部比例之中存在着一个基本“模数”，即柱子下部的直径，而这种模数又是来源于对人体的模拟。例如，多立克Doric柱高是柱径的6倍，来源于男子身长为足长的6倍；而爱奥尼Ionic柱高是柱径的8倍，来源于女子的比例；科林斯Corinthian柱高是柱径的9倍，来源于更加窈窕的少女比例。同时，多立克柱式装饰简单，线条刚直，爱奥尼柱式富有装饰性，线条柔和，科林斯的装饰更加丰富，这也都突出了它们拟人的性格。

对建筑艺术的理性认识，最完整的是黑格尔。黑格尔在他的《美学讲演录》即《美学》中，以严密的逻辑思辨和宏伟的历史主义，对艺术作了深刻的理性判断。

过去我们常说黑格尔是一位客观唯心主义者，这主要是指他假设了一个称为“理念”的绝对精神客体，世界万物都由“理念”主宰，万物现象都是“理念”的显现形式。在他的《美学讲演录》中，理念又称为心灵、心灵性、心灵概念、绝对本质、真实概念等。黑格尔不同于康德，康德认为，一切真实的东西即本体都是不可理解的，可理解的只是本体的某些有限的现象和某一时期的偶然事物。黑格尔则认为，只有真实的东西才是可以理解的，因为真实是以理念为基础，而理念则是绝对的客观存在，是“实有的”东西。由于这个“实有的”东西既不是来源于主观想象，又不是自然的物质，也没有指明是一种社会实践的结果，而是一种先物质的客观存在，因此也就很容易被指为客观唯心主义。但是，如果我们通读《美学》和黑格尔的其他哲学著作，就不难发现，这位智慧的老人绝不是一位随心所欲的“唯心”者，他那强烈的理性精神绝不容许丝毫的“唯心”。须知，对精神现象的研究，在心理科学和与之有关的生理科学远远落后的今天，绝大部分只能停留在假设求证和经验描述的阶段，而科学的进步则是永远离不开假设的前提。早在古希腊时期的柏拉图，就已提出了世界本源是“理念”的假设，但仅止于假设，无论是逻辑的或是经验的论证都很差。黑格尔则不然，他的“理念”的概念是切实的、丰满的，通篇《美学》都在证明着它的存在，它的运动。它令人信服地指出这样一些事实：第一，人类的审美心理有一个由低级到高级的演进过程，这也是人类不断自我完善过程中重要的一环，虽然这种完善过程中的各种契机至今还是一个谜。第二，艺术的发展存在着客观规律，

1　希腊人称为伊得埃 ideae

美是有规律可循的，因此美感也应当有客观的标准。第三，艺术是有风格范畴的，各种风格定性的主要依据是时代的性质，艺术风格建筑在当时社会生活的总体基础之上，其中包括许多至今还不可能确切定量的高层次的基础因素。如果我们不去纠缠上述这些结论表述的词句，不拘泥于概念表述中外延的可能，那么，“理念”作为一种世界运动，特别是精神现象运动的合规律性和合目的性的载体，到底是“唯心”还是“唯物”，恐怕还不好遽尔结论。

其实，《美学》倒是表现出一种明显的机械论，或形而上学的逻辑，这就是，把一切现象都套进一个“三段论”的平面框架里，有些就显得比较勉强了。这个三段论的体系大概是这样的：

第一，理念运行有三个大阶段，先是艺术，其次是宗教，最后是哲学。艺术最具体感性知觉，宗教最契合想象意识，哲学最无限自由思考。

第二，“理念”在艺术阶段的运行中又有三个阶段，先是体现为三种“内在作品”：最初是象征型的，然后是古典型的，最后是浪漫型的。相应的又有三种“外在作品”：象征型的是建筑，古典型的是雕刻，浪漫型的是绘画、音乐和诗。这里就有一点牵强，绘画、音乐和诗，门类不同，按照黑格尔的体系，艺术作品的载体是由具体到抽象，层次由低级到高级，绘画比音乐具体，音乐又比诗具体，诗以后就是更加抽象的宗教，把它们放在一个类型中，框架显得不够谐调。

第三，这三部分“作品”又表现为三种判断方式，或三种创作观念：象征型是非现实的，纯观念的；古典型是现实的，观念与情感和谐一致的；浪漫型是超现实的，纯感情的。三种判断方式或创作观念，使得作品呈现出三种风格，象征型是严峻的，古典型是理想的，浪漫型是愉快的。

第四，建筑是象征型艺术的代表，是理念在艺术领域中最初的低级的显现。其所以如此，是因为在精神领域中，建筑的非精神性最强，是理念刚刚脱离自然的物质领域，但又不得不依附自然的物质的重重束缚来显现自己。一则建筑的“素材”物质实体是物质的，精神驰骋受到致命的约束；二则建筑的形式是无机的，抽象的，而理念则是真实的，具体的，因此建筑和理念是对立的，也就是形式与内容极不谐调。但理念的运行只能从低级到高级，建筑也就只能是这个阶段最合适的代表了。

第五，建筑本身又分三个阶段。第一阶段是象征型的建筑，它又分为三个小阶段：先是只作为一种象征物如巴比伦塔，形象与内容毫无关联；再是介乎雕刻和房屋之间的建筑物如埃及的庙宇，内容与形式多少有些关联；三是向房屋过渡的一些纪念建筑如陵墓，形式基本上体现了内容。第二阶段是古典型建筑，它最符合建筑的“定性”要求，即既是实用的房屋，又是精神的载体，因此叫做“应用的建筑”。它也分为三个小阶段：先是虽有实用价值，但主要是人在室外或廊下活动欣赏的希腊神庙建筑；再是既可在室外欣赏，又能在室内活动的罗马神庙建筑；三是供世俗生活使用，实用中含有审美，外形又丰富亲切的罗马其他民用建筑府邸、花园、公共建筑。第三阶段是浪漫型建筑，是建筑又一次超越了实用，追求独立自主的精神力量，因此叫做“自由独立”的建筑。它也分为三个小阶段：先是由罗马公共建筑过渡而来的早期基督教堂，已经在罗马市政厅的形式中注入了基督教的内容；再是典型的哥特 Gothic 式教堂，它的室外形象，室内空间都包含着巨大的精神活动的自由力量；三是中世纪的民间建筑和园林，它们已经在刻意追求诗画的境界了。黑格尔把园林作为建筑艺术的终点，他说“讨论到真正的园林艺术，我们必须把其中绘画的因素和建筑的因素分别清楚。花园并不是一种正式建筑，不是运用自由的自然事物而建造成的作品，而是一种绘画，让自然事物保持自然形状，力图模仿自由的大自然。”作为浪漫型建筑的园林和作为浪漫型艺术的绘画得到契合，理念在建筑中走完了园林以后，一下子就跃到绘画中去了。

综上可以看出，这个三段论的框架，尽管编织得细致严密，但它毕竟只是平面的。总体上的三大段，作品的三类型，每类的三阶段，每阶段的三小段，它们如何能构成一个立体系统呢？比如，古典型的建筑与作为古典型艺术代表的雕刻如何认同，浪漫型的建筑与古典型中的浪漫型雕刻又有何联系，理念能否超前运行或滞后驻足等，都不够准确。逻辑与历史的统一，这是黑格尔审美理性思辨的巨大突破，但这种统一还需要我们更深入探索。那么，我们从黑格尔关于建筑审美的理性分析中能获得什么有益的启示呢？首先，他把建筑作为人类精神文明的伟大创造，回顾历史，寻求轨迹，其目标是指向未来的。黑格尔猛烈抨击当时德国庸俗的艺术，反对复古，讴歌创新。他对哥特以后的建筑——文艺复兴式、巴洛克式、古典主义折中主义以及形形色色的“古典复兴”式建筑只字不提，因为按照他的逻辑，那些全都是没有理念精神的庸俗的模仿。其次，他把建筑艺术、建筑审美作为一种科学进行研究，不是简单的类型排比和感受的经验描述，而是真正从哲学高度上论证范畴、规律，特别是关于造型和风格的分类，具有认识上的重要价值。第三，从上面两点出发，他对于建筑艺术的内涵作了尽可能细致的分析，给建筑艺术的创作方法启示甚多。

与黑格尔同时的另外一位德国哲学家叔本华，也从艺术哲学的高度对建筑审美有所剖析。叔本华被认为是“唯意志论”的主观唯心主义者，他的代表作《作为意志与表象的世界》建立了一个意志自在之物——理念意志的直接客体化——事物意志的间接客体化这样一个宇宙模式。他认为，世界万物都有自我存在生成的意志，意志有档次差别，低档次的意志只是些个别的、表面的表象，而高级别的意志则具有普遍的、本质的表象，这就是理念；把这种普遍的、本质的性质发挥得最充分的表象，也就是把意志体现得最完美的事物。正如同对黑格尔一样，我们暂时不必忙于给叔本华的哲学先判定什么唯物唯心，主观客观，而首先应当钦佩他那敏锐的观察力量。他说，作为表象，物质本身是低档次的，但物质的属性重力、内聚力、固体性、液体性、对光的反映吸收等则是高档次的首要的、普遍的，这就是物质的理念显现，只有把它显示出来，才可加以审美鉴赏。因此，建筑作为一种艺术可以进行审美鉴赏的，并不是那些具体的个别的形式或手法，而是重力荷载和固体性材料结构特征之间的斗争，用各种方法使这一斗争完善地、明晰地呈现出来，就是建筑艺术的唯一课题。整个建筑物是一大块物质，它的重力要把它压到地面，而结构构件则要把它支撑起来。一个要压下来，一个要撑上去，直接上撑最简单但又最费力，最好的办法是采取巧妙的迂回方式，通过互相依附支撑，构成一个有机的结构，这也就形成了审美的对象。例如屋面要放在檩架上，檩架又放在梁上，梁又放在柱或墙壁上，最下面是基础；或不用梁架而用拱券穹窿顶等形式。既然只有荷载和结构的斗争才可以成为审美主题，那么舍此以外的就是多余，柱子最好是圆形，因为圆形最经济，方形就显得啰嗦，柱头的花饰纯属没有必要存在的附加物，其他如檐口、托梁、拱券顶、穹窿顶等，也都应当直接显示其必然的结构功能。除此以外，建筑的一切装饰都属于其他门类艺术，另有其意志与表象和相应的审美课题。叔本华指出，建筑艺术的范围是很狭窄的，这是因为，建筑首先是实用的物质产品，所以作为艺术来进行创作的条件异常严酷，所能够发挥的审美价值非常有限。但他同时又说，唯其如此，建筑艺术家的功劳也就在于他们把原本与艺术不相干的建筑变成了审美对象；而且也正因为建筑有实用的功能，要花费大量财物才能造成，所以虽然艺术范围狭窄，但却始终能够居于艺术行列之中。

叔本华的建筑美学观也和他的哲学体系一样，在当时是不受重视的。这也难怪，在那时的文艺沙龙里，人们正大谈其“建筑是凝固的音乐”，欧美盛行的又是装饰富丽，比例典雅的古典——折中主义风格，谁又能理解这个微弱的叛逆之音呢？可是仅仅五六十年以后，现代建筑的号角吹响了，在大工业生产中兴起的“唯物”理论，那些惊世骇俗的新理性主义宣言，恰恰正是被称为主观唯心论者叔本华的预言，而理论的深度则是远远不及他的。

作为哲学的近代美学理论，在经验描述和科学假设方面都作了重要的探索。其中，格式塔心理学 Gestalt Psychology 中关于审美的理论，对建筑艺术的分析是颇有新意的，这种“完型”的理论和建筑包括环境艺术的构成因素相当契合。

因为建筑作为一种造型艺术，事实证明它的总体、局部，它与环境之间存在着无数个“格式塔”，优秀的美的建筑造型，正是自觉或不自觉地运用了这种理论，取得了视觉感受最佳效应。例如，运用“力场”构成原理，包括力度的渐变，力的弛张，力的平衡，力的方向，力的诱导等来组织空间序列，空间形式和实体空间与负体空间的交错等。又如，运用虚实成像原理，突出建筑整体的和局部的“图形”感，组织图形背景，校正各部分的形式、尺度、质地等。再如，运用“均等”、“平衡”、“鲜明”等原理，综合处理形式美的若干法则，使建筑形象富有隐喻象征的特色。

符号美学的代表人物苏珊·朗格从艺术的内在构成中提炼出形式与人的情感之间的联系码——符号。符号是形式的概念的抽象，但又蕴涵着丰富的情感形象。苏珊·朗格在其代表作《情感与形式》中，给建筑的美学特征下了一个别致的定义——建筑是“种族领域”ethnic domain的符号，或“种族领域”是建筑的抽象。这是一个很有深度的概念。所谓“种族”，其实是一种历史行为或文化的积累，是活生生的一群人的活动；所谓“领域”，就是这种文化积累或人群活动的空间遗痕。比如，一座简单的孤立的埃及方尖碑，尽管在它以外并不存在有形的界墙，但当初它是供一群人顶礼膜拜的对象，它处于一群人的视野之内，于是以它为中心的视野便成了它的情感空间，方尖碑就是这个礼拜活动的符号。一座或一组建筑，蕴涵着一个时代，一个民族，一代人群的生命图式，是一种文化凝聚。虽然时过境迁，烟消云散，当初具体的“种族”活动已不复存在，然而却被建筑忠实地记录下来，构成了一个“领域”。建筑是实体，但它是人群活动的领域，或一个空间环境；然而这个环境只是一种符号，一种幻象，真实的内容是另外的活生生的活动。符号美学把建筑的理性内涵发掘得更深更广了。

古代中国人也对建筑作过理性的抽象分析。《周易》对卦象的阐述可以说是对现实事物某种抽象的符号认识。《易·系辞》说：“包牺氏仰则观象于天，俯则观法于地，观鸟兽之文与地之宜，近取诸身，远取诸物，于是始作八卦，以通神明之德，以类万物之情。”其中关于建筑的，释“大壮”䷡：“上古穴居而野处，后世圣人易之以宫室，上栋下宇，以待风雨，盖取诸大壮。”有梁柱下宇有屋顶上栋的房屋为什么要以大壮为符号呢？大壮由上震☳下乾☰组成，乾为天，为君父；震为雷，为长男，都属阳亢之象。建筑由地下的穴居上升为地上的房屋宫室，正是欣欣向荣兴高采烈的景象。早期春秋战国以前中国建筑追求的是阳刚之美，这乾、震两个阳性的卦，也反映了当时的审美意识。再从形象思维的角度来看，下面乾卦的三个阳爻“☰”，好像层层叠压的夯土板筑高台；震卦下面一个阳爻“—”代表房屋基座，上面两个阴爻“⚏”则代表中空的房屋，这种下面是夯土高台，台上是木构房屋，正是当时东周建筑的普遍式样。还有释“大过”䷛：“古之葬者，厚衣之以薪，葬之中野，不封不树，丧期无数。后世圣人易之以棺椁，盖取诸大过。”有坟丘有棺椁的坟墓为什么要以大过为符号呢？大过由上兑☱下巽☴组成，兑为泽，为地，为少女；巽为风，为木，为长女，都属阴戚之象。建房表明生活欣喜向上，造坟则是悲苦哀戚，所以坟墓取阴象为代表。从形象思维方面来看，巽卦下面一个阴爻“--”表示中空的棺椁，上面两个阳爻“⚌”代表墓穴上夯填土；兑卦下面两个阳爻“⚌”，代表墓上享堂或“寝”殿下的基座，上面一个阴爻“--”代表中空的享堂。兑、巽两卦对称相反，正好说明当时“事死如事生”，地下棺椁与地上享堂是同一建筑概念，不过一在地下，一在坟上。这种深埋棺椁，上起坟丘，丘顶建屋的形式，也正是商周以来陵墓的基本制度。再如离卦䷝，据宗白华的解释，离即明，“明”字一边是窗格，一边是月亮，月光照在窗上很觉明亮，离卦本身形象雕空透明，又是一个对称的构图，还和古代建筑门窗格纹相似，都与窗子有关。以离卦象征门窗，含有通隔、虚实的意思，很符合中国古建筑中对门窗的认识概念。

中国古代对建筑的哲理认识，常体现在数象观念中。除卦象以外，对数字和图形也有所阐述。《易·说卦》：“昔者圣人之作易也……参天两地而倚数。”参即三，它在中国传统文化中有特殊的地位。但三由二生成，《老子道德经》说：“道生一，一生二，二生三，三生万物……”三与二相辅而成“倚数”。春秋战国时工艺专著《考工记》中各类器物的造型，大多取3或3:2为基本模数。其中有“匠人”一节专论建筑，在讲到王城和皇帝最高礼制建筑明堂时，都以“井”字形构图为准。完整的“井”字构图为3×3=9的构局间隔则为2+3=5的格局。变成立方体又是——2×3=6的体量古时称宇宙或空间为六合。

其他与建筑有关的尺度也都与3、2有关。3:2接近黄金分割率，是公认为美的比例的最佳简化数字，后世设计建筑，从用尺标准到构件尺寸，也大都取三的倍数和3:2的尺度。在对形的认识中，堪舆学说，或风水、地理学说中有大量富有哲理的论述。如《管氏地理指蒙》说：“方者执而多忤，圆者顺而有情”，主张建筑要“方圆相胜”。方，代表规整，严格，这是建筑的物质属性；圆，代表灵活，情趣，就是建筑的审美属性了。只有前者构不成艺术，只有后者又失去了依托，所以必须“相胜”。堪舆著作中掺杂了大量迷信荒诞的糟粕，除去糟粕后，就会发现有不少启迪认识的精辟见解和艺术理论。

中国人从宏观的把握出发，很早就认识到建筑中“虚”与“实”的辩证关系，而多着眼于虚。《老子道德经》说：“凿户牖以为室，当其无，有室之用。故有之以为利，无之以为用。”建筑之有“用”，是在那些“虚”的部分，即空间部分，这就是“无”；但“无”不能凭空而来，还必须有“实”体，即构造部分，这就是“有”。有无相成，才能利用。单座建筑如此，建筑的群体更是这样，所以中国建筑在组织群体空间的艺术成就上远超过单体建筑造型。这也是中国传统建筑审美价值中一个最重要的部分，在园林中尤其得到充分的发挥，所谓小中见大，大中见小，虚中有实，实中有虚，既造出了自然委婉的景观，又包涵着中国式的哲理气质。中国建筑的哲理性，是中华民族对建筑审美内涵的重大开掘。

1858 年，美国出版了一部《新亚美利加百科全书》，由“A”字起头的《美学》Aesthetics 条目，编者委托马克思编写。马克思为此作了充分准备，还和恩格斯进行过讨论，但最终发表的是否马克思原作，权威部门尚未肯定。不论是谁写的，从这个条目看，一个半世纪以前美学面临的困难，至今改变不大，其中一段，大约就是症结所在——

> 美学科学现在处于幼年阶段。为了建立哲理性的理论系统以及进行批判性的整理，现在还缺少必要的资料。我们还不知道，在建筑、雕塑和绘画中，“美的线条”究竟是什么，也不知道这种美的线条凭哪些契合因素在我们的心灵中引起同情共鸣……为了补充欠缺的资料，我们必须有一门以数学为基础的、更完善的心理学……我们必须对每个艺术部门中的艺术形式作出详尽入微的全面分析。
>
> ——引自《美学》第 2 期　上海文艺出版社　1980 年

当年的心理学主要是实验心理学，统计归纳是基本的研究手段之一，因而也只能提出以数学为基础的理论，后来又出现了分析心理学。20 世纪中叶以后，新兴的生理——心理学也在努力建构新的科学框架。然而所有的心理学，只要涉及审美，便显得苍白无力。尽管对于音乐和诗这类节奏明晰的艺术，就其节奏、旋律、音调而言，心理学可以作出“科学”的阐述，但一进入音乐的内涵、主题，诗歌的意蕴、格调这类高层次的情感中，目前的心理学也只能回到经验描述的老路上。对于那些姿态万千的建筑来说，心理学阐释的力度就更加微弱了。建筑美学的前面，正路漫漫其修远。

不过经过前人的不断努力，大体上归纳出了迄今为止人对建筑的三种审美观念，或建筑美的三种表现形式，或研究建筑美学的三个领域——

第一种，建筑的审美价值主要是它所表达的伦理价值。建筑的形式无所谓美丑；越是完美地表现出这个建筑需要表现的伦理、意志、政治等内容，它的形式的审美价值就越高。建筑形式之美，来源于内容之善。在西方，这一观念在古罗马就已出现，到中世纪发挥到极致，在神学的支配下，当时美学的观念是如何使教堂的形象体现出上帝的光辉，天国的崇高，信徒在上帝脚下往来聚散的惶恐，风靡达四百年之久的哥特风格，把这些内容体现得非常充分。到了文艺复兴时期，人文精神领导社会潮流，强烈抨击中世纪的黑暗愚昧，“哥特”成了野蛮的代名词，比例严谨，式样规整的古罗马柱式、圆拱、三段划分、几何构图等，又成了体现人文——理性精神的美的形式。又过了两个世纪，工业革命、原始积累的浪潮猛烈冲击着封建的“和谐”的社会，由文艺复兴延续下来的古典主义在一些人眼里又成了新兴资产阶级暴发、贪婪、无情的代表，作为反动，早已走下历史舞台的哥特风格，在返璞归真的怀旧中伴随着浪漫主义的情调又“复兴”起来。“哥特复兴”式的建筑，自然式的园林又成了美的典型。在中国，美善合一是传统美学的主要观念，也是建筑审美的最高层次。如古明堂上圆下方，四向十二室，象征天地季候；园林池岛参差，象征海上仙山。秦始皇灭六国，照搬六国宫殿排建一地，不管式样是否谐调，只管象征天下一统。乾隆皇帝在北京清漪园和热河行宫外建庙宇，为表现佛经中大曼荼罗形象，建造三角、正方、椭圆、月牙形台殿，四座佛塔四色四样，汉藏两种体系的建筑式样硬掺和在一起，围墙建得弯弯曲曲，只要求内容鲜明，形式如何搭配那就是建筑师的艺术技巧了。

第二种，建筑美是一种客观存在，其形式是有法则可循的，建筑美就是形式美。前面说的罗马工程师维特鲁威的《建筑十书》中有一部分就是讲形式美的。从文艺复兴到 17 ~ 18 世纪欧洲古典主义建筑师，更是把建筑中的比例关系推崇为美的最高法则，在数学关系中寻求美的奥秘。他们通过两种方法形成了自己的体系——

一是测量大量古罗马遗物，从中归纳出一套比例法则，其中以维尼奥拉和帕拉蒂奥总结的“五范”Five Orders 影响最大，长期以来一直被视为欧美建筑最美的典范。

二是通过被公认为美的建筑进行构图分析主要是立面几何关系分析，从而总结出若干“构图法则”，这类著述很多，“法则”的分类也是五花八门。现代比较系统全面的著作有两部，一部是 1952 年出版的美国哈姆林所著《二十世纪的建筑形式与功能》，该书把构图法则归纳为十种：即统一、均衡、比例、尺度、韵律、布局中的序列、规则和不规则的序列设计、性格、风格、色彩；值得注意的是，其中的性格和风格两项，已不是纯粹的抽象法则而有了人文内涵。另一部著作是 1960 年苏联建筑科学院建筑理论、历史和技术研究所编著出版的《建筑构图概论》，该书强调建筑形式必须与功能、结构统一，构图法则在三者中起着“协调手段”的作用，这些手段有七种，即：对称与不对称，对比与微差，韵律与节奏、模数、比例与尺度、光学校正；另有四种辅助手段，即：色彩与照明、建筑装饰图案、雕塑、纪念性绘画；同样值得注意的是，雕塑和纪念性绘画也不是纯粹的构图手段，人文内涵更加具体。

中国古代没有专门讲建筑形式美的著作，但民间工师间流传的比例口诀甚多，近年已有专门收集总结这类口诀的文章发表。见于官书的，主要是工程“法式”、“则例”，如开间是柱高的1.2倍，出檐是柱高的1/3，柱子上小下大，收分1/100，向内倾斜是柱高的1/100等等；更主要的是特别强调模数，如《考工记》使用3和2的倍数设计各种房屋、道路、门、墙、屋顶等，并使用相应的标准器具和工具作为参照模数；唐宋建筑使用“材”“分”，明清建筑使用“斗口”和柱径；江南建塔以塔底圆周定塔高；园林布局，叠山理水也有相应的“章法”即构图原则。近年来中国建筑史学家们通过几何分析，也找到不少中国古建筑设计的构图法则，从单体建筑的立面到群体布局，甚至城市规划，都有相当严密的数学规则。

第三种，建筑的美是建筑形象作用于人的心理所产生的反应和诸多反应积累的经验，即必须主客体互相对应，才能产生美感。前述格式塔心理学对各种审美效应的分析，“移情说”的物我合一观念等都属此类，这也是当今建筑美学中更能引起兴趣，更具有活力的一种观念。在这一类观点中，语言的表述又有特殊的功能。语言的准确性、形象性、社会认同性，本身就已是近代解释学哲学的范畴，绝不是简单的文字表达。比如恩格斯说，希腊式的建筑风格像艳阳天，摩尔式的建筑风格像星光闪烁的黄昏，哥特式的建筑风格像朝霞，《齐格弗里特的故乡》描述得就相当准确；我们常说庙堂神圣崇高，宫殿雍容典丽，园林幽静雅致，住宅恬适安详……都是建筑的环境、形式、装修在与人的审美经验交融中获得的情感共识。

因此，建筑美学在相当长一段时间内不可能形成完整的科学理论，上述三种观点，应该说都有道理也都不完整，逻辑的和经验的链条都有缺环，现在只能对这些大胆的假设作小心地求证。美善合一，形式美，经验解释，还可能再出现若干假设。思辨的，分析的，实证的，条条大路通罗马，在辩驳、交融中，建筑美学也就更加丰满。我们不必在理论上穷其究竟，非得找到“终极的真理”不可；我们只是在探讨的过程中，使建筑师更聪明一些。美学是哲学的一个支柱。哲学不解决任何实际问题，但可以使解决实际问题的人聪明起来，把问题解决得更好。研究建筑美学，无非也就是使建筑师的眼界更开阔，思维更清晰，感觉更丰富，手法更纯熟，使他们的创作更接近美的标准。虽然这个标准现在还在争论之中，而且会永远争论下去，因此对建筑美学的讨论也会长期延续下去。这个研究探讨的过程，就是不断创造建筑美的过程，也就是我们今天要重视建筑美学的目的。

原载《建筑史论文集》第14辑　清华大学出版社　2001年4月

理性与浪漫的交织

——中国传统建筑美学基础刍议

严肃的课题

建筑是人类创造的最值得自豪的文明成果之一，各个民族的伟大创造，各个时代的风神情调，永远地铭刻在这些斑斓辉煌的“石头写成的史书”上面。建筑往往被作为一个民族对整个人类文明贡献的标志，如金字塔是埃及的标志，凯旋门是法国的标志，圣尼古拉堂是俄罗斯的标志，万里长城是中国的标志等，这绝不是偶然的事情。

建筑以其巨大触目的形象，“强迫”调动了人们的审美心理，它强烈地反映了生活，又积极地影响着生活；它作为一种艺术审美对象，凝聚着整个民族的审美感受。所以，建筑有艺术的特征，建筑艺术有民族的形式，这是建筑自身的规律所决定了的事实。人们建造房屋，在满足实用以外，只要略有余力，总要附加一点非实用的东西:或屋脊翘曲，或墙端绘塑，或棂格雕花，或栏楯彩饰。倘若成组建造，更要讲究屋宇的高矮搭配，院落的长宽格局，庭廊的穿插组合，门户的安置对应等。再进一步，还要布置山池花木、屏障坊表、灯台牌柱等纯为装潢门面的小品。一部人类建筑史，有住宅、作坊、店铺、城堡、桥梁等实用的建筑，同时还有没有太多实用价值的宫殿居住只占很小部分、坛庙、陵墓、寺观、塔幢、园林、门阙等建筑，其分布之广，耗费之大，并不亚于实用的建筑。这些建筑，或则使人震慑、肃穆、或则致人以安欣、舒畅，并进而启迪人的情思，激发人的意志，都属于精神的艺术范畴。建筑就是通过这一类的审美感受动人以情，启人以理的。

其次，大体上相同的社会结构和自然条件，不同国家民族却有着不很相同甚至很不相同的建筑形式，表现出各自的风格特征。在欧洲中世纪的教会统治下，基本上统一的哥特式教堂，就明显地分为法国、德国、英国、西班牙等多种风格。同是以木结构、大屋顶为形式特征的中国和日本建筑，也存在着明显的风格差异。

然而这些建筑历史上明摆的事实却在 20 世纪初被一股"新建筑"或"现代建筑"的潮流断然否定了。一些现代建筑的大师们也讲美，但只承认功能合理，结构先进为美，充其量承认到几何构图的形式美。代表人物之一的密斯说得最透彻："我们不喜欢'设计 Design'这个字"，"我们宁可使用'房屋 Building'这个字而不用'建筑 Architecture'这个字"，"只有'房屋建筑'才能产生最好的成果。"[1]

诚然，"美学"作为一门科学，至今人们对它的研究范围和研究方法仍是众说纷纭。至于建筑美，对它的认识就更难以找到一致的尺度了。古典美学家把建筑列入艺术部类之首，而近代美学家又视它为末流。不少美学家认为建筑美只存在于它的形式美即形式的外部特征，提出了种种假设，用这些特征去比附人们的审美感受。于是，比例、均衡、尺度、序列、体量、色彩、明暗、质地……以至诸如"黄金分割"，$\sqrt{5}$的矩形关系，方圆相依或对称分割等几何图像都被赋予了艺术——美的内涵。由此而衍生，某些民族的传统建筑形式特征，也被当作了该民族建筑的美学特征。欧洲从哥特建筑之后，直至 19 世纪末欧美各国的各种古典式、复兴式以及 20 世纪 30 年代、50 年代苏联、中国的"民族形式"建筑，大抵都是沿着这个认识而出现的。对于它们，人们有各种各样的评价，可以从最激烈的反对到最顽强的维护，也可以从政治倾向的批判到民族感情的依恋。然而这些触目的历史现象以及针锋相对的评价，本身就说明了建筑的民族审美特征是一个不可忽视的现实问题，不能简单地一概斥为复古。比如同样符合形式美规则，同样采用古典形式的建筑，有的就显得典雅可亲，隽永有味，有的却是匠气十足，枯燥呆板，也说明民族形式绝不是简单的外在形式特征。宜乎由表及里，举纲张目，着重探索产生建筑的民族形式的内在特征和它的美学基础，即民族审美心理在建筑中的表现形式。一个民族的审美心理，是包括审美实践在内的长期社会实践的积淀结果；这种积淀的结果，形成了牢固的艺术民族形式的美学基础。毛泽东曾经很通俗地说出了这一点，他说："艺术的民族保守性比较强一些，甚至可以保持几千年。"[2] 当然，民族形式绝不是一成不变的，也同样是按照除旧布新，新形式最终要取代旧形式的规律不断变化。

---

1 《与米斯·凡·德·罗的谈话》载《建筑师》第 1 辑第 175 页，中国建筑工业出版社，1979 年．
2 1956 年 8 月 24 日《同音乐工作者的谈话》载《人民日报》1979 年 9 月 9 日．

但新形式总是在旧形式的基础上蜕变发展而来的，脱离了旧的就不能创造新的，同时也不能取代旧的，这是艺术史上无数事例证明了的法则。因此，深入探索传统建筑形式的美学基础，就必然成为创造新的民族形式的建筑所面临的严肃课题。

情理相依　顺理成章

中华民族的传统文化应当是以占人口绝大多数的汉族文化为代表。从春秋战国的百家争鸣开始，中华民族的文化无论九流百家，礼乐刑政，都是建立在承认人的认识能力，调动人的心理功能，规范人的道德情操和维系人的相互关系这类人本主义的基础上。一切艺术——美，都是以探索现实的伦理价值而不是以追求痴狂的宗教情绪或虚幻的心灵净化为主题。这种清醒的、实践的理性主义，不是排斥人的情感，而是要求情理相依；更不是否定美的形式，而是要求顺理成章。因此，善与美，艺术与典章，心理学与伦理学，都是密不可分的。在中国古代六经之一的《礼记·乐记》中，就已经有了阐明："乐也者，情之不可变者也；礼也者，理之不可易者也。乐统同，礼辨异。""合情饰貌者，礼乐之事也。"[1] 作为造型艺术的建筑，它的艺术形式更是与礼——理性密切相结合的。

在中国的古代，把音乐作为艺术的总代表，并不是某家以儒家为主某人的任意指定，而是因为，音乐形象内涵意义和外延范围非常广阔，可以容纳众多的具体情感内容；还因为它的艺术形式是建立在和谐与秩序上面，符合人们最广泛最基本的美感。无论是宫、商、角、徵、羽五音，还是黄钟、大吕等十二律，都表现为数的等差变化所构成的和谐感与秩序感，即"律"。律，代表着规范、法则、逻辑，它上可以与天候谐调规律，下可以与人事相通法律。这种对数的和谐关系的追求，构成了中国人审美标准的一部分主要内容。"九五之尊"也好，"五岳四渎"也好，"三十六天宫，七十二地府"也好，以至一道、两仪、三才、四象、五行、六合、八卦、九宫，以及它们的和、差、倍、商，反映在图像上的组合分割，如果仔细加以归纳，就可以发现其中存在着若干奇妙的组合和有趣的规则。它们渗透在中国人的几乎一切生活领域中间，罗织成一面有秩序、有节奏的生活美的帷幔。古希腊毕达哥拉斯学派对数的和谐的探求与建立在一定数学比例基础上的希腊古典建筑密切关联，但直到19世纪才由德国浪漫主义艺术家说出了"建筑是凝固的音乐"的名句。而且他们也只限于外在形式的类比，远远没有达

1　分别见《礼记正义》卷38.37《乐记》第1537.1529页，《十三经注疏》中华书局，1979年版.

到中国人对“乐”的内在涵义所理解的程度。

建筑是空间的艺术，音乐是时间的艺术。以音乐拟建筑，因此中国建筑所追求的是由空间的直观向时间的知解渗透。中国建筑的艺术形象，不在于单体的造型欣赏，而在于群体的序列推移；不在于局部的雕琢趣味，而在于整体的神韵气度；不在于突兀惊异，而在于节奏明晰；不在于可看，而在于可游。中国没有罗马万神庙、巴黎圣母院、伦敦圣保罗教堂那样激动人心的单体建筑，但欧洲也没有北京明清故宫、天坛、唐长安城、明清北京城那样气度轩昂的群体组合；更没有“覆压三百余里”，囊括六国宫殿一次建成的秦咸阳；和在千里北巡线上布置离宫别馆，模拟天下名胜以及融合各民族建筑形式于一地的清代热河建筑群。外国可以有超级尺度、超级华贵的世界奇观，却不可能出现质朴无华，如同时间永恒奔流那样更耐人寻味的万里长城。

因为是情理相依的理性精神，所以数的和谐形式就被赋予了礼的规范内容。举例如下：

都城　王城方九里；诸侯城按七、五、三里递减。王城门高五雉一雉高为一丈，城高七雉，隅高九雉；诸侯城按三、五、七递减[1]。

宗庙　“天子七庙，诸侯五，大夫三，士一”；
“天子之堂九尺，诸侯七尺，大夫五尺，士三尺”。[2]

住宅　唐制三品以上堂舍不得过五间九架，厅厦两头，门屋不得过三间五架；四、五品堂舍不得过五间七架，门屋不得过三间两架；六七品以下堂舍不得过三间五架，门屋不得过一间两架[3]。

坟墓　唐制一品墓地方九十步，坟高一丈八尺；
二品方八十步，坟高一丈六尺；三品方七十步，坟高一丈四尺；
四品方六十步，坟高一丈二尺；
五品方五十步，坟高一丈，六品以下方二十步，坟高八尺；
庶人方七步，坟高四尺。
五品以上立碑，螭首龟趺，上高九尺；
七品以下圭首方趺，上高四尺。

---

1 《考工记》清·戴震补注：“天子城方九里，其等差公盖七里，侯伯盖五里，子男盖三里”。又引“《五经异义古周礼》说云：天子城高七雉，隅高九雉；公之城高五雉，隅高七雉；侯伯之城高三雉，隅高五雉”。《考工记图》第102.109页，商务印书馆，1955年版.

2 《札记正义》卷23《礼器》第1431.1433页《十三经注疏》影印本，中华书局，1979年版.

3 唐《营缮令》本段引自翟同祖《中国法律与中国社会》，第147页，中华书局，1981年版与《唐会要》《唐六典》所载略有出入。

石人石兽，三品以上用六，五品以上用四。[1]

这些规定虽不一定都成过事实，但其中寄托着的秩序观、和谐感、则是非常广泛地存在于建筑中的。

因为是顺理制度成章形象的理性精神，所以构成艺术形象的基本概念是程式与规格，即严密的等级制度和数学模式《考工记》规定："室中度以几，堂上度以筵，宫中度以寻，野度以步，涂度以轨[2]"，城度以"雉"，门度以"扃"、几、筵等都有标准尺寸[3]。宋《营造法式》规定："凡构屋之制，皆以材为祖。材有八等，度屋之大小因而用之。""材"从9寸×6寸到4.5寸×3寸，按八个等级施用于各类建筑并用以确定构件尺寸。[4]清《工部工程做法则例》规定全部建筑为23种大式的和4种小式的具体房屋。大式以十一等"斗口"从六寸到一寸，实际用到四寸为模数，小式以柱径为模数。单体建筑程式化到这样的程度，连砖瓦种类、门窗格纹、雕刻题材、彩画式样等均有为数不多而规格严密的规定。[5]建筑师的创作任务就是选择、组合、安排这些规矩和制度，就像作曲家运用有限的音阶、音程、音调作曲一样，绝不允许脱离规范——礼的约制，但却能创造出多种多样动人的形象——章，包括从坛庙、陵墓到住宅、园林等各种情调迥异的艺术形象。

这种人本主义的理性精神，还表现为以人的知解力作为创作的客观尺度。它要求建筑的空间此例，组合方式，装饰手法，结构机能都是人所能理解的，所能接受的。无论多么崇高神圣的建筑，都没有像埃及的金字塔、巴比伦的观星台、印度的窣堵婆佛塔和中世纪的哥特教堂那样脱离了人的知解力的超级尺度和神秘意义。中国建筑没有高不可攀的尺度，没有逻辑不清的结构，没有节奏模糊的序列，没有不可理解的造型，也没有莫名其妙的装饰。而且这种人的尺度又不仅限于外在的形式表现，它要求深入到内在的情感涵义。不但要唤起普遍的心理感觉如崇高、肃穆、静谧、舒畅……还要求尽量阐述特定的伦理解释如震慑、崇敬、

1 《唐会要》中册卷38《服纪下·葬》第691.693.694页，引文有删节，中华书局，1955年版.

2 《考工记图》卷下《匠人》第107页

3 《考工记图》卷下《匠人》："王宫门阿之制五雉……注：雉长三丈，高一丈，度高以高，度广以广。"第108页"室中度以几，堂上度以筵……补注：马融以为几长三尺，六之而合二筵"。第107页

4 宋·李诫《营造法式》卷4《大木作制度一》："第一等广九寸，厚六寸，右殿身九间至十一间则用之；第二等广八寸二分五厘，厚五寸五分，右殿身五间至七间则用之；第三等广七寸五分，厚五寸，右殿身三间至殿五间或堂七间则用之；第四等广七寸二分，厚四寸八分，右殿三间、厅堂五间则用之；第五等广六寸六分，厚四寸四分，右殿小三间、厅堂大三间则用之；第六等广六寸，厚四寸，右亭榭或小厅堂皆用之；第七等广五寸二分五厘，厚三寸五分，右小殿及亭榭等用之；第八等广四寸五分，厚三寸，右殿内藻井或小亭榭施铺作多则用之。栔广六分厚四分，材上加栔者谓之足材……凡屋宇之高深，名物之短长曲直，举折之势，规矩绳墨之宜，皆以所用材之分以为制度焉"。商务印书馆《万有文库》本

5 清刻本《工程做法则例》《古建园林技术》专辑本.又梁思成《清式营造则例》中国建筑工业出版社1981年版

追慕、信仰……因而就离不开一定的象征手法，发挥特定的浪漫情调。这又是中国传统建筑在理性精神的世界里对人性的进一步探求。

如鸟斯革　如翚斯飞

近年来考古发现的陕西岐山凤雏村西周宫殿宗庙遗址，门、堂、室、庑配置得很有秩序，这证明了周“礼”所规定的严肃典章不是无稽之谈。在同时期的诗篇《诗·小雅·斯干》对这类建筑发出了浪漫气息十足的赞叹：“如跂斯翼，如矢斯棘，如鸟斯革音jí，如翚斯飞”[1]。这是在形容屋顶的动人姿态。虽然屋顶不过是空间六个面中的一个，但中国人远远没有把它停留在构造的概念上，而是充分调动它可能构成某种艺术形象的自身特征，赋予它蓬勃的生命力量。形式是奔放的，想象是夸张的，而奔放、夸张正是象征艺术的生命线，浪漫情调的起始点。有了这个，才能给理性主义插上飞升的双翅，使之真正达到美的境界。

战国诸侯“高台榭，美宫室”，建筑“美轮美奂”，竞相抒发着浪漫的情调。从中山国王墓的“山”形礼器，燕下都瓦当的动物图案，秦雍都铜构件上的蟠虺纹饰，以至楚辞《天问》对于祠庙壁画中神灵怪异的讴歌，可以看出当时建筑艺术的浪漫色彩是很浓厚的。但是只有到了秦始皇统一全国以后大规模建设咸阳，才把这种浪漫的情调很好地纳入到理性的轨道。据《史记》、《三辅黄图》等史书记载，咸阳是一个巨大的象征环境，它以阿房宫前殿象征太极，以渭水灌都象征河汉，表南山之巅以为门阙，络樊川之水以为池沼；又引渭水做长池，筑土为山象征蓬莱仙境；销天下兵器而铸为礼器十二铜鐻；仿六国宫殿建于北阪上，以象征宇内一统。咸阳周围几百里内建离宫别馆二百七十处，八十里阁道直抵骊山。又营皇陵，墓室上列星宿，下布山川，陵园内布置全套车马兵仗……这确是充满了幻想的浪漫式的象征了，然而贯穿在其中最主要的精神，却是强烈地体现着渴望征服自然，开拓生活的积极的巨大的理性力量。其后，“百代皆沿秦制度”，无论是汉的上林宫苑，唐的明堂山陵，宋的祠观艮岳，元的太液灵囿，以至明朝典章森严的都城、坛庙、陵寝、宫殿，清代规模宏伟的热河建筑群，无不包含着秦咸阳的这类象征手法，甚至民间建筑中大量的风水相宅说法，

1 《毛诗正义》卷11《小雅·斯干》第437页孔颖达疏：“毛以为言宫室之制，如人跂足竦此臂翼然，如矢之镞有此稜廉然，如鸟之舒此革翼然，如翚之奋此飞然”。
《十三经注疏》本又《诗集传》卷11朱熹注：“言其大势严正，如人之竦立，而其恭翼翼也；其廉隅整饬，如矢之急而直也；其栋宇峻起，如鸟之警而革也；其檐阿华彩而轩翔，如翚之飞而矫其翼也”。上海古籍出版社1980年版

都体现着这种理性中的浪漫精神。

只有从这种审美的心理出发，才可以对中国建筑中最触目最动人，也往往是最不能令人理解的反宇曲线屋顶作出解释。本文不拟讨论中国木构屋顶结构形式的起源问题，但抬梁式的结构具有构造简洁、逻辑明确和富有数的节奏感三、五、七、九檩，二、四、六、八椽，则是与传统的审美观相一致的。这种结构的一个特点是各段椽木的斜率举架可以不必统一，因而屋面就可以不必成一条直线，这就为反宇曲线提供了技术的可能性。虽然在高唱“如鸟斯革”的时代，中国还没有出现曲线屋顶，但这种奇特的想象则促进了它的形成和发展。实用的要求也推动着想象的实现。车盖的篷顶启示了反宇有便利排水和开阔视野的实际功用“上尊而宇卑，则吐水疾而霤远”，“盖已卑，是蔽目也”[1]；又有良好的采光效果“上反宇以盖载，激日景而纳光”[2]。在限定顶盖总斜率的条件下，只有加大顶部和减小底部椽子的斜率才能达到这些要求。然而实用的要求一经得以满足，结构形式一经得以形成，审美观就有了得以驰骋的舞台。请看，华北地区的气候条件一千年内并没有什么大的变化，而从唐到清，屋顶总坡度却从大约6:1上升到4:1，甚至有的更陡；还出现了毫无实用意义的屋角起翘出翘和屋脊屋檐的升起。这除了审美要求以外，实在并没有别的解释。在曲线屋顶发展到最纯熟的阶段宋代，一个屋顶上几乎找不到一条直线，还有因“推山”做法而出现的三度曲线的斜脊。

中国建筑似乎一直在追求着曲线的性格：汉魏古拙，唐辽遒劲，两宋舒展，明清严谨，其间还有地方风格的差异。本来中国的木结构是以结构逻辑和艺术构图之严整规则来显示其理性精神的，但就在结构最要紧的屋顶上又突出显示了奇特的浪漫情调。这一现象非常生动地表现出上述那种理性中有浪漫的传统美学精神，它说明了精神可以注入物质，审美可以运用逻辑这样一种人的能动力量。同时，也说明了中国人对诸如圆通不片面、婉转不生硬、温润不急躁、缱绻不呆板等风神品格的追求，总是在可能借助的审美对象中着意加以抒发，屋顶曲线就是审美意识的借题发挥。

理性与浪漫的交织，最典型的莫过于园林艺术了。中国园林“虽由人作，宛自天开”[3]，“旷如也，奥如也”[4]，种种引人入胜之处早已蜚声世界，颇多高论阐发，兹不冗赘。这里着重要说的是在所谓模拟自然，咫尺山林的诗画意境中的

1 《考工记图》卷上《轮人》第22页

2 汉·班固《西都赋》《文选》卷1，中华书局影印本，1981年版

3 明·计成《园冶》卷1《园说》陈植《园冶注释》，第44页，中国建筑工业出版社，1981年版

4 唐·柳宗元《龙兴寺东邱记》：“游之适大约有二：旷如也，奥如也”。《柳河东集》卷28《四部备要》中华书局校刊本

审美主导精神。传统园林不乏奇特的造景题材：汉武帝的上林苑、建章宫，设牵牛织女象征天河，置喷水石鲸，筑蓬莱三岛以象征东海扶桑。西汉梁孝王兔园中有百灵山、落猿岩、栖龙山、雁池、鹤洲。东汉梁冀园中筑山代表东西二崤，北齐邺城华林苑内筑五山代表五岳。清圆明园“移天缩地在君怀”，集中了江浙名胜；避暑山庄概括了江南塞北、长城内外的雄奇景物。许多皇家苑囿，从题目的涵义到景物的类型，包含了几乎三教九流全部精粹的轶闻典故。私家园林虽没有这种气派，但也力求在不大的空间内表现出多种意境，经常在匾联中加以阐述。题材如此驳杂，画面如此变幻，但最终还是清醒的理性——人性在指导创作。所谓的意境如果没有游者赏者参加共同创造，单纯的花木山水亭阁实在活力不大。它必须调动一切可能调动的因素，创造出诸如山重水复，柳暗花明，涉门成趣，曲径通幽等等多变而流动的画面，把游者置于时间的推移序列过程中。要达到“步移景异”，才能触景生情。造园的手法很多，一部《园冶》恐怕也只能挂一漏万，因而作者声明“造园无格”，不过“得景随形”，“俗则屏之，嘉则收之”而已。与日本园林相比，这一点就更加清楚。日本园林受佛教影响很深，常常追求静观内省的意境，精巧而素雅，富有出世感。中国园林则以《园冶》总结的“巧于因借，精在体宜”说得最透，它体现了人世的积极的进取力量。所以日本园林可居可悟，而中国园林更多的是可游可赏。这种入世的人性——理性，以康熙皇帝《御制避暑山庄记》谈的最为切实：

> 度高平远近之差，开自然峰岚之势。依松为斋，则窍崖润色；引水在亭，则榛烟出谷[1]。
>
> 无非也就是因势利导，对自然美进行再加工，并不神秘。
>
> 至于玩芝兰则爱德行，睹松竹则思贞操，临清流则贵廉洁，览蔓草则贱贪秽，此亦古人因物而比兴，不可不知[2]。

一切诗情画意，寄情托性，还得观赏者审美心理的再创造。这种积极进取的，既是理性分析的又是浪漫想象的生动交融，才是中国园林的主导精神。因而充分调动一切自然的人工的条件，尽量创造丰富的动态的流动画面，提供可供驰骋想象力的广阔场地，也才是中国园林的主要手法。

1 《钦定热河志》卷 25《行宫一》清刻本

2 《钦定热河志》卷 25《行宫一》清刻本

佛陀建筑的人性

中国是佛教延续最长的国家。如果从东汉永平十年67年天竺僧人竺法兰、叶摩腾来洛阳传教，始建白马寺算起，直到清末，佛教在中国流传了整整18个世纪，佛寺数量之多也是相当惊人的。北魏洛阳有寺1367所[1]，外州郡有三万多所[2]；北齐邺城有四千多所，全国有四万多所[3]。唐武宗灭佛，一次拆毁各类佛寺四万多[4]；半壁江山的后周世宗灭佛，也废毁寺院三万多[5]。清康熙时全国有佛寺约八万所[6]。佛寺规模也很大，唐长安章敬寺有四十八院，房屋四千一百余间[7]；北魏洛阳永宁寺塔高达四十丈约一百米[8]；现存敦煌、云冈、龙门、麦积山等处石窟，工程宏大。它们在整个社会中显然占据着重要地位。佛教艺术不是为了审美的愉悦，而是为了崇拜的虔诚，它的本质是神秘狂迷而不是理性知解。中华民族的审美观不能不对这个触目的现象注入自己的精神，将神性改造为人性。

《魏书·释老志》说白马寺"犹依天竺旧状而重构之"[9]，并不是说重新仿建了一座印度佛寺。魏晋以前，统治者中间流行的是对皇天后土、自然万物崇拜的多神祭祀，对仙人羽化的追求，和以神仙化了的黄帝、老子为景慕对象的神道设教。他们心目中的佛教就是祠祀。楚王刘英"诵黄老之微言，尚浮屠即佛之仁祠"[10]；汉桓帝"宫中立黄老浮屠之祠"[11]，将祠庙与佛寺视为一体。祠庙大都是由战国时台榭建筑蜕变而来的方形台阁，四面八方，向中心对称，十字轴线，既便于安排诸如四时、五帝等神灵，形式上又具有空间方向的无限感和中心主体

1 北魏·杨衒之《洛阳伽蓝记》卷5第228页，周祖谟《洛阳伽蓝记校释》中华书局，1963年版

2 《魏书》第八册卷114《释老志》第3048页，中华书局二十四史点校本

3 唐·道宣：《续高僧传》卷10《法上传》："（法上）掌僧录，令史员置五十许人，所部僧尼二百余万，而上纲领将四十年，道俗欢愉，朝廷胥悦，所以四万余寺，戒禀其风"。卷12《靖嵩传》："高齐之盛，佛教中兴，都下大寺，略计四千，见住僧尼，仅将八万。"清光绪十六年，江北刻经处版

4 《旧唐书》第二册卷18上《武宗本纪》第606页，武宗会昌五年诏："其天下所拆寺四千六百余所，还俗僧尼二十六万五百人，收充两税户；拆招提、兰若四万余所，收膏腴上田数千万顷，收奴婢为两税户十五万人……"

5 《旧五代史》第五册卷115《世宗纪第一》第1531页："是岁（显德二年），诸道供到籍，所存寺院凡二千六百九十四所，废寺院凡三万三百三十六，僧尼系籍考六万一千二百人……"

6 《清朝续文献通考》卷89《选举六·佛教》第8487页："（康熙）六年通计直省敕建大寺庙六千七十有三，小寺庙六千四百有九；私建大寺庙八千四百五十有八，小寺庙五万八千六百八十有二，僧十一万二百九十二名……"商务印书馆影印本

7 宋·宋敏求：《长安志》卷10《昌化坊·城外》："大历元年作章敬寺于长安之东门，总四千一百三十余间，四十八院。"经训堂丛书本

8 《魏书》第八册卷114《释老志》第3043页

9 同上，第3029页

10 《后汉书》第五册卷42《光武十王·楚王英传》第1428页

11 《后汉书》第四册卷20下《襄楷传》第1082页

的力量感。佛教带来了印度佛的崇拜象征——窣堵坡 Stupa 又名塔婆 Thūpo，省译为塔。半球或瓶状的塔体，顶部几层圆盘构成的塔“刹”Ksetya，与人的正常生活之间缺乏必然的联系，它的形象带有很浓的神秘性。中国人传统的审美观显然不能接受这种非理性的象征物，只把它当作一种标志放在祠庙——中国人概念中的塔顶上《魏书·释老志》说：“塔，犹言宗庙也”。所谓“天竺旧状”，指的就是这个变成了中国塔刹的窣堵坡，“重构之”，就是下面重叠的方形台阁或楼阁。从一开始，中国人就对佛教的神秘性采取了清醒的改造态度。

中华民族深厚的理性力量一直有力地推动着佛教的世俗化进程。中国人执着地认为，寺院是佛“住”的，而塔是人赏玩的。北魏洛阳一些权贵“舍宅为寺”，“王侯第宅，多题为寺”[1]，“以前厅为佛殿，后堂为讲堂”，还附有花园亭台[2]。中国的佛寺除了把生人换成泥胎外，与邸宅并无二致，终于把全部宗教建筑艺术的创作热情倾注到供玩赏的塔的造型上去了。

节奏清晰的方形木楼阁式塔，散发着传统的理性美，但缺乏生动的浪漫美。魏晋时期，人们对塔的造型作了多种探索见敦煌壁画和云冈石刻，但总离不开楼阁加窣堵坡的套数。一直到北魏正光元年 520 年建的嵩山嵩岳寺塔，才有了一个划时代的突破。塔体十二边，砖建，高高的塔身以上密排十五层砖檐，顶上放一个小巧的砖雕窣堵坡。平面既接近圆形，外轮廓又呈柔和的抛物线。体量不很大但富有夸张感，造型很美但富有神秘性。黑格尔把中世纪哥特教堂作为浪漫型建筑的代表，以为这种建筑已经超越了理性的界限，纯粹表达人的内心情感见《美学》第三卷。嵩岳寺塔就是这种弥漫着宗教情感的浪漫型建筑。虽然它的塔身上还保留某些现实木建筑的意味，但终于因为它的逻辑、秩序、节奏、机能都太模糊了，所以只能是昙花一现，空前而绝后，但其浪漫的风格却被唐代新型的中国式的密檐塔继承了下来。

唐代的中国，一方面是用严格的礼制规范着社会的秩序，另一方面却是大量吸收着异域风情，生活中散发着佻达奔放的个性气息。糅合着传统规范与浪漫情调，构成了唐代艺术洒脱浑厚的风韵。木构的方塔的模拟者——楼阁式砖塔如西安大雁塔造型明快洗练。而更能体现唐风的却是小雁塔那样表现为简洁、明朗的理性，和表现为婀娜、生动的浪漫精神所交织成的造型。它生气勃勃，人性味十足，在祖国大地上，留下了大量的这类造型的遗物。

10 世纪前后，佛塔形式有了巨大变化。从唐中叶起，社会风尚沉溺于声色

1 《洛阳伽蓝记》卷 4，第 167 页《洛阳伽蓝记校释》本

2 同上书卷 1，第 51 页

繁华，审美观转向了刻意追求细腻、纤秀、精致等外在的物质表现。中唐到五代，各式各样造型的，雕刻精美、棱线复杂的小塔显示了这种审美观的力量。原来多少还有一点佛教象征的塔刹，变成了纯装饰的花饰雕刻。嵩岳寺塔、小雁塔的后继者辽、金密檐型砖型，突然变得异常喧闹繁复，满铺的雕刻线脚，刻画入微的仿木构件，迸发出一股逼人的物质力量。山西应县佛宫寺辽代木塔建于1056年，8角9层，高达67米，全用木料搭架。它在艺术构图上有着相当严密的几何关系，复杂的木构架仅斗栱就有六十多种把结构机能发挥得淋漓尽致，它没有额外的装饰，但把人的物质的外在能力刻画得相当充分。宋塔分布于中原、南方，在绮丽繁华的城市里，就像词曲平话取代了绝句律诗，勾栏杂剧取代了戏弄伎乐一样，装饰富丽的，轮廓喧闹的八角楼阁塔把唐代风韵驱除殆尽，塔的浪漫涵义完全转到世俗的繁华方面去了。加以禅宗最终从内部对佛教的神秘性给以瓦解，塔的最后一点浪漫基础也溃毁了，宋以后的佛塔大都变成了没有灵魂的构筑物。

喇嘛塔从元代随着喇嘛教传入内地。但这种还带着窣堵坡式的神秘象征形象却失去了汉魏时期对外来艺术进行理性改造和再创作的时代审美基础，成了僵死的东西。喇嘛塔既不包涵内在的神情风貌，又不表现外在的物质力量，它们使人感到陌生冷漠，没有什么美感可言。后来还有一种也是属于喇嘛教的金刚宝座塔，这种轮廓丰富的塔群，显然力图在总体上表现一种茁壮新鲜的趣味，然而毕竟也只是给人以似曾相识，矫揉造作的印象。产生佛塔的人性美的时代过去了，玩弄形式终属徒劳。

石窟寺也经历了中国传统审美观的改造。严格说来，中国极少诚心皈佛的僧徒，所以也基本没有供他们苦修磨炼的印度精舍即毗诃罗窟 Vihara，也没有狂迷崇拜的崖窟殿堂即支提窟 Caitya。就像对待窣堵坡一样，佛教石窟寺一经进入中国，就变成了中国型的石窟。印度石窟本不造像，支提窟中供礼拜的是窣堵坡。石窟造像是受希腊后裔统治过的犍陀罗佛教艺术的影响。中国人扬弃了印度佛教的神秘主义，却接纳了包含着希腊古典主义的犍陀罗艺术。云冈早期的昙曜五窟没有什么建筑处理，以造像为主，就是直接继承了犍陀罗的意识。但这毕竟还不符合中国人对佛陀建筑的人性认识，石窟终于还是变成了佛“住”的地方。北魏中晚期的云冈、龙门、麦积山等处石窟，盛行有中心柱的大厅堂和前后两室型制，窟廊、窟壁、窟顶上完全是传统木构建筑的处理形式，这很有可能就是汉魏崖墓和地下石墓的翻版墓葬本是拟人的住所，从此石窟纯然成了石造的殿堂。到了隋唐，如敦煌、天龙山石窟，就更加定型成熟了。石窟建筑的风格，例如云冈、麦积山的古拙壮实，天龙山的秀美可亲，都与窟内的佛像一致，表现出传统艺术的时代特征。中国的佛陀建筑强烈地表达了中华民族的人性——理性与浪漫相交织的审美观。

乾隆风格

艺术风格与审美意识绝不是随心所欲的灵感突现，它和社会经济政治一样，是有规律的。在建筑艺术方面，中国第一个统一王朝秦朝的建筑规模是空前的，也奠定了民族形式的美学基础。10个世纪以后的宋朝，是中国封建经济又一个繁荣的时代，建筑量也很大《宋史·食货志》说，"天下之费，莫大于土木之功"，科学技术很先进，建筑艺术全面得到发挥，审美趣味普遍有所提高。又过了10个世纪，在中国最后一个统一王朝清朝的乾隆盛世，好像为传统建筑艺术作总结似的，又突现了一个高峰，此后便和社会一样转入没落了。两千年中相距时间几乎相等的三个艺术高峰，正是三个经济政治上具有代表性的朝代，它们也是继战国、中唐、明中叶三个思想非常活跃的时期以后而出现的，这恐怕不是偶然的事情吧。

如果不拘泥于单纯的文物年代，现存的古建筑中确实应以乾隆时期的水平最高。这是因为，明朝前期极端严格的礼仪制度，整肃了近二百年的社会秩序；而作为对明中叶开始城市工商经济勃兴的回响，明末清初的浪漫思潮直如洪流决堤，一直从市民蔓延到士大夫阶层。两股波涛都涌到了这个盛世王朝之中。加以乾隆皇帝继父祖之后大治营建，时间又很集中，所以很快形成了一代风格。乾隆四十六年（1781年），乾隆皇帝总结了四十余年的修建工程，说：

> 予承国家百年熙和之会，且当胜朝二百余年废弛之后，不可无黻饰壮丽国之观瞻。四十余年之间，次第兴举，内若坛庙、宫殿、京城、皇城、禁城、沟渠、河道以及部院衙署，莫不为之葺其坏，新其旧……他若内而西苑、南苑、畅春园、圆明园以及清漪、静明、静宜三园。又因预为菟裘之颐而重新宁寿宫，别创长春园外，而盛京之属城式筑其颓，永陵、福陵、昭陵、陪都宫殿胥肯构以轮奂。又景陵、泰陵往来之行宫以及热河往来之行宫、避暑山庄，盘山之静寄山庄；又因祝厘而有普陀宗乘之庙，延班禅而有须弥福寿之庙，以至普宁、普乐、安远诸寺，无不因平定准夷，示兴黄教以次而建。
>
> ——《御制文二集·知过论》

在仅仅四十余年间，由乾隆亲自过问，新建、改建了上述这些大约一百万平方米的建筑，这恐怕在世界建筑史上也是唯一的创举，乾隆风格至少也应当是 18 世纪东方建筑的主流。本文不拟全面阐述形成这一风格的具体手法，也不可能标举全部优秀代表作品，这里只介绍一个改建的实例——北京天坛，和一组新建的实例——热河建筑群，以见其美学特征。

天坛是祭天的场所。中国人能描绘出所有佛道怪异神灵的人格形象，却始终没有创造出一个具体的天神来，所以“皇天上帝”，也绝不可能容纳在一般拟人的殿堂里。天坛要求体现出信仰、观念和天人感应的境界。乾隆八年至十四年（1743 ～ 1749 年）改建的北京天坛可说是把这个境界表达到了无懈可击的地步。

天坛占地 270 多公顷，但布置建筑的地方只占其中的约 1/20，其余全种松柏，极强烈地渲染出祭祀的环境性格——永恒不凋。一条长达 750 米，高出地面约 4 米的甬道联结着圜丘和祈年殿，宛如云端宫阙俯瞰尘世。祭天的圜丘是洁白晶莹的三层圆形石坛明朝时为蓝琉璃砖镶砌，外绕两重矮墙，层层延拓，似乎将祭坛无限延伸到林海中去。十字对称的台阶和门坊，强调出中心绝对稳定的天极。圜丘与天相通，大量使用了有关的象征手法。圆代表天，天为阳，建筑的尺寸和数目也多用阳奇数。如坛径分别为九丈、十五丈和二十一丈明朝原为十二丈；坛顶墁石由中央一块，第一圈九块，二圈十八块，直至九圈八十一块等。坛侧建有灯杆三座，另有烧烤牺牲品的燎炉、焚柴的燔炉。设想在晦暗的冬至黎明，红灯高照，烟火升腾，沉沉林海上的三层圆坛包含着怎样神秘浪漫的意味！这就是“天”的形象。

祈年殿是坐落在直径达 90 米的三层白石圆坛上的一座圆殿。它不是靠环境气氛的渲染，而是用自身端庄、稳定、凝重、和谐的造型来显示出内在的无穷力量天是无穷的。三层洁白的台座，又是三层湛蓝的屋檐，象征着无限的向上力量，真像是苍穹俯覆万物。色彩搭配得如此典丽，比例推敲得如此协调，在古典建筑中以单座造型获得如此感人的美，祈年殿完全可以进入最罕见的杰作之列。它与圜丘一高一矮，一浓一淡，一个是环境的圣洁，一个是自身的崇高。其间又大量运用数字的象征，体现了对严密、和谐等理性的追求，力求与天道的永恒概念取得协调。它严谨到这种地步，以至皇穹宇的围墙达到了声音可以连续反射的精度，使得无生命的物理现象获得了天的生命力量。

如果说天坛是在理性中展示了十足浪漫的空间感受，那么热河建筑群则是在浪漫中表现出庄严理性的时间——历史意识。康熙年间，为了抗御外侵，加强对边疆的管理，创立了武装北巡和军事围猎的制度。在距京师东北千里之遥的山峦间建立规模巨大的猎场——木兰围场，以作训练军队和联络蒙古王公的场所。康熙四十二年（1703 年），在北巡线中间山水秀美的热河小盆地建热河行宫即避暑山庄，同时陆续创建沿线行官。乾隆时大力扩充，至四十六年终于建成了占地达560公顷的避暑山庄和沿途的20座小型园林行宫，以及山庄外围的“外八庙”共十二座，形成了一条千里建筑环境。还是用音乐来比拟，京师是严肃的礼制中心，围场是野性的浪漫舞台，这两大乐章的中间是两者交融的乐曲高潮；其间的二十个小行宫是节奏鲜明的和声；而那基调又是长城、大河、森林、古道，仆仆风尘的八旗劲旅，闪闪耀日的兵仗盔甲。在这浓重绚烂的色调中，又饱含着争取民族的联合，国家的统一，文明的创造，历史的追慕这些严肃的主题。它是艺术的珍品，又是时代的强音。

以避暑山庄为中心的约20平方公里范围内的园林寺庙群，充分显示了乾隆风格的精神。它把山水林木巧妙地加以安排规划，就出现秀丽的江南水乡，雄奇的西北地区，广袤的蒙古草原和瑰奇的边疆风貌；它或者直接模拟祖国名胜，或者着意新创诗情画意；大处着眼而挥洒自如，精心构缔而不落俗套，将散布在山水之间的一百多处建筑组成了一幅浓缩的江山万里图卷。

本文这里只以避暑山庄内的山区的几处庭园和一组寺庙——普宁寺来说明乾隆风格在这里的具体表现。山区庭园中的碧静堂是个山间小园，面积不过三亩余，但横跨三山两涧，坡沟之间置亭廊殿宇，意味幽静深邃。山近轩规模较大，以大量的假山烘托建筑，构成了多层次的空间气韵。乾隆曾总结山地造园之美在于能致人以情，他说：

> 室之有高下，犹山之有曲折，水之有波澜。故水无波澜不致清，山无曲折不致灵，室无高下不致情。然室不能自为高下，故因山构屋者其趣恒佳[1]。

山地造园，以创造幽深的情致为难，因为开阔可以无限，借景的选择性较大，而幽深则必须适度，过分就会产生压抑之感。既要清籁雅致，又要情趣盎然，静中有动，幽中见敞，才算上品。这些庭园已毁，但可依残址实测图结合文献，并依乾隆风格作出复原图（图6）。

普宁寺是一个完全按照佛经的要求见《普宁寺碑文》[2]，用建筑形象表现佛国世界的图解式的象征纪念物，原型来自西藏的三摩耶寺。但它贯穿着传统的理性主义审美观，在严格的建筑规则限制下，充分发挥了传统建筑的美感。寺分前

---

1 《塔山西面记》载清·于敏中等《钦定日下旧闻考》卷26，《国朝宫室·西苑六》第366页，北京古籍出版社，1981年版

2 《钦定热河志》卷79《寺庙三》清刻本

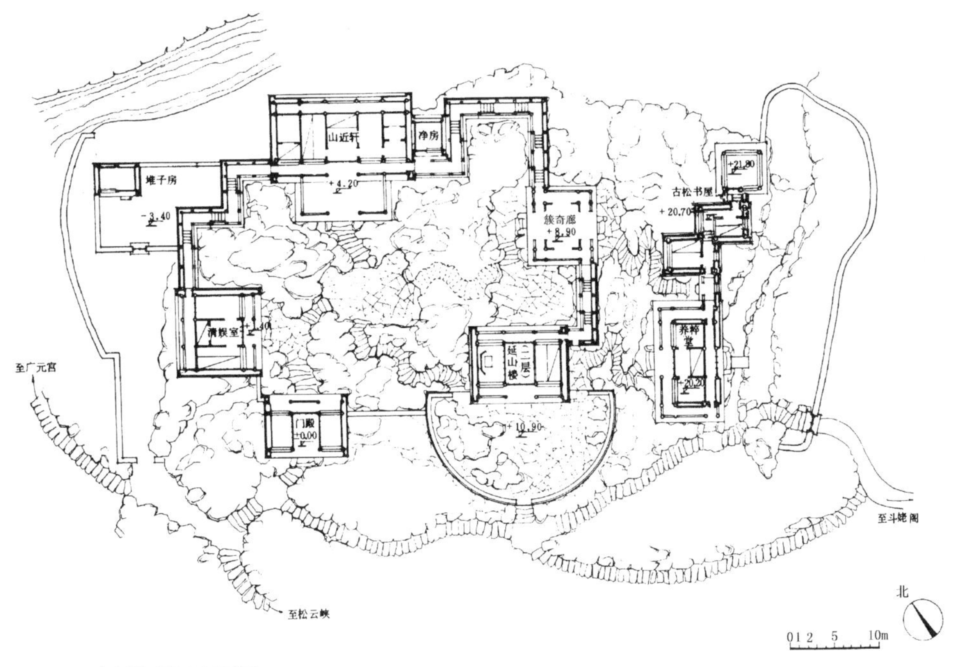

图 1–1　山近轩平面复原图

图 1–2　山近轩透视　冯建逵据原图加彩墨

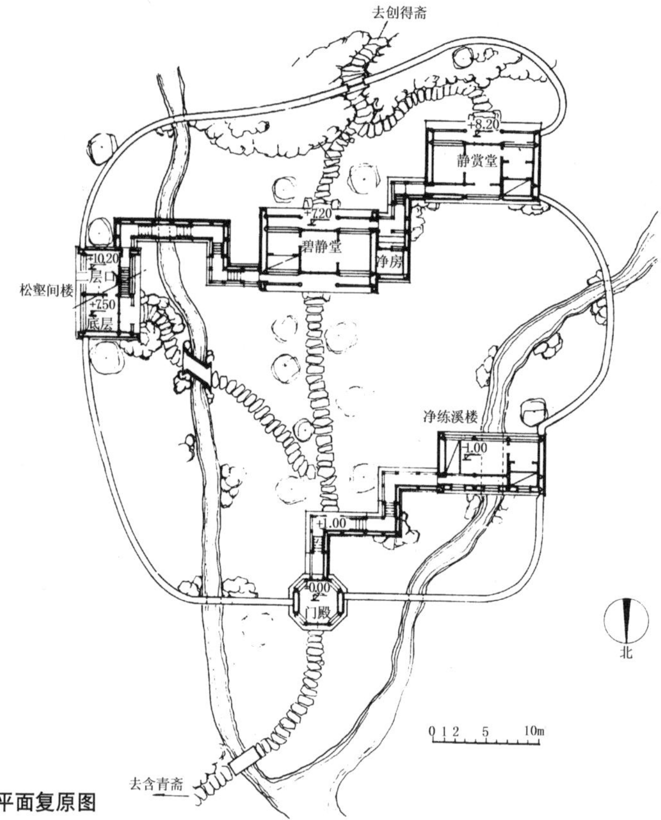

图 2–1　碧静堂平面复原图

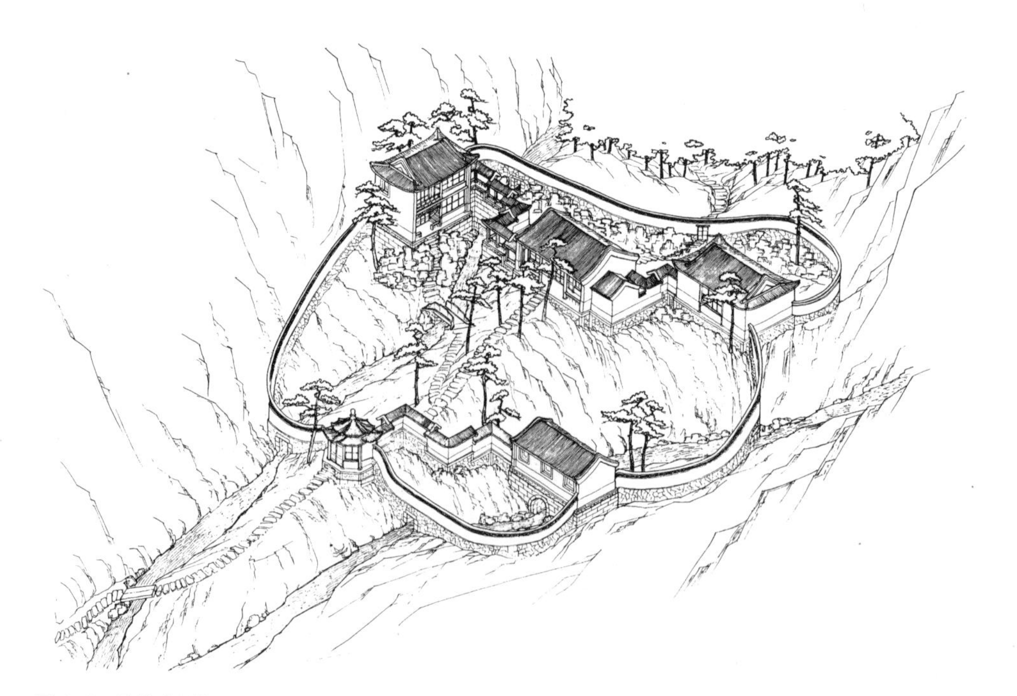

图 2–2　碧静堂透视图

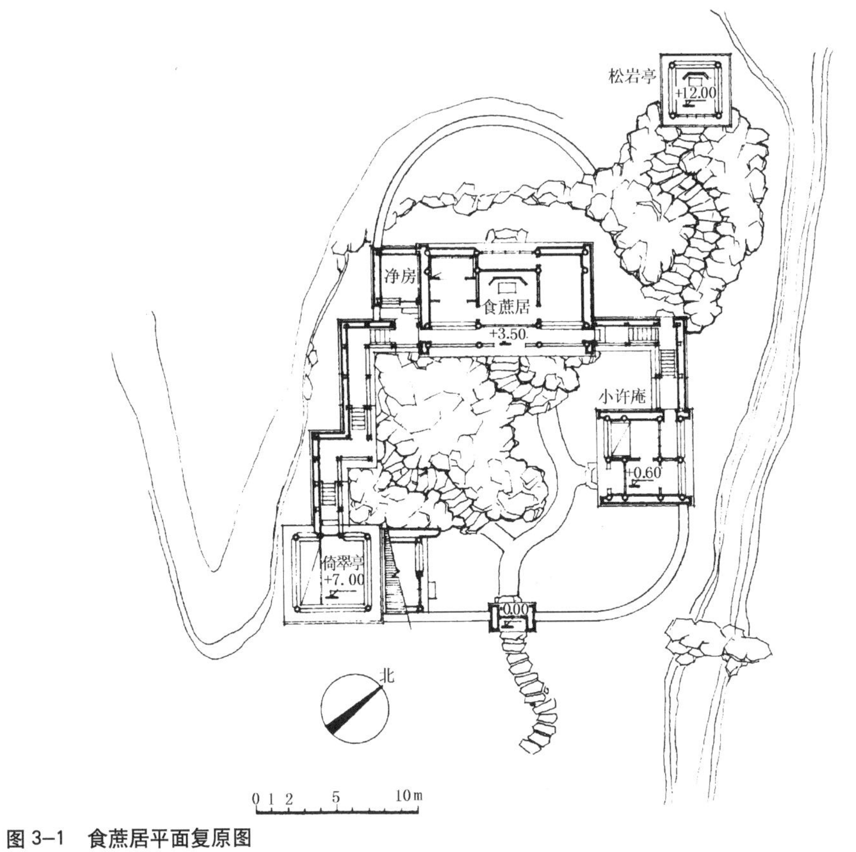

图 3-1　食蔗居平面复原图

图 3-2　食蔗居透视图

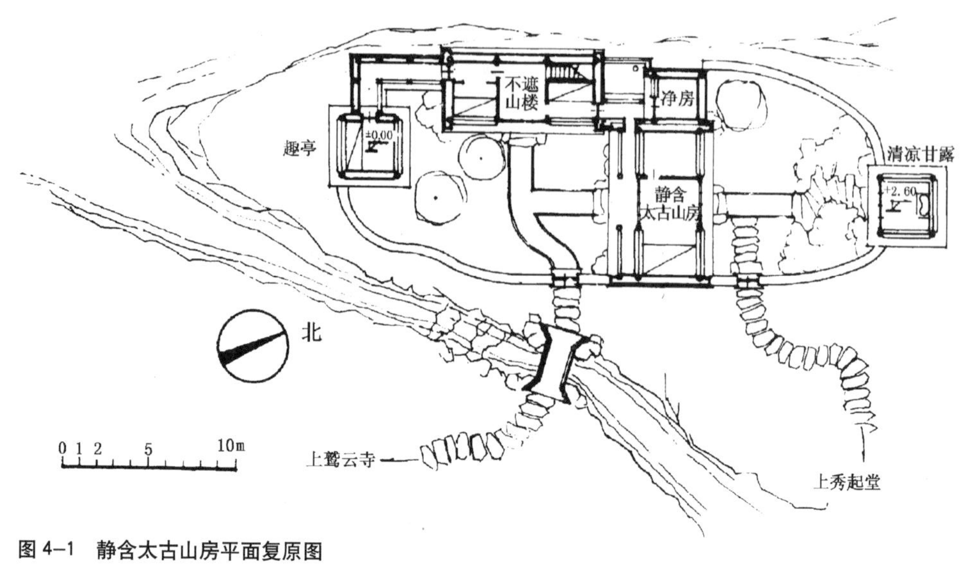

图 4–1 静含太古山房平面复原图

图 4–2 静含太古山房透视图

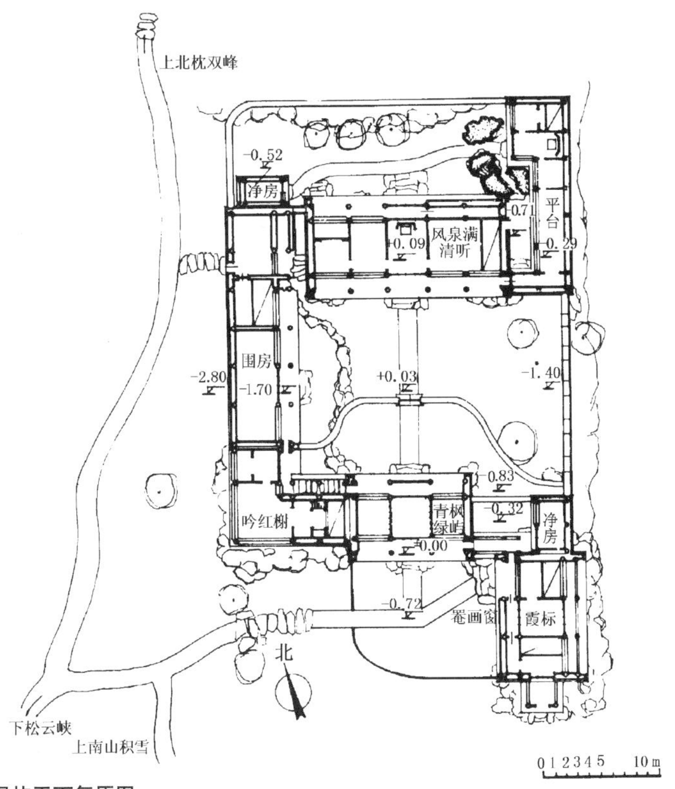

图 5–1　青枫绿屿平面复原图

图 5–2　青枫绿屿透视

图 6　梨花伴月复原图

后两部分，前部规制森严但平凡无奇，唯其无奇，才衬托出后部更加壮观。后部是一大组群，统名“曼荼罗”碑文称“曼拿罗”，象征着以须弥山为中心的四大部洲、八小部洲、七山、五峰、四轮铁围山等等名目，共有形状、色彩、体量很不相同的 27 座建筑物（图 7）。它既是活泼跳跃的，但又是和谐协调的；既是繁复错综的，但又是序列有致的。原因就在于它们之间有着严整的几何构图关系，存在着一个中心对称、相互垂直的布局格网。

理性与浪漫，空间与时间，情感与历史，和谐与跳跃，规整与灵活……审美意识的交织融合，就是乾隆风格的精粹所在，也是何以帝王宫苑、神鬼庙堂都能永葆其美感的奥秘所在。

三分匠七分主人

应当承认，探索中国民族形式的道路是一个需要不断实践的课题。建筑不是单纯的艺术品，它的艺术形式深受物质技术的制约，更何况建筑形式中的民族审美意识，还是一个有待开发的审美心理学问题。然而事实还是很明显的，在人类一切巨大的物质生产中，只有建筑有艺术形式的问题，只有建筑的形式发生过“复古”的现象。当今西方建筑界不是又在高喊面向“历史”、“民族”、“民间”，着意探讨人—建筑—环境的美学关系吗？其实就在现代建筑最鼎盛辉煌的年代里，也并没有对各种现代形式作出美学科学的解释，其理论基础是很薄弱

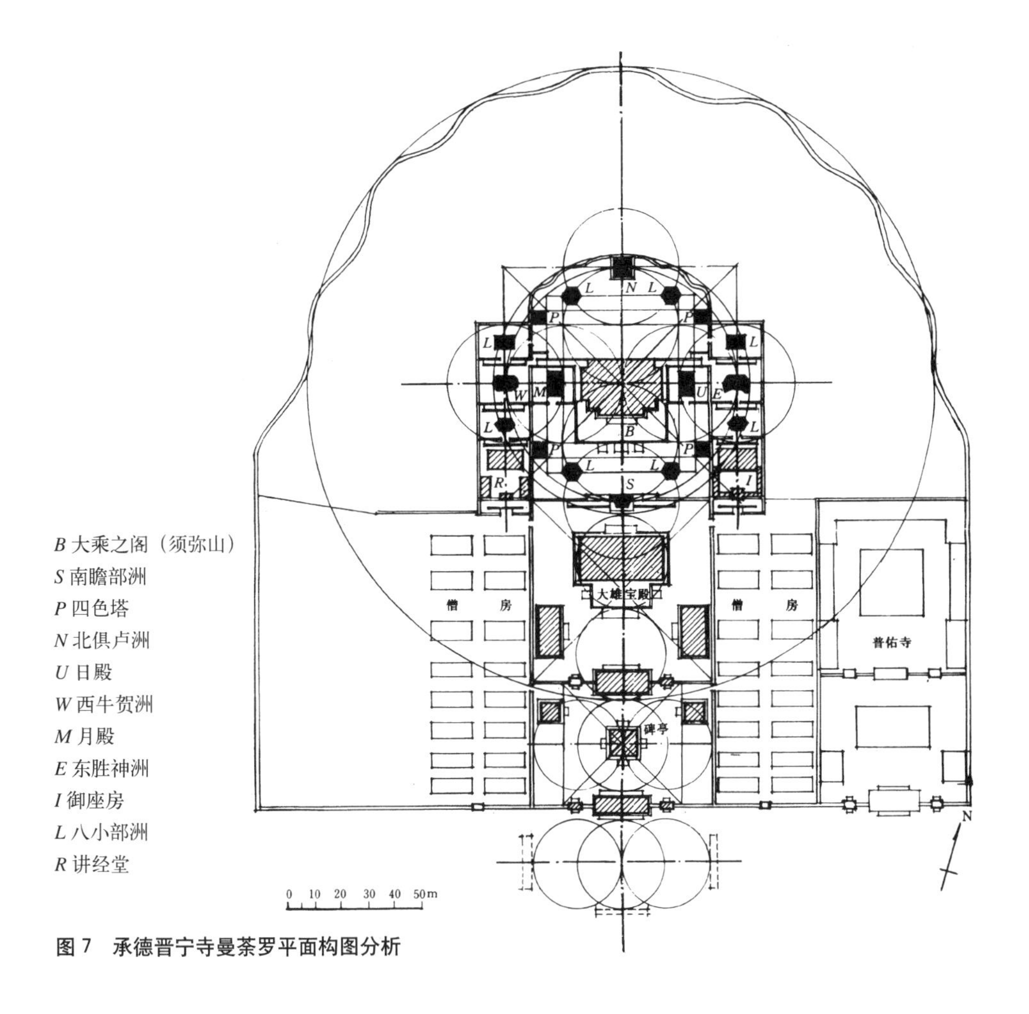

图 7 承德晋宁寺曼荼罗平面构图分析

的，因为只要不是故弄玄虚，玩弄诡辩，现代建筑形式都没有逃出古典美学包括西方的和东方的的基本命题。这就证明了人类的审美心理结构中有相当的成份是民族文化长期积淀的结果。也许人们对古典艺术、民族形式的永恒美感也正是这种审美心理结构的反响吧！

可见建筑形式的创作乃至全部建筑的规划设计工作，都是一种特殊的艺术创作劳动。明末计成写的《园冶》开宗明义就说“世人兴造，专主鸠匠，独不闻三分匠七分主人之谚乎？非主人也，能主之人也”[1]。对于有更多艺术成份的园林，则“筑园之主，犹须什九，而用匠什一”[2]。对这 70% 乃至 90% 的“能主之人”，不是要求技术的先进，而是要求审美的愉悦；不是技术员的职责，而是艺术家

1 《园冶》卷 1《兴造论》《园冶注释》第 41 页
2 《园冶》卷 1《兴造论》《园冶注释》第 41 页

的构思。好像是为这个谚语作注似的，李笠翁作了生动的补充：

> 常见通侯贵戚，掷盈千累万之资以治园圃，必先谕大匠曰，亭则法某人之制，榭则遵谁氏之规，勿使稍异。而操运斤之权者，至大厦告成，必骄语居功，谓其立户开窗，安廊置阁，事事皆仿名园，纤毫不谬。噫！陋矣。[1]

可是，李笠翁所鄙薄的那种否认建筑创作艺术特征，无视民族审美心理，却在那里"掷盈千累万之资"的现代"操运斤之权者"，还是颇不乏人的。北京有个人大会堂，全国也有十来个小人大会堂；北京有个人民英雄纪念碑，全国也有那么十来个差不多的纪念碑；还有小首都剧场、小百货大楼、小北京火车站、小电报大楼……广州创造了一批风格新颖、富有园林意味的新型建筑，"广州风"居然从亚热带吹到了高纬度，连北京的古迹陶然亭公园里也搬来了广州茶社。可以想见建筑师无所适从，下笔踌躇的为难心情。现代中国建筑师很有牢骚，说是"长官意志"太多，无法发挥艺术创作才能。诚然某些"长官意志"限制了建筑艺术的创作，可这也是古今中外建筑创作中的通例。秦始皇、萧何、汉武帝、武则天、宋徽宗，直到康熙、乾隆，都直接干预建筑创作；罗马教廷、路易十四、拿破仑、英国女皇也直接指定过建筑形式，但关键还在"操运斤之权者"的建筑师对艺术形式真诚的认识和严肃的创作，在于对民族审美精神的刻苦求索。建筑创作和其他一切创作都是在各种矛盾的条件限制下进行的，如果把"长官意志"也看作是一个条件，不也是正常的事情吗？建筑师还是要坚定地执着于自己那至少70%的"能主之人"的地位，永远不要忘记自己肩负着美的创造这个神圣的职责。

原载《文艺研究》1982年第1期，文中原有照片部分删去

1 《闲情偶寄》卷4《居室部·房舍第一》第144页，浙江古籍出版社，1985年版

中国传统建筑审美三层次

美的形式——意味

中国传统建筑是整个中华民族艺术体系中的一个重要门类。《易·系辞下》说："上古穴居而野处，后世圣人易之以宫室，上栋下宇，以待风雨，盖取诸大壮"[1]。大壮的卦象是上震☳下乾☰[2]。不论后世人们对建筑何以要取大壮的形象作出多少解释，但同书说八卦的形象是"近取诸身，远取诸物"[3]。这就说明卦象是简单而有"意味"的符号形式。所谓"意味"Interest，就是带有生活原型的印痕。用有意味的形式来表达对建筑的认识，说明中华民族和世界上其他民族一样，在原始社会末期，就已经有了"作为艺术的建筑术的萌芽"[4]。

自从建筑跨入了艺术的行列之后，就产生了什么是建筑的美的问题。毫无疑问，由于自然条件、技术条件、社会条件的差别，更由于民族审美心理的差别，不同的民族对这个问题的回答是各式各样的。那么，中国人是怎样回答的呢？

商纣时期，"宫墙文画，雕琢刻镂，锦绣被堂，金玉珍玮"《说苑·反质》[5]。春秋战国时期，诸侯高台榭，美宫室，美轮美奂，壮丽非凡。秦始皇建阿房宫，仅前殿上可以坐万人，下可以建五丈旗[6]。萧何营造汉长安宫殿，主张"非壮丽

1 《周易正义》卷 8《系辞》下第 87 页《十三经注疏》影印本 中华书局 1979 年版

2 同上书 卷 4 第 48 页"䷡（王弼注 乾下震上）大壮，利贞。孔疏：大壮，卦名也，壮者，强盛之名，以阳称大阳，长既多是大者盛壮，故曰大壮。"

3 同 1 第 86 页

4 恩格斯《家庭、私有制和国家的起源》第 24 页："作为艺术的建筑术的萌芽，由设雉堞和炮楼的城墙围绕起来的城市……这就是希腊人由野蛮时代带入文明时代的主要遗产。"人民出版社 1972 年版

5 《百子全书》第一册《说苑》卷 20，浙江人民出版社 1984 年版

6 《史记》第一册卷 6《秦始皇本纪》第 256 页 中华书局 二十四史点校本

无以重威”[1]。梁·萧统《殿赋》:“观华矆之美者，莫如高殿之丽也”[2]。唐·李华《含元殿赋序》:“阴阳惨舒之变，宜于壮丽”[3]。宋梁周翰《五凤楼赋》:“不壮不丽，岂传万世”[4]。对于宫殿宗庙等建筑来说，壮丽为美。

白居易在庐山造草堂，特作《草堂记》说:“三间两柱，二室四牖。木斫而已，不加丹；墙圬而已，不加白。碱阶用石，幂窗用纸，竹帘纻帏，率称是焉”[5]。陆游《西村》诗说:“吾庐虽小亦佳哉，新作柴门断绿苔”[6]。明人文震亨在《长物志》中主张居所:“要须门庭雅洁，室庐清靓。亭台具旷士之怀，斋阁有幽人之致”[7]。计成《园冶》论建筑说:“升栱不让雕鸾，门枕胡为镂鼓。时遵朴雅，古摘端方”[8]。清人李渔《闲情偶寄》说：“盖居室之制，贵精而不贵丽，贵新奇大雅，不贵纤巧烂漫”[9]。康熙皇帝建避暑山庄，也主张“无刻桷丹楹之费，有林泉抱素之怀”[10]。对于住宅、园林等建筑来说，朴雅为美。

中国最早的城市规划模式见于《考工记·匠人》：“方九里，旁三门。国中九经九纬，经涂九轨。左祖右社，面朝后市”[11]。与这种十字轴线对称，井田型构图有密切关系的是明堂、灵台等礼制建筑。《诗》[12]描述西周的宫室建筑，有的是“作庙翼翼”，有的是“定之方中，作之楚宫”，有的是“殖殖其庭”,“哙哙其正”，都是形容它们的格局规则方整。班固《西都赋》赞美长安宫殿：“体象乎天地，经纬乎阴阳；据坤灵之正位，仿太紫之圆方”[13]。隋炀帝做诗形容洛阳：“圭景正八表，道路均四方”[14]。颜真卿作《象魏赋》赞赏长安:“浚重门于北极，耸双阙以南敞；夹黄道而嶷峙，干青云之直上……美哉，真盛代之圣明也”[15]。《礼记·礼器》对房屋高度作了规则的等级设想：“天子之堂九尺，诸侯七尺，大夫五尺，士三

1 《史记》第二册卷 8《高祖本纪》第 386 页
2 《全上古三代秦汉三国六朝文》第 3 册《全梁文》卷 19 第 3059 页 中华书局 1958 年版
3 《文苑精华》卷 48《宫室二》中华书局 1966 年版
4 引自《古今图书集成·经济汇编·考工典》第 48 卷（总第 785 册）《宫殿部·艺文三》中华书局影印本
5 《白氏长庆集》卷 26 商务印书馆《四部丛刊》本
6 引自《古今图书集成·经济汇编·考工典》第 77 卷（总第 787 册）《第宅部艺文二》
7 《长物志》卷 1《室庐》第 1 页 商务印书馆《丛书集成》本
8 《园冶》卷 1《屋宇》中国建筑工业出版社《园冶注释》第 71 页 1981 年版
9 《闲情偶寄》卷 4《居室部·房舍第一》第 145 页 浙江古籍出版社 1985 年版
10 康熙《圣祖御制避暑山庄记》载《热河志》卷 25《行宫一》清刻本
11 清·戴震《考工记图》卷下 商务印书馆 1955 年版
12《毛诗正义》“作庙翼翼”见卷 16 ~ 2《大雅·緜》第 509 页:“定之方中”见卷 3 ~ 1《鄘风·定之方中》第 315 页；“殖殖其庭”“哙哙其正”见卷 11 ~ 2《小雅·斯干》第 437 页《十三经注疏》影印本
13《文选》卷 1，中华书局影印本，1981 年版
14《冬至乾阳殿受朝诗》载《先秦汉魏晋南北朝诗》下册《隋诗》卷 3 第 2666 页，中华书局，1983 年版
15《文苑英华》第一册卷 49，中华书局，1966 年版

尺”[1]。宋《营造法式》对房屋的各部分比例和不同类型的建筑体量，规定了等差的规则：“凡构屋之制，皆以材为祖。材有八等，度屋之大小因而用之”[2]。对于建筑的格局来说，规整为美。

《诗·小雅》形容建筑的屋顶：“如鸟斯革，如翚斯飞”[3]。《楚辞》和汉赋中记载了当时宫殿宗庙中有许多飞腾生动的彩绘雕刻[4]。如王延寿《鲁灵光殿赋》描写殿内梁柱雕镂飞禽走兽，虎奔龙腾；还有朱雀、腾蛇、白鹿、蟠螭、狡兔、顽猴、狗熊……到处都是飞舞的姿态[5]。唐·王勃《滕王阁序》描写建筑与流动的景物融为一体：“画栋朝飞南浦云，朱帘暮卷西山雨”[6]。《园冶》谈园林的美：“拍起流云，觞飞霞伫”；“槛外行云，镜中流水”[7]，都是充满了动态的景物。乾隆皇帝《塔山西面记》说：“室之有高下，犹山之有曲折，水之有波澜，故水无波澜不致清，山无曲折不致灵，室无高下不致情”[8]，他主张园林中的山、水、建筑都应以动态取胜。这些都表明，飞动为美。

建筑美与自然美融合到一起，可以产生出宏大的气派。《诗·鄘风》：“升彼虚矣，以望楚矣；望楚与堂，景山与京”。[9]唐·梁洽《晴望长春宫赋》：“视河外之离宫兮，信寰中之特美；飞重檐之杳秀兮，缭长垣而层趾”。[10]都说明宫殿的美已超出本身的壮丽，它的范围要更加大得多。一个临江的楼阁中，可以出现“落霞与孤鹜齐飞，秋水共长天一色”的美景；[11]一个普通的草堂，也可以引出“窗含西岭千秋雪，门泊东吴万里船”的空间感触。[12]《园冶》说通过借景可以“纳千顷之汪洋，收四时之烂漫”[13]。清朝王闿运作圆明园《宫词》说：“谁道江南风景佳，移天缩地在君怀”[14]。这种气派，这种空间感说明博大为美。

与博大相对应，还有不少建筑小巧精致。文震亨《长物志》谈桥梁造型：

---

1 《礼记正义》卷 23 第 1433 页《十三经注疏》本
2 宋·李诫《营造法式》卷 4《大木作制度》一，商务印书馆，《万有文库》版
3 《诗集传》卷 11
4 如《楚辞·招魂》：“仰观刻桷　画龙蛇些”，见《楚辞章句》卷 9，中华书局，1983 年版
5 《文选》卷 11
6 《古文观止》卷 7 第 307 页 中华书局 1981 年版
7 《园冶》卷 1《相地·江湖地》《屋宇》中国建筑工业出版社《园冶注释》第 61.71 页 1981 年版
8 清·于敏中等《钦定日下旧闻考》第二册 第 366 页，北京古籍出版社 1981 年版
9 《毛诗正义》卷 3 ～ 1，第 316 页《鄘风·定之方中》《十三经注疏》本
10《文苑英华》第一册卷 47
11 唐·王勃《滕王阁序》《古文观止》卷 7 第 304 页
12 唐·杜甫《绝句四首》之一，载《杜甫选集》第 47 页 上海古籍出版社 1983 年版
13 明·计成《园冶》卷 1《园说》《园冶注释》第 44 页
14 王闿运《圆明园宫词》载《圆明园》第 1 集第 111 页 中国建筑工业出版社 1981 年出版

“广池巨浸，须用文石为桥，雕镂云物，极其精工，不可入俗”[1]。李渔《闲情偶寄》说私家园林是“以一卷代山，一勺代水”，“自是神仙妙术，假手于人”[2]。郑板桥记小庭院：“十笏茅斋，一方天井，修竹数竿，石笋数尺”[3]，十分可爱。《热河志》记避暑山庄内小庭园“沧浪屿”：“屿不满十弓，而峭壁直下，有千仞之势。中为小池，石发冒池，如绿云浮空”[4]；又记“罨画窗”：“曲室窈深，疏棂洞启，峰岭林泉，咸在几席，俨如罨画”[5]。这些，又说明小巧为美。

壮丽、朴雅、规整、飞动、博大、小巧，它们其实都是相辅相成，互为补充，互为比较而显示其为美的。壮丽的宫殿中有朴雅的园林和装修；规整的坛庙中有飞动的翘角飞檐；博大的环境中有小巧的空间趣味。正如张衡《东京赋》说的宫殿：“奢未及移，俭而不陋，规遵王度，动中得趣”[6]；或如沈复在《浮生六记》中说的园林：“大中见小，小中见大，虚中有实，实中有虚”[7]；或如袁中道称赞的太和山风貌：“骨色相和，清不槁，丽不俗”[8]。建筑的美是多种审美因素的辩证统一。虽然建筑的形式主要是由无生命的，不具象的体、线、色、质所构成，但人们从中获得的，却是一个丰满的艺术形象。而构成这个艺术形象最主要的因素，就是如前述那些描述所表现出来的“意味”。只有“意味”才能使那些无生命的、不具象的形式获得生命，塑造出形象，这就叫做有意味的形式。所以，中国建筑的美不是形式，却在于形式——有着丰富内涵的有意味的形式。这“意味”，主要表现在环境、造型、象征三个方面；在审美活动中，则相应地表现为感受、知觉、认识三个层次。

环境——感受

感受 Feeling 是人对建筑艺术最初的审美层次，是通过环境气氛获得的。中华民族至少从春秋战国开始，就认识到了建筑环境气氛的重要性，并自觉地总结出一套创造环境美的法则。

1．相地 相地就是选择地段，进行环境设计。楚灵王造章华之台，首先注

1 《长物志》卷 1 第 3 页《室庐 · 桥》商务印书馆《丛书集成》本
2 《闲情偶寄》卷 4《山石第五》第 180 页
3 《郑板桥全集 · 板桥题画 · 竹石》清乾隆刊本
4 《钦定热河志》卷 31《行宫七》清刻本
5 同上书 卷 32《行宫八》
6 《文选》卷 3
7 《浮生六记》卷 2《闲情记趣》人民文学出版社 1980 年版
8 《珂雪斋集》卷 7《游太和记》转引自北京大学哲学系美学教研组编《中国美学史资料选编》下册第 170 页 中华书局 1981 年版

意到周围的地理环境："前方淮之水，左洞庭之波，右顾彭蠡之隩，南望巫山之阿"边让《章华赋》，[1]可谓气魄雄大。谢灵运在会稽山中筑山居，"左湖右江，往渚还汀，面山背阜，东阻西倾，抱含吸吐，款跨纡萦，绵联邪亘，侧直齐平"，[2]对东南西北各方的近景远景作了仔细的考察，选址考虑可谓周密。管仲最早提出城市相地的理论："凡立国都，非于大山之下，必于广川之上……城郭不必中规矩，道路不必中准绳"[3]。《周礼》中有专司选地、规划城市、道路、农田的官员[4]。许多相地理论都与堪舆学说有关，剥去某些神秘的外衣，可以看出鲜明的审美观点，最主要的就是因地制宜和巧于因借。南朝建康城街道修得曲折，理由是"江左地促，不如中国指北方中原，若使阡陌条畅，则一览而尽，故纡余委曲，若不可测"[5]。这种纡余委曲的城市面貌，与江南水乡的自然环境取得了美学上的协调。康熙皇帝建避暑山庄，亲自相地，确定了"自然天成就地势，不待人力假虚设"的规划原则[6]。山庄建筑"度高平远近之差，开自然峰峦之势；依松为斋，则窍崖润色；引水在亭，则榛烟出谷"[7]，使这个园林环境富有很浓的山林野趣。

《园冶》虽然讲的是造园，但它的相地理论实际也是最典型地代表了中国传统的相地学美观。书中专立《相地》一章，首叙相地的灵活性和环境的适应性，指出"园基不拘方向，地势自有高低"[8]，山林、城市都可以造园，新筑、旧构都能成景，各种地形都堪利用，总的原则就是"相地合宜，构园得体"[9]，"借景偏宜"[10]。然后依次叙述山林地、城市地、村庄地、郊野地、傍宅地、江湖地的自然美特征以及如何改造自然美成为环境美。如山林地的特点是，"有高有凹，有曲有深，有峻而悬，有平而坦，自成天然之趣，不烦人事之工"[11]，经过"入奥疏源，就低凿水，搜土开其穴麓，培山接以房廊"[12]等手法，便可形成"槛逗几番花信，

---

1 《后汉书》第九册卷 80 下《文苑列传 · 边让传》第 2640 页中华书局二十四史点校本卷 80 下

2 《山居赋》载《全上古三代秦汉三国六朝文》第三册《全宋文》卷 31 第 2604 ～ 2609 页

3 《百子全书》第五册《管子》卷 1《乘马第五 · 立国》

4 详见《周礼》中《地官》大司徒 小司徒 封人 遗人 遂人 囿人 司市；《夏官》大司马 量人 司险 职方氏 土方氏的职责。《十三经注疏 · 周礼注疏》

5 刘义庆《世说新语》卷上之上《言语第二》上海古籍出版社 1982 年版

6 《热河志》卷 26《行宫二》康熙《芝径云隄》诗："万几少暇出丹阙，乐水乐山好难歇。避暑漠北土脉肥，访问村老寻石碣。众云蒙古牧马场，并乏人家无枯骨。草木茂，绝蚊蝎，泉水佳，人少疾。因而乘骑阅河隈，弯弯曲曲满林樾。测量荒野阅水平，庄田勿动树勿发。自然天成就地势，不待人力假虚设。君不见，磬锤峰，独峙山麓立其东。又不见，万壑松，偃盖重林造代同……"

7 同上书卷 25（行宫一）康熙《避暑山庄记》

8 《园冶》卷 1《相地》《园冶注释》第 49 页

9 《园冶》卷 1《相地》《园冶注释》第 49 页

10 《园冶》卷 1《相地》《园冶注释》第 49 页

11 《园冶》卷 1《相地 · 山林地》《园冶注释》第 51 页

12 《园冶》卷 1《相地 · 山林地》《园冶注释》第 51 页

门湾一带溪流”[1]，“阶前自扫云，岭上谁锄月，千峦环翠，万壑流青”[2]的美的环境。

2. 体宜 相地合适，还须要使建筑的布局合乎体宜，即精心的“立基”。用《园冶》的话来说，相地之美在于“巧”，立基之美在于“精”。比如，“宜亭斯亭，宜榭斯榭”[3]；“择成馆舍，余构亭台，格式随宜，栽培得致”[4]，这叫做“精在体宜”。用《红楼梦》中贾宝玉的话来说，就是“非其地而强为其地，非其山而强为其山，即百般精巧，终不相宜”[5]。

合乎体宜的立基，构成了不同气氛的美的环境。宫殿的体宜应是庄重恢阔，所以它的布局就特别强调对称、堂皇，强调平缓的韵律与突兀的高潮之间序列的过渡。天坛的体宜应是圣洁崇高，所以它的布局就特别强调高敞、疏朗，强调苍郁的林海与晶莹的坛殿之间的强烈对比。陵墓的体宜应是肃穆幽谧，所以它的布局就特别强调深邃、严肃，强调漫长的神道前序与内敛的陵殿之间的有机结合。园林的体宜应是优雅活泼，所以它的布局就特别强调曲折、分隔，强调小尺度的建筑与大空间的借景之间的彼此因借。住宅的体宜应是安详恬适，所以它的布局就特别强调内向、封闭，强调内部适度的庭院与外部封闭的体量之间的和谐一致。

合乎体宜的立基审美观，是民族审美感受的总结，它用民族的艺术语言固定了下来，成为若干美学法则。宋人李格非说：“园圃之胜，不能相兼者六：务宏大者少幽邃，人力胜者少苍古，多泉水者艰眺望”[6]。明人张岱记陶氏书屋：“护以松竹，藏以曲径，则山浅而人为之幽深也”；“以松放其山，而山反亲昵，以疏岩其水，而水反萦回”[7]。陈继儒论山居四法：“树无行次，石无位置，屋无宏肆，心无机事”[8]等议论，都是很精辟的立基审美法则。

3. 序列 立基合宜得体，便构成了有机的序列。“庭院深深几许”[9]，“旷如也，奥如也”[10]。中国传统建筑很多是依靠着纵深的序列设计而发挥出美的作用。儒生

---

1 《园冶》卷1《相地·山林地》《园冶注释》第51页

2 《园冶》卷1《相地·山林地》《园冶注释》第51页

3 《园冶》卷1《兴造论》《园冶注释》第41页

4 《园冶》卷1《立基》《园冶注释》第63页

5 《红楼梦》第17回第192页 人民文学出版社1973年版

6 《洛阳名园记·湖园》商务印书馆《丛书集成》本

7 明·张岱《琅嬛文集·吼山》转引自北京大学哲学系美学教研室编《中国美学史资料选编》下册第190页 中华书局1981年版

8 明·陈继儒《岩栖幽事》第15页《丛书集成》本

9 五代·冯延巳《鹊踏枝》全文见本书《天然图画》载《唐宋名家词选》古典文学出版社1956年版 第39页

10 唐·柳宗元《龙兴寺东邱记》“游之适，大约有二，旷如也，奥如也”。《柳河东集》卷28《四部备要》中华书局校刊本

设想的周朝王宫，有皋、库、雉、应、路五门[1]，至少可以构成五个空间的序列。《西京赋》描述长安宫殿："长廊广庑，涂阁云蔓。闬庭诡异，门千户万。重闺幽闼，转相逾延。望窈窕以径庭，眇不知其所返"[2]。东汉李尤作《德阳殿赋》，形容宫殿的序列："开三阶而参会，错金银于两楹；入青阳而窥总章，历户牖之所经……周阁迴匝，峻楼临门。朱阙岩岩，嵯峨概云，青琐禁门，廊庑翼翼，华虫诡异，密采珍缛"[3]。这类铺陈文采的描述，没有实际的体验是难以写出来的。经过长期的实践，中国传统建筑在组织空间序列方面的成就，远远超过了对单座建筑造型的推敲，甚至可以说，中国传统建筑艺术的主要成就就是组织空间序列。序列大体上有三种类型。第一类是以北京故宫为代表，主要以建筑空间的尺度转变构成节奏，用节奏创造美的环境。从正阳门至景山，在一条长达3.5公里笔直的中轴线上，布置了14个主要庭院，它们交错使用收聚、放散两种空间手法以变换视觉，从而形成节奏；而作为高潮的太和殿组群，又恰恰处于序列的正中，这样就能使人的感受逐步加深又逐步减弱。第二类是以唐宋至明清的陵墓或某些名山寺院为代表，它们的序列都很长，但建筑物并不多，只起画龙点睛的作用，或是某个序列阶段的标志。例如明十三陵，从石牌坊到长陵主体长达6公里，中间经过石牌坊、大红门、碑亭、神道石象生、石桥等，还包括着周围的山峦、河道、树木等。空间序列节奏不太明显，但却宛如平缓延绵，苍莽低沉的序曲；及至到达稜恩殿形成了高潮，再至方城明楼陵丘而结束，真如一曲动人的哀乐。第三类是以园林为代表。它们虽然主要也是运用多种手法综合而成美的序列，但主要还是以建筑空间的组合为主。不但建筑本身作为观赏的对象组成序列节奏，更重要的还在于建筑本身以外的序列变化，即因借的序列。它们的节奏变化幅度比较大，取得了"步移景异"的艺术效果。

4. 音响　建筑被称为"凝固的音乐"，就是因为它可以用无声的节奏序列造成有声有色的美；但如果真的加入了音响，就更能够渲染气氛，取得更深更广的艺术效果。在这方面，传统建筑也有很丰富的经验。在升朝饮宴时的宫殿，祭祀上享时的坛庙，诵经供奉时的寺观中，那钟鼓钵磬，丝竹鼓吹显然能够大大增添建筑的艺术感染力。就是在园林中，也常常以音响感受作为环境美的主题，颐和园有"听鹂馆"，避暑山庄有"风泉清听"，西湖十景有"柳浪闻莺"，苏州园林中有"留听阁"。乾隆皇帝在御园中赏景，不但写有莺啼、鹤唳、松涛、泉淙、瀑涌、雨滴、钟声的诗文，即蛩蟋蟀鸣、雀噪、鹿呦这样

1 《礼记正义》卷31《明堂位》第1490页 郑注《十三经注疏》影印本

2 《文选》卷一 中华书局影印本1981年版

3 载《全上古三代秦汉三国六朝文》第一册《全后汉文》卷50第746页

的声音，也被作为美景加以咏唱[1]。利用音响来创造美的环境，中国大概是世界上开掘得最深的国家了。

造型——知觉

知觉 Perception 是人对建筑艺术比较深入的审美层次。环境气氛给予人的感受，是直觉的、感性的、朦胧的，可意会而很难准确言传的。知觉则渗入了认识的、理性的因素。人对建筑艺术的审美知觉，主要是从造型中获得。中华民族几千年来一直执着地追求建筑造型中的理性因素，使审美深入到知觉的层次。主要表现在以下四个方面：

1. 和谐 和谐是美的基础。中国人对造型艺术中的和谐有着自己特定的理性涵义，其哲学——美学的基础集中体现在儒家"致中和"一类的理论中，例如，"中也者，天下之大本也；和也者，天下之达道也"《中庸》[2]；"清浊、大小、短长、疾徐、哀乐、刚柔、迟速、高下、出入、周疏，以相济也"《左传·昭公二十年》[3]；"上下、内外、小大、远近皆无害焉，故曰美"《国语·楚语》[4] 等。和谐也就是统一。费尔巴哈说："东方人见到统一而忽略了差异，西方人则见到差异而遗忘了统一"[5]，从造型艺术的审美倾向来看，这话是有道理的。

作为中国建筑设计理论中一个重要组成部分的堪舆学说，拂去其迷信的灰尘，主要是讲建筑形象的和谐统一以及它们的哲学、伦理学涵义。《黄帝宅经》说："夫宅者乃是阴阳之枢纽，人伦之轨模，非夫博物明贤，未悟斯道也"[6]。《管氏地理指蒙》有"方圆相胜"一节，指出"方者执而多忤，圆者顺而有情"[7]。方圆相参，才能达到和谐。例如常见的"阳宅图"其基本构图就是方圆相间，十字轴线对称的形式。在传统建筑中，方直线、圆曲线交互使用于建筑造型的实例极多，总的风格是和谐统一的。

取得和谐的美，主要依靠匀称和韵律。匀称的最早模式见于《周礼》井田

1 散见《热河志·行宫》各景诗：莺啼——莺转乔木，鹤唳——松鹤清越，松涛——万壑松风，泉淙——远近泉声，瀑涌——观瀑亭，雨滴——烟雨楼，鹿呦——驯鹿坡，钟声、蛩鸣、雀噪——狮子园杂咏。

2 《礼记正义》卷 52《中庸》第 1625 页《十三经注疏》影印本

3 《春秋左传正义》卷 49《昭公二十年》第 2094 页 同上本

4 《国语》卷 17 扫叶山房石印本 1924 年

5 德·费尔巴哈《黑格尔哲学批判》载《费尔巴哈哲学著作选集》上卷第 45 页，三联书店，1959 年版

6 本书收入《古今图书集成·博物汇编·艺术典》第 651 卷总第 474 册《堪舆部汇考·一》

7 《古今图书集成·博物汇编·艺术典》第 655 卷 总第 474 册《堪舆部汇考·五》

式的都邑规划和《考工记》的王城、明堂、世室的布局形式[1]；其后各代，都在不断从理论上和实际工程中探求匀称的构图规律。体现在喻皓《木经》中的建筑物上中下三段的比例法则[2]，宋《营造法式》中的"以材为祖"的模数法则，以及明清时期各地民间建筑中的营造法则，就造型艺术来说，都是匀称法则的灵活运用。至于由韵律而构成的和谐美，实例比比皆是，此处就不多谈了。

在中国传统建筑中，有民居、园林那样淡雅朴素，以协调为主的和谐；同时还有宫殿、坛庙那样雍容华丽，以对比为主的和谐。前者是造型艺术的共性，而后者则是中国建筑特有的风格。大起大落的空间，奇特夸张的造型，光辉夺目的色彩，突兀高耸的楼阁和平缓延绵的廊庑，雕镂细腻的纹饰和千篇一律的立面，迷离曲折的室内分隔和规整方正的庭院空间，以及金、黑、白、红、绿、蓝等对比跳跃的色彩等，它们共处在一组甚至一座建筑中，几乎处处是强烈的对比，但总的效果却又是高度的和谐。这里的奥秘在于，它们都是直率地自然地在表现自己，该精则精，该糙则糙。该红，则大片的红墙红柱红门红窗，该黄，则大片的黄瓦黄砖黄帏黄帘。没有离开实用的装饰，没有似是而非的手法。它们的这一共性，造成了审美知觉上的和谐统一，把观赏者带入了审美的深层层次。

2. 比例　一般说来，比例只是抽象的关系，但中国传统建筑却能使人从抽象的比例中知觉到具象的美。《礼记》规定：天子七庙，诸侯五，大夫三，士一[3]；"天子之堂九尺，诸侯七尺，大夫五尺，士三尺"[4]。唐制："三品以上堂舍，不得过五间九架，厅厦两头，门屋不得过五间五架；五品以上堂舍，不得过五间七架，厅厦两头，门屋不得过三间两架……庶人所造堂舍，不得过三间四架，门屋一间两架"[5]。这些是体现在具体的体型上的比例关系。清式建筑柱高一丈，出檐三尺，面阔与柱高之比为1.2∶1；檐步椽子斜度1∶0.5，顶部1∶0.9，中间递减。这些是体现在各个具体的部位上的比例关系。另外还有柱高与柱径，梁高与梁宽，墙高与墙厚，门宽与门高，斗栱的出跳与升高，以及彩画、雕刻、棂格等建筑构件本身的比例关系。更进一步，不少比例关系还有很深刻的象征意义。例如

1 《周礼·地官·小司徒》："九夫为井，四井为邑……"《考工记》"匠人营国，方九里，旁三门，国中九经九纬……"又关于井田、王城、明堂形式的关系详见本书《明堂形制初探》。另参看贺业钜《考工记营国制度研究》第二章第一节《城的形制及规模》。中国建筑工业出版社1985年版

2 宋·沈括《梦溪笔谈》卷18《技艺》第113页："凡屋有三分，自梁以上为上分，地以上为中分，阶为下分。凡梁长几何，则配极几何，以为榱等……此谓之上分；楹若干尺，则配堂基若干尺，以为榱等……谓之中分……《丛书集成》商务印书馆

3 《礼记正义》卷12《王制》第1335页："天子七庙，三昭三穆，与大祖之庙而七；诸侯五庙，二昭二穆，与大祖之庙而五；大夫三庙，一昭一穆，与大祖之庙而三；士一庙；庶人祭于寝"。《十三经注疏》

4 《礼记正义》卷23《礼器》第1431～1433页

5 载《唐会要》上册卷31《舆服上·杂录》第575页 中华书局1955年版

天坛圜丘的地面，中心一块圆石，第二周铺石九块，第三周十八块，直至九周八十一块，这个等比数列，就包含着“阳九”也就是天的意义。又如唐朝准备修建明堂，曾经提出了非常繁琐的比例关系，每种关系又都有所象征：堂心八柱代表“河图”八柱承天，四辅柱代表四辅星，第一层二十柱代表天五地十与五行之和，第二层二十八柱代表二十八宿，第三层三十二柱代表八节八政八风八音之和……[1]看来，凡是成熟的建筑造型，都能使人通过知觉获得鲜明的比例美感；而这种包容着社会的伦理的宗教的以及技术内容的比例美，又大大加深了美感的深度与广度。

3. 式样 它是建筑造型最直接的显现，也是建筑风格美的最主要因素。中国传统建筑的式样颇富有哲理意味，初看几乎千篇一律，细看却是千变万化；孤立的单体韵味不浓，组合的群体却是丰满动人。中国建筑有许多名称，但除了楼、阁是多层房屋，台、坛是无顶平台，廊可以无限延长，亭可以独立无群以外，其他殿、堂、门、庑、室、房、榭、轩、馆、厂即庵等名目，大多是指所处位置及使用上的区别，式样则基本相同。但当它们处在一个群体或特定的环境中间时，那千篇一律的式样就有了个性，有了风格。如前为门，中为殿，后为堂，侧为房，水边为榭，高处为轩，靠岩为厂，别院为斋，园中为馆等。就单体的式样来说，不论大至宫殿主体，小至堆房侧屋，都由屋顶、屋身和屋基三部分组成,这都是千篇一律的。但每一部分又有若干不同的式样，以屋顶而论，只有五种基本形式，即硬山、悬山、歇山、庑殿和攒尖，但配置于不同平面的屋身和自身的多种组合，就可以出现重檐、三重檐、十字脊、龟头殿、跌落、斜升等千变万化的式样。一座单体建筑，或一个部分的式样，很难说它们美或不美。一座普通的五间殿，在庙宇的环境中可以是巍峨堂皇的正殿，显得严肃端庄；在园林的环境中也可以变成情趣盎然的馆轩，显得轻松活泼。一座亭子，放在山水间就充满了画意，放到午门上就表现得雄伟。天坛的祈年殿和故宫的太和殿，换到了另外的任何地方，都不会使人感到原来那样美，甚至是丑的。

在传统建筑式样中，曲线与直线，繁复与简单，空虚与充实等这类造型艺术的美学关系也是相辅相成，互相渗透，互为补充的。一方面，组群空间绝大多数是方整规则的，建筑物的平面、立面绝大多数是矩形，构架系统也是矩形组合，似乎传统建筑是以严整的直线美为主。另一方面，像屋顶那样最引人注目的部分的式样，却全由曲线组成，“反宇业业，飞檐𪩘𪩘，流景内照，引曜日

---

1 全文见《旧唐书》第三册卷22《礼仪二》第857 ~ 862页

月[1]”；在方方正正的宫殿宅邸之旁，又往往附有蜿蜒流动的园林；矩形的构架中，多数构件又多作出曲线——月梁、梭柱、琴面昂、如意头等，到处又充满着流动的曲线美。一方面，中国建筑几乎没有一个部位没有装饰，雕镂彩绘，琉璃铺金，似乎很繁复。而另一方面，却又没有任何多余的纯粹的装饰，而且大都是定型化、程式化的做法，构思非常质朴，手法又极其简单。一方面，中国建筑到处是空灵的，流动的，“云生梁栋间，风出窗户里”郭璞[2]；“大壑随阶转，群山入户登”王维[3]。而另一方面，却又到处是充实的，凝重的，“室，实也”；“宫，穹也”；“廷，停也”《释名》[4]；明堂五室，可以容纳四季五行；祈年殿28根柱子，代表了四时、四季、十二时辰、十二月和二十八宿；“应门八袭，璇台九重”[5]，内容比形式要充实得多。《老子》说：“凿户牖以为室，当其无，有室之用”[6]。那些方整的、繁复的、充实的，就是实，是“有”；那些曲线的、简单的、空灵的，就是虚，是“无”。有虚，有“无”，才能有实，有“有”，“故有之以为利，无之以为用”[7]。建筑的式样与建筑的“利”、“用”，融为不可分割的了。凡这些，通过知觉的反应，使人们理解了式样的美，并使它们日臻成熟。

4. 逻辑　中国传统建筑的造型，有着相当严密的逻辑关系。诚然，一些建筑都是工程技术产品，都有着技术科学必然有的逻辑关系。但在艺术造型方面，世界上也有不少民族努力探求其中的美学逻辑，比如体现在西方文艺复兴以来的五种柱式典范 Five Orders 中的若干比例法则，就是欧洲古典建筑造型逻辑的典型代表。在中国建筑中，这种美学的逻辑关系则更加广泛，几乎体现在建筑造型的每个方面。首先是建筑的体量，直接与建筑的等级相联系，如正殿九间、重檐、十一檩、台基三层，等级最高；后堂必用七间、单檐、九檩、台基二层，等级次高；门必用五间、七檩、台基一层，屋顶式样减等，等级又次高；配殿则用五檩、台基低矮，等级最低。皇宫建筑体量最大，亲王次之，郡王又次，官员按品递减，庶民最小各种制度见唐、宋、明、清礼制[8]。其次是建筑的形式直接与结构相联系。如曲线屋顶与抬梁式构架的关系；出檐远近与斗栱出跳的关系；各式各样的体型组合与矩形柱梁结构的关系；各种构件和谐的韵律与材料的模数

1　东汉·张衡《西京赋》《文选》卷2
2　晋·郭璞（游仙诗）七首之一《文选》卷21
3　唐·王维《韦给事山居》载《王右丞集》卷7《四部备要》中华书局校刊本
4　汉·刘熙著 卷5《释宫室》第十七 上海古籍出版社1984年版
5　晋·张协《七命》《晋书》第五册卷55第1520页《张协传》
6　《老子道德经》卷上《百子全书》第八册
7　《老子道德经》卷上《百子全书》第八册
8　参见瞿同祖《中国法律与中国社会》第三章第147～151页 中华书局1981年版

关系等，都存在着逻辑的必然，绝不是随心所欲的“创作”。第三是建筑装饰直接与建筑的等级和实用、结构相联系。色彩、式样、格纹、题材、质地、手法等，都是建筑功能要求的必然结果。黄色红色特别是明黄、朱红，必然是宫殿的要求，小官庶民只能用粉青杂饰[1]。“三交六椀”的菱花格门窗一定出现于比“双交四椀”等级高的建筑中，而绝不会出现在庶民住宅中。龙凤题材的彩画同样也不能在一般官衙邸宅中出现。绝大多数的装饰又往往是构造所必需。雕镂的柱础是为了木柱隔潮，仙人走兽是保护瓦钉，油漆是木材防腐的要求，密集的棂格是为了糊绢或镶云母片采光。除此以外，还有相当多的建筑造型是审美经验长期积累的结果，事实上已形成了习惯的逻辑关系。如，不成组群的建筑多用拈尖顶，近水的多通敞开放，大型组群入口多设牌坊，城市制高点多置高塔，以及“花间隐榭，水际安亭”[2]等。《长物志》提出建筑造型诸“忌”，如“楼前忌有露台卷篷”，“高阁作三层者最俗”，“住宅忌工字体”，“亭忌小六角，忌用葫芦顶”[3]等。这种造型与审美经验之间的逻辑关系，经过知觉的理性检验，使得传统建筑的造型更加成熟，风格更加定型了。

象征——认识

追求象征性，是建筑跨入艺术行列以后长期探索的一个最重要的美学课题。从审美经验的实践来看，在建筑这种基本上是抽象的艺术形式中，获得象征的审美价值，无论是直接的感受，或是直观的知觉都是不可能的。它必须使审美活动进入更深的层次，即渗入认识 Understanding 的因素，使审美活动中的理性因素发挥得更加主动，更加自觉。世界上许多民族，特别是古埃及、两河流域、古印度等，都对建筑的象征形式作过许多探索，以致黑格尔就依靠着它们才把建筑作为象征型艺术的代表[4]。但是，把象征涵义作为建筑美的不可分割的组成部分，甚至是建筑艺术追求的最高境界，并长期进行自觉的探求，中国传统建筑可说是世界上唯一的。如何体现象征涵义，简单说来，有以下几种方式：

---

1 参见瞿同祖《中国法律与中国社会》第三章第一节《生活方式·房舍》第 148 ～ 150 页 引《明会典》《清律例》等。

2 明·计成《园冶》卷一《立基 · 亭榭基》《园冶注释》第 68 页

3 明·文震享《长物志》卷一《宝庐》中《楼阁》《海论》等篇 第 4 ～ 6 页

4 黑格尔《美学》第三卷上册《序论》第 34 页：“建筑是与象征型艺术形式相对应的，它最适宜于实现象征型艺术的原则，因为建筑一般只能用外在环境中的东西去暗示移植到它里面去的意义。”第 29 ～ 30 页“有一些民族就专靠建筑或主要靠建筑去表达他们的宗教观念和最深刻的需要。不过这种情况基本上限于东方，……特别是巴比伦，印度和埃及的古代建筑艺术的作品或是完全带有这种象征性质，或是大部分以这种象征性质为出发点。”朱光潜译 商务印书馆 1979 年版

1. **象征** 这是比较常见，也比较容易使人认识的方式，其特点是建筑形象与象征的题材没有必然的联系，如《易·系辞》以"大壮"的卦象代表房屋取壮固之意；"大过"的卦象代表陵墓，取厚葬之意。又如秦始皇扩建咸阳，以正宫象征紫微，渭水象征银河，南山象征门阙，池岛象征东海蓬莱；东汉梁冀园中筑土山，象征二崤[1]；霍去病墓象征祁连山[2]；唐安乐公主定昆池累石象征华山[3]；帝王宫殿"上高拟天，下蟠法地"；明堂上圆像天，下方像地，五室象征五方；承德普宁寺以大乘阁为中心的一组建筑象征宇宙构成等。这些东海蓬莱，八节四时，天文地理，佛国胜境，全都是一些概念，一些悬想，以建筑形式加以象征，也只有通过对概念的认识，才能进入审美的境界。

2. **模拟** 即建筑形象就是被模拟对象的再现，如秦始皇仿造六国宫殿于咸阳北阪；乾隆皇帝于圆明园中再现西湖十景、绍兴兰亭、江南四大名园，避暑山庄中重现苏州狮子林、嘉兴烟雨楼、蒙古草原、泰山道观；承德外八庙重现了西藏、新疆等地著名喇嘛教寺院等。但这类具象的模拟又常常只是如乾隆所说，"循其名而不袭其貌"[4]，因而就需要在形象之外另加以必要的"说明"，以启发人的认识。模拟的方式很多，但不论何种方式，目的都是尽量扩大审美境界，提高审美价值，使审美活动更加理性化。秦仿建六国宫殿，清在御园中仿造全国名胜和少数民族寺庙，都有明确的象征涵义，即纪念国家统一，民族融合。显现这样严肃的巨大的主题，并使人们通过审美把这一主题接受下来，它们的审美价值要比仅仅是柳暗花明的美景高得多了。

3. **比兴** 把这种文学中常用的形象思维方法引植到建筑中来，以加强建筑艺术的感染力，这是提高建筑审美价值的又一条途径。比兴的手法主要是通过建筑的形象以比附或寄托某种伦理的政治的思想。比如汉魏以前，城关、宫殿前列双阙，就起着比兴作用。沈约《上建阙表》说，建立双阙是表示帝王有"爱礼之心"，双阙"式表端闱，仪刑万国。使观风而至，复闻正岁之典；遐想之士，少寄怀古之目"[5]。高耸端庄的双阙，使人们对它后面的宫殿、皇陵的政治内容产生了理性的认识。阙后来演变成了午门那样的五凤楼，在宫殿

1 《后汉书》第五册卷 34《梁统列传》第 1181 ～ 1182 页：梁冀"乃大起第舍……又广开园囿，采土筑山，十里九坂，以象二崤，深林绝涧，有若自然……"

2 《史记》第九册卷 111《霍去病传》第 2930 页：霍去病"元狩六年卒，天子悼之……为冢，象祁连山。"

3 《新唐书》第十二册卷 83 第 3654 页《诸帝公主·安乐公主传》：公主"自凿定混池，延袤数里……累石肖华山。"

4 《钦定热河志》卷 37《行宫十三·笠云亭诗注》："寒山千尺雪之旁有笠亭……兹则虚亭冠于山椒，循其名而不袭其貌，差觉胜于吴下耳。"

5 《全上古三代秦汉三国六朝文》第三册《全梁文》卷 27 第 3109 页

建筑中只有它最有特点最有个性，最能引起人们的认识。与阙相类似的是华表、牌坊等有纪念意味的建筑。华表，“以表王者纳谏”《古今注》[1]，“彰善瘅恶，树之风声”《周书》[2]。牌坊，“绰楔表亨衢，原属朝廷之钜典；嵯峨凌碧汉，聿增都会之崇观”明·邵远平《重修麟凤坊上梁文》[3]。大门包括宫门、陵门、城门、庙门、戟门、辕门等，“乾坤出入无穷象，吴越关防有限心”宋·龙昌期《咏门》[4]。所有这些首先进入空间序列的建筑，经过处理，便能起到比兴的作用，审美价值远远超过它们自身。即使是一般的门户，也能因人而比兴。比如孔庙大门常用棂星门式样，富有纪念性格，再加题命“万世师表”，更能触发人们景仰的情感。此外，像文庙前的泮池、棂星门，府邸、衙门前的影壁，寺庙中的钟鼓楼，园林中的假山主峰，陵墓前的功德碑亭和神道望柱，都能从不同程度上启发人们对建筑内容的认识，也起着比兴的作用。

4. 提示 无论是象征或是比兴，虽然都能在一定程度上启示人们的认识，但毕竟只是间接的启示，更为直接的则是通过文字或其他艺术形式的提示。在建筑中，设置匾、联、牌、碑、碣、牌坊以及雕刻、绘画来说明抒发或者寄托某种思想，这是中国人一种很特殊的建筑审美方式。它是直接的理性提示，但又能起到审美的作用。中华民族的审美观比较倾向于含蓄，意蕴甚于直白，然而在建筑艺术中却使用了直接提示说明的手法；但所提示的内容却又往往是含蓄的，所以它的审美特征仍然是民族的。提示有两种形式：第一种是提示的内容与建筑形象没有必然的关系。佛寺与道观，府邸与衙署，节孝坊与街巷坊，宫殿华表与陵墓华表，寺庙园林与私家园林，神仙楼阁与世俗楼阁，皇宫殿宇与寺观殿宇，登高远眺的亭榭与坐石临流的亭榭，都没有什么区别，它们所要求表现的内容，就只有通过题名敷文加以提示，建筑的审美价值也就全部体现在那工整优美，铿锵动人的箴言雅论与清词丽句之中了。昆明大观楼，不过是一座普通的楼阁，只由于那副极长的对联囊括了纵横几万里，上下数千年的时间和空间，这座楼阁也就有了特殊的审美价值，它给予人的美感，也就大大不同于其他楼阁了。人们提起岳阳楼、醉翁亭、黄鹤楼、滕王阁、鹳雀楼，也都是首先想到那脍炙人口的唐诗宋文，这些楼阁也就有了自己的个性了。自古临水的亭子何止数百，但自会稽兰亭曲水流觞的佳话一

1 晋·崔豹《古今注》卷下《问答释义第八》《百子全书》第六册

2 《尚书正义》卷19《周书·毕命》第245页：“王曰，呜呼父师，今予祗命公以周公之事往哉。旌别淑慝，表厥宅里，彰善瘅恶，树之风声，……申画郊近，慎固封守，以康四海……”《十三经注疏》本

3 引自《古今图书集成·经济汇编·考工典》卷73总第787册《坊表部·艺文》

4 引自同书卷134总第791册《门户部·艺文二》

出，兰亭便成了亭子美的冠军。宋朝不知有多少亭台园林，但自陆游《钗头凤》以后，沈园的美就更富有生命了。一座大殿名叫“太和”，便有皇宫之美，名叫“祾恩”，便有肃穆之美。三间小房，题作读书作画的书斋，便显得雅致；题作赏花玩景的厅榭，便显得幽静；题作崇礼祭祀的祠堂，便显得严肃；题作佛道临凡的殿堂，便显得超逸。皇宫中那些充满君临天下，万年一统，天人感应的匾联题名，如承天、皇极、弘仁、宣治、文华、武英、日精、月华、乾清、坤宁等，对显示宫殿建筑的审美功能，关系至大。可见以题名来显示建筑的审美价值，实有不可忽视的重要作用。第二种是所提示的内容与建筑的形式或环境有着特殊的联系，它们的审美价值往往更高。如圆明园福海中央的三岛楼阁题名为“蓬岛瑶台”，临水亭台题名为“方壶胜境”，名称与建筑形象契合，神仙意味更浓。其他如临水亭榭取名曲水荷香、鱼藻轩、沧浪屿，坦坦荡荡，山间馆轩取名贮云、复岫、罨画、青绮、枕碧、含粹等，都能与环境密切吻合。至于“卍”字形建筑取名“万方安和”，扇面形建筑取名“扬仁风”，谐音谐意，提示得更明确了。

中国传统艺术的重大成就之一，就是通过各种手法创造出意境这个高级的审美境界。意境是丰富的内容与美的形式的高度统一。它与环境、造型都有密切的关系，但运用象征手法来提示、启发人们的认识，从而领悟到意境的美，也是非常重要的一个方面；甚至在相当多的建筑中，创造意境首先要依靠象征。例如北京故宫，环境、造型、序列、式样、体宜、和谐等，固然是这一大组群的美的基础，但皇城前面的比兴手法城楼、华表、石狮、金水桥等和各处提名的提示手法，也是创造皇宫意境必不可少的部分。由环境气氛和造型风格构成的意境，有广度而缺乏深度，有感觉而不够明晰，终难达到艺术的高峰。比如天坛，是中国建筑中第一流的杰作，它就几乎全靠着象征的手法才使得环境和造型有了灵魂。欧洲建筑自文艺复兴以后，几乎全部抛弃了象征手法，以为那全都是与新兴的人文主义格格不入的神秘主义，于是全力以赴去追求造型美，结果是肤浅的建筑大量涌现，再也没有出现过希腊、罗马、哥特时代那样富有感染力的作品了。这也就难怪黑格尔宣布哥特建筑是建筑艺术的最终代表[1]，闭口不谈文艺复兴以后的建筑了。在中国，传统建筑中的优

1　黑格尔在《美学》中将建筑划分为三个发展阶段：①象征型，以古代东方建筑为代表；②古典型；以希腊、罗马建筑为代表；③浪漫型，以哥特建筑为代表。最后是介于建筑与绘画之间的园林，而在园林中则提到，“最彻底地运用建筑原则于园林艺术的是法国的园子……”即文艺复兴以后受意大利影响的法国古典式园林。除此以外，丝毫没有涉及哥特以后的各种风格。——见《美学》第三卷下册第一部分

秀作品比比皆是，大至故宫、天坛、十三陵、颐和园、承德外八庙，小至一处小园林，一所小山寺，无论是令人惊叹其伟大，或是流连其幽静，美就美在那能够使人从中领悟认识到比感官的愉悦更多一些的东西。流传至今多不胜数的诗词歌曲文赋，很多是依托于建筑，受启发于建筑，这就是意境的魅力所在。意境是建筑艺术最丰富充实的显现，它就是建筑艺术的形象，它最后是要靠象征的方法才能创造出来的。

原载《美术史论》1984年第2期

中华民族的智慧与传统建筑的生命

任何民族的文化，都是该民族智慧的结晶。所谓民族的智慧，主要是指该民族整体的心理构成和精神力量，它们在文化上常常表现为某种富有生命力的构架体系，由此也就形成了某种文化类型或文化特征。中国传统文化在近代西方文化输入以前，从未发生过根本性的改变，更未出现过毁灭性的中断，可说是世界文化史上的一个奇迹，足证其为文化构架之强固。只是到了近代19世纪中叶以来，西方文化挟雷霆之势涌入以后，从经济、政治直到生活风尚，都使中国传统文化大改其面目，大受其摧折。然而饶有趣味的是，时至今日，许多改革家，包括殚精竭虑大声疾呼改革建筑观念的人们，仍不得不把主要矛头指向传统文化构架。看来，中国传统文化构架之坚韧，民族智慧之宏深，确是应当承认的客观事实。当然，任何民族、任何时代的文化，都同时包含着精华与糟粕两部分，观察问题切忌以人之优较我之劣，宜乎在宣传、引进西方近现代先进文化以克服中国传统腐朽文化的同时，更应当着重探索传统文化中包涵着的民族智慧，探索民族文化构架的生命奥秘。纵观中国传统建筑，其文化的构架是，以天人同构的宇宙观为纲目，以情理相依的伦理观为内容，以刚柔互济的审美观为形式，以工艺合一的创作观为方法。这一构架体系，既有非常强固的承续力量，又有相当宽容的弹性幅度。以下试作简单的说明。

天人同构，或天人合一的宇宙观，大约形成于西周末年，至西汉而成熟，它是综合了道、儒、法、阴阳各派天道观以后确立的一个宇宙人事总体图式[1]。其基本内容是将世界万物抽象成为阴阳、五行、八卦三组符号，并将它们的组合图像和运动规则来类比人际间的和自然界的现象。阴阳代表事物的主从关系，

1 诸子中《老子》《孟子》《荀子》《吕氏春秋》《淮南鸿烈》及经书中《周礼》《礼记》《易传》中均有详论，而西汉董仲舒《春秋繁露》总其大成。

五行代表事物的性质关系，八卦则代表事物的象征关系。这里不去追溯它们的起源，但当它们构建成这个图式以后，就有了不息的生命力，《易传》说："天地之大德曰生"，又说："天行健，君子以自强不息"，说明它永远是生长运动着的。人在这个总体构架中，其一切行为——人道，都与天道相对应，相认同，相谐调，这也就是《易传》说的"与天地参"；《春秋繁露》则说："人，下长万物，上参天地"。人道与天道本是统一的，顺天道则昌，逆天道则亡。我们今天尽管可以用现代科学来批判这个构架中许多荒唐的内容，但和这个构架渊源密切的中国医药学、天文学、农学乃至军事学、政治学等方面的伟大成就，在今天也是不容否定的。更重要的是，作为自然界一个物种的人的构成，特别是人的"本质力量"思维、观照、情感、意志等与心理结构，在其生成演变中与自然的"天"之间相互依存的关系，依然还是当代哲学中的重大命题；而在人类控制征服自然之后，还有一个人与自然相渗透相转化的历史必然，即所谓"人化的自然"，就更是一个令人神往的自由境界。因此，天人同构这一古老观念，当它在历史的长河中洗去某些荒诞的泥沙以后，必将成为一泓清泉，显示出晶莹的民族智慧。

从这一观念出发，中国人从来不把建筑看作是游离于自然和社会以外的孤立现象。春秋时的工艺专著《考工记》说："天有时，地有气，材有美，工有巧，合此四者，然后可以为良。材美工巧，然而不良，则不时，不得地气也。"建筑工程只是材料好工艺精尚不能算"良"，还必须合乎天时地气。《易传》说八卦是"近取诸身、远取诸物……以通神明之德，以类万物之情"，世间万物都和卦象相通，其中以"大壮"象征建房，以"大过"象征造墓，以"离"象征空间隔透。风水书《黄帝宅经》说："夫宅者乃是阴阳之枢纽，人伦之轨模"，一切建筑都要与天地对应，合乎社会要求。这就把建筑放在了一个宏观的建构之中。《尚书·禹贡》和《周礼·地官》都把中国分为九州，阴阳家创始人邹衍创天下大九州之说，后来又有了五岳、五镇、四海、四渎，接着各朝都大体按照这个大的构架安排各级城镇，规划田亩道路。《周礼》中记载了各类主管区域规划的官职，证明中国是世界上最早进行国土规划，从宏观上控制建设的国家[1]。与此相应，中国建筑非常重视与自然环境的关系，堪舆风水学说中的精华就是讲建筑如何与自然相谐调。"相地"是中国建筑设计理论中最重要的一环，专讲如何利用地形环境。中国的造园术出现很早，成就很高，反映了人对自然的把握，园林也是中国建筑中最富有民族特征的代表。这种从宏观上把握建筑，重视生态平衡，强调与自然的谐调，一直影响到整个中国建筑体系的全面构成。当现代环境工程学、

1 如《夏官》的职方氏、土方氏、量人、司险；《地官》的大司徒、小司徒、封人、遗人、遂人等。

国土规划学、区域规划学、建筑社会学、建筑心理学新兴之际，再回头看看中国自己的历史实践，是不是可以发现一些可供启迪的民族智慧呢？

与这一观念相联系，中国建筑设计最主要的原则是整体构成，突出群体效应，单体细部服从群体，因此非常重视总体序列设计和总体轮廓设计，特别是庭院——“负体” Negative mass 空间设计更有独到之处。从一所住宅祠堂到一座城镇，一个小区，都是从整个环境形态、人文内涵出发全面安排。唐长安、明北京、西湖、十三陵、五台、九华、峨眉、青城诸山，主要就是结合自然环境，设计不同序列，才显示出强烈的艺术个性。中国建筑，尤其是官式建筑，程式化、规格化的程度极高，单体和细部可说是千篇一律，贫乏单调。但中国人孜孜以求的却是努力在创造一种超越建筑物自身以外的形象，就像是现代心理学的“格式塔”理论说的，在创造一种“简约合宜” Pragnant 的“完型”。既然是一种整体构成，其构成关系规律就和“天”的构成一样，各个局部都应有自己合宜的地位和合宜的性质形式，彼此相辅相成，相生相克，首尾连贯，阴阳分明，每一局部都不是可有可无，可以互换的。在这种观念指导下创作的大量实物遗存，只要我们细心体味，仍可感到具有非常茁壮的生命力量。再进一步，还要探索出某些与“天”对应的规划。中国古代的明堂、宫殿、坛庙、陵寝、祠堂、邸宅，常常在建筑的方位、式样、色彩、装饰、尺寸等方面追求与“天”的对应关系，今天看来，许多内容是荒诞无稽的。但是，古代杰出的建筑中是不是确实存在着某些客观的构成法则，这些法则是不是和整个宇宙的构成法则中存在着某些内在联系呢？现在恐怕还不能遽然否定。比如，古人以“九”为阳极，“六”为阴极，《易》经，简约为三和二两个基数。《易传》说：“昔者圣人之作《易》也，幽赞神明而生蓍，参天两地而倚数”。3 ∶ 2 是中国建筑中最常用的比例数字如宋《营造法式》清《工部工程做法则例》的基本模数“材”，又接近于黄金分割。“九宫图”即正方形“井”字分隔则是这一数字的基本图像，它既是“天道”的抽象图式，又是建筑布局的常用格式。九个空间，中空即为八卦，间隔即为五行，四边为四向，变成立体即六合。古代的井田、都邑、市场、明堂、宫殿、住宅都与它有关。再由基数 3、辅数 2 相配合，可以发展出无数组合数列；九宫图也可以组成许多相关的图式。对这些恐怕不能仅仅看成是数学游戏，相反，可证明和近代设计原理包括计算机辅助设计有许多相通之处。这方面的遗产还是一块很值得深入开垦的处女地。

这一观念的进一步深化，必然进入对象征涵义的追求。黑格尔把东方民族的建筑作为象征性艺术的代表，是“理念”类似中国的“天道”运行中一个阶段的显现，确是很有见地的认识。只是他所列举的东方民族的文化古埃及、印度、两河流域，后来大都中断，而中华民族运用象征手法表现建筑自身功能以外的具体涵义，则是一贯探索的重要课题，甚至可以说，中国古代所有的建筑都包含有象征内容。中国建筑最基本的组合四合院式住宅，就象征着一个家族以至一个社会的组成。在其中，尊卑、长幼、嫡庶、主客各得其所，以至许多称谓都与建筑相连，如——“高堂”、“长房”、“内子”、“外子”、“掌柜的”、“堂兄弟”、“表即外姐妹”、“塾师”、“门子”、“廊下 × 房”等。此外，如宫殿的殿堂命名和排列象征天宫；天坛以圆形、蓝色象征天；帝王园林以一池三岛象征蓬莱仙境；秦始皇于咸阳仿建六国宫殿，乾隆在圆明园、避暑山庄仿建国内名胜象征天下一统……总之，从总体布局到建筑形式，从尺度组合到装饰纹样都有“讲究”。还要特别提出的是，大量使用碑、碣、匾、联、坊、表、柱的文字题刻，直接“说明”建筑的涵义，更是中国独有的深化象征的手段。追求象征性，而象征的主题又主要是人对宇宙、社会的积极把握，从而赋予无生命的建筑以丰富的生活内涵，这又是民族智慧的一个重要方面。

中国的天人同构的观念，在社会实践中表现为群体认同的、积极实用的理性精神，即人道主义精神。在建筑方面，重在强调它的社会功能，发挥它的精神感染作用，也就是说，用情理相依，或礼乐相和的伦理观念充实建筑的功能，把善和美，伦理和心理，实用和审美统一起来。当然，古代建筑中的许多社会内容，如等级秩序，王权礼制，神仙境界等等，在今天已是毫无意义的陈迹。但是，如何运用建筑创造精神文明，在满足实用的同时充分发挥建筑的社会效益，在一个有理想有追求统一的多民族的文明大国中，应当说是一个很重要的课题。比如，在程式化很严的建筑体系中如何突出建筑的性格和它的历史可读性，古代建筑中就有相当丰富的经验；而在处理实用要求、结构机能的形式表现方面；做到相得益彰，彼此“适度”，也是一个很有深度并且卓有成效的设计原则。中国人一向崇尚充实为美，至善至美，恢宏大度，乐观向上，重视感情色彩，文质彬彬，人情味很重。这种民族心理富有深厚的人道主义精神。因此，运用建筑形象，发挥教化人伦、巩固团结、增加知识、陶冶情操的作用，应当说是永远具有生命力的。

中国人认为“天”是由阴阳相辅建构而成的。阳为刚，为健；阴为柔，为顺，由此对应于形式的构成关系，就形成了刚柔相济的审美观以及相应的一整套审美趣味和艺术创作理论。其中有两个基本观念很值得注意，其一是“方圆相胜”，即直线型与曲线型要互相配合，而要从曲线型着眼。风水书《管氏地理指蒙》论方圆相胜说：“方者执而多忤，圆者顺而有情”，在以乐感、人情为主要内容的建筑中，特别重视圆——曲的性格发挥，圆满不欠缺、圆润不生涩、圆通不执拗、圆明不晦暗等，都是中国人追慕的审美价值。其二是“贵无”或“贵虚”，即重视非实体的意味。所谓“夫无形者，物之大祖也”《淮南鸿烈·原道训》；“大音希声，大像无形”，“凿户牖以为室，当其无，有室之用”《老子》；以及“一以当十”，“计白当黑”，和由此引申的神韵意境，都是虚无的道理。而在实与虚，有与无的关系上，要从虚、无着眼。这两者的共同性也就是柔性精神。由于重视柔性，刚直雄健才能不失偏颇，才有人情味、流动感。在世界各民族的建筑中，中国建筑形式最显著的一些特征，如序列的安排，环境的协调，园林的布局，曲线的屋顶，室内外似通非通的空间，构件加工的细微变化，无一不是虚、无、曲、柔、顺的体现。今天，排除了古代特定的社会内容和技术条件，作为一种民族的审美趣味来看，它的生命力还是永存的。

中国古代没有专业建筑师，但这并不完全是由于重文轻技的社会环境所致；相反，封建社会历来设有主管建筑事业的官府——工部、将作监和内府的专门机构，不少主管官吏还是工匠出身，重要建筑，从规划设计到施工和材料生产，大都由国家直接控制。这种现象在世界上极为罕见。追溯其观念的根源，和天人同构的社会建构原则不无关系，因为按照这一原则，人间一切活动都应与“天道”对应，而“天道”又是一个严密的整体系统，所以建筑活动也必须纳入到这个统一的机制之中。古时称主管工程的官府为“冬官”，也是强调与天候有所对应。这样就把建筑设计的职能规定在一个严密的范围以内。它首先要服从维护社会秩序的规范，建筑的规模、体量以至基本形式都有规定，有些规定还很细致；其次，它要服从为保证统一的建筑风格和基本质量而规定的营造“法式”。于是，建设设计就必须于细微处见功夫，设计者必须对每一座建筑乃至每一个构件精心构思，工和艺自然也就融于一体了。地形地势的选择相地，建筑序列的安排立基，体量尺度的推敲，装饰色彩的搭配，都体现出这种工艺合一的创作方法。工是技术、生产，艺是构思、设计。工艺分离，不可能掌握中国建筑的微妙之处，做不出其特有的神韵。柳宗元《梓人传》中记载的那位木匠，“左持引，右执杖而中处焉。量栋宇之任，视木之能”，指挥施工，诸工匠“皆视其色，俟其言，莫敢自断者”；有设计图，但很简单，“画宫于堵，盈尺而曲尽其制，计其毫厘而构大厦，无进退焉”，正是工艺合一创作建筑的生动描述。这种创作方法一直延续到清朝末年，甚至当近代建筑师出现以后，在中小城镇和农村建筑业中仍占主要地位。当然，随着生产力和科学技术的进步，规划、设计、制作、安装等专业的分工，无疑是一个巨大的飞跃，古代工艺合一的创作方法自然要被淘汰。但是，事物总是呈螺旋式发展，建筑创作总是要不断深化，如果我们从规律性方面观察问题，从人类文化学，人的“本质力量”的完善，人的“异化”的归复等高层次上预测未来，工与艺的再汇合并非是不切实际的幻想，甚至可以说，建筑创作方法的下一次飞跃就是工艺的再合一；当然，只能是在高度工业化,使用高精技术的基础上的再合一,而不会倒退到手工业中去。到那时，再回过头来看看传统的工艺合一的创作方法，其中的某些原则，甚至某些手法，必将会被人们再发现，再认识，并赋予新的生命。

文化总是不断在更新，新旧只是相对的观念。任何旧文化中多多少少总遗存着当时创造者们的智慧，把他们发掘出来，使之焕发出新的生命，应该说比简单地一笔抹杀更重要，也更困难。唯愿有作为的中国建筑师们多一点历史感，多一点哲学感，这也就是写作此文的目的所在。

原载《建筑与城市》试刊第二期 香港建筑与城市出版社有限公司 1988 年 12 月

中国建筑的审美价值与功能要素

一

建筑是人类按照实用的要求，在对自然界加工改造过程中创造出的物质实体，同时又是在这个加工改造中，运用了美的规律，注入了审美理想，显示了审美价值的艺术作品。在一切从实用出发，又具有审美功能的物质产品中，建筑的审美价值最大，包含的内容最多。

马克思关于"人还是按照美的规律来制造"[1]的观点对于揭示一切物质创造，包括建筑的审美问题有着重要的意义。所谓"美的规律"不应当仅仅理解为形式美的法则。形式美是有客观法则的。某些矿物的结晶体，某些植物的枝叶花卉，都是有规则的组合，至少可以从中找到对称、平衡、韵律的规则；向日葵的花籽排列，海螺壳的螺纹曲线，还符合黄金分割的构图；动物和人体的结构，也包含许多形式美的因素例如法国著名建筑师柯比西耶发现人体躯干存在黄金分割的比例[2]。蜜蜂的巢窝，既符合实用要求，也有美的形式。人类创造建筑时，认识并运用形式美的法则，使建筑形式悦目，使人感到愉快舒适，应当说是和动物从本能出发筑成的美丽精巧的巢窝有本质区别。这是因为，"动物的产品直接联系到它的肉体，而人却自由地对待他的产品"[3]。马克思所说的"自由地对待"，至少包含着两方面的涵义：一、建筑的形式可以是由于"直接联系"到肉体的需要，即纯粹物质功能的要求而产生，也可以不必顾及物质需要而附加精神的需要，甚至用精神的需要去充实、改造以至取代物质的需要，因而基本上脱离了物质需要的形式。例如大量纪念性建筑庙宇、陵墓、宫殿中的主要部分就是这样。二、由肉

1 《经济学—哲学手稿》朱光潜译载《美学》第 2 辑 上海文艺出版社 1980 年版

2 参见童寯《外中分割》载《建筑师》第 1 辑 中国建筑工业出版社 1979 年 8 月出版

3 参见童寯《外中分割》载《建筑师》第 1 辑 中国建筑工业出版社 1979 年 8 月出版

体的即纯粹物质功能的需要出发，可以出现美的形式，符合形式美法则虽然何以能如此还远远没有科学的解释。但人在创造建筑时，却可以脱离与某些物质功能需要直接联系的形式美法则，自觉地发掘、选择和运用与之完全无关的另外一些形式美法则。总的说来，人是在脱离了自身肉体需要束缚的自由状态中创造美的形式。但这种自由又不仅仅是对客观法则的一般掌握，更重要的还是，人不但“知道怎样按照每个物种的标准来生产，而且知道怎样把本身固有的内在的标准运用到对象上来制造”[1]。物种的标准只是客观对象的功能要素包括形式美法则，这是人可以通过实践逐步认识到的；本身固有的标准则是人自己的心理结构，这是人在长期社会实践中逐步形成和完善的。马克思把这二者联系起来，以人能“自由对待”他的产品作为前提，就得出了“人还是按照美的规律来制造”的论断。也就是说，人的内在的标准即主体的心理结构，与物种的标准即客体的功能要素，这两者之间构成了某种有机的规律性的联系，这才是“美的规律”，这样的美才有了价值。本文就是根据这一基本观点探讨建筑美的规律，评价建筑美的价值的。

建筑艺术和其他艺术一样，它们的一般的审美价值都体现在和谐和对抗两个审美范畴中。和谐之美也就是优美，对抗之美也就是壮美。宫殿、坛庙、陵墓、寺塔等纪念性 Monument 建筑，主要是客体的某些对抗性的功能要素，如高大、厚重、深远、强烈、夸张、对比、深沉……激发了主体亢进激动的心理，如惊异、崇拜、兴奋、皈依、恐怖……这就是它们的美的规律；它们的审美价值就表现在这种对抗之美，也就是阳刚之壮美中。住宅、园林、会馆、铺舍等实用性 Rehabilitation 建筑，主要是客体的某些和谐性的功能要素，如小巧、轻盈、流动、协调、安静、开朗……激发了主体恬适娴雅的心理，如安详、亲切、依恋、温馨、缱绻……这就是它们的美的规律；它们的审美价值就表现在这种和谐之美，也就是阴柔之优美中。无论是对抗之美还是和谐之美，在各个民族各个时代的艺术作品中体现得越充分，审美价值就越高，艺术作品也越典型。例如在欧洲，古希腊的建筑和雕刻，追求的就是和谐之美，它们的审美价值也就在于人们从作品中感到异常亲切安详。但从古罗马至中世纪，对抗之美逐渐占了上风，如果说罗马建筑在高大华丽之中还留有希腊的某些和谐余风，那么经过了罗曼时代的过渡，哥特建筑则完全体现出对抗之美的巨大审美价值，哥特风格的典型性也就更加鲜明。其后文艺复兴、巴洛克，直至近代各种形式的建筑，主体客体的功能要素日渐复杂，美的规律日渐多样，审美价值日渐广泛，无论和谐或是对抗，都有典型的作品和细致的理论。

1　参见童寯《外中分割》载《建筑师》第1辑 中国建筑工业出版社 1979年8月出版

中国建筑艺术也有类似的情况。秦汉以前，阳刚之美是主流，高台榭，美宫室，千门万户，美轮美奂，飞腾跳跃的壁画，深沉狰狞的雕刻，处处显示着对抗的力度。魏晋以后，开创了自然山水式的园林，审美理想有了新的领域；人的情感得到发挥，原始的神的毫光日益衰落；经过隋唐五代的交汇融合，从北宋起，和谐之美占据了主流，连原来主要是依靠对抗的力度以显示其审美价值的宫殿、坛庙、寺塔，也揉入了和谐的格调。我们只要仔细观察，就会发现，在皇家园林中堂皇的帝王气派和幽雅的诗情画意交融得那样密切，既有对抗之美，又有和谐之美；甚至在帝王陵墓这种鬼神的建筑里，也有着柔和流畅的雕刻绘画点缀其间。这些现象充分说明，人们创造建筑，总是在不断地开掘其审美功能要素，尽力从多方面显示其审美价值。

艺术作品的审美价值，都是主体和客体两者的功能要素构成规律性关系的显现。其中，客体的功能是审美价值的基础，它决定了审美价值的一般的特性，带有空间的普遍性。例如前述纪念性建筑和实用性建筑的特征，古今中外大体是相同的。但是，决定审美价值的具体特性，使其具有时间的特殊性，主体的功能要素，即特定历史时期某一民族的心理结构，则起着主导的作用。中国传统建筑的审美价值是和中华民族主要汉族传统的心理特征紧密联系着的。不可否认，春秋战国以后，以儒学为代表的中国传统文化体现了中华民族的心理特征；反过来说，也是中华民族的心理沃土其中包括中华民族特有的审美理想、趣味和审美方式培育出了中国传统文化的丰硕果实。在这里，不妨粗略地追溯一下中华民族心理特征的形成历史。商周时期，从西北到中原到江淮地区，精神世界中处处是神鬼统治，正常的人性被牢固地禁闭着。春秋战国以来，作为奴隶解放的反响，人的地位得到提高，人性要求突破禁锢。当时的四大显学——墨、儒、道、法所争论的核心，在审美问题上就表现为神鬼性和人性孰为主体[1]。墨家明鬼非乐，刻苦修炼，富有原始宗教气息，顽固地恪守商周时期的神鬼观念[2]，法家讲求术势，严刑峻法，只相信人间统治者的权力，对正常人的生活，不但要禁其事，禁其言，还要禁其心[3]。假如分左中右的话，墨家是极

1 可参看郭沫若《十批判书》中《孔墨的批判》《庄子的批判》《韩非子的批判》《吕不韦与秦王政的批判》均载《郭沫若全集 · 历史编》第 2 卷 人民出版社 1982 年版

2 参看《墨子》《百子全书》第五册 浙江人民出版社 1984 年版 ,以下凡引《百子全书》均同此本

3 《韩非子》卷八《明鬼》第三十一《非乐》第三十二卷一《辞过》第六等篇。《百子全书》第三册卷十七《说疑》第四十四:“禁奸之法，太上禁其心，其次禁其言，其次禁其事”;又卷十九《五蠹》第四十九:“行仁义者非所誉，誉之则害功；文学者非所用，用之则乱法”；又卷三《十过》第十：“(天下) 常以俭得之，以奢失之”，“作为大路，而建九旒，食品雕琢，觞酌刻镂，四壁垩墀，茵席雕文，此弥侈矣”。可见韩非所主张禁止的“奸”，包括仁义、文学和有审美功能的器物和建筑。

右，法家就是极左，儒、道则是中间派。道家尊重个人自由，否认鬼神权威，但它厌世嫉俗，主张“无知无欲”，“不争”“不盈”，又寄托“真人”，向往神仙不是鬼怪，其主要著作《老子》多有神秘语言，《庄子》则多浪漫神话，这都很容易发展成为宗教，可以说是中间偏右。儒家的核心是亲亲之爱，是爱人的仁学，尊重人的正常情感“乐”，又主张执行维护社会结构必要的秩序和伦理规范“礼”；接受了神鬼观念对人还有深深的烙印这一现实，而又努力加以改造如使祭祀鬼神的迷信活动伦理化；奉“中和”、“中庸”为至高准则，但又主张“日日新，又日新”，可以说是“中间偏左”。“极右”和“极左”的本质都是对抗，它们途殊而归同，最后都在秦国得到充分发挥，结果使秦二世而亡，社会遭到极大破坏，墨法两家也在大破坏中消灭，都没能成为中国传统文化的主流。中间派的本质是和谐，但儒家是和谐中有进取，道家却是和谐中有倒退。五霸七雄的春秋战国是以对抗为主的社会，所以儒道都不得志。汉代秦统一全国，社会需要稳定，稳定即和谐，中间派才能发挥优势。汉初道家显赫，无为而治的政治主张对恢复社会生产起了巨大作用。但社会需要发展进步，要在稳定中求发展求进步，儒家的优势更大，道家只能作为协助和补充。文化是一代经济政治关系的总代表，在文化心理包括审美心理上，“儒道互补”见李泽厚《美的历程》是必然的结果；但其主流还是儒家的。中华民族的民族心理深深制约着中国社会的进程——在稳定中缓慢地发展着；也深深制约着中国文化的特征——有着非常稳固而成熟的民族传统。所以，秦汉以后中国建筑的美，其基调是和谐之美，尽管许多纪念性建筑是以对抗显示其一般的审美价值，但最终追求的还是和谐之美，而只有充分发挥了构成和谐之美的功能要素，中国建筑艺术的特征才最典型。从这个意义上来说，中国建筑艺术风格的发展史，也就是由对抗之美向和谐之美过渡的历史。例如建筑的屋顶，商周秦汉都是出檐深远的直线型，“如矢斯棘，如鸟斯革”，富有质直刚健之美，但魏晋以后则一直潜心追求它的曲线特征，以求显示和谐之美。又例如早期的宫殿、陵墓都是以团块状的主体凌驾于周围简单的空间之上，它们体积庞大，造型简练，显示着对抗型的雄伟气派，但魏晋以后则变为刻意追求铺陈舒展，讲究空间序列的起承转合，关联照应，在总体上取得统一和谐的效果。显然这些都是民族审美心理在建筑艺术的创作中潜移默化的结果，也是在审美价值中主体要素得以充分发挥的结果。认识到这一点，对于分析中国建筑审美的价值是非常重要的。

二

作为审美对象，中国建筑和其他传统文化一样，它的审美功能鲜明地表现为社会功能。也就是说，建筑艺术的审美价值，并不是一般地表现为可能引起感官愉悦的自然的要素，而是突出地表现为增进社会效益的人文的要素。主要表现在以下三个方面：

第一，是维系社会关系纽带上的一个环节。《礼记，曲礼下》[1]说："君子将营宫室按：房屋的通称，宗庙为先，厩库为次，居室为后"。宗庙可以代表一切礼制建筑，包括祭祖、祭天、祭地、祭日月星辰、山川万物、各类神祇先贤哲人的各种坛和庙，也可以包括佛道寺观，总之都是实用功能甚微而以精神功能为主的纪念性建筑。为什么宗庙为先而不是居室为先呢？就是因为这类礼制建筑发挥着维系社会关系的纽带作用，也就是"礼"的一种形象体现。《荀子·礼论篇》说："礼者，以财物为用，以贵贱为文，以多少为异，以隆杀为要"，"故为之雕琢刻镂黼黻文章，使足以辨贵贱而已，不求其观"[2]。建筑是人们日常生活须臾不可或缺的生活环境，它的形象给人的观感很强烈，用它表现出的贵贱、多少、隆杀来辨别社会上人们的身份地位，形象是很具体的，感受是很深刻的。因此，一切雕琢刻镂，黼黻文章，建筑艺术处理，目的都是为了"辨贵贱"，而不是为了"求其观"，即为了维系社会等级秩序，而不是为了供人赏心悦目。在发挥建筑的这一功能要素方面，中国要比欧洲成熟得多。维系社会关系的纽带作用，主要有三条：一是君权神授的法统永恒观念；二是典章完备的等级秩序观念；三是顺理成章的情感皈依观念。

先说永恒观念。商周就有一种称为明堂的建筑。"昔者周公朝诸侯于明堂之位……明堂也者，明诸侯之尊卑也"[3]。"天子立明堂者，所以通神灵，感天地，正四时，出教化，宗有德，重有道，显有能，褒有行者也"[4]。周礼规定，天子王城"面朝后市，左祖右社"[5]，太庙、太社、朝堂、宫市，位于皇城四正向，正中间是宫殿。"朝"的主体就是明堂。它是按月颁布政令的权威场所，是王权的象征；又是祭祖祭天的礼仪活动场所，是天道的象征。在其中规定时序政令方位人事，循环往复，川流不息，体现着天道的永恒，因而也体现了人道——君权的永恒。在营造都城上也有类似观念，秦咸阳以正殿象征紫微，渭水穿都象征天汉，上

1 《礼记正义》卷 4 第 1258 页《十三经注疏》影印本 中华书局 1979 年版

2 《荀子》卷下《礼论》第十九《百子全书》第一册

3 《礼记正义》卷 31《明堂位》第 1487 ~ 1488 页《十三经注疏》

4 汉·班固《白虎通》卷二《辟雍》《百子全书》第六册

5 《周礼注疏·冬官考工记》卷 41《匠人》第 927 页《十三经注疏》

林苑引水筑岛象征东海[1]。汉长安城南北曲折，象征南北二斗，称为斗城[2]。帝王宫殿也要和天道联系起来，“上高法天，下蟠法地”[3]以及诸如天安、地安、乾清、坤宁、日精、月华等名色，都体现这一观念。但这类靠简单的象征建立起来的永恒观念，只能在早期以对抗之美为主的建筑中起作用。中世纪以后，明堂走下历史舞台，宫殿坛庙则更多是以它们动人的艺术形象给人以崇高严肃的感受，神秘性和威慑性差得多了；而这也正是中国建筑艺术达到了成熟的和谐之美的阶段，当初在对抗中建立的永恒观念，又融合到和谐之中，使得这种观念不但没有削弱，反而更加强了。例如明嘉靖时建造，清乾隆时改建的北京天坛，就是以和谐优美的形象体现了天道的永恒。

再说秩序观念。自觉地以建筑形式区分人的等级，以维护阶级社会的秩序，中国是世界上仅有的。在城市规划上，早在春秋时期，管仲就主张“四民士农工商者勿使杂处”；“制国城都以为二十一乡，商工之乡六，士农之乡十五”[4]，农奴居住在鄙野的邑或里中。乡是一种居住单位，位于城中，邑、里在城外，各类人的身份一目了然。秦国人有闾左闾右之别，闾也是居住小区单位。一直到三国时曹魏的邺城，正对宫门的大道左右两侧里坊，仍然居住着不同身份的人。唐以前的城市，一般居民只能住在里坊——城中城里。“谁家起甲第，朱门大道旁”[5]，只有贵族大官的府邸才能临街开门。住宅的名称，皇帝的称宫，以下按人的等级分别称为府、邸、第、宅、家。各等人住宅的间架、高度、屋顶、彩画、装饰，都有不同等级的规定。就是一组建筑之内，正、倒、厢、耳、门、厅、廊、偏各房，也各有等级，不得次高于主，否则便称为“奴欺主”北京工匠的行话。甚至室内陈设，家具、帐幔、被褥，也有详细规定。人死以后，坟园占地面积，坟丘高度，墓碑形制，神道石刻，以至棺椁祭器，也有严格的等级制度。违背这些制度，便是犯法，要受到刑法制裁，如果潜用皇帝特有的形制，罪名更可至大逆。比如明清两朝规定，六品官以下至庶民，住宅正房只准三间，五品六品五间，所以北京城内的大片住宅区里大部分都是三五间的房屋，大于这个数的便是大官贵

1 《三辅黄图》卷1《咸阳故城》第6页：“始皇穷极奢侈，筑咸阳宫，因北陵营殿，端门四达，以则紫宫，象帝居。渭水灌都，以象天汉，横桥南渡，以法牵牛”。第16页兰池宫注，引《秦记》：“始皇都长安，引渭水为池，筑为蓬瀛，刻石为鲸，长二百丈。”陈直《三辅黄图校证》陕西人民出版社1982年版

2 同上《汉长安故城》第18～19页：“高祖七年方修长安宫城……至惠帝更筑之……城南为南斗形，北为北斗形，至今人呼汉京城为斗城是也。”

3 宋·王仲言《慈宁殿赋·序》“……于是上高法天，下蟠法地……揆太极之宸模，就坤灵之宝势……”引自《古今图书集成·经济汇编·考工典》卷48《宫殿部》总第785册，第20页 中华书局影印本

4 《管子八·小匡第二十》《百子全书》第三册

5 唐·白居易《殇宅》《唐诗别裁集》卷3，中华书局，1975年版

族府邸，形象非常突出[1]。人们生活在这样的环境中，无疑会对当代社会政治组织、伦理规范产生深刻的印象。

再说皈依观念。中国传统文化历来是礼乐相辅，情理相依。理和礼属于伦理政治规范，是强制性的；而乐和情则属于审美情感趣味，是自愿性的，也就是皈依性的。前述的永恒观念带有痴迷性，秩序观念带有强制性，皈依观念则深入到审美心理。建筑艺术就是要激发人们的皈依心理，使痴迷变为清醒，把强制变成自愿，因此就必须在对抗中渗入和谐，直至达到高度和谐之美。例如北京天坛建筑群，从群体上看，处处是对比，有空间形式的对比，体量和造型的对比，色彩的对比；但最终抓住了建筑的造型比例，在处理各个单座建筑的形式、尺度、色彩上尽量和谐统一，使得一切对比都融入这个和谐之中，使人深感其造型比例之美，因而人们对天的永恒便产生了亲切的皈依情感。又例如北京故宫，从各个局部看，处处是对比，庭院的尺度，房屋的形制，空间的节奏，变化的幅度很大；但最终抓住了总体气度这一关键，使一切对比都统一在以中轴线为主体的总体艺术效果中，达到了高度和谐，使人深感其气度风格之美，因而人们也就对封建的社会秩序产生了皈依的情感。天坛和故宫审美价值之高，不在于高大、威慑、雄壮、华美，而在于它们把人们的审美趣味和情感，通过高超的艺术手法融化到维系社会的政治伦理的纽带中去了。

第二，是陶冶情趣的一种营养。艺术作品的灵魂在于透过外部形式而产生的意境，意境的深浅也就是作品水平的高低。建筑艺术的意境，是由建筑艺术的客观功能与欣赏者的主观心理相互作用产生的审美价值。人在意境中获得的情趣，就是这一审美价值的体现。传统建筑在由对抗之美向和谐之美过渡中，特别注重对意境的深度和广度的开掘，注重对人的审美情趣的陶冶力量。中国古代著名的文学作品中，有相当一大部分是以建筑和建筑环境为背景，为题材，为比兴的。不论是城市、宫殿、园林、住宅、坊表、楼阁、桥梁、衙署，都能为赋为诗，对它们描述讴歌，欣赏陶醉，或高远恢廓，或亲切细腻，意境非常丰富实在。这一现象足证中国建筑对陶冶人的情趣作用很大，审美价值很高。王之涣《登鹳雀楼》诗："白日依山尽，黄河入海流，欲穷千里目，更上一层楼"[2]。苏东坡《聚远楼》诗："无限青山散不收，云奔浪卷入帘钩，直将眼力为疆界，何啻人间万户侯"[3]。苏子由《待月轩记》："每

1 关于房舍及墓地的制度，历代典章繁多。可参看瞿同祖《中国法律与中国社会》，第 147 ～ 151 页 185 ～ 192 页 中华书局 1981 年版

2 《唐诗别裁集》卷 19，中华书局，1975 年版

3 《东坡集》卷 6《单同年求德兴俞氏聚远楼诗三首》之二，中华书局《四部备要》校刊本

月之望，开户以待月至，月入吾轩，则吾坐于轩，与之徘徊而不去”[1]。范仲淹《岳阳楼记》：“若夫淫雨霏霏，连月不开，阴风怒号，浊浪排空……则有去国怀乡，忧谗畏讥”之悲；而“春和景明”，“上下天光”，“岸芷汀兰，郁郁青青”，“则有心旷神怡，宠辱皆忘之喜”，最后升华出“先天下之忧而忧，后天下之乐而乐”的情怀[2]。这都是何等博大、旷达、高逸的胸襟。还是苏东坡说得好：“凡物皆有可观，苟有可观，皆有可乐，非必怪奇伟丽者也”[3]。怪奇伟丽只是外在形式，不一定能有高深的艺术意境。人们从自己创造的物质环境里获得了远远超出物质生活的更高的精神享受，中国人是很早就认识到建筑艺术的这一审美功能的，因此总是从多方面去开掘构成这一功能的要素，其中最主要的就是环境。

环境要素中首先是自然环境。自然环境何以能给人美感，对美学界长期探讨的这个令人烦恼的课题，如果仅用“举例说明”来证明一种观点，同样也可以用“举例说明”加以反驳，证明另一种观点，那就永远接触不到自然美的本质。本文认为，人们欣赏自然，总是置身在一个特定的具体的环境中间，也就是一个有限的空间中间，无论多么空旷，也不能漫无边际，因此人们感受到的自然美，都是环境美。既然环境是有限的，具体的，自然美也就有具体的特定的要素。无论是山阴道上的清丽，还是匡庐山中的雄奇；是桂林山水的绮秀，还是黄河昆仑的苍莽，都是某一处或某几处具体画面给人的具体感受，典型的自然美来源于典型的环境选择得当。皓月当空，似乎可以无限，但人的环境仍然有限。水边看月，有“江流宛转绕芳甸，月照花林皆似霰”[4]，“江天一色无纤尘，皎皎空中孤月轮”[5]的感受；登楼看月，又可以有“寂寞梧桐，深院锁清秋”[6]的感受。似乎还没有见到脱离了具体环境只讲山水花月之美的诗文。既然自然美是由具体环境中体现出来的意境之美，那么对环境给以适当加工，使之更能突出自然美的某些特性，使它更有性格，使它更容易激发主体的心理功能，岂不是更有审美价值？而最恰当的加工的手段就是建筑处理。所以中国建筑一个最显著的特点，也是最优秀的一项传统就是特别重视对环境的选择和加工。而且中国人很明确地认识到环境才是构成艺术意境的主要因素，把创造环境美的主题引导到艺术意境中，就是我们常说的由景

1 《栾城三集》卷 10，中华书局《四部备要》校刊本
2 《岳阳楼记》《古文观止》卷 9 第 420 ~ 421 页 中华书局 1981 年版
3 《超然台记》《古文观止》卷 11 第 491 页
4 唐·张若虚《春江花月夜》载《唐诗别裁集》卷 5
5 唐·张若虚《春江花月夜》载《唐诗别裁集》卷 5
6 宋·李煜《乌夜啼》载《唐宋名家词选》第 49 页 古典文学出版社 1957 年版

生情，情景交融。

仅仅是山水花月，阴晴雨雪的自然环境固然也能给人以美感，逗引出意境情趣，如果加入了人文因素，那么情趣的格调就会更高，意境的深度就会更深了。蓬莱山、黄鹤楼有仙人传说[1]；流杯亭、秋风楼有名人轶事[2]；涵虚朗鉴、坦坦荡荡寄托了坦荡胸怀[3]；濂溪乐处、濠濮间想标榜着超逸淡泊[4]。为了加深环境美的意境深度，许多建筑选在有趣味的传说轶事的山水之间；或结合环境给予哲理性趣味性很强的命名，寄托某种情操理想。无论哪一种，它们的审美价值都远远超过了诸如望江亭、揽翠轩、待月楼一类的名色。

第三，是加深认识的一部分形象教材。中国建筑很注重规划设计的内在逻辑关系，这种关系不仅是功能、结构、材料、造型、布局、环境、平面、外观、装修等外在形式因素的有机联系，而且是和人的哲理认识密切相关。《易·系辞下》说："包牺氏仰则观象于天，俯则观法于地，观鸟兽之文与地之宜；近取诸身，远取诸物，于是始作八卦，以通神明之德，以类万物之情"[5]。八卦的卦象是天地万物的符号形式，也是人对客观物质世界的哲理分析。从建筑来看，如《系辞》释大壮䷡上震下乾："上古穴居而野处，后世圣人易之以宫室，上栋下宇，以待

---

1 蓬莱山，古代帝王苑园中常见的造景题材。《列子》："渤海之东有大壑焉，其中有山，一曰岱舆，二曰员峤，三曰方壶，四曰瀛洲，五曰蓬莱……仙圣之所往来"。《三辅黄图》载秦、汉上林苑、昆明池中垒土为山，象征蓬莱、瀛洲、方丈等三仙山。现存遗址有清乾隆时圆明园四十景之一"蓬岛瑶台"。见《圆明园四十景图咏》载《圆明园》丛刊第二集 中国建筑工业出版社 1983 年 8 月出版

黄鹤楼，在湖北武昌，《太平寰宇记》："昔费文祎登仙，每乘黄鹤，于此楼憩驾，故名"。唐·崔颢《黄鹤楼》诗："昔人已乘黄鹤去，此地空余黄鹤楼。黄鹤一去不复返，白云千载空悠悠……"见喻守真编注《唐诗三百首详析》中华书局 1982 年版 .

2 流杯亭，古代园林中常见的游赏题材和建筑物。东晋·王羲之《兰亭集序》："又有清流激湍，映带左右，引以为流觞曲水"见《古文观止》。后世造园多仿此意建流杯亭。清·康熙避暑山庄三十六景有"曲水荷香"，乾隆圆明园四十景有"坐石临流"，均为实例。另，北京皇城西苑和故宫乾隆花园中尚有实物。秋风楼，在山西省万荣县（旧荣河县）黄河边。《乐府诗集》卷 48 杂歌谣辞二载："汉武帝故事曰，帝行幸河东，祠后土，顾视帝京忻然。中流与群臣饮宴，帝欢甚，乃自作秋风辞"。《秋风辞》："秋风起兮白云飞，草木黄落兮雁南归。兰有秀兮菊有芳，怀佳人兮不能忘。泛楼船兮济汾河，横中流兮扬素波。箫鼓鸣兮发棹歌，欢乐极兮哀情多，少壮几时兮奈老何。"《四部备要》中华书局聚珍版

3 涵虚朗鉴，清乾隆圆明园四十景之一。乾隆《御制圆明园四十景诗》清光绪刻本注引唐·无名氏《水镜赋》："利济者水，涵虚者镜。怀朗鉴遇物无心，处下流通而不竞。"坦坦荡荡，清乾隆圆明园四十景之一。同上书诗注引《论语》"君子坦荡荡"；《书》"无偏无党，王道荡荡"。又，避暑山庄"绮望楼"一名"坦坦荡荡"。

4 濂溪乐处，清乾隆圆明园四十景之一。

同上书诗注引《宋史·道学传》："周茂叔（敦颐）家庐山莲华峰下，自号濂溪。"乾隆诗："时披濂溪书，乐处唯自省。君子斯我师，何须求玉井"。

濠濮间想，清康熙避暑山庄三十六景之一。题材出自《世说新语·言语》："（东晋）简文帝入华林园，顾谓左右曰：会心处不必在远，翳然林水，便自有濠濮间想也"。

5《周易正义》卷 8《系辞下》第 86 页《十三经注流》本

风雨，盖取诸大壮”[1]。乾为天，为君父；震为雷，为长子，都属阳亢之象。建筑由地下穴居上升为地上木构房屋宫室，正是雄壮巨大的兴高采烈的现象。从审美意识来看，早期建筑艺术追求对抗型的阳刚之美，这乾、震两卦恰当地反映了当时人们对宫室建筑的哲理认识。又如大过☱上兑下巽："古之葬者，厚衣之以薪，葬之中野，不封不树，丧期无数，后世圣人易之以棺椁，盖取诸大于"[2]。兑为泽，为地，为少女；巽为风，为木，为长女，都是阴象。建房表明生活欣欣向荣，造坟则是悲苦哀戚，所以陵墓取大过之象也包含哲理认识。又如离卦☲，据宗白华解释，离即明，一边是窗格，一边是月亮，月光照在窗上很觉明亮，以离象门窗，就含有通隔、虚实的涵义，反映了中国建筑的一种审美思想[3]。由此可见中国人很早就力求对建筑形象进行哲理思考，以加深认识深度，以卦象比拟建筑，就是这种思考、认识的开端。其后，随着建筑实践日益增进，建筑形象日益丰富，哲理认识中的象数观念也日益成熟。《易·说卦》[4]："昔者圣人之作易也……参天两地而倚数"。参即三[5]，它在中国文化中有特殊的地位。但三由二生《老子道德经》：道生一，一生二，二生三，三生万物……[6]。三、二相辅相成成奇数，构成世界万物的形象模式。《考工记》[7]中各类器物形制比例，大多数取3和3 ∶ 2为基本模数。其中《匠人》一节专论建筑，王城和明堂构图源出井田，而井田九个空间为三的自乘，间隔为五则是3与2之和。其他各种建筑尺度筵、几、轨、步、雉……都与3、2有关。3 ∶ 2接近黄金分割率，是这个美的比例的最佳简化数学，用于建筑构件，又是材料力学最佳受力比例。荣《营造法式》规定建筑模数"以材为祖"，材的比例是3 ∶ 2，由9寸 ∶ 6寸至4.5寸 ∶ 3寸共分八等[8]。从汉以来，绝大多数礼制祠庙，都包含着三这个基本模数，尤以明堂辟雍最完整见汉、唐有关明堂的记载。堪舆风水之说，固然有不少迷信荒诞内容，但它追求建筑、环境和大候人事的某种关系，也说明中国人对建筑的某种哲理认识。例如说"方者执而多忤，圆者顺而有情"，"方圆相胜"才最恰当《管氏地理指蒙》[9]就很合乎实际。方，代表规整、严肃、对抗、阳刚；圆，代表灵活、亲切、和谐、阴柔。建筑美既不能没有前者，也不能没有后者，如何配合得好相胜，就是建筑创作中一个永恒

1 同上第87页

2 同上第41页

3 《美学散步·中国美学史中重要问题的初步探索》第39～40页，上海人民出版社1981年版

4 《周易正义》卷9第93页《十三经注疏》本

5 见庞朴《说"参"》载《中国社会科学》1981年5期

6 《百子全书》第8册

7 清·戴震《考工记图》商务印书馆1955年版

8 宋·李诫《营造法式》卷4《大木作制度一》商务印书馆1933年《万有文库》

9 《古今图书集成·博物汇编·艺术典》第655卷《堪舆部》总第474册收录，中华书局影印本

的题目。此外，像虚与实的关系，《老子道德经》[1]第十一章说："凿户牖以为室，当其无，有室之用。故有之以为利，无之以为用"。"有"即实，"无"即虚。方整、充实、直质、物质性属于有、实；曲折、虚空、秀丽、精神性属于无、虚。老子哲学以无为道，"道可道，非常道"，它以精神反衬物质，以虚空反衬实有，计白当黑，名无实有，认识的能动力量更大。所以在建筑中首先要讲无，有了门窗空间这类虚的，才构成建筑实体这种实的；有无相成，建筑才有利有用。这种虚实观一直影响到后世的设计，尤其充分体现在园林创作中，所谓小中见大，大中见小，虚中有实，实中有虚都属于这类认识。另外，许多哲学命题，如变易与常规，始终与重复，因与借，形与神，动与静，损与益……都可以在中国建筑的实践和理论中找到相应的例证。无疑，通过对建筑艺术形象的认识和创作，对加深入的认识能力有着巨大的作用。中国建筑的哲理性，是它的一项很重要的审美功能要素。

三

在初步探讨了中国建筑的审美功能要素以后，现在再进一步研究中华民族对建筑艺术的审美心理特征。前面说过，民族审美心理直接和民族的文化传统相联系，也就是说，直接反映着理性的、实用的、人文主义的文化特征。当然，全面分析构成民族审美心理结构的各个要素，在艺术心理学很不完备的今天还为时过早，只能探索一些基本的特征。

第一是尺度　每个民族都有自己的审美标准，标准即尺度，它应当是一切审美心理结构的基础。中华民族的文化传统决定了民族审美的尺度是人性的尺度。李泽厚说："不是孤立的、摆脱世俗生活的、象征超越人间的宗教建筑，而是入世的、与世间生活环境连在一起的宫殿宗庙建筑，成了中国建筑的代表。""实用的、人世的、理智的、历史的因素在这里占着明显的优势，从而排斥了反理性的迷狂意识"[2]。但需要补充说明的是，与本质是迷狂的宗教意识相联的宗教建筑和祭祀建筑在中国建筑中仍占很大比重，但它们却都充满了人情味，是以人性的尺度去欣赏、认识和创作的，而这，正是人性尺度的重要标志。

人性的尺度是与鬼神的尺度相对立而存在的。中国人把与人的生活联系最密切的住宅审美功能作为最基本的尺度；它的审美功能远远超过实用功能。以

---

1 《百子全书》第8册

2 李泽厚《美的历程·先秦理性精神》第76～78页 中国社会科学出版社1984年版

北方的四合院住宅为例，从生活实用来说，南房朝北不好住人，东西厢房也不是好朝向；唯一适合住人的正房北房，还主要当作会客祭祀的厅堂使用，越是格局讲究的住宅，正房的居住使用率越低，真正住人的地方是耳房和不显著的后堂。但一所住宅中却有不少纯为增加气派和加深游赏序列，也就是增加审美价值的建筑——牌坊、大门、影壁、垂花门、游廊、花园等。人们进入四合院，过牌坊，进大门，绕影壁，穿游廊，再通过正厅、内门、后堂、角门，直至花园，首先使人感到空间序列的井井有条，建筑的尺寸合度，装修舒适，从中获得审美享受；而不像外国许多住宅，首先感到很适用，其次才注意它的形象美观。中国人以住宅的这个审美特征为基本尺度对待其他建筑。死人的坟墓就是生人住宅的翻版，前祠后坟就相当于前厅后室；地下墓室也是住宅的布局汉代的崖墓更是石造的住宅。人死为鬼，但鬼的住所和人的一样，足证人的尺度主宰着鬼的尺度。寺庙也是这样。北魏以前的佛寺，是传统的礼制祠庙形式，而礼制祠庙又来源于宫室朝堂。如果说祠庙对人的尺度还有一定的距离，多少还有些神秘气息，那么"舍宅为寺"[1]以来，中国的大小佛寺就完全变成了大小住宅的翻版。完全外来的，宗教神秘气氛很浓的石窟寺传入中国以后，经过很短的一段时间，也完全变了样。再没有了供僧人坐禅苦修的毗诃罗式石窟，原来象征性很强的支提窟，很快也变成中国式的石造殿宇，与木结构的佛寺构思相一致。至于最富有神秘意味的佛塔，则随着各个时期人们的不同审美趣味，纯然变成了世俗间的玩赏对象，其艺术风格与当代其他世俗艺术一致，佛塔的人情味就更浓了。

人性的尺度还表现为中国人对建筑形式有很强烈的传统意识。对传统的热切依恋和对非传统的有力改造，也是中国人审美心理的重要标志。前述佛教建筑的民族化就是明显的例证。在历史上"胡"汉混杂的时期，中国士大夫总是念念不忘"复汉官之威仪"，甚至以之作为政治号召。而匠师们则是薪火相传，不断总结建筑艺术的定型规则，以保证传统不致中断；是否合乎师承规矩，也成为建筑审美评价的重要标准。但又不是僵滞地死守成法，一切拒外，而是用博大的胸怀兼容并蓄，对待非传统的因素，或扬弃，或吸收，或改造，使之变成传统的一部分，从而创造出新的传统。春秋战国时期，中原文化与楚文化的交流，形成了以汉代建筑为代表的早期风格；魏晋时期佛教艺术对传统文化的巨大影响，又形成了以唐代建筑为代表的盛期风格；五代以后，南方与北方，西域与中原，以及伊斯兰教、喇嘛教艺术的交流融会，终于形成了以盛清建筑

1 北魏杨衒之《洛阳伽蓝记》卷 2.3.4 载平等寺、高阳王寺、冲觉寺、开善寺、追先寺、大觉寺等均为府第舍而为佛寺。周祖漠：《洛阳伽蓝记校释》中华书局 1963 年版

为代表的晚期风格。中国人在审美活动中重视传统，尊重历史，但又不拘泥教条，不排斥可以改造的非传统因素，一切都以现实中人的尺度加以衡量，逐渐地、平缓地更迭着艺术风格。

在以人性为尺度的审美活动中，理性的实用的知解的心理始终占着主导地位。中国建筑中没有脱离了现实中人的生活内容的自然尺度。有高大雄伟，但不是高不可攀；有细致精巧，但不是繁琐芜杂；注重结构的合理，但同时对结构加以艺术处理；注重装饰的悦目，但同时给装饰加以理性解释；开阔的环境视野，但不超越人可能把握的绝对尺度；曲折的园林空间，但不损害整体的气韵风度。一切都很实在，一切都可理解。这种心理特征决定了中国建筑平易近人，舒展有味，不会出现欧洲某些建筑那样奇异诡谲，变化幅度很大的形式。

第二是节奏　一个民族的审美心理节奏直接影响对建筑艺术的审美评价。从总体上看，中国人的审美节奏偏重于平缓、含蓄、深沉、流畅、连贯，很少大起大落。乐而不狂，哀而不怨。一件建筑艺术作品，犹如一曲音乐，有明确的主调，但更注重基调、和声；有鲜明的节拍，但更注重起承转合。重在对整体格调的把握，而不是某一段曲调，某几个旋律的技巧表现。这也有一个发展过程。早期，即以阳刚之美或壮美为主的时期，人们的心理节奏是比较简单的，是开敞、明朗、亢奋的，是单音阶型的。那时，人们欣赏的是铺陈堆砌，错彩镂金，高大华贵，奇诡怪异。有可以“延目广望，骋观终日”的高大台榭章华之台[1]；有“上可以坐万人，下可以建五丈旗”的宫殿阿房宫[2]；有“缭垣绵连，四百余里”的大禁苑上林苑[3]；有七十多万人建成的金字塔式的大墓骊山秦始皇陵[4]“朱阁宕宕，嵯峨概云”[5]；“应门八袭，璇台九重”[6]；都是超人的尺度，怪异的节奏，所谓“实列仙之攸馆，非吾人之所宁”[7]。经过对和谐之美的认识、体味，审美的境界高了，趣味高了，人们的心理节奏也逐渐趋向于空灵流畅。人们能体味到“云生梁栋间，

1　《春秋左传正义》卷44，《昭公七年》：“楚子成章华之台”。东汉·边让《章华赋》：“楚灵王既游云梦之泽，息于荆台之上，前方淮之水，左洞庭之波，右顾彭蠡之隩，南眺巫山之阿。延目广望，骋观终日。”载《后汉书》第九册 卷80下《文苑列传·边让传》第2640～2645页 中华书局1975年二十四史点校本

2　《中记》第二册卷6《秦始皇本纪》第256页

3　西汉·司马相如《上林赋》《文选》卷8，中华书局，1981年影印本

4　同43第265页：秦始皇三十七年“始皇初即位，穿治骊山，及并天下，天下徒送诣七十余万人。穿三泉，下铜而致椁，宫观百官，奇器珍怪，徙藏满之”。

5　东汉·李尤《德阳殿赋》《全上古三代秦汉三国六朝文》第一册《全后汉文》卷50，第746页 中华书局1958年版

6　晋·张协《七命》句，载《晋书》第五册卷55《张协传》第1520页

7　东汉·班固《西都赋》载《文选》卷1

风出窗户里”[1]，“晓月临窗近，天河入户低”[2]，“画栋朝飞南浦云，珠帘暮卷西山雨”[3]这样大的环境美，也能体味到“移竹当窗，分梨为院”[4]，“虚阁荫桐，清池涵月[5]”这样小的庭院美，但欣赏体味时的心理节奏则是相同的。

这样的审美心理节奏，也决定了中国建筑的时空关系，即按照线的运动，将空间的变化融合到时间的推移中去，又从时间的推移中显现出空间的节奏，因此中国建筑特别重视组群规划，重视序列设计，重视游赏路线。乾隆时在避暑山庄松林峪沟底建一小园林，由峪口几经曲折，才到园林门前，这园取名“食蔗居”[6]，就是将玩景比作吃甘蔗，由头至尾，越来越甜，渐入佳境。中国建筑群体重于单体，环境重于建筑，就是从整个审美心理的节奏要求出发的。一所单座的三间五间殿堂，不成其为序列，很难说它美或不美，也无所谓审美价值。即使是经常以单体出现的亭子，脱离了它的具体环境，也就失去了评价的依据。颐和园东岸的廓如亭，八角重檐，体量异常庞大，那是因为它在浩淼的昆明湖边，又紧邻着巨大的十七孔石桥，脱离了这个具体环境，谁也不会感到它美。避暑山庄烟雨楼大假山上的八角亭，柱子很矮，孤立地看，完全不成比例，它只有放在假山顶上，才能成景。这些湖、岛、桥、山，与单座建筑共同构成了有机的序列，亭子才显出美的价值。中国的建筑，大到一座城市，有城门、城墙、角楼、钟鼓楼、衙门、寺庙等突出的重点节拍，也有区划井然的街坊民居等平缓的基调，它们共同构成一个巨大的空间序列。宫殿有前导、正门、朝房、主殿、寝宫、配殿、偏宫、花园等，也是一个大的序列。小至一所简单的四合院住宅，从大门到主房，也有引人入胜的序列结构。中国人的这种心理，决定了中国不会出现古希腊那样纯古典型的建筑，使人置身度外静心观赏；也不会出现哥特那样纯浪漫型的建筑，令人的精神与建筑融为一体；只能是理性与浪漫相交织的，任人留连徘徊，使人细心体味，既触发了情感，又启示了认识的时空混合序列。

第三是逻辑　实践的理性的文化传统，决定了审美心理中逻辑要素的重要地位。无论对象如何稀奇古怪，中国人在审美活动中始终保持清醒的理性，总要从纷扰中分析出一定的道理，一定的因果关系；对所创造的艺术作品，总要

1　东晋·郭璞《游仙诗》七首之一 载《文选》卷 21

2　唐·沈佺期《夜宿七盘岭》载《全唐诗》第 2 册 卷 96 第 1038 页 中华书局 1960 年版

3　唐·王勃《滕王阁序》《古文观止》卷 7 第 307 页

4　明·计成《园冶》卷 1《园说》44 页 中国建筑工业出版社《园冶注释》1981 年版

5　同上卷 1《相地·城市地》第 53 页

6　《钦定热河志》卷 37 行宫十三《食蔗居》：“听瀑而寻其源，缘山取径，缭绕数折，乃至食蔗居……盖径既幽回，地复高敞，奥如旷如，转深转妙，题曰“食蔗”，取其渐入佳境云尔。”典出《世说新语·排调》：“顾长康啖甘蔗先食尾，问所以，云渐至佳境。”

求有圆满的合乎章法的逻辑解释。追求圆满无缺，章法合度，就是中国人审美的逻辑心理。当然，作为物质实体，工程结构，实用对象，建筑的功能、结构、材料、设备之间，总是符合一定的逻辑关系；合理的功能，经济的效率，恰到好处的结构材料，也总能给人以圆满感。但审美活动中的逻辑感，却更为广泛深刻，它要求建筑的形象体现出现实生活的合目的性，又符合体现这个合目的性的合规律性。

是否合乎体制，不仅有礼制上的秩序问题，还有审美上的逻辑问题。王城要比诸侯城大，府、州、县城递减，递减还要有一定比例“天子城方九里，其等差公盖七里，侯伯盖五里，子男盖三里”[1]这是城市美的基础。王府大于宫殿，庶民住宅超过官邸，人们会感到别扭，因为各类人的身份是金字塔式的层层减少，建筑也必须与它对应，否则就是“乱套”，不美。主殿用绿琉璃而偏殿用黄，宫殿用灰瓦，庶民住宅画龙锦彩画，都是不美。这些虽是封建等级规定，但长期的审美反应，也变成了心理的逻辑要求，在审美活动中并不带有阶级意识。

对体制的逻辑感，必然引出对格局的逻辑感。主殿必须大于偏殿，庑殿顶必须高于歇山顶，主体庭院要比后院偏院广阔，园林空间要曲折而主体庭院要规整，亭子彩画要比殿堂朴素，主殿用槛窗而偏殿用支摘窗等格局上的差别都是人的审美逻辑可以接受的。当人们进入一个空间序列时，要求情绪由低至高再由高至低，格局也要由小至大再由大至小，这才感到序列之美。不能设想，在故宫这一大组群中，将御花园放到太和门位置，太和殿移到储秀宫里，午门去掉台座，乾清宫前堆起假山。即使是曲折宛转的园林，也要讲究“立基”。“凡园圃立基，定厅堂为主”[2]，然后随地形“择成馆舍”，最后才“余构亭台”。中国人对建筑格局的要求，有自己的心理逻辑标准。

传统的审美观还要求建筑富有合乎逻辑的性格。宫殿坛庙是礼仪场所，礼仪是严肃的，因此建筑要对称，不但格局对称，房屋式样对称，家具也要对称，连名称也要对偶，这才感到有了性格，才有美感。园林是供游赏的，游赏是轻松的，因此建筑要灵活，不但格局灵活，房屋式样灵活，彩画门窗也要灵活，题名也要自由活泼，这才感到有了性格，才有美感。建筑造型也有性格的逻辑标准。庑殿顶最庄严，歇山次之，悬山硬山又次之，拈尖顶最简朴。亭子多在轻巧活泼的环境中出现，所以都用拈尖顶，因而也最有活泼的性格。其他如近水建筑多通透开敞，山顶建筑多不成组群，城楼高阁多用重檐，牌坊

---

1 清·戴震《考工记图》卷下《匠人》戴氏补注

2 同52卷1《立基》第63页

只用于组群入口，楼房只能在大殿后面等等，都体现了各种建筑造型与它们性格之间的逻辑关系。

审美心理中的逻辑因素，又往往与非审美的认识因素结合在一起，这就大大加深了中国建筑的审美层次，突出了理性特征。其中，一部分使用具象的模拟以扩大联想。尽管以基本是几何形的房屋作具象的模拟困难很大，但选材合适，处理得当，仍能发挥出巨大的审美价值，例如帝王园林中模拟天下风景名胜，佛教寺院模拟宇宙图式等。另一部分使用概念的提示以启发认识。即人为地赋予建筑某种与形象毫无联系的涵义，这些涵义全凭碑碣匾联文字“说明”，通过情趣高逸的文字，建筑就有了性格，有了意境。如果题名与建筑的环境或造型有一些联系，即使是很微弱的联系，它们的象征性就更确切，审美价值就更高了。这确实是中华民族审美心理的一个鲜明特征，审美评价的一个巨大的飞跃，也是建筑创作一个重大成就。例如临水亭子题为“曲水荷香”，不但使人联想起兰亭集会，曲水流觞的佳话，还进而使人对名士高贤的品格产生敬慕。题名得当，合乎建筑性格，与人的审美逻辑感结合起来，也就大大提高了建筑艺术的审美价值。

四

以上初步分析了中国建筑的审美价值，客体的审美功能要素和主体的心理结构要素。那么，主客体之间是通过什么渠道发生联系，凭借什么具体对象才发挥出审美价值呢？这须要作进一步的细致的分析。拙文《中国传统建筑审美三层次》试图从环境—感受，造型—知觉，象征—认识三个方面加以探讨，此处就不重复了。

原载《文艺研究》1986年第2期

中国建筑文化的机体构成与运动

20 世纪 80 年代以来，中国建筑界有一个很重要的动向，这就是从文化的角度探讨建筑问题。无论是介绍外国理论，或是评论中国现实，大都从建筑的文化特征方面着眼，进而由社会科学和人文科学方面剖析阐发。尽管角度不同，层次不同，方法和论点也不同，但都承认建筑是一种文化形态，这确实是认识上的一个重大飞跃。但文化一词，历来歧义甚多，似应有所界定。本文认为，建筑文化和其他任何事物一样，都是由若干层面构成的有机体，都是在不断的运动中成熟完善的，考察建筑文化，应当首先分析它的机体构成和运动规律。

一

建筑，包括城市、村镇、各类房屋、陵墓、园林、纪念碑以及它们之间和它们与自然景物之间构成的环境空间，都是人类以自然界为对象，对自然界加工改造而创造的物质产品。我们知道，人类文化基本上分为物质产品和精神产品两大形态，或者说是物质文明和精神文明两大部类。一般说来，精神文明的文化定性比较容易理解，作为文化而进行创作也比较自觉；而对物质文明的文化定性就比较模糊，作为文化而进行创作的自觉性往往也不够自觉。建筑作为一种物质产品，本文对它的文化性质的探讨，主要是依据马克思关于物质产品是“人的本质力量的对象化”这一哲学命题而展开的。基本立论在于揭示建筑物质的生产和使用中渗透着的精神世界。马克思的这一哲学命题最早在 1844 年的《经济学——哲学手稿》中已有全面的阐述。以其观察建筑历史，可看出建筑文化的内涵是按照下列逻辑而定性的。

首先，物质产品是人创造的，但人是具有社会属性的人，因此，一切物质创造都具有社会性。也就是说，物质产品不仅有简单的自然的实用功能，而且有丰富的非自然的社会功能。建筑在这方面表现得尤为突出，许多耗资巨大、技艺复杂的建筑，其自然的实用成份远远低于社会的非实用成份便是明证。

其次，人在劳动中不仅创造了“第二自然”，同时也创造了人自身的“本质力量”。这本质力量既包含着视、听、嗅、味、触五种自然感官的力量，也包含着思维、观照、情感、意志、活动、生活等所谓精神的感官的力量。人类将自身的本质力量施之于自然界，其所创造的物质，也就是人的本质力量的对象化。建筑被称为石刻的史书，其中凝聚着各时代人们的思想、观照、情感、意志、活动、生活等，更是众所周知的事实。

第三，人的本质力量一旦形成，就必然具有相对独立的价值，这就是人本身固有的或内在的标准。在物质生产中，人们总是要把这种固有的标准运用到产品中，同时也按照这种固有的标准使用产品。这样，人就能够摆脱产品单纯被动的自然的实用功能而自由地对待他的产品，使人的本质力量得以充分发挥。我们通常所谓建筑的社会特征，民族特征，美学特征等等人文因素，莫不都是人们本身固有的标准或本质力量的释放。

第四，这本身固有的标准或人的本质力量中一个重要的组成部分就是审美判断，或美感经验。所以在物质生产中，人还按照美的规律来制造。什么是美的规律，长期以来众说纷纭。本文认为，人们通过长期实践，他们的审美经验肯定了物质产品的造型包括环境造型、实体造型、负体造型有某些使人的感官愉悦的构成规则，其中既包含着产品实用功能的合理性，也包含着创造产品的人的心理反应的习惯性以及这两者构成的关系对于社会的人的适应性。最后，综上各点可以看出，每一产品都同时包含三种成份：一是产品的物质实体；二是这种实体的表现形式，三是这种形式中包含的人的本质力量。简言之，一切物质文化，包括建筑文化，就是人与自然或人与物质的统一体。这个统一体是由三个层面构成的有机机体，它的最外层是产品实体的物质层面简称为物；最内层是人的心理机制层面简称为心；介于两者之间的还有一个即物非物，即心非心的心物结合层面。物质产品不同，各层面的构成要素也不同。各个层面的构成要素之间，和各个层面之间相互制约联系，构成了一种“力场”关系。力场中诸矢量的正负强弱分合消长等运动的态势，也就构成了各类物质产品丰富多彩的形态。

建筑作为一种文化机体，其最外层的物质层面是物化劳动的直接体现。它主要包括两大部分，一是各类建筑的实用功能，例如便利、舒适、坚固、经济等。它随着生产和生活方式的演进而演进；二是建筑工程技术，如结构、材料、设备、能源、机具等，它随着科学技术的发展而发展。这两部分都具有无限的活力，可以明确判断其水平的高低。一个国家一个民族的建筑在这个层面上能否不断更新，是该国家、民族的建筑文化机体是否健康的重要标志。一般说来，物质层面的变革与整个社会生产的发展进步相连，所以它最富有时代性、变易性。我们说，近代建筑优于古代，首先就是在这个层面上古近相比较的结论。同样，异质文化之间，也只能在这个层面上比较优势。比如说，近代中国建筑不如欧美的先进，也只是在这个层面上相比较的结论，而不能代表全体。

建筑文化的中间层面，即心物结合部分，是规定文化机体类型的权威力量。它一方面制约着物质层面，调节着这个层面运动的方向和速度；同时又受着心理层面的制约，被心理机制规定着运动的节奏和方式，所以它也就成为建筑文化类型定性的依据。这个层面也包括两大部分：一是人对建筑的认识观念和相应的典章制度、规划设计的思想和方法；二是建筑的形式和风格。世界上公认具有显著的文化特征的建筑，如古埃及、希腊、罗马、拜占庭、哥特、文艺复兴、中国、印度、墨西哥、阿拉伯以及现代、后现代建筑等，它们作为一种文化类型，主要就是由这个层面定性的。构成这个层面的各种因素矢量又基本上是社会因素直接或间接的显现，与社会制度紧密相连；而一代社会制度的形成又总是社会诸因素相对平衡的结果，因此这个层面最富有社会性、平衡性。我们说，商周建筑不同于秦汉，秦汉不同于隋唐，隋唐不同于明清，就是在这个层面上相比较的结论。同样，异质文化之间，在社会制度发展水平有明显差别时可以分出优劣，例如希腊奴隶制时代的建筑高于同时期的中欧、北欧；而当社会制度只有形态不同时，就很难分出高下，例如法国封建制时代的建筑罗曼、哥特和同时期的中国建筑元、明建筑，就只有类型的不同而没有水平的高低。

建筑文化的核心层面，即心理机制部分，是制约心物结合层面的保守力量，也是文化类型的灵魂。它也包括两大部分，一是直观的判断方式，如价值观念、思维模式、情绪状态等；二是审美经验和审美趣味。人的心理机制是人们在长期的劳动实践中，在本质力量形成的漫长过程中积淀、结晶而成的，心物结合层面中大量的构成因素，就是它的“物化”结果。一般说来，心理层面总是和民族特征紧密相连，无论是直观判断还是审美经验，大都表现出特定的民族性格。越是文化传统深厚的民族，民族心理也表现得越是鲜明。例如中国建筑的整体环境观念和特殊的空间序列观念，显然直接受到中华民族心理逻辑和心理节奏的影响。民族心理机制是长期积淀、结晶的结果，短期内的外力很难从根本上将它改变。虽然世界上各个民族形成的历史条件不同，各自的传统不同，因此民族心理的鲜明程度和稳定程度也不同，但对于像中华民族这类渊源长久，统系分明，传统不曾中断的民族来说，物质文化的心理层面最富有民族性、保守性。因为它是民族性的，民族本身绝无优劣，所以异质文化在这个层面上的比较，也只有特征之别，而无高下之分。

综上可以看出，建筑文化机体的三个层面，分别显示了建筑的时代性、社会性和民族性，它们分别呈现出变易性、平衡性和保守性三种态势。而研究、评价、推进建筑文化，也必须分别从建筑工程学、建筑社会学和建筑心理学三个领域着眼。三个层面之间，每一层面内部诸因素之间以及在与异质文化接触中诸层面诸因素之间，都可以构成某种力场。力场的运动，便是建筑文化机体得以生存，得以发展进步的动力。力场运动活跃而适度，建筑文化机体健康兴旺；运动停止或过分急促，机体就要死亡或遭到破坏。

二

中国传统建筑作为一个完整的文化体系，从现在掌握的材料来看，时间界定的上限应在商周约公元前 15 世纪至 11 世纪，下限应为 19 世纪中叶；空间界定应为以汉族和受汉族建筑影响的、以木结构为主的范围。所以如此界定，是因为在这个时空范围内，其文化机体各个层面的生长成熟，主要依靠内部力场的运动维系，异质文化的冲击，只是丰富了原有机体，使它更加健康成熟。

商周时期的中华大地上，尚存在着许多水平不同、类型不同的亚种体系。到春秋时期，各亚种文化体系的特征逐渐鲜明，从现知的材料来看，中原、荆楚、巴蜀、吴越、西秦、东胡等都各有特征。春秋战国时期，朝秦暮楚，纵横捭阖，实际上也是进行着亚系异质文化的接触，最终经秦汉统一，各亚系文化诸层面的力场也终于在新的组合后达到暂时平衡。在物质层面上，夯土技术和矩形木梁柱结构最终显示了其构造、施工和能以满足当时各种功能要求的优越性，于是秦汉的“台榭”式单体建筑和内庭院式群体组合都达到高峰；到东汉时，木框架结构又显示出它优于土木结构的优势，再加砖瓦的大量使用，砖石拱券技术的成熟，显然东汉建筑又优于秦和西汉。物质层面的这类进步，标志着技术上力场诸因素始终是优胜劣败，这个简单的自然规律一直贯穿于整个建筑发展过程，绝对不会出现反复。与此同时，中华民族的心理机制也基本定型，呈现出某些统一的形态，如刚柔相济，虚实相生，情理相依，礼乐相和，宏观把握，节奏明晰，人性尺度，象征感知等。这类心理特征也影响、制约，甚至直接规定了某些社会形态如伦理规范、典章制度等，使得心物结合层面出现了相应的建筑空间观念、规划设计理论，和相应的风格特征。如宏观平衡的规划思想，秩序明晰的等级制度，节奏协调的群体构成，亲切可信的空间尺度，寓意开阔的象征符号，以及模拟自然的园林形式等等。从秦汉建筑各层面所表现的形态都可以找到它们构成因素中力场运动的规律；而秦汉建筑正是在这些因素力场不断运动中的最佳平衡状态，秦汉建筑也就成为中国建筑文化的一个典型。

魏晋南北朝至隋唐，有两个异质文化机体与传统文化相接触，一是印度的佛教文化，二是葱岭以西的西域文化。而在国内，北方的“胡人”文化和中原的传统文化也在社会大动荡、民族大融合中得到交流汇集。这类异质文化间的接触，无疑会打破原有机体的力场平衡，使其运动发生新的变化。在物质层面上，外来文化的冲击力总的说来不能与传统的力场结构相匹敌。例如佛教建筑中的寺、塔、幢、石窟，其功能很快就被强大的传统所溶释——寺院被溶入了祠庙和邸宅；塔被溶入了楼阁；幢被溶入了阙、表；原来中国没有的石窟寺，则扬弃了不适合中国佛教使用的“精舍”毗诃罗式窟，而溶入了纯纪念性的支提窟，并按照中国人的理解，逐步演化成为中国式的石造殿堂。而所有不同于传统的工艺技术，事实证明并不优于传统，所以也就不能改变甚至渗入传统工艺。但外来的建筑装饰中有许多题材和手法，如雕刻、绘画和纹样、色彩、技巧，为传统建筑所无，某些部分的表现力明显优于传统装饰，因而很快被吸收进来，乃至逐渐取代了传统的装饰，这也充分表现出物质层面敏感的变易性。在心理层面上，春秋战国以来占优势的理性型机制继续成熟，但同时浪漫型的机制也逐渐发育完善，例如在审美趣味方面倾向于自然、浑放、洒脱、圆润、柔和等，使得这一层面的力场态势有所更新。随之，它也必然影响到心物结合层面的结构。正是基于这一运动的态势，异质文化中的心物结合层面中的某些结构得与传统文化取得“异质同构”的效应，因而得以交流融合。因此，佛教和西域文化中浪漫主义的因素很自然地被吸收进来，建筑造型的流畅感、运动感、意境感等，使得整个建筑文化的内蕴更加丰满，这在屋顶的曲线、塔的轮廓、园林的意境和装饰的趣味等方面都有所体现。隋唐建筑文化各层面的特征主要就是魏晋南北朝以来传统机体内部以及传统与异质文化接触中各层面力场运动的结果。力场的重新组合，在隋唐时期达到又一个最佳平衡态势，因此隋唐建筑也就成为中国建筑文化的又一个典型。

五代辽宋至清朝盛期，传统文化机体已发育到烂熟的程度。这时期，中原、江淮、岭南、巴蜀文化都达到很高的水平；北方的契丹、女真、党项、蒙古，西南的大理、西藏，其文化或与中原江淮接近，或远为落后，作为亚系文化的力量，都不足以改变原有文化的机体构成。其间也有过异质文化的接触，一次是宋元时期的阿拉伯建筑文化，另一次是盛清时期的欧洲古典建筑文化，前者曾输入了伊斯兰的建筑类型、结构砖石拱券、穹窿和装饰手法；后者则输入了巴洛克式建筑形式，拱券结构和某些欧洲园林手法。此外，从明代起，藏传佛教喇嘛教作为传统文化中一支特征显著的重要亚系文化，在内地有所传播。曾经深受印度、尼泊尔影响的西藏宗教建筑也影响了内地的传统建筑。这些异质文化的进入，和前一时期一样，其物质层面的大部分并不比传统的先进，个别的先进技术，如穹窿结构、平屋顶结构、彩釉饰面材料、机械喷泉等，虽曾一度出现，但终因一则这些技术大多游离于实用功能以外，再则其力量也远不能冲破制约技术发展的社会牵制力量，因而只是昙花一现；更多的还是某些装饰技艺手法和个别的建筑形式如喇嘛教的曼荼罗构图、瓶形塔、巴洛克式的造型和装饰融合到传统机体中去。在这段历史中，传统文化机体的心物结合层面的社会性、平衡性发挥了显著的文化类型定性的功能，作为中国建筑类型的种种特征全面臻于成熟。如：结构技术的全面程式化主要体现在宋《营造法式》和清《工部工程做法则例》中，建筑造型的最终定型化主要体现在各种“官式”建筑规定的形式，城市和各类建筑格局的进一步典章化主要体现在各朝颁发的制度法规，造园艺术手法的趋于规范化主要体现在明清造园理论中，如《园冶》等。而作为文化机体的灵魂，这时期心理机制的构成也更加明晰，特征更加显著，其中最重要的一点是在宋代城市商业和明清资本主义萌芽的刺激下市民意识的兴起。市民意识使得传统的理性与浪漫相结合的心理机制更趋于坚实，情感更趋于实际，因而影响到那些程式化、制度化、典章化、规范化的建筑形式和风格呈现出浓郁的现实人情味，或工艺技巧味，这在盛清主要在乾隆时期建筑文化中表现得最鲜明最典型。这些，主要就是五代辽宋以来传统文化机体内部包括各亚系文化之间各层面力场的运动，以及融合改造了异质文化中若干因素的结果。力场诸因素经过重新组合，终于在盛清时期又获得一次最佳的平衡态势，因此盛清建筑又成为中国传统建筑文化的一个典型。

三

传统文化机体的运动在清代后期又酝酿着一次新的变革。变革的运动首先还是在物质层面中开始。其时，资本主义幼芽在封建制的高压下艰难曲折地生长着，城镇手工业、商业、服务业和文化娱乐事业都有明显的发展，大型作坊、工场、商店、会馆、驿店、戏院、酒楼、茶肆兴起，并由此而促使建筑的某些格局和构造技术有所突破。与此同时，心物结合层面中一些社会的、习俗的、典章的制约力量明显有所松弛。18 世纪中叶至 19 世纪初，欧洲古典建筑的影响在沿海地区也通过各种渠道如天主教会、出洋商贾、华侨等逐步渗入到传统建筑中来，其中某些有明显优点的技术，如大跨度拱券、多层砖木结构楼房、三角桁架等，颇有取代传统的可能。诸种因素使得原有建筑体系中出现了不少“制度不经”

的新式样，它预示着传统建筑文化有可能向新的方向运动。

但是现实的历史进程改变了传统文化机体运动的方向和速度。19 世纪中叶以来，随着帝国主义的入侵，中国社会发生了翻天覆地的变化，以洋枪洋炮开路，西方文化挟雷霆之势与传统文化直接撞击。首当其冲的还是物质层面。新的城市建设，包括割让地，租界和租借地，工矿铁路附属地，使馆教会专用地，这些国中之国，城中之城，以其功能之合理相对旧城市，设施之方便，技术之先进，环境之卫生，立即显示出了巨大的优势。新的生产和生活活动要求建筑有新的功能，西方近代建筑中一整套符合近代功能要求的新类型建筑，如生产车间、公共会堂、影剧院、学校、医院、办公楼、公园和各类舒适的、经济的住宅、公寓、别墅等，也明显优于同类的传统建筑。至于建筑材料、结构技术、施工机具，设备品类，更是大大超过了传统。在物质层面上的异质文化较量，传统方面一触即溃；那些制约维系着旧物质层面的传统的心物结合层面的力量，远不能与上述那些外来文化的撞击力量匹敌。传统非变不可，连最顽固保守的皇家贵族官僚也都承认了既成的事实——西方优于自己。于是大办洋务，开办新式市政，引进舒适的设备，兴建各类新式建筑。工厂码头车站是洋房，衙门学堂也是洋房。举凡用得舒适、方便的一切洋建筑一律引进，竟成为一时的风尚。这个趋势一直延续到现在，只要物质层面上西方优于中国，引进学习西方建筑文化就是不可遏止的潮流，甚至文物保护的技术也不例外。

但是，作为建筑文化定性的权威力量，心物结合层面具有的平衡性毕竟还有着相对稳定的力场结构。当物质层面被冲破以后，异质文化之间的较量必然就在心物结合层面上展开，而且这种较量远比在外层面上要复杂得多。传统文化中一些直接制约功能和技术进步的因素，如法规制度、设计方法、施工组织等。它们受心理层面的约束较少，而更多是社会制度的产物。一旦两种社会制度的优劣分明，它们的力量强弱也就立见分晓。基础既失，外力的冲击就使得弱者中国传统方面迅速解体消亡。但是另一部分，在一定意义上是文化类型定性的更主要部分，如对建筑的认识观念，建筑的形式构成法则，某些风格特征，由于它们更多是受着心理机制的制约，中西文化之间更多是类型的不同，所以很难比较优劣。这里就出现了一个“体”与“用”的关系问题。“用”就是外来的先进的功能和技术等物质因素，“体”就是这些物质因素的载体。“西体西用”顺理成章，立竿见影，是一条必由之路，于是大量外国建筑移植到了中国，在上海、天津、广州、汉口等地出现了形形色色的外国建筑，上海被称为“万国建筑博览会”；直至今日，随着引进的外国建筑技术，各种外国建筑形式也经常在国内出现，就是这条必由之路的结果。但另一方面，传统的建筑认识观念、形式构成法则和风格特征，却仍然具有作为先进物质技术载体的巨大容量，仍然可以发挥其文化类型定性的权威力量，于是“中体西用”也仍然可以顺理成章，立竿见影，同样也是一条必由之路。这从19世纪开始出现的新功能古式样的许多建筑，如海关、学校、博览会、办公楼，甚至一些外国教堂仍用古老形式，就足以说明这一规律。后来，不论是国民党政府倡导的“中国固有之形式”，中国早期建筑师追求的“民族的形式”，或是日本帝国主义在占领地推行的“兴亚式”来源于日本的“帝冠式”，甚至新中国20世纪50年代初盛行的“民族形式”，直到今天被称为“仿古式”、“乡土式”等，如果抛开外在的政治背景，单就建筑文化机体本身来说，也应当说是这条必由之路的结果。在这一层面上，异质文化较量的复杂性还在于，虽然“中体西用”也是一条必由之路，但中的“体”和西的“用”终究还是异质的，它们终归还是若即若离，不可避免地要产生矛盾，“体”传统的建筑认识观念和形式法则、风格特征和“用”现代功能与现代技术之间必然出现畸轻畸重的现象。比如20世纪二三十年代所谓的“复古式”“古典式”“折中式”和时下称为“后现代式”，以及形形色色的土洋结合式、仿古式、民间乡土式等，都是不同的表现形式。最后，当原有的“体”的容量已经很难容纳外来的先进物质技术时，它自己也要发生巨大变化，许多传统的观念、法则、风格必然要逐渐被改造，以及减弱或消失。例如当今许多高层、大跨的建筑，现代高速节奏的城市设施，就很难再保持原有的那一套形式特征了。这时，作为一种类型的文化特征，就会变得更深沉、更隐蔽，或者说，其心物结合层的力场结构会变得更敏感更微妙。

古代建筑文化机体和谐运动的三个层面，在近代遇到的最大危机就是，物质层面已经或正在发生急剧的变革，而核心层面即心理机制却远远没有什么改变，甚至可以说是安之若素。这是因为，即使在近代社会变革的大力冲击下，只要还有民族存在，民族的特征就仍然存在，民族的心理机制也仍然具有保守性或稳定性，它仍然会影响、牵制心物结合层面的力场组合，使得在物质层面发生根本改变的情况下，建筑的形式、风格和创作观点、方法千变万化。因此，研究近现代建筑中先进的物质功能技术与保守的民族心理之间的矛盾，也就成为当代建筑文化最主要的课题之一。任何简单化的观点都是不符合实际的。各种光怪陆离的建筑现象，众说纷纭的建筑理论，万变不离其宗，集中到最后也还是这个课题要解决的矛盾，或者说要寻找在心物结合层面上一个最合理的力场组合。物质层面的变革和进步是绝对的，民族心理机制也不是不可以改变的。在今天社会开放、生活节奏快速的条件下，改变的速度肯定比古代要快得多，但改变仍须长期几百乃至上千年积淀、结晶。自觉的建筑文化创造者，只能因势利导，在错综复杂的力场态势中，找出最合理的、能量耗费最小的组合形式。

如果上述关于中国建筑文化的分析可以成立的话，那么我们通过研究其机体的构成和运动，在实践中是可以发挥作用的。

第一，这种分析有助于建筑师宏观把握态势，树立建筑创作的历史观和哲学观，而在创作中有没有这种观念是大不相同的。

第二，充分肯定建筑文化机体外层的时代性、变易性，也充分认识内层的民族性、保守性，最终寻求中间层的社会性、平衡性，这有助于确认中国现代建筑文化类型的定性，也确认在总的文化类型下多风格多流派的必然性和合理性。

第三，分析各层面的运动规律，有助于提高创作方法。即为创造中国的现代建筑文化，首先要毫不留情地变革落后的物质技术，满腔热情地吸收外来先进的物质技术；其次要正视传统建筑中反映的民族心理，特别是审美心理，深入研究民族心理的表现形态；同时还要总结近现代各类建筑的形式特征，最终找出构成这些形式特征的力场态势以为创作借鉴。

第四，评论建筑，从文化机体的层面构成和运动规律着手，分析力场态势，以力场功率的正负强弱来评论创作的成败得失，可以更接近实际。

本文现在仍是一种科学的假设，尚有待实践证明。但作为一种论证方法，容或有可供参考之一得，则感幸甚。

原载《建筑学报》1988 年第 5 期

建筑历史的科学价值
——关于北京古代建筑博物馆的联想

北京古代建筑博物馆几年前着手更新陈列，将于1999年正式展出。又恰逢第二十届世界建筑师大会在北京召开，这次展览也被列为中外建筑师参观考察的一个重要项目，应当说，这是大会组织者的明智之举。

笔者不了解现在世界上有多少以全面展示古代建筑为主题的专业博物馆，但在国内只有北京这一处。这里的主要展馆是利用明代先农坛的太岁殿一组建筑，周围还有神厨库、宰牲亭、具服殿、庆成宫、神仓等，它们本身就是古建筑中的精品，也可以说是博物馆的藏品或展品。但是，作为博物馆，它既不可能把古建筑搬来作文物收藏，又不可能把古建筑实物作展品陈列，当然也就不可能给参观者以身临其境的真实的感受。所以这个博物馆就应当从它自身应当发挥的效益和可能负担的功能来设计陈列的内容。

博物馆的主要功能是教育，古建筑博物馆的功能就是为公众提供了解建筑这种文化形态的发展历史及相关的知识。由于建筑与人的生活密切相关，它既是一种耗资巨大的物质产品，又是一种公私共享的精神产品；它既有实用的功能，又有审美的效应。而当它的物质功能和实用价值随着历史的前进逐渐失去现实意义以后，它的精神功能和审美效应便成为永葆青春的价值所在。这里所说的精神功能包括两方面：一是当初这些建筑已经起过的社会作用和审美作用；二是今天能够起到的社会作用和审美作用。应当看到，以后者为尺度选择内容，布置陈列，可能给一般观众以一般性的知识，大约只能起到旅游介绍、古迹欣赏的作用；而以前者为尺度，表面看来似乎是“脱离现实”，违背“古为今用”，实际上却正是古建博物馆应当负担的深层教育作用。这就是，通过正确展示古代建筑的发展历史和相关的文化内容，给人以科学的理念教育，或者说是通过历史的知识获得科学的认识。物质文明史启发了科学认识，又带动了技术发明。世界各国的建筑历史已经证明这是一条促进建筑健康发展的必由之路，在中国，还在被艰难地探索着。

这首先就是一个科学的观念问题。我们常常习惯把一些不同范畴的内容连成一个词目混用，结果造成一系列观念直至操作上的混乱，例如，"科学技术"，这其实是两码事。科学的功用是开启智慧，而技术的功用是创造物质；科学的目的是发现，而技术的目的是发明；科学是理论，是思想，而技术是实践，是工程；科学是无功利，是自由开放，是不能量化的，而技术是"急功近利"，是专利保密，是必须量化的。一种科学理论可能引起一场技术革命，乃至改变社会发展的轨道，但也可能长期默默无闻，几十年甚至几百年被视为无用；相反，一项先进的技术就可以立竿见影，创造巨大的财富，但终将会被迅速淘汰，变得一文不值。历史证明，技术的发明创造必须依赖科学的发现实证，归根结底还在于人的智慧开发，在于人的科学思维。就古论古，在古代的事物现象中发现古代事物的本源，这就是科学。而当今天的事物还是古代事物的延续，那么这种科学对于今天的事物，比如建筑学、建筑技术，就会起到引导、促进的作用。毋庸讳言，过去那种概念含混的口号"古为今用"，事实是既搞乱了"今"的创造性，也扼杀了"古"的科学性。今天我们应当重新认识、研究建筑历史，陈列古代建筑，保护文物古迹，其根本目的就是提倡科学，通过建筑现象发现建筑本体，从古代建筑的历史、类型、功能、制度、工程、艺术等方面发现过去的建筑是怎样形成的又怎样发展的，怎样成熟的又怎样衰落的，原来是怎样的后来又是怎样的。现象明白了，本体就凸现了；过去的基本看清了，今后的也大体能认准了。这就是建筑的科学，就是建筑历史、古代建筑的生命力所在，也就是古代建筑博物馆存在的价值所在。

在这样一个大前提下，古建博物馆的功能显然就不能只是一般性地展出一些模型图片，当然也不必非搬一些实物来当展品不可，而是应当向公众，尤其是向建筑师们勾勒出中国建筑发展的基本轮廓，展示出若干值得思考的现象，提炼出一些开启智慧的结论。再根据这些内容，选择最恰当的展览形式。可是遗憾的是，由于多年来对建筑历史的科学意义的漠视，再加似是而非的口号误导，短期内推出一个能够达到上述要求的展览，显然是不现实的。尽管如此，现在的展览还是做了一些有益的探索，值得继续深入研究下去。主要有以下三方面：

第一，关于建筑发展的分期 在文化史上，历来对建筑的认识分歧最大。科技史认为，建筑是技术，因此有人编写中国建筑技术史；艺术史认为，建筑是艺术，因此又有人编写中国建筑艺术史。但事实上，中国古代建筑最重要的特征之一，或中国古代建筑之所以成为一种独立的文化现象，正是由于艺术与技术密不可分，建筑艺术的任何一个现象都不能独立于技术之外，而技术又往往是出于某些艺术功能的要求而出现的，真可谓“皮之不存，毛将焉附”，或者说鸡与蛋孰先孰后。其实追其根源，两者都是社会的产物，亦即都紧密依附在社会的各个方面。因此，无论是从单纯技术的发展例如斗栱的结构机能，构架的力学组合等，或单纯艺术的变化例如各代艺术风格、装饰手法等来分期，都难以触及建筑的本体实质，在科学的理论上是没有多大意义的。这次展览，把历史分期放在整个展览之首，目的就在阐明建筑是随社会因素的变化而变化的。在“原始社会建筑”中，强调指出，“随着社会生活的多样化，建筑不再仅为人的物质生活服务，还开始服务于人的精神生活”。这就是建筑的“胚胎”，它产生于“社会生活”，同时为物质生活和精神生活服务。此后分为早、中、后三期，在短短的文字说明中，紧紧抓住社会生活的主要特征，用以说明由于这些特征而产生的最典型的建筑类型、建筑技术和建筑艺术风格。如早期夏、商、周、秦、汉社会的最大特点是政治高度集权，财富高度集中，祭祀高度神圣，相应地在建筑上表现为工程规模特别巨大，建筑的精神功能特别重要。高台榭，美宫室，大陵墓，伟庙堂，在为这一时期的主流。又如中期三国、两晋、南北朝、隋、唐，社会的最大特征是国家由大分裂到大统一，民族由大对抗到大融合，经济由大交流到大发展，文化由大开放到大成熟，相应地在建筑上表现为规整恢宏的都城，巨大华贵的典章建筑，光彩辉煌的宗教寺观，以及处处呈现的高超工艺。后期五代、宋、辽、金、元、明、清社会最大的特征是多民族国家的形成与巩固，城镇经济的普遍繁荣，神祇光环的逐渐归复，世俗人性的浓重弥漫，相应地在建筑上表现为城市的经济实用功能完善，民间和民族建筑成熟定型，园林艺术达到空前的高度，建筑创作也进入了有创意有设计的境界。上述这些内容，在展览的表述中尽管还不够确切完整，陈列的手段也显得简单一些，但这种分段的着眼点和逻辑是科学的。

第二，关于制度 这是展线中紧随历史发展以后最重要的一个部分。各种制度是社会各个侧面的集中体现。历史是经，制度就是纬。在历史上一切实用的物质生产中，由制度决定其功能类型，决定其格局结构，决定其式样风格，直至决定其生产方式的，只有建筑。中国古代建筑就是在各种制度的培育和制约下发展成熟的；甚至可以说，没有中国的建筑制度，也就没有中国建筑的民族风格。展览共归纳了四种制度：

一是等级制度 这种制度几乎贯穿在构成建筑的一切因素中，大至城市尺度，组群格局，小至某一个花饰纹样，不同等级的人或鬼神都有相应的差别。而这种差别又大多有着和谐的等差规则，这就形成了世界建筑史上的一大奇观：

其构图的韵律性，功能的序列性，结构的规则性，使得在古代世界上最大的一个国家中的所有建筑几乎如同出于一位建筑师之手，全国的建筑几乎就是一个整体。至少从周代起，这种等级制度就被赋予了“礼”的功能，成为制约整个社会和家庭，乃至个人行为的规范。一切建筑的现象也都是由礼制规定而出现，而衍化，最终凝固成为中国建筑民族特征中的一个主要部分。

二是工官制度 建筑终归是物质生产，是要按照一定的营造制度去组织工匠，生产材料才能完成的，不同的营造制度，也足以影响或决定建筑的形式。中国古代高度中央集权的社会制度决定了营造的工官制度，这就是一切重要的工程都由朝廷官府控制。工匠是国家管理的“户”，材料是国家办理的“厂”，设计是国家颁发的“法式”、“做法”、“则例”。工官制度决定了建筑工程的标准化制度，它可以保证施工速度很快，也可以保证工程和艺术有较高的质量，更重要的是从技术上就把建筑纳入了礼制的轨道，使建筑的创作导向与社会制度同步，整体和谐一致。梁思成先生说过，中国建筑既是千篇一律，又是千变万化。从单座建筑来看，中国的不如西方的高大华美，个性鲜明，显得千篇一律；但从整体上看，却比西方丰富得多，委婉诡异，千变万化。中外建筑千差万别，说到底，就在于营造的制度不同。

三是模数制度 这是中国建筑设计的基本制度。设计是创作，一般说创作应当是自由的，但是在中国，强调的是在某种制度约束下的自由创作。这种制度就是模数制度，也可以称为标准化制度。现在所知，至少在春秋战国时期已经有了按标准尺度设计建筑的方法，如《考工记》规定的国都、宫殿、明堂、仓库和水利、道路等工程。据近人研究，不仅单体建筑的结构是按严格的模数设计，如宋《营造法式》的材分制，清《工程做法》的斗口制或柱径制等；而且立面造型也有模数规则；还有都城里坊、官市、宫殿、坛庙、寺观、衙署等大组群的平面也都是按照某种模数网络进行布局。模数制度是工官制度在规划设计方法上的必然要求，它最主要的作用就是使设计方法理性化，把创作激情规范化，在模数网络中调整创作的自由度。由于建筑的工程技术和资金投入的限制，更由于中国建筑社会基础的制约，决定了建筑创作不允许无限制的自由，用模数制，网络化的方法规范创作，应当说是非常科学的选择。

四是堪舆制度 社会中除官方规定的制度外，还有许多民间约定俗成的制度，它们常常是形成某些建筑现象的主要原因，堪舆制度就是其中主要者之一。堪舆之术就是看风水，从字面解释，堪为天道，舆为地道，建房屋阳宅，造坟墓阴宅都要顺乎天地之道，讲究风水之利。从环境科学上说，天地之道主要是讲人与自然的和谐，建筑与环境的协调，生活与生态的平衡。从心理科学上说，风水之术主要是讲趋利避害，它是由人对环境的第一感觉生理感觉积累的经验上升到第二感觉或“本质力量”形成的理念，是从建筑的环境地形、地貌，房屋的布局造型带给人的感觉，再附会到以往在同类环境状态下偶然发生的吉凶祸福，人事变异，从而形成某些具有“合规律性”的客观认识。这种认识的基础一则很不全面，再则具有很大的偶然性，因此在事实上是虚幻的，但在心理上却是真实的。因此风水之术也就有了滋生的温床，自成一家之言，出现了连篇累牍的著作、图像、歌诀、规则和许多神秘的操作方法，这就是堪舆制度。从环境科学来看，它的许多规则是正确的，但也是幼稚的；从心理科学来看，它的许多规则虽然是虚幻的，但在探讨建筑环境对人的心理经验，精神慰藉等方面的影响，却有不少深层次值得探索的内容。

第三，关于建筑类型 古建博物馆这次展览的主要部分是分类型介绍重要建筑。在以往的研究中，都是按使用功能分类，本次展陈仍沿用惯例，共分为七类，其排列次序是：城市、宫殿、坛庙、宗教建筑、民居、园林、陵墓，除最后的陵墓外，大体是按规模排列的。科学的首要工作是定性，即对所研究的对象进行分类。对事物的分类必须以其本体固有的特征为依据，而不是对某些现象的归纳。类型学是重要的基础科学，不必说动物学、植物学、地质学、天文学等自然科学中的类型是物质本体的差异，就是在人文科学、社会科学中，具有深邃目光的理论家也往往注重文化的类型，通过科学的分类寻求文化艺术等精神现象的本质和规律。例如早在南齐时刘勰所著《文心雕龙》中，就把当时的文体分为十九类，总结出每一类文体的基本功能和表现形式，大大提高了著文者的理念。对于古代建筑的分类也应着眼于其本体的特征和它们赖以存在变化的社会条件。展陈中对于每一类建筑现象的描述，无疑是必要的；某些类型吸取了考古学、民族学的分类方法加以表述，也是恰当的；对于七种类型建筑的发展和特征展示得也比较准确，基本上能做到重点突出。但是，作为建筑的科学基点，目前的这种分类和展陈方式还正是下一步需要重点突破的部分。

如前文所说，建筑在胚胎时期其本体已经具有物质的和精神的双重功能。在尔后的发展中，物质功能日益复杂，有居住、游玩、宴乐、商务、政事等，但都是由住宅衍生的；精神功能也种类繁多，有礼仪、慰藉、皈依、威慑等，但都是由祭祠衍生的。简要说来，从形成建筑的第一天起，建筑就分为两大类型，第一类是为人服务的以实用为主的人居类；第二类是为鬼神服务的以表现为主的祠祀类。但人居类中也有为满足某些精神功能的表现部分，祠祀类中也有为满足某些物质功能的实用部分。正因为有这种局部的交叉，就使得过去的分类有一些模糊不清，例如，宫殿是礼仪性质还是居住性质？颐和园是宫殿还是园林？祠庙和道观应是一类还是两类？对于这类问题，如果按“人居”和“祠祀”两类归纳就不难说清。这两大类可以称为“门”，有门再分类，所谓“分门别类”，眉目就清楚了；或者这两大类称为“纲”，有纲再织目，所谓“纲举目张”，条缕就分明了。有一些建筑，可能体量很大，工艺精美，但本身不具备独立的类型特征，如桥梁、堤坝、长城等，勉强作为一种类型，事实上没有科学意义，就可以列为“亚目”，附于其他类型。另有一些，可能体量并不大，造型也无奇特之处，如市井建筑、纪念建筑等，但作为一种类型，具有独立的意义，就要单独分“类”列“目”。所以，应当重新审视对古代建筑的分类，使之成为研究建筑历史的一个重要突破口。其科学的意义在于，一方面能从本体上讲清楚各种建筑现象，揭示出各类建筑赖以发生发展的自身因素；另一方面通过分门别类，纲举目张，启发文化工作者和建筑师们的智慧，锻炼他们观察事物，处理矛盾，研究创作的科学精神。这应当是更重要的方面。

原载《北京文博》1999年第2期

形式的哲学
——试析建筑文化

文化，大约是时下使用频率非常高的词了。各行各业都在谈文化，炒文化，好像搞建筑而不谈建筑文化，就显得没文化。

这也难怪。按字典的定义，文化是“人类在社会发展过程中所创造的物质财富和精神财富的总和。”但这个定义对观察现实中的各种文化现象毫无意义。有人试作诠释，据说世界上已有160多种解释，每一种解释包含的项目更不知凡几，以这种无界定无层次的概念讨论文化，结果只能是诡辩空谈。

笔者曾在十年前著文讨论建筑文化[1]，现在看来仍嫌立论繁琐。如今面对纷纷扬扬的文化诸说，又不免疑窦丛生，现在想用一个笨办法——从头捯起，看看能不能解析得更加明快些。

据许慎《说文解字》:“文，错画也”，错画就是色彩相间；又据《考工记》:“青与赤谓之文”。可见“文”是一种装饰形式，所以身上刺花叫“文身”，掩饰错误叫“文过”。文的载体，或被装饰的事物原状叫作质。孔子说:“质胜文则野，文胜质则史浮夸之意。文质彬彬，然后君子”《论语·雍也》。荀子说，太庙之堂要由良工彩绘，“非无良材也，盖曰贵文也”《荀子·宥坐》，说的都是以文饰质。

化，据《说文解字》:“化，教行也”，指教育改变行为，也就是“教化”，后来引申为改变本来状态，如融化、消化、优化、绿化、美化、化装、化解、化合、化形……因此，文化就是修饰事物的形式，这个词是个动名词。

我们习惯上连用的一些名词，其实是属于不同范畴的。如思想政治、精神面貌、道德品质、科学技术、文化艺术等，前者是无形的，自由的；后者则是

1 《中国建筑文化机体构成与运动》载《建筑学报》1988年第3期

有形的，规范的。但两者又有因果关系，思想出政治，精神出面貌，道德出品质，科学出技术，文化出艺术。简单说来，前者是哲学，后者是技艺；前者是“道”，后者是“器”。前者不充沛，后者必苍白；前者底蕴厚，后者发光彩。

文化的价值主要体现在文与质的关系中。刘勰《文心雕龙》说得很透：“虎豹无文，则鞹音 kuò，皮革同羊犬；犀兕音 sì，雌犀有皮，而色资丹漆；质待文也”《情采》。虎豹皮优于羊犬皮，是由于前者有文同纹而后者单色；犀牛皮很厚实，但加了彩绘才有价值。从这个角度来观察建筑，中外古今争论最多的，“文化”色彩最重的大都是形式问题。无论复古、折中、复兴、现代、后现代，追求的都是如何使形式之“文”，更完美地体现出建筑之“质”，“质待文也”。其中的核心是对待以往创造的形式遗产，即如何化以往之文以丽现代之质。对这个问题不妨看看实际作品，从中寻求答案。在继承传统形式的建筑中，无论中国的还是欧洲的，有的很耐看，有艺术品位，有的就显得装模作样，“身穿龙袍不像太子”。同样，在号称反传统而实际是继承西方现代式的建筑中，有的挥洒自如，颇有风采，有的就显得搔首弄姿，东施效颦。这里的差别就在文化。王充《论衡》中有两句话说得好：“才有深浅，无有古今；文有真伪，无有故新”。古今、故新是文，深浅、真伪是化；“文”无绝对标准，学问全在“化”中。

“化”是演变，变成什么，怎样变，必须加以判断。哲学的目的就是判断，逻辑学判断思维，伦理学判断行为，美学判断情感，形而上学判断本体。文化是对形式的判断，所以文化就是形式哲学。怎样判断，这就是一切文化需要不断探索的课题。不过前人也有一些经验之谈可供借鉴。《文心雕龙·通变》赞曰：“文律运周，日新其业。变则可文，通则不乏。趋时必果，乘机无怯。望今制奇，参古定法。”简单说来，文化的生命一在通，二在变。通要“参古定法”从传统中找法则，变要“望今制奇”在现实中求突破；文要“参古”形式参考传统，化要“趋时”变化趋赶时代。既参古又趋时，作品就有了文化。

原载《建筑百家言》中国建筑工业出版社 1998 年

我国历史文化名城的美学价值

城市是历史的产物，是物质文明和精神文明的荟萃所在。任何一个城市的兴衰史，都是该城市的一部文化史，有些甚至是一段历史时期某个地区乃至整个国家的文化史。翻翻我国的府、州、县《志》书，从建置沿革，人物故事，诗文轶事到山河古迹，莫不放射着中华民族深厚而灿烂的文化光辉。中国城市区划分明的结构，优美动人的环境，序列清晰的轮廓，以及蕴藏在其中的民族审美观念，显示了中华民族的作风和气派。按照当代健康的审美标准，在继承优秀传统的基础上，从建设精神文明的高度去建设城市，应当是我国城市建设的一项重要方针。只是由于众所周知的原因，特别是“十年动乱”之中，忽略以至极为粗暴地扼杀了这个方针，以致时至今日，还有一些同志振振有词地以提倡“现代化”相标榜，要人们“顺从历史”，“向传统决裂”，全盘否定城市建设中的文化传统。在他们看来，保存城市的历史文化内容，建设有民族特色的美的城市，探索城市建筑的民族形式，保护文物古迹等，都属于“开倒车”之列。这里，且不用说物质文明的现代化与精神文明的美化高尚化是否不能相容；也不用说无论物质文明或精神文明是否一夜之间就能够“同传统决裂”；更不用说一个民族的审美观乃是该民族长期生活实践在人的心理结构中积淀的物质世界的反映（这个物质世界终究会被全面地揭示出来），民族形式就是它的形态化，有着自己的客观规律，绝不能以人的意志所左右；这里只说一点实际存在的现象：为什么一些还没有经过很好规划经营的文物古迹风景名胜区，没有一处不是面临人满之患？为什么探亲休假开会出差的人都向往杭州、桂林、昆明、北京……？而今世界上“现代化”的城市很多，芝加哥、纽约、东京、伯明翰……可更能吸引人的还是巴黎、罗马、日内瓦、威尼斯、奈良……难道西欧、日本的“现代化”还不如中国，他们“同传统决裂”的精神还不够吗？

人民感谢国家的最高决策，在总结历史教训后制订了正确的城市建设方针，二十四座历史文化名城的公布，给我国未来的城市建设事业开辟出一个极为广阔的天地。当然，和我们的国家相比较，二十四座是太少了（大约占全国城镇的百分之一左右）。但这不过是限于当前的条件，举其比较有代表性和比较重要的，并不是说其他的都不是历史文化城市或不具备历史文化的因素了。更重要的还在于，如何发掘、保护、发展、建设一个城市的历史文化内容，如何对这些内容给予恰如其分的科学评价，还是一个需要不断摸索的新课题。我们应当从理论上加深对建设历史文化名城的认识，从实践上总结经验教训，而不要被那些似是而非的论调所迷惑。

发掘美的“题材”，确定美的“体裁”

在历史文化名城的价值中，它们的美学价值占着重要的地位。

中华民族的传统文化，无论九流百家、礼乐刑政、艺术典章，都是建立在促进人的认识能力，规范人的道德情操和激发人的心理美感这类人本主义的基础上。文化的主流既不是制造宗教式的狂迷虚幻，也不是追求梦呓式的灵魂净化，更不是鼓励犬儒式的单纯物质崇拜；而是清醒的实践的理性精神。一切形式美，构图法则都是有伦理思想内容的。从春秋战国时《考工记》的理想王城，汉魏洛阳，隋唐长安，辽金五都，到明清北京，以至一般府州县城，都是体现着一个时代的伦理观念。美与善，艺术与典章，心理学与伦理学，都密切关联。因此，历史文化名城的美学价值，首先也就是凝聚在其中的历史文化内容。

从美的一般表现形态来看，例如，优美、壮观、崇高、雅致、精巧、恢廓……在历史文化名城中都有所体现。而且如同其他艺术作品一样，这些城市也有自己的题材（历史文化的特殊内容）和体裁（表现内容的特殊形式）以及由此而决定的风貌和格调。比如大同，它的题材主要表现从五世纪以来北方文化的质直刚健的气质中。它有深沉浑厚的北魏石窟艺术，有遒劲恢廓的辽金建筑雕塑，还有作为九边重镇京师右臂的古堡长城遗迹。在这些文物古迹中凝聚着近十个世纪间中外的文化交流，民族的融合斗争以及北方民族气质的历史行程。为了更加深入地开掘这一题材，似乎应当把大同规划的“片”更放大一些。可否作这样的设想，把外长城（包括一些城堡）、应县（辽金遗构）、浑源（北岳恒山景区）包括进去，使它们共同构成场面更大的一个整体环境。为此，它的“体裁”就应是力求简练，力戒矫揉；蕴雄浑的气质于平衍的构图中，以恢廓无垠衬托雄伟壮观。这就要求一切建设以烘托胜迹为主，切忌另外搞“新”景观，更不必趋赶时髦，搞“园林效果”。它应当是浑然一体的“块”的凝集，而不是曲折婉转的“线”的流动;要使人从“静穆”中领悟到历史的运动,而不要从“活跃”中浮现出浅薄的纷扰。

再比如承德，它的历史不长（不到300年），主要题材集中在清朝康熙至乾隆即18世纪的前八十多年里。秀美的避暑山庄和雄瑰的外八庙以及有关文物，最集中最典型地表现出在步入近代历史以前中国人民维护祖国统一，争取民族联合，抗御外侮，巩固团结的伟大历史潮流。在约20平方公里的小盆地里，用模拟象征的手法，再现了祖国的水乡、山岳、草原、名胜，和少数民族（主要是蒙、藏）绚烂多姿的寺庙群，这本身就是一个充满了动态的象征环境。避暑山庄是清朝前期处理民族边防事务的政治中心，外八庙则是一批政治纪念物，在这里凝集着时代、民族、宗教、艺术的历史意识，奏出了一代历史运动的强音。承德以西的滦平县所属金山岭长城，是现存最完整、最雄伟的一段明代长城，记录着名将雄兵的功绩；往北300公里的围场，曾是清帝举行围猎的场所，它恐怕是世界上经过明确规划（七十二围经界分明）的最大的（10400平方公里）狩猎场吧，至今尚有许多珍贵遗迹。康熙皇帝曾痛斥臣下要求整修长城的荒谬建议，而不惜亲冒炮矢率各族劲旅远出乌兰布通（在隆化县境内）抗击侵扰；尔后又年年驱驰塞外，召集各民族首领在围场打猎，联络情感，借以巩固屏障，在苍莽寥廓的山山水水之间，写下了不少诗篇。近代以来，这里也发生过一些惊天动地的历史事变。北京——长城——承德——围场，沿着当年的“北巡”的驿道，在二十多处行宫遗址和关隘崖堑之间，铭记着多少值得纪念的题材！所以，承德的“体裁”就不仅要注意承德市本身的这一“片”，更要看到东西延伸的这一“线”。它应当是动态的，而不是静态的。要引导人们从这许多古迹上沉思历史，而不要把具有无限活力的历史运动变成死古董。

城市的历史文化题材非常广阔，有许多记载着一代人们的情趣，社会的风尚和某些特出事件进程的街道、建筑、文物，它们都能调动起人们的意念、情感、联想,都具有广阔的审美价值。在这方面,北京的题材应当更多地开掘出来。故宫、北海、天坛、颐和园、十三陵……固然很重要，可是圆明园的西洋楼残迹，西什库和宣武门的天主教堂，铁狮子胡同清朝的陆军海军部，骡马市大街的国货陈列馆，西河沿的劝业场，琉璃厂的书肆古玩店，以至文天祥、于谦祠，戊戌六君子就义处的菜市口等，是不是都可以分别情况加以整理或标志出来供人凭吊。光荣的业迹固然可以鼓励前进，屈辱的标记或者更能发聩震聋。许多近百年来帝国主义侵略的罪恶遗迹，其教育意义并不在英雄纪念碑以下。如果在北京，把当年东交民巷使馆区的高墙、炮垒、铁栅、围栏以及某些建筑物保留或恢复一些，它们的感人力量，它们对于开掘人们心灵，激发人们的爱国主义精神，无疑将是非常巨大的。

保持和创造城市的环境美

保持和创造历史文化名城的环境美，是这类城市建设中最主要的任务。历史文化内容要靠形象来表达，它的美学价值首先取决于环境效果。环境的生命力就在于它能够充分调动人的审美心理，促使人在这个客观的物质世界里获得主观的能动把握力量，创造出更加深邃广阔的精神世界。我们赞赏马丘比丘宪章中关于在创造环境美中人的主观作用的新颖见解。因此，环境必须是一个和谐的、鲜明的、有性格的、符合形式美法则的整体，非如此绝不可能发挥出强烈的感染力。应当保留什么，改造什么以及如何保留、改造，都必须符合总的环境设计要求，以能最大限度地激发起人对该环境“主题”的美感为原则。把眼前的物质生产与保护历史文化对立起来，把市政建设与保存古迹对立起来的论调与做法，给我们的教训实在是太大了。还有以各种借口划“禁区”，占据精粹的风景名胜，而当你要开发的时候，他往往是“漫天要价”。这实在是建设历史文化名城的致命伤害。美，只有在自由的天地里才能存在。“不准通行”，“不准入内”，“不准拍照”，“不准登临”，“不准……”，请问谁愿意在这些“不准”的牌子前和岗哨围墙外欣赏风景古迹，在这里又有何美感可言。必须对“禁区”问题作实事求是的研究。一是“禁区”是否应该划；二是划了是否就能安全，或是否划“禁区”才是保证安全的唯一办法；三是非划不可的单位是否一定要放在这些城市的这些地方，或要占据这么大的范围；四是既非划不可又非放不可的是否能做到不煞风景，不破坏历史文化因素，不破坏城市总的环境气氛。这些都要从长远的利益出发全面权衡得失。前不久在承德市发生过一起争端，某保密单位出于自身的需要（可能是很合理的需要），竟然提出要把避暑山庄的2/3、外八庙中的两处遗址和一处寺庙以及另一处园林基址划为“禁区”。这几乎囊括了避暑山庄最精粹的风景点，再加上已经成为禁区的避暑山庄北部一大片，承德的精华至少被划去一半，那还谈什么历史文化、环境气氛？这个问题并不是承德仅有的，其他城市也有，但这个问题不解决，一切环境建设历史名城都只不过是空谈而已。

历史文化的题材往往是和古建筑联系在一起的。在保护、维修古建筑时尤其要重视环境效果。北京的妙应寺被堵在商业楼后面，作为元大都象征的白塔完全失去了应当发挥的作用；天宁寺塔（辽代遗构）旁边竖起了高烟囱，这个北京最古的建筑也就黯然失色了；北海周围的高楼已使得“太液清波”尺度骤然减小，再发展下去就要整个变成“盆景”。杭州西湖的问题更严重，实际上已经失去许多杭州赖以出名的美境。苏州一些古典园林好像只在“夹缝”里讨生活。看来古建维修和保护工作必须纳入城市建设工作中，否则都要成为博物馆“藏品”了。其次，还应当注意遗址的保护与利用。现存的古建筑中年代较古的大都是单体，有些群体也往往是后世添改，不能代表原貌。而中国建筑最主要的一个特征却是成龙配套，以群体取胜，所以必须重视群体的恢复。我们不必主张所有古建筑都要按原来规制复原，但至少不要肢解现存的规模。如有可能，选择有价值有代表性的遗址，经过科学考证后发掘出来，加以归整处理，实是创造环境效果一项经济而切实的办法。比如西安的慈恩寺大雁塔，塔是唐代原物，而寺是清代后建，很不相称，远不能体现这座有丰富历史内容的名寺风貌。如果能找出原来遗址发掘出来，在遗址上再现唐代规模，其效果与现在将会大大不同。再如像汉唐一些宫殿基址（如未央宫、大明宫等），与其任其日渐颓损，莫如经过一定规划后加以整理，创造出新的环境来让人凭吊。这方面，欧洲和日本都有比较好的经验值得我们借鉴。其实整理遗址也是发掘历史文化题材，创造环境美的一项重要内容，也是整修古建筑的一项重要工作，是大有可为的。最后，不要一提保护维修就是“重新殿宇，再塑金身”。“整旧如旧”和“整旧如新”一直是古建整修中争论不休的问题，至今仍不一致，但如果我们从环境设计的角度来考虑，把古建筑的“新”与“旧”作为创造环境美的一个因素来要求，这个矛盾也就不难解决。那就是：宜新则新，宜旧则旧，一切服从环境要求。拿古建筑比较集中的北京来说，像故宫、北海、颐和园、天坛、太庙等，事实上已经变成了城市公园或博物馆，又经过近多次重修，那就不妨“新”。反之，像处在深山远郊的寺庙，塔幢、长城，陵墓等，环境或幽深，或苍莽，或古朴，或寥廓，那就要“旧”了。潭柘寺地处幽谷，环境很美，原来建筑古朴而没有旧到破烂的程度。但一说要修，而且说要接待外宾（好像外国人都爱金碧辉煌），于是花了几百万元使之“面目一新”，结果不但毁掉了不少文物（砍去了原有乾隆时的彩画重新绘制），而且失去了原有山寺苍凉古拙的环境气氛，更有不少粗俗低劣的装饰手法夹杂其中，实在是吃力不讨好。整旧如新并不容易，要“新”到原来修建时的面貌，实际上是复旧；整旧如旧也不简单，要“旧”到后来的自然状态，实际上是做“新”。这是一项科学性很强的工作。

继承和探求建筑的地方民族风格

建设历史文化名城也和建设其他城市一样，离不开建造新的房屋，开辟新的市政和提供新的交通工具。保存旧貌或古迹，本身应当也是一种积极的建设工作。消极地保存古迹，不但行不通，而且也不能充分发挥古物的作用。千万不能用搞民俗博物馆的办法来建设城市，而是要从城市的“体裁”出发，在整体环境上多作文章，这就要全面规划，区别对待。必须保留的甚至复旧的街区、建筑，就严格控制现状，逐步恢复旧观。有价值而又可以迁建的，也未偿不可以按环境要求集中修建起来，新建一个“旧区”，像景德镇已做的那样；20 世纪 50 年代兰州五泉山、白塔山的拆迁“拼凑”古建筑，也是比较成功的经验。原状已不可考而名气很大的游览地，甚至不妨按新要求而新建“古”建筑，像临潼华清池那样（当然是否很成功还值得商讨）。还有一些古建筑附近即使有所新建也不会妨碍原有环境和破坏主题，似也不必自造樊篱。比如承德的外八庙，各庙间多山峦沟岔，其间又发展出不少农舍村落，也可以考虑在大量绿化的掩抑下，在隐蔽的沟岔间开辟一些小区，允许建造一些低层的、与古建筑风格谐调的建筑。既能保持城市历史文化的风貌，又不妨碍新的城市建设；既能展现原有的环境美的特征，又不妨碍将这特征开拓得范围更大。成区成片地原封保留旧区，像欧洲一些国家近年来所做的那样，使新旧截然脱节，恐怕不一定是好办法。在著名古建筑周围划出“禁区”，干脆不准建造，像日本对某些“国宝”所做的那样，也只是个别不得已的办法，势不可能全部照办。还是应当从环境的整体出来，在建筑的风格上多作些考虑。建筑是城市环境最触目的景象，统一的建筑风格也就基本上决定了城市的风格。如果在空间构图、建筑形式上尽量多吸收当地传统的手法，使之融合到新建筑中去，使新的、古的谐调起来，共同构成统一的环境气氛，应当是比较可行的办法。乾隆皇帝下江南，命如意馆画师模写各地名园胜景，然后仿建于圆明园、清漪园和避暑山庄中，就明确指出“循其名而不袭其貌”[1]，所以惠山园、狮子林、文源阁、烟雨楼、千尺雪和西湖十景等也确实只是“神似”，并没有在北方硬抄南方园林建筑。承德的外八庙，仿自西藏、新疆、山西、浙江，但又全是清官式建筑，没一处真是照搬原物的。这些例子很可以给我们有益的启发。这些年我们在建筑风格上争论不休，但很少听到议论整个城市的风格问题。有鉴于建筑风格直接影响城市风格，建筑的形式美直接影响城市的环境美，很有必要深入探讨建筑风格，特别是历史文化名城的建筑风格问题。当前，反对在建筑中讲民族形式而主张建筑风格“现代化”、“世界化”者的旗帜是鲜明的，而相反的意见则其说不一。前年河北省

1 《钦定热河志》卷 37《行宫十三 · 笠云亭》诗序：“寒山千尺雪之旁有笠亭……兹则虚亭冠于山椒，循其名而不袭其貌，差觉胜于吴下耳”。（清刻本）

建筑学会城市规划学组讨论承德市规划的就很重视建筑风格问题，一致认为当地的建筑风格要与原有古建筑谐调，“宜小不宜大，宜古不宜洋”。这不就是涉及了承德整个城市的风格了吗？形式上有点“古”就一定是“复古”、“开倒车”，“洋”就一定是“现代化”、“同传统决裂”吗？在没有作技术的、经济的、社会的、美学的全面比较以前，恐怕不宜如此武断。倒是河北省的同志实际的多。地方的民族的风格当然不是从天而降，还是自古而来的。完全抛弃古的就不能创造新的，同时也不能取代古的，这种历史经验可说俯拾即是，为什么视而不见呢？只要不是太拘泥于“法式”而有损实用要求，不是太乖悖材料技术而造成浪费，“古”一些至少还能保持一点民族的地方特色吧。西安市的建筑界在探讨“唐风”，还做了方案。桂林市的建筑界多年来也在探讨如何使南方民居风格在桂林新建筑中得到体现。不管是西安的“唐风”，承德的“清风”，桂林的“南方民居风”，还是苏杭的“江南园林风”，大理的“云南民居风”，从建筑形式，建筑风格上探索历史文化名城的城市环境美，这条路是会越走越宽的。

保护和建筑历史文化名城，决不仅仅是为了开展旅游观光事业，进行爱国主义教育，或者是供人玩赏文物古董。作为人的生活空间，城市也就是美的驰骋舞台。城市的历史文化，凝聚着美的历程，美是一个广泛而深刻的概念，它是科学与道德的统一，是架通真和善的桥梁。马克思早在 1848 年《经济学—哲学手稿》中关于人的本质力量对象化，自然的人化，以及“人还按照美的规律来制造”等哲学命题[1]，对于我们建设历史文化名城具有重要的理论意义。美学即人学。马克思主义美学的根本任务就是探索人的本质力量，以及如何最终把人的力量从“异化”中全部解放出来，从而培养和造就出一代共产主义新人。所以，从美学方面认识历史文化名城的价值，并按照美的规律把它们的价值充分发挥出来，为建设共产主义贡献力量，实在是一件具有深远意义的战略措施。

（原载《城市规划》1982 年第 3 期）

1 关于“自我异化”、“人还是按照美的规律来制造”等命题，参阅朱光潜译马克思《经济学——哲学手稿新译片断》。(《美学拾穗集》第 103 ～ 126 页）

从怀旧中解脱
——正确认识中国传统的城市美学思想

人对自己的老家旧城，常有一种矛盾的心情，一方面总是抱怨它不方便，不新鲜，巴不得一夜之间旧貌换新颜，可是一旦真要彻底改造这些旧貌，却又有些依依不舍。游子还乡，客旅观光，也总是想着那些不方便、不新鲜的旧时风貌。拨动着感情之弦的，寄托着拳拳之恋的，常常还是三家巷、四合院、芙蓉镇、上海滩、城南旧事、早春二月、孤山断桥、大理风情、夜幕下的哈尔滨、桨声灯影里的秦淮河……这恐怕是近年来一个相当突出的现象。

显然，这是一种怀旧的情感，而怀旧与创新是背道而驰的。在迫切需要摆脱落后，力争尽快赶上世界先进科学技术的今日中国，特别应当提倡的是创新而不是怀旧。但是，唯物史观和近代心理科学都证明，一切情感都是客观存在的物质结构，是人的一种“本质力量”，对它的改造，必须经过自身的结构调整加以耗散，仅仅依靠外力的抑制冲击，结果只能适得其反。因此，我们在进行城市现代化的改造时，就必须承认这类怀旧情感的客观存在，重视它在创造新的城市环境时的地位。近代民族学、人类文化学和审美心理学也证明虽然还不完备，情感是有个性，有民族性的，是一个民族长期生活实践包括审美实践在心理深层的积淀。因此，在对怀旧情感加以调整、耗散时，更要重视民族的审美特征审美价值取向、审美趣味、艺术观念等，在城市建设中正确认识中华民族特有的城市美学思想，自觉地加以理论导向，为怀旧的情感创造健康的宣泄渠道。

中国的城市美学思想与其他门类的艺术一样，大约在秦汉时期基本定型，其核心是在满足当时城市基本生活功能的前提下，力求创造出一种合乎民族审美经验的，构图完整的，有个性的艺术形象。在这一思想的指导下，中国城市具有某些共同的艺术特征，构成了中国的“这一类”城市形象；某些地区、某些民族的城市又有某些共同的艺术特征，构成了该地区、该民族的“这一种”城市形象；而每一座城市又有它们各自的某些艺术特征，构成了该城市的“这一个”形象。因此，中华民族的城市形象，就同时包含着中国的“这一类”，某地区、某民族的“这一种”以及某城市的“这一个”三个特征。而这也正是中国传统环境艺术中审美经验的三个层次。简述如下：

第一层次——这一类

第一层次是由城市的总体环境形成的，审美主体的心理反应是一种“感觉”feeling，它最突出的表现就是城市与自然的密切关系。

首先是以“天人合一”的宇宙观指导着城市环境的创造。“天人合一”的观念早在春秋战国时期已经出现，至西汉时最终确立。剔除了荒谬的神学外衣，这种宇宙观的合理内核就是努力地探索社会现象与自然现象，社会规律与自然规律之间的对应关系。城市作为社会生活的主要舞台，社会关系的主要载体，也必然要成为这种宇宙观观察、实践的对象，所以中国古代城市特别注重它的自然特征和它与自然的关系。当然，大部分城市在起初都是原始的自然聚落，总是顺应自然生态，合乎生活和生产的要求；但在尔后的发展中，则自觉地将自然界的某些形象特征融入新的建设，合乎逻辑地显示出典型的自然风貌；再往后，这种对自然界形象的追求又升华成为一种城市美学标准。只要稍微留心一下，中国古代约两千座城市中，大多数富有自然的个性。如，秦·咸阳表南山之巅以为双阙，渭水贯都以象征银河，络樊川为池以象征东海。汉·长安“睎秦岑，睋北阜，扶沣灞，据龙首”，“体象乎天地，经纬乎阴阳，据坤灵之正位，仿太紫之圆方”班固《西都赋》。洛阳“泝洛背河，左伊右瀍。西阻九河，东门于施。盟津达其后，太谷通其前”张衡《东京赋》。这些自然的特征极有力地烘托出皇都的气派。一般的州府县城，也常以自然的形态显示其美的个性，有所谓蟠龙、睡虎、卧牛、翔凤，以及鲤、鮀、鹭、江、阜、潮、泉、沙、蓉、桂、牡丹、水仙、郁林等象征城市个性的名目，几乎全与自然有关。因此可以说，中国的城市在总体上都是和自然环境密切相连，城市风貌和典型的自然景观密切相连，城市美的标准和自然美的标准密切相连。

其次，城市自身的构图也在追求与自然的对应关系。春秋末至战国初，正是中国第一次城市大发展时期，当时有两种构图原则：一是以《考工记·匠人营国》中规定的“九宫”型构图：“方九里，旁三门，国中九经九纬，经涂九轨。面朝后市，左祖右社。”这种构图的生活基础是井田制田亩的排列形式，而升华成为一种美学标准后，则与天道的构成——九宫、八卦、五行、月令等契合到一起，仍然体现着天人合一的观念，后世所有重要的中心城市其格局大都是九宫型或其变体。二是以《管子·乘马》为代表的“立国”原则：“凡立国都，非于大山之下，必于广川之上……因天才，就地利，故城郭不必中规矩，道路不必中准绳。”这种顺应自然的规划构图，在东晋营造建康时更加自觉，王导以为“江左地促，不如中国，若使阡陌条畅，则一览而尽，故纡余委曲，若不可测”《世说新语》。纡余委曲顺应自然的构图，又必和方整规划，主次分明的城市中心部分相结合，所以中国的城市，除有特殊功能的如军事性城堡以外，其构图极少有真正的方形，也没有标准的九宫形式，总有些曲折的道路、湖泊、园林穿插其间；也极少纯自由无规划的构图，总有一定的序列，而且中心部分也都是规划有序的。这种现象正符合中国传统的美学思想——阴阳、正变、方圆、刚柔、周疏、旷奥、浓淡……相互补充渗透，从而达到人与自然协调的境界。

再次，便是千方百计将自然景物引入城市，在选址时尽可能将山丘河湖林木包容在城市中间，将自然景物向街坊延伸，即使毫无自然景物可包者，也必种树莳花，掘池蓄水，人工造景。古时都会，城中都有名园风景名胜，如洛阳、长安、南京、汴梁、杭州、成都、金中都、元大都等；一般府州县城，繁华都邑，城中也必有几处风景去处，如广州、南昌、长沙、太原、福州、昆明等。与此同时，更着意经营邑郊风景区。早在春秋战国时期，已有不少都邑在近郊建设河滨风景区，供人们洗浴、赏花、观鱼、歌舞，如卫国的濮水桑林，郑国的溱水，鲁国的沂水，宋国的濠水，越国的兰渚等；唐宋以后更为兴盛，杭州西湖，福州西湖，扬州平山堂，苏州虎丘、寒山、桂林西山、七星岩，南京钟山、玄武湖，滁州琅琊山，宣州敬亭山，太原晋祠，昆明滇池……以及几乎每座城市都有的八景、十景、十六景之类不胜枚举。邑郊风景区以自然景观为主，但也有不少人文内涵，山林河湖以外，馆轩塔庙、桥栈坊表隐约其间，同样表现出人工与自然的融会。

第二层次——这一种

第二层次是由城市的造型风格形成的，审美主体的心理反应是一种“知觉”perception，它最突出的表现即是城市的序列构图和建筑的形式。知觉属于审美经验中情理交融的阶段，它是从某些可以认知的经验形式中获得的心理反应，因此，形式、构图、风格、式样等具体的形象特征最为重要。

首先是序列构图形式，人们对于一座城市的风格印象，总是先从它的序列特征中获得。中国传统的城市序列，有鲜明的“这一种”特征，大体上可分为三种构图形式。第一种是依纵轴线平面展开的内向型序列，多见于都城和府州县等政治文化中心城市。纵轴线贯穿城市中心，沿轴线布置门、坊、表、桥、宫殿、衙署和制高的楼观。在这条主轴线和两侧平行或垂直设置次轴线，再依次铺陈街巷里坊，大体上呈方格网状。沿主、次轴展开的空间呈封闭型，生活空间向内部展开，整个城市风格含蓄内向。主次分明，北京城就是最典型的例子。第二种是依多轴线平面展开的内外相结合型序列，多见于地形不太规整，城市功能比较多样，工商业比较发达的城镇。城镇中有重心衙署、寺庙，也有烘托这类重心的轴线序列，但在总体上占的比重不大；相反，公共生活的部分，如广场、集市、码头、园林、民间祠庙等，各自有独立的序列构成，从而形成多轴线的格局，以居住区为主的一部分生活空间是内向的，大量公共活动的空间则是外向的。因为是多轴线的，所以这一种城市的序列形式多种多样，但在某些地区内其风格是一致的。第三种是依天际线辐射展开的外向型序列，多见于临水傍山的城镇。城中有起伏的坡地山丘，沿山坡等高线布置街巷，山巅建有寺阁塔亭，构成了鲜明的天际线；又以山丘峰岭为序列的重心，画面向四周辐射，层层跌宕展开，构成若干团组。由于地形高差较大，这种序列的空间都是外向型的。

其次是由具有典型式样的建筑构成的典型城市风貌。所谓典型的式样主要体现在三个方面：一是富有地区特色的组群格局，如北京整齐划一的街巷的大中小型四合院，江浙三间两厢天井式楼房，岭南纵列“竹筒式”封闭小天井住宅，云南“一颗印”式住宅等等；二是建筑与地形环境结合的特有形式，如西南地区山城建筑与坡、崖、沟、壑的结合，粤、闽等省建筑与古树名木的结合，江浙水网地区建筑与坡地、河道的结合等，都可以构成特殊的城市风貌；三是建筑式样特色显著，富有地区的、民族的风味，在中国，除了华北、西北、江南、西南岭南等地区的建筑式样有比较显著的区别外，几乎每一大地区又可以分出几种甚至十几种式样。某个地区特有的建筑式样，是构成该地区城市风貌最主要的因素。

不同的序列构图和不同的建筑形式最终可以形成许多不同的综合效应，也就成为“这一种”城市的气质或性格。比如，北京、南京、西安等古代帝都，有一种恢宏大度，方正开朗的气质，注重大格局，大体式的协调，而不太拘泥局部趣味。苏州、扬州、绍兴等一些水乡城镇，则有一种清新淡雅，沁香空灵的气质，在注重较大环境的协调中，更多注重小空间绿化、装饰的趣味。岭南、闽南的一些城市，又有一种缤纷浓郁、醇酽袭人的气质，更多注重风格的表现力量，强调工艺、色彩、造型等方面的对比。西南山区的一些城市，更有一种洒脱无羁，质直坦率的气质，表现出一种适应自然，不拘一格的力量。这其中，既有地区的也有民族的，更有城市功能的差别，但只要细心体察，就会发现许多有共性的“这一种”因素。

第三层次——这一个

第三层次是由一座城市特有的文化内涵形成的，审美主体的心理反应是一种“认识”understanding，它最突出的表现即是对特有的文化内涵的象征形式。

象征即隐喻、比拟。正如中国古典诗论所谓“因物而比兴”，在审美经验中是一个由此及彼，由表及里，由感性而理性的过程。在古今中外的城市中，美学价值最高的，风格最鲜明，最令人向往的，也正是文化内涵最丰富，象征表现最成功的。一座城市的艺术个性，除了上述地区的、民族的特征以外，最终是要依靠它那独特的文化内涵和独特的象征形式来塑造。

每一座城市都有自己丰富多彩的文化内涵，既有古代的，也有近代的，还有现代的；既有精神文化方面的，也有物质文化方面的，但是构成它独特的“这一个”的，却只是其中一两个方面。例如，从历史的、精神的文化来看，西安当然是以汉唐历史文化为主，洛阳以周，开封以宋，北京以明清为主，上海、天津、武汉则以近代文化为主；而从现实的物质的文化来看，北京应当以首都的政治文化为主，天津、上海、重庆、武汉要以工业科技为主。突出地表现“这一个”的独特内涵，正是为了突出审美功能中的个性和艺术表现的典型，也正是为了更能有效地激发起联想认识。这种“认识”属于审美的经验范畴，是形成城市美的美学功能要素，并不意味着概括了城市的其他功能，也不意味着审美价值以外的城市价值评估。比如，突出汉唐宋元明清文化，并不意味着古胜于今；强调近百年的文化风貌，也绝不意味着对西方政治文化的全盘肯定；强调工业科技，更不意味着贬低历史的精神文化的价值。

从象征表现的效果来看，实物遗存是最直接，最有表现力的手段。“因物而比兴”，首先要有物可比可兴。实物遗存是文化内涵最可靠的载体，它自身的造型构图可能是美的，也可能并不太美，或很不美，但作为启迪“认识”的对象，其价值的高低并不完全体现在它的外形。例如汉唐古都的残台断墙，上海、天津的西洋古典式建筑，北京大栅栏半土半洋的商业店面，现代化大城市高楼下的低矮平房等，它们都是作为一种“符号”而代表着某种特有的文化。现代审美心理学中的符号美学派认为，一切审美对象以艺术为主都是历史或现实生活的符号，凡是审美价值高的作品，人们对它的审美反应都超越了作品本身。建筑是一种“种族领域”ethnic domain 的符号见苏珊·朗格《情感与形式》，所谓“种族”，是指在特定历史时期有特定文化倾向的人群，“领域”是指这些人群按照特定文化倾向活动的特定空间。城市中的街区、广场、纪念建筑，都是象征力量很强的“种族领域”符号。符号即是象征的凝聚。

与历史遗存具有同样审美效应的，是现代城市中内涵最丰富最有表现力的街道、广场、大型纪念建筑和公共建筑物。悉尼歌剧院、巴黎蓬皮杜艺术中心，都象征着该城市对现代艺术的追求，建筑形式富有新奇感、刺激性；巴西利亚的政治中心，则象征着新首都对现代开放性政治的标榜；纽约、东京、香港的摩天大楼，也象征着对现代社会生活某一方面的追求，同样具有审美的个性力量。

中国传统的建筑美学一贯把建筑的象征性看作建筑美的最高境界，丰富多样的象征手法也成为中国建筑美学中最高的成就之一。首先，在城市的构图，建筑的格局中尽量融入某些象征题材。例如前述“九宫”式王都规划，即象征宇宙的平衡结构，秦·咸阳象征天象结构，汉·长安宫室象征天地阴阳，北京的纵中轴线，西苑三岛，坛庙布局，都有象征涵义。其次大量使用小品建筑，在街市中施以楼、观、坊、表、柱、台、门、桥及其他雕刻物，用以象征城市的性质。如北京的城楼，牌坊就是强化帝都方整规划，等级严明的标志。小品建筑中有许多没有实用功能，也不一定是一般的城市景观艺术必要的设施，但都是强化审美认识不可缺少的手段。再次，还常模拟某些题材，“创造”出一些可以引起联想的形象。比如所谓琼岛瑶池，遇仙古桥，圣贤故居，神佛胜迹，琴台鼓社，沧浪清溪等，有些名胜，明知其假，却能引发人们对历史文化道德情操的真实联想，正是艺术上创造“这一个”的合乎规律的手段。还有一种最奇特的手段，就是在显要地段的显要建筑上题写匾、联、碑、碣，使人们在欣赏那些意境高远的清词丽句时获得对环境认识的升华。这种直接的提示再配以切题的建筑环境，极有利于显示城市的个性。

城市是人们长期生活的环境。从哲学史考察，城市发展的历史，既是人的“本质力量”的发挥，又是人被“异化”的过程，这一矛盾的同一性，也体现在人对城市的怀旧情感方面。因此我们应当清醒地看到，在新的城市的建设中，既要剔除一切导致进一步“异化”的因素，也要保存“本质力量”中健康纯情的美感依托。因此，对自己国家民族的城市美学特征作一点考察研究，多一点思辨的认识，这对于减少对城市美的随意性，对传统文化的盲目性认识，都是必要的基础工作。

原载《奔向21世纪的中国城市》山西经济出版社 1992 年

中国建筑艺术

一、中国古代建筑的艺术特征

中国古代建筑艺术在封建社会中发展成熟，它以汉族木结构建筑为主体，也包括各少数民族的优秀建筑，是世界上延续历史最长、分布地域最广、风格非常显明的一个独特的艺术体系。中国古代建筑对于日本、朝鲜和越南的古代建筑有直接影响，17 世纪以后，也对欧洲产生过影响。

和欧洲古代建筑艺术比较，中国古代建筑艺术有 3 个最基本的特征：1. 审美价值与政治伦理价值的统一。艺术价值高的建筑，也同时发挥着维系、加强社会政治伦理制度和思想意识的作用。2. 根植于深厚的传统文化，表现出鲜明的人文主义精神。建筑艺术的一切构成因素，如尺度、节奏、构图、形式、性格、风格等，都是从当代人的审美心理出发，为人所能欣赏和理解，没有大起大落、怪异诡谲，不可理解的形象。3. 总体性、综合性很强。古代优秀的建筑作品，几乎都是动员了当时可能构成建筑艺术的一切因素和手法综合而成的一个整体形象，从总体环境到单座房屋，从外部序列到内部空间，从色彩装饰到附属艺术，每一个部分都不是可有可无的，如抽掉了其中一项，也就损害了整体效果。这些基本特征具体表现为：

重视环境整体经营　从春秋战国开始，中国就有了建筑环境整体经营的观念。《周礼》中关于野、都、鄙、乡、闾、里、邑、甸等的规划制度，虽然未必全都成为事实，但至少说明当时已有了系统规划的大区域规划构思。《管子·乘马》主张，“凡立国都，非于大山之下，必于广川之上”，说明城市选址必须考虑环境关系。中国的堪舆学说起源很早，剥去迷信的外衣，绝大多数是讲求环境与建筑的关系。古代城市都注重将城市本体与周围环境统一经营。秦咸阳北包北坂，中贯渭水，南抵南山，最盛时东西达到二三百里，是一个超级尺度的城市环境。

长安（今陕西西安）、洛阳、建康（今江苏南京）、北京等著名都城，其经营范围也都远远超过城墙以内；即使一般的府、州、县城，也将郊区包容在城市的整体环境中统一布局。重要的风景名胜，如五岳五镇、佛道名山、邑郊园林等，也都把环境经营放在首位；帝王陵区，更是着重风水地理，这些地方的建筑大多是靠环境来显示其艺术的魅力。

单体形象融于群体序列 中国古代的单体建筑形式比较简单，大部分是定型化的式样，孤立的单体建筑不构成完整的艺术形象，建筑的艺术效果主要依靠群体序列来取得。一座殿宇，在序列中作为陪衬时，形体不会太大，形象也可能比较平淡，但若作为主体，则可能很高大。例如明清北京宫殿中单体建筑的式样并不多，但通过不同的空间序列转换，各个单体建筑才显示了自身在整体中的独立性格。

构造技术与艺术形象统一 中国古代建筑的木结构体系适应性很强。这个体系以四柱二梁二枋构成一个称为“间”的基本框架，间可以左右相连，也可以前后相接，又可以上下相叠，还可以错落组合，或加以变通而成八角、六角、圆形、扇形或其他形状。屋顶构架有抬梁式和穿斗式两种，无论哪一种，都可以不改变构架体系而将屋面做出曲线，并在屋角作出翘角飞檐，还可以做出重檐、勾连、穿插、披搭等式样。单体建筑的艺术造型，主要依靠间的灵活搭配和式样众多的曲线屋顶表现出来。此外，木结构的构件便于雕刻彩绘，以增强建筑的艺术表现力。因此，中国古代建筑的造型美，很大程度上也表现为结构美。

规格化与多样化统一 中国建筑以木结构为主，为便于构件的制作、安装和估工算料，必然走向构件规格化，也促使设计模数化。早在春秋时的《考工记》中，就有了规格化、模数化的萌芽，至迟唐代已经比较成熟。到宋元祐三年（1088 年）编成的《营造法式》，模数化完全定型。清雍正十二年（1734 年）颁布的《工部工程做法则例》又有了更进一步的简化。建筑的规格化，促使建筑风格趋于统一，也保证了各座建筑可以达到一定的艺术水平。规格化并不过多限制序列构成，所以单体建筑的规格化与群体序列的多样化可以并行不悖，作为一种空间艺术，显然这是进步的成熟现象。中国古代建筑单体似乎稍欠变化，但群体组合却又变化多端，原因就是规格化与多样化的高度统一。

诗情画意的自然式园林 中国园林是中国古代建筑艺术的一项突出成就，也是世界各系园林中的重要典型。中国园林以自然为蓝本，摄取了自然美的精华，又注入了富有文化素养的人的审美情趣，采取建筑空间构图的手法，使自然美典型化，变成园林美。其中所包含的情趣就是诗情画意；所采用的空间构图手法，就是自由灵活、运动流畅的序列设计。中国园林讲究“巧于因借，精在体宜”，重视成景和得景的精微推求，以组织丰富的观赏画面。同时，还模拟自然山水，创造出叠山理水的特殊技艺，无论土山石山，或山水相连，都能使诗情画意更加深浓，趣味隽永。

重视表现建筑的性格和象征涵义　中国古代建筑艺术的政治伦理内容，要求它表现出鲜明的性格和特定的象征涵义，为此而使用的手法很多。最重要的是利用环境渲染出不同情调和气氛，使人从中获得多种审美感受；其次是规定不同的建筑等级，包括体量、色彩、式样、装饰等，用以表现社会制度和建筑内容；同时还尽量利用许多具象的附属艺术，直至匾联、碑刻的文字，来揭示、说明建筑的性格和内容。重要的建筑，如宫殿、坛庙、寺观等，还有特定的象征主题。例如秦始皇营造咸阳，以宫殿象征紫微，渭水象征天汉，上林苑掘池象征东海蓬莱。清康熙、乾隆营造北京圆明园、承德避暑山庄和外八庙，模拟全国重要建筑和名胜，象征宇内一统。明堂上圆下方，五室十二堂，象征天地万物。某些喇嘛寺的构图象征须弥山佛国世界等。

二、中国古代建筑的艺术形式

中国古代建筑的艺术形式由下列一些因素构成：

铺陈展开的空间序列　中国建筑艺术主要是群体组合的艺术，群体间的联系、过渡、转换，构成了丰富的空间序列。木结构的房屋多是低层（以单层为主），所以组群序列基本上是横向铺陈展开。空间的基本单位是庭院，共有3种形式：1.十字轴线对称，主体建筑放在中央，这种庭院多用于规格很高、纪念性很强的礼制建筑和宗教建筑，数量不多；2.以纵轴为主，横轴为辅，主体建筑在后部，形成四合院或三合院，大自宫殿小至住宅都广泛采用，数量最多；3.轴线曲折，或没有明显的轴线，多用于园林空间。序列又有规整式与自由式之别。现存规整式序列最杰出的代表就是明清北京宫殿。在自由式序列中，有的庭院融于环境，序列变化的节奏较缓慢，如帝王陵园和自然风景区中的建筑；也有庭院融于山水花木，序列变化的节奏比较紧促，如人工经营的园林。但不论哪一种序列，都是由前序、过渡、高潮、结尾几个部分组成，抑扬顿挫一气贯通。

规格定型的单体造型　中国古代的单体建筑有十几种名称，但大多数形式差别不大，主要的有3种：1.殿堂，基本平面是长方形，也有少量正方形，而正圆形很少单独出现；2.亭，基本平面是正方、正圆、六角、八角等形状，可以独立于群体之外；3.廊，主要作为各个单座建筑间的联系。殿堂或亭上下相叠就是楼阁或塔。早期还有一种台榭，中心为大夯土台，沿台建造多层房屋，但东汉以后即不再建造。殿堂的大小，正面以间数，侧面以檩（或椽）数区别。汉以前，间有奇数也有偶数，以后即全是奇数，到清代，正面以 11 间最大，3 间最小，侧面以 13 檩最大，5 檩最小。间和檩的间距有若干等级，内部柱网也有几种定型的排列方式。正面侧面间数相等，就可变为方殿，间也可以左右前后错落排列，出现多种变体的殿堂平面。

不论殿堂、亭、廊，都由台基、屋身和屋顶 3 部分组成，各部分之间有一定的比例。高级建筑的台基可以增加到 2 ～ 3 层，并有复杂的雕刻。屋身由柱子、梁枋和门窗组成，如是楼阁，则设置上层的横向平座（外廊）栏杆。屋顶大多数是定型的式样，主要有硬山、悬山、歇山、庑殿、攒尖 5 种，硬山等级最低，庑殿最高，攒尖主要用在亭上。廊更简单，基本上是一间的连续重复。单座建筑的规格化，到清代达到顶点，《工部工程做法则例》就规定了 27 种定型形式，每一种的尺度、比例都有严格的规定，上自宫殿下至民居、园林，许多动人的艺术形象就是依靠为数不多的定型化建筑组合而成的。

形象突出的曲线屋顶 屋顶在单座建筑中占的比例很大，一般可达到立面高度的一半左右。古代木结构的梁架组合形式，很自然地可以使坡顶形成曲线，不仅坡面是曲线，正脊和檐端也可以是曲线，在屋檐转折的角上，还可以做出翘起的飞檐。巨大的体量和柔和的曲线，使屋顶成为中国建筑中最突出的形象。屋顶的基本形式虽然很简单，却可以有许多变化。例如屋脊可以增加华丽的吻兽和雕饰；屋瓦可以用灰色陶土瓦、彩色琉璃瓦以至镏金铜瓦；曲线可以有陡有缓，出檐可以有短有长，更可以做出 2 层檐、3 层檐；也可以运用穿插、勾连和披搭方式组合出许多种式样；还可以增加天窗、封火山墙，上下、左右、前后形式也可以不同。建筑的等级、性格和风格，很大程度上就是从屋顶的体量、形式、色彩、装饰、质地上表现出来的。

灵活多变的室内空间 使简单规格的单座建筑富有不同的个性，在室内主要是依靠灵活多变的空间处理。例如一座普通的三、五间小殿堂，通过不同的处理手法，可以成为府邸的大门、寺观的主殿、衙署的正堂、园林的轩馆、住宅的居室、兵士的值房等功能完全不同的建筑。

室内空间处理主要依靠灵活的空间分隔，即在整齐的柱网中间用板壁、槅扇（碧纱橱）、帐幔和各种形式的花罩、飞罩、博古架隔出大小不一的空间，有的还在室内部分上空增加阁楼、回廊，把空间竖向分隔为多层，再加以不同的装饰和家具陈设，就使得建筑的性格更加鲜明。另外，天花、藻井、彩画、匾联、龛帐、壁藏、栅栏、字画、灯具，幡幢、炉鼎等，在创造室内空间艺术中也都起着重要的作用。

绚丽的色彩 中国建筑用色大胆、强烈。绚丽的色彩和彩画，首先是建筑等级和内容的表现手段。屋顶的色彩最重要，黄色（尤其是明黄）琉璃瓦屋顶最尊贵，是帝王和帝王特准的建筑（如孔庙）所专用。宫殿内的建筑，除极个别特殊要求的以外，不论大小，一律用黄琉璃瓦。宫殿以下，坛庙、王府、寺观按等级用黄绿混合（剪边）、绿色、绿灰混合；民居等级最低，只能用灰色陶瓦。主要建筑的殿身、墙身都用红色，次要建筑的木结构可用绿色，民居、园林杂用红、绿、棕、黑等色。梁枋、斗栱、椽头多绘彩画，色调以青、绿为主，间以金、红、黑等色，以用金、用龙的多少和有无来区分等级。

清官式建筑的彩画以金龙合玺为最荣贵，雄黄玉最低。民居一般不画彩画，或只在梁枋交界处画“箍头”。园林建筑彩画最自由，可画人物、山水，花鸟题材。台基一般为砖石本色，重要建筑用白色大理石。色彩和彩画还反映了民族的审美观，首先是多样寓于统一。一组建筑的色彩，不论多么复杂华丽，总有一个基调，如宫殿以红、黄暖色为主，天坛以蓝、白冷色为主，园林以灰、绿、棕色为主。其次是对比寓于和谐。因为基调是统一的，所以总的效果是和谐的；虽然许多互补色、对比色同处于一座建筑中，对比相当强烈，但它们只使和谐的基调更加丰富悦目，而不会干扰或取代基调。最后是艺术表现寓于内容要求。例如宫殿地位最重要，色彩也最强烈；依次为坛庙、陵墓、庙宇，色彩的强烈程度也递减而下；民居最普通，色彩也最简单。

形式美法则 中国古代建筑是一种很成熟的艺术体系，因此也有一整套成熟的形式美法则，其中包括有视觉心理要求的一般法则，也有民族审美心理要求的特殊法则，但迄今尚缺乏全面系统的总结。从现象上看，大体上有以下4方面：1. 对称与均衡。环境和大组群（如宫城、名胜风景等），多为立轴型的多向均衡；一般组群多为镜面型的纵轴对称；园林则两者结合。2. 序列与节奏。凡是构成序列转换的一般法则，如起承转合，通达屏障，抑扬顿挫，虚实相间等，都有所使用。节奏则单座建筑规则划一，群体变化幅度较大。3. 对比与微差。很重视造型中的对比关系，形、色、质都有对比，但对比寓于统一。同时也很重视造型中的微差变化，如屋顶的曲线，屋身的侧脚、生起，构件端部的砍削，彩画的退晕等，都有符合视觉心理的细微差别。4. 比例与尺度。模数化的程度很高，形式美的比例关系也很成熟，无论城市构图、组群序列、单体建筑，以至某一构件和花饰，都力图取得整齐统一的比例数字。比例又与尺度相结合，规定出若干具体的尺寸，保证建筑形式的各部分和谐有致，符合正常的人的审美心理。

三、中国古代建筑的艺术风格

类型风格 中国古代建筑类型虽多，但可以归纳为4种基本风格：1.庄重严肃的纪念型风格。大多体现在礼制祭祀建筑、陵墓建筑和有特殊涵义的宗教建筑中。其特点是群体组合比较简单，主体形象突出，富有象征涵义；整个建筑的尺度、造型和涵义内容都有一些特殊的规定。例如古代的明堂辟雍、帝王陵墓、大型祭坛以及佛教建筑中的金刚宝座、戒坛、大佛阁等。2.雍容华丽的宫室型风格。多体现在宫殿、府邸、衙署和大型佛道寺观中。其特点是序列组合丰富，主次分明，群体中各个建筑的体量大小搭配恰当，符合人的正常审美尺度;单座建筑造型比例严谨，尺度合宜，装饰华丽。3.亲切宜人的住宅型风格。主要体现在一般住宅中，也包括会馆、商店等人们最经常使用的建筑。其特点是序列组合与生活密切结合，尺度宜人而不曲折；建筑内向，造型简朴，装修精致。4.自由委婉的园林风格。主要体现在私家园林中，也包括一部分皇家园林和山林寺观。其特点是空间变化丰富，建筑的尺度和形式不拘一格，色调淡雅，装修精致；更主要的是建筑与花木山水相结合，将自然景物融于建筑之中。以上4种风格又常常交错体现在某一组建筑中，如王公府邸和一些寺庙，就同时包含有宫室型、住宅型和园林型3种类型，帝王陵墓则包括有纪念型和宫室型两种。

地方民族风格 中国地域辽阔，自然条件差别很大，地区间（特别是少数民族聚居地和山区）的封闭性很强，所以各地方、各民族的建筑都有一些特殊的风格，大体上可以归纳为以下8类：1.北方风格。集中在淮河以北至黑龙江以南的广大平原地区。组群方整规则，庭院较大，但尺度合宜；建筑造型起伏不大，屋身低平，屋顶曲线平缓；多用砖瓦，木结构用料较大，装修比较简单。总的风格是开朗大度。2.西北风格。集中在黄河以两至甘肃、宁夏的黄土高原地区。院落的封闭性很强，屋身低矮，屋顶坡度低缓，还有相当多的建筑使用平顶。很少使用砖瓦，多用土坯或夯土墙，木装修更简单。这个地区还常有窑洞建筑，除靠崖凿窑外，还有地坑窑、平地发券窑。总的风格是质朴敦厚。但在回族聚居地建有许多清真寺，它们体量高大，屋顶陡峻，装修华丽，色彩浓重，与一般民间建筑有明显的不同。3.江南风格。集中在长江中下游的河网地区。组群比较密集，庭院比较狭窄。城镇中大型组群（大住宅、会馆、店铺、寺庙、祠堂等）很多，而且带有楼房；小型建筑（一般住宅、店铺）自由灵活。屋顶坡度陡峻，翼角高翘，装修精致富丽，雕刻彩绘很多。总的风格是秀丽灵巧。4.岭南风格。集中在珠江流域山岳丘陵地区。建筑平面比较规整，庭院很小，房屋高大，门窗狭窄，多有封火山墙，屋顶坡度陡峻，翼角起翘更大。城镇村落中建筑密集，封闭性很强。装修、雕刻、彩绘富丽繁复，手法精细。总的风格是轻盈细腻。5. 西南风格。集中在西南山区，有相当一部分是壮、傣、瑶、苗等民族聚居的地区。多利用山坡建房，为下层架空的干阑式建筑。平面和外形相当自由，很少成组群出现。梁柱等结构构件外露，只用板壁或编席作为维护屏障。屋面曲线柔和，拖出很长，出檐深远，上铺木瓦或草秸。不太讲究装饰。总的风格是自由灵活。其中云南南部傣族佛寺空间巨大，装饰富丽，佛塔造型与缅甸类似，民族风格非常鲜明。6. 藏族风格。集中在西藏、青海、甘南、川北等藏族聚居的广大草原山区。牧民居住褐色长方形帐篷。村落居民住碉房，多为 2 ～ 3 层小天井式木结构建筑，外面包砌石墙，墙壁收分很大，上面为平屋顶。石墙上的门窗狭小，窗外刷黑色梯形窗套，顶部檐端加装饰线条，极富表现力。喇嘛寺庙很多，都建在高地上，体量高大，色彩强烈，同样使用厚墙、平顶，重点部位突出少量坡顶。总的风格是坚实厚重。7. 蒙古族风格。集中在蒙古族聚居的草原地区。牧民居住圆形毡包（蒙古包），贵族的大毡包直径可达 10 余米，内有立柱，装饰华丽。喇嘛庙集中体现了蒙古族建筑的风格，它来源于藏族喇嘛庙原型，又吸收了临近地区回族、汉族建筑艺术手法，既厚重又华丽。8. 维吾尔族风格。集中在新疆维吾尔族居住区。建筑外部完全封闭，全用平屋顶，内部庭院尺度亲切，平面布局自由，并有绿化点缀。房间前有宽敞的外廊，室内外有细致的彩色木雕和石膏花饰。总的风格是外部朴素单调，内部灵活精致。维吾尔族的清真寺和教长陵园是建筑艺术最集中的地方，体量巨大，塔楼高耸，砖雕、木雕、石膏花饰富丽精致。还多用拱券结构，富有曲线韵律。

时代风格　由于中国古代建筑的功能和材料结构长时期变化不大，所以形成不同时代风格的主要因素是审美倾向的差异；同时，由于古代社会各民族、地区间有很强的封闭性，一旦受到外来文化的冲击，或各地区民族间的文化发生了急剧的交融，也会促使艺术风格发生变化。根据这两点，可以将商周以后的建筑艺术分为 3 种典型的时代风格：1. 秦汉风格。商周时期已初步形成了中国建筑的某些重要的艺术特征，如方整规则的庭院，纵轴对称的布局，木梁架的结构体系，由屋顶、屋身、基座组成的单体造型，屋顶在立面占的比重很大。但商、周建筑也有地区的、时代的差异。春秋战国时期诸侯割据，各国文化不同，建筑风格也不统一，大体上可归纳为两种风格，即以齐、晋为主的中原北方风格和以楚、吴为主的江淮风格。秦统一全国，将各国文化集中于关中，汉继承秦文化，全国建筑风格趋于统一。代表秦汉风格的主要是都城、宫室、陵墓和礼制建筑。其特点是，都城区划规则，居住里坊和市场以高墙封闭；宫殿、陵墓都是很大的组群，其主体为高大的团块状的台榭式建筑；重要的单体多为十字轴线对称的纪念型风格，尺度巨大，形象突出；屋顶很大，曲线不显著，但檐端已有了“反宇”；雕刻色彩装饰很多，题材诡谲，造型夸张，色调浓重；重要建筑追求象征涵义，虽然多有宗教性内容，但都能为人所理解。秦汉建筑奠定了中国建筑的理性主义基础，伦理内容明确，布局铺陈舒展，构图整齐规则，同时表现出质朴、刚健、清晰、浓重的艺术风格。2. 隋唐风格。魏晋南北朝是中国建筑风格发生重大转变的阶段。中原士族南下，北方少数民族进入中原，随着民族的大融合，深厚的中原文化传入南方，同时也影响了北方和西北。佛教在南北朝时期得到空前发展，随之输入的佛教文化，几乎对所有传统的文学艺术产生了重大影响，增加了传统艺术的门类和表现手段，也改变了原有的风格。同时，文人士大夫退隐山林的生活情趣和田园风景诗的出现，以及对江南秀美风景地的开发，正式形成了中国园林的美学思想和基本风格，由此也引申出浪漫主义的情调。隋唐国内民族大统一，又与西域交往频繁，更促进了多民族间的文化艺术交流。秦汉以来传统的理性精神中糅入了佛教的和西域的异国风味以及南北朝以来的浪漫情调，终于形成了理性与浪漫相交织的盛唐风格。其特点是，都城气派宏伟，方整规则；宫殿、坛庙等大组群序列恢阔舒展，空间尺度很大；建筑造型浑厚，轮廓参差，装饰华丽；佛寺、佛塔、石窟寺的规模、形式、色调异常丰富多彩，表现出中外文化密切交汇的新鲜风格。3. 明清风格。五代至两宋，中国封建社会的城市商品经济有了巨大发展，城市生活内容和人的审美倾向也发生了很显著的变化，随之也改变了艺术的风格。五代十国和宋辽金元时期，国内各民族、各地区之间的文化艺术再一次得到交流融汇；元代对西藏、蒙古地区的开发，以及对阿拉伯文化的吸收，又给传统文化增添了新鲜血液。明代继元又一次统一全国，清代最后形成了统一的多民族国家。中国建筑终于在清朝盛期（18 世纪）形成最后一种成熟的风格。其特点是，城市仍然规格方整，但城内封闭的里坊和市场变为开敞的街巷，商店临街，街市面貌生动活泼；城市中或近郊多有风景胜地，公共游览活动场所增多；重要的建筑完全定型化、规格化，但群体序列形式很多，手法很丰富；民间建筑、少数民族地区建筑的质量和艺术水平普遍提高，形成了各地区、各民族多种风格；私家和皇家园林大量出现，造园艺术空前繁荣，造园手法最后成熟。总之，盛清建筑继承了前代的理性精神和浪漫情调，按照建筑艺术特有的规律，终于最后形成了中国建筑艺术成熟的典型风格——雍容大度，严谨典丽，机理清晰，而又富于人情趣味。

秦汉、隋唐、明清是国家大统一、民族大融合的三个时代，也是封建社会前、中、后三期的代表王朝。作为正面地、综合地反映生活的建筑艺术，这三种时代风格所包含的内容，显然远远超出了单纯的艺术范围；建筑艺术风格的典型意义和它们的反映功能，显然也远远超过了建筑艺术本身。

四、中国近现代建筑艺术

中国近现代建筑艺术是伴随着封建社会的解体、西方建筑的输入而形成的。它的发展与每一阶段的社会体制、生产，生活方式和审美趣味有着直接的联系。主要表现为：1. 传统建筑在数量上仍占主导地位，但由于出现了新的审美趣味，致使建筑风格和某些艺术手法有所变化。2. 近代工业生产和以公共活动为主的新的社会生活，产生了新类型的建筑。3. 新材料、新结构、新工艺，也要求相应的新形式。4. 封建等级制度的废除、社会体制的变革，使得传统建筑艺术赖以存在的许多重要审美价值发生了根本动摇，建筑艺术的社会功能有所改变，要求创造出能体现新的审美价值、适应新的社会功能的新形式。5. 传统的审美心理与新的审美价值、新的社会功能产生了新的矛盾，在新建筑中能否体现和怎样体现传统形式，成为近现代建筑美学和艺术创作的核心问题。在上述社会变革与建筑变革构成的复杂的背景面前，中国近现代建筑表现出一些新的艺术特征：

传统建筑的园林和装饰艺术出现了新风格 在传统建筑中，园林和装饰是由于审美趣味的变化而变化的最敏感的部分。19 世纪中叶以后，以苏州为代表的江南园林和以北京为代表的北方园林大部分经过改建和重建，它们共同的倾向是，建筑的比重大大增加，空间曲折多变，装饰繁复细腻，假山屈曲奇谲，相当一部分流于烦琐造作。建筑装饰则普遍走向大面积满铺雕镂，色彩绚丽，用料名贵，题材范围扩大，手法非常细致，还有一些西方巴洛克、洛可可的手法类杂其中，某些构图意匠也受其影响。

突出了建筑的类型风格 近代出现的新类型建筑开始大都是直接搬用西方同类的建筑，而西方各类建筑又大都有一套基本定型的形式。当时常见的有殖民地式、古典复兴式、哥特复兴式、折中式等，从哈尔滨到香港，从青岛到喀什，举凡机关、银行、商场、会堂，公寓、住宅、学校等，各自都以基本定型的形式标志出自己的内容，而同类型的形式又大同小异，极少显示出特有的地方民族特色，甚至出现了北方建筑用深拱廊百叶窗（殖民地式），南方建筑设壁炉（古典复兴式）的现象。而在 20 世纪 20 ～ 30 年代兴起创作民族形式以后，大多数也都是套用古代某一时期官式建筑法式（主要是清代），致使广州的民族形式建筑与北京的无大差别。只是在 80 年代以后，才较多地注意地方特色，即所谓乡土建筑风格。

单体建筑重在表现外观造型 近现代建筑打破了传统建筑封闭内向，以表现空间意境为主的审美观念，突出了公共性和开放性的观赏功能，这与同时输入的西方建筑重视表现实体造型的审美观念是一致的。中国近现代建筑的艺术形式包含着两类内容：一是某些大型的、纪念性比较强的建筑仍十分注重造型艺术的社会价值，审美功能要求有较强的政治伦理内容，即以特定的形式表现某些特定的精神涵义。如银行、海关常采用庄重华贵的西方古典形式，以显示其财力的坚实富有；一些政府机关和纪念建筑多吸取传统形式，以显示继承传统文化、发扬国粹的精神。二是大多数民用建筑形式是从审美趣味出发，一方面追求时髦新奇，同时仍受到传统审美趣味的影响。19 世纪末到 20 世纪初流行的洋式店面、洋学堂、洋戏院和城市里弄住宅等，都是所谓中西合璧的形式；以后则更多直接采用西方流行的形式；20 世纪 80 年代以后又兴起了追求乡土风味的形式，这些都是与当代大众的审美趣味一致的。

城市环境和建筑群体突出了开放型性格　近代城市功能的急剧变化，给传统的环境艺术以根本的影响，原有的群体序列艺术和环境尺度远不能适应新的功能，于是产生了崭新的群体艺术。首先，不同城市和不同街区对开放性、公共性有不同的要求，出现了不同性格、不同风格的群体环境，其艺术形象异常鲜明，如北京的使馆区，青岛、大连、哈尔滨的行政区，上海、天津、广州的金融商业区和高级住宅区，南京、长春的政权机关区以及各大城市的新型商业街区等。其次，随着近代城市规划理论的输入，也引进了城市和街区群体构图艺术，使得一些城市和街区出现了新的风格。开始是德国式、俄国式、英国式、日本式等新的小街区建设，其后就扩大为整个城市自觉的整体经营。20 世纪初至 30 年代，中国各大城市都进行了新的规划，大多注意到新的环境艺术构图和建筑空间序列设计，尤以 1929 ～ 1930 年上海、南京的规划和 1939 年伪满洲国新京（长春）的规划最为典型。50 ～ 60 年代以来，大规模的城市建设兴起，表现城市个性的群体环境艺术手法开始成熟，如北京天安门广场的改建，广州北部新区的开发，都是突出的例证。80 年代以后，新兴市镇建设更注重群体艺术的价值，深圳、珠海以及上海、天津、北京等大城市的卫星城和居住小区，还有许多历史文化名城，它们的个性特征和艺术表现力都很突出。

时代风格变化迅速　从 19 世纪末叶到现在短短的 100 多年间，建筑风格变化速度之快，远远超出了古代。其间，既有与西方建筑风格平行发展的一般类型，也有受中国本土社会文化制约的特殊类型。从艺术特征来看，后者无疑更具有典型的美学价值，也就是说，新内容、旧形式和中外建筑形式能否结合，怎样结合，一直是近代建筑风格变化的主线。寻求时代风格与民族风格相结合的道路，一直是建筑艺术创作的主题。

（原载 1991 年《中国大百科全书 · 美术卷》）

中国古代建筑深度鉴赏（讲稿）

名词解释：

建筑，是一个外来语（日文），英文 Architecture，广义指经过创意设计的房屋及有关的构筑物，狭义也指建筑艺术。

中国古代建筑指在封建社会成熟的，以汉族为主，也包括受其影响的其他民族的传统建筑。

经典提要：

> “人是按照美的规律来造型”。
>
> ——马克思《经济学—哲学手稿》
>
> “希腊式的建筑使人感到愉快，摩尔式的建筑使人感到忧郁，哥特式的建筑神圣得令人心醉神迷；希腊式的建筑风格像艳阳天，摩尔式的建筑风格像星光闪烁的黄昏，哥特式的建筑风格像朝霞”。
>
> ——恩格斯《齐格弗里特的故乡》
>
> “如跂斯翼，如矢斯棘，如鸟斯革（音 jí），如翚斯飞”。
>
> ——《诗·小雅》

一、深度鉴赏应当掌握的基本认识

1. 中国古代建筑是中国优秀传统文化的重要组成部分

建筑的一个主要特征是它的公众性（西方叫做政治性）和正面性。正常的建筑建成以后，都要面对公众，不可能成为秘密的收藏品，也不可能出现反动的、悲剧的、颓废的、讽刺的等反面形象。所以，留存至今的古代建筑，就其艺术价值来说，绝大多数都是文化的精华，不论其原来的功能如何，都要从正面鉴赏评价。

2. 中国古代建筑是中国传统文化最全面的载体

建筑的又一个特征是它的实用性和综合性，它是物质生活和精神享受、功能设施和艺术形式、科技工程和文化创意以及几乎所有艺术都可以在它身上得到表现的综合体。古代建筑基本上分为两大类：一类是人居类，另一类是神道类。无论是生活使用的，或是祭祀祈求的，首先要满足实用，同时要满足审美。绝大多数的建筑是实用功能决定了艺术形式，古代建筑中很少有脱离了实用功能的怪异形式。建筑还必须依靠科学技术手段才能完成，包括材料、构造、工程等，但同样的科技手段也可以创造出不同的艺术形式，包括空间、形态、式样等。建筑是一个三维艺术，在它身上可以包容绘画、雕塑、诗文、园艺、工美，甚至音乐。还有不少建筑可以创造出四维感觉，即从内外流动的时间观赏中获得超越三维空间的艺术感受，这在中国古代建筑中体现得尤其充分。所以，鉴赏中国古建筑，必须要在移动中细致、全面地体会。

3. 中国古代建筑是在长时期民族审美心理积淀中创造形成的，它有鲜明的传统性和延续性

中国是世界上唯一传统文化没有中断的国家。从秦代以后形成的以儒家为主、儒道互补的文化传统，在审美心理和艺术创作中形成了以人为尺度，至美至善的人文主义特色。中国人崇尚平衡、圆润、和谐、适度的“尚中”理念；特别注重群体的关联，理性的和谐以及适当的浪漫，在许多建筑中体现出天人合一、美善合一、刚柔合一和工艺合一。所以在鉴赏中国古代建筑时，要特别关注其中表现的民族审美心理。

4. 中国古代建筑是在封建社会中形成定型的

封建社会的主要特征是一切行为制度化。中国古代建筑区别于世界上其他体系建筑的最主要特征是全面制度化，它既是封建社会制度的产物，又是这个制度的组成部分。建筑作为一种制度的载体，成为干预社会生活的重要工具，在世界上中国是唯一的。其中最主要的是等级制度，历代都通过《营缮令》一类的法规，制定了不同等级的人使用建筑的格局、形式、体量、色彩、装饰，直至坟墓的规格。其次是礼仪制度，社会中的各种活动，都规定了必须遵守的规矩和形式，由此也规定了建筑的规矩形式。此外，还利用人们在生活和审美实践中形成的一些约定俗成的观念，加以神秘化，制定出若干“堪舆”制度，

即风水制度。在鉴赏中国古代建筑时，必须注意这些制度要素。

二、中国古代建筑的艺术特征

1. 重视整体环境的经营

从春秋战国开始，中国就有了环境整体经营的观念。《管子·乘马》说，“凡立国都，非于大山之下，必于广川之上”，说明城市选址必须重视环境因素。中国的堪舆学说起源于先秦方士，除去其迷信的外衣，多数是讲求建筑与环境的关系。秦咸阳北包北坂，中贯渭水，南抵南山，盛时东西达二三百里；汉长安包括上林苑，遍布山池宫观，规模更大。中国许多城市都把邑郊包容在统一的城市环境中整体经营，如杭州的西湖等。现存实例中比较典型的有清代北京西郊以“三山五园”为主体的山、河、湖、庙、园和营房群，面积达 130 平方公里。承德的热河行宫（避暑山庄）、外八庙（十二座）和狮子园以及武烈河及周边奇山怪石，面积达 80 平方公里。还有太原的晋祠，由不同时期、不同类型的祠庙组成，但主次分明，水道与殿阁林木共同构成了秩序井然的景观环境。

2. 单体形象融于群体系列

中国古代建筑除了某些单独景点的亭阁台榭外，大多数是由若干单体组合而成的群体；即使是独立的景点建筑，也有与其相适应的环境陪衬。古代建筑的单体大部分是定型化的式样，艺术形象主要是通过单体围合的庭院所构成的序列而取得。

3. 构造技术与艺术形象融为一体

中国古代建筑以木结构框架体系为主。这个体系以四柱、二梁、二枋构成一个称为“间”的基本框架，可以左右相连，前后相接，上下相叠，或加以变通而成三角、六角、八角、圆形、扇形以及“十”字、“亞”字、“之”字、“工”字、方胜、双环等形式。屋顶由梁、檩、椽组成，构架有抬梁、穿斗和平顶三种。抬梁和穿斗都可以不改变构架形式而做出曲线屋顶，并在屋角做出翘角；还可以做出多层檐、勾连搭、披檐、“龟头殿”等组合。凡是露明的构件都有艺术加工，没有僵直的直线，也没有不经过艺术处理的截面；结构构件的组合有一定的比例法则，形成和谐的韵律。所以，中国古代建筑的造型艺术美，很大程度也是结构排列美。

4. 规格化与多样化统一

中国建筑早在春秋战国时的《考工记》中，已经有了规格化、模数化的设计方法。后世由于实施“工官”制度，国家掌控了重要的建筑工程，相应地也颁布了工程规范，最重要的内容就是规格化和模数化。木结构的规格化、模数化至迟在唐代已经成熟，现在存世的有宋元符三年（1100 年）成书，崇宁二年（1103 年）颁布的《营造法式》和清雍正十二年（1734 年）颁布的《工部工程做法则例》最完整。《营造法式》把建筑分为殿阁和厅堂两大类，规定了不同类别建筑的基本平面格局和构架形式。又用“材”、“分”为基本模数，“材”是斗栱中“栱”的断面，比例为 3∶2，共分为九等，最大高 9 寸宽 6 寸，最小高 4.5 寸宽 3 寸。只要规定了建筑等级，选用了相应的“材”、“分”，建筑的所有部分都可以设计出来。《工部工程做法则例》是把官方建筑归纳成 27 种形式，用“斗口”为模数，由它决定整个建筑的各部分尺寸。“斗口”是斗栱中栱的宽度，从 1 寸至 6 寸共 11 等；无斗栱的建筑则用柱径为基本模数。除官方颁布的规则外，还有一些在民间流行的规则，如明代的《营造正式》（又名《鲁班经》），经后人整理的明清江南建筑法式《营造法源》以及明代造园著作《园冶》中的建筑规则等，都是以模数化、定型化为基础进行多种组合的设计方法。

5. 赋于建筑形式象征涵义

中国古代建筑有着鲜明的政治宣示和伦理教化功能，要求运用一切艺术手段象征出某些涵义。秦始皇灭六国，拆运六国宫殿建在咸阳北坂，拱卫阿房宫；宋徽宗在开封造“艮岳”，集中了天然的和人造的一切景物；康熙、乾隆造圆明园和避暑山庄外八庙，通过景点的形象和题名，囊括了天下名胜、佛道胜境和边陲民族的代表建筑，都是对“普天之下，莫非王土”的诠释象征。而在乾隆时盛行的藏传佛教“曼陀罗”（坛城），更是把佛教中对于世界构成的描述用建筑形式表现出来，用以象征天上佛国与人间世界，佛主与帝王同形相应。在更多的建筑中，则是用体量、色彩、式样、装饰以及匾、联文字和小品配置来“说明”建筑的内容。北京的天坛祈年殿和圜丘，无论总平面、建筑造型和色彩以及构件的数字，都可以说是世界上象征型建筑的最高典范。

三、中国古代建筑的艺术形式

1. 铺陈展开的空间序列

中国古代建筑艺术主要是由群体组成的序列构成，它和西方建筑最大的不同是，西方建筑以实体建筑形体显示其艺术，而中国建筑是以“虚体”空间即庭院组合而显示其艺术。庭院（虚体空间）依一条轴线展开形成了序列，主要有三种形式：一是十字轴线对称，主体建筑在庭院正中，多用于规格很高、纪念性很强的礼制和宗教建筑；二是以纵轴为主，横轴为辅，主体在后的“四合院”型，从宫殿至寺庙宅院都广泛使用；三是轴线曲折，多用于园林。现存规整的空间序列最长的是北京的中轴线，长达 7.8 公里，最丰富的是皇城南门以内的紫禁城，由大清门前棋盘街至景山后墙，长 2.9 公里。而变化最多的序列是帝王陵墓和大型风景名胜，如明十三陵，由石牌坊至长陵，长达 4.5 公里。

2. 规格定型的单体形式

中国古代建筑中的单体名称有十多种，但大多数形式差别不大，主要有三种：一是殿堂，基本是长方形，个别有正方、正圆，很少独立存在；二是亭，基本是正方、八角、六角、圆形，可以独立在组群以外，也可以组合在序列中；三是廊，主要作为单座建筑之间的联系。殿堂或亭上下叠加就是楼阁或塔，前后左右相连就可变化出若干组团。不论何种建筑，都由台基、屋身和屋顶三部分组成。台基由一层至三层，高级台基可作成“须弥座”；屋身开间明确，正中最大，两侧递减，正面布满门窗；屋顶在造型中占主要地位，但只有 5 种基本形式，即庑殿、歇山、悬山、硬山和攒尖，庑殿等级最高，硬山最低，攒尖主要用于亭顶，也有个别殿堂使用。廊子只是一间的简单重复。

3. 形象突出的曲线屋顶

中国古代建筑形象中最引人注目的是巨大的曲线屋顶，它的高度在整个立面中几乎占了一半左右。由屋顶曲线的陡缓，翼角起翘的高度，出檐的长短，屋瓦的用料，屋脊的装饰中，基本上就可以判别出这座建筑的礼制等级以及建造时代和地域特征。

4. 灵活多变的室内空间

由于中国古代建筑是柱梁组合的框架结构，没有承重隔墙，所以可以在框架之间任意分隔，使室内空间灵活多变。许多建筑的制度、礼仪、韵味、风格都是通过室内分隔及其构件的形式体现出来。使用栅栏、板壁、隔扇（碧纱橱）、帐幔、屏风、花罩、飞罩、博古架等，可以分隔出大小不同的、封闭和半封闭的空间；还可以在室内建戏台，起楼阁，叠山引水；又可以在天花板和墙壁上绘“通景”透视画，使空间更加丰富。再加以形式多样、工艺精美的家具陈设，强调出建筑的功能和格调来。

5. 个性鲜明的色彩彩画

中国古代建筑的色彩和彩画，首先是建筑等级的表现手段。屋顶的色彩和用料最重要，明黄琉璃是皇宫主体建筑专用，杏黄是皇宫次要建筑和特许的建筑（如孔庙）使用。皇宫以下，按等级用黄绿混合（剪边）、绿色、绿灰混合和灰瓦递减；特殊的祭祀建筑，则用红、蓝、黑瓦；民宅只能用灰瓦。高等级的建筑殿身、墙身用红色，民宅绝不允许用红墙，屋身可用杂色。彩画等级最严，清代官式彩画分为三大类：一是和玺，只能用在皇宫、太庙、皇陵；二是旋子，种类很多，按用金量的多少分等级施用；三是苏式，又分为宫廷苏画和包袱苏画两大类，前者只在皇宫御园中使用，后者不限使用范围。非礼制建筑的色彩和彩画，受地域审美习惯影响很大，只要不违背礼制，尽可以自由发挥。

6. 取法自然的园林

中国古代园林分为三大类，一是帝王苑囿，规模巨大，由若干“景”组合而成；二是私家园林，规模不大，多与居住、会客相结合；三是邑郊风景，规模更大，是公共游玩的场所，也是由若干“景”（十景、八景等）组合而成。从造园艺术来看，第一、第三类的“景”也可以说是一种私家园林。

优秀的私家园林，都是由文人设计，或主人有较高的文化修养，造园的主导理念是“诗情画意”；基本手法是“巧于因借，精在体宜”，即借景要巧妙，形态要合宜，工艺要精致；基本构成是假山、池水和堂榭。私家园林的建筑密度很大，往往达到 30% ～ 40%，设计者就把它们布置得曲折宛转，疏密相间，以求得“步移景异”的效果。皇家苑囿建筑密度大约是 12% ～ 15%，各“景”之间用山丘或水道相隔，以曲折的园路、桥梁相连。

四、中国古代建筑的艺术风格

1. 地方民族风格

中国地域辽阔，自然条件差别很大，在以汉族为主，包括受汉族文化影响的少数民族建筑中，出现了许多不同的地方风格。形成地方风格的因素有四种：一是自然条件，包括地形、气候、日照、风向、雨雪及材料供应；二是经济条件；三是审美倾向，如崇尚简朴或繁丽以及某些传统的审美趣味；四是特殊的社会机制，如客家的围楼，岭南的族居，西北的庄窠等。不同的风格最主要表现在三方面：一是庭院的大小和建筑的密度；二是屋顶的坡度和起翘；三是装饰的式样和色调。地方风格大体上分为北方、江南、岭南、西北、西南五个区域，还有一些特殊类型，如窑洞、围楼、干阑、平顶等。

2. 时代风格

由于中国长期稳定的封建社会所形成的“制度化”，两千多年来古代建筑的基本构造和形式变化不大，时代风格的差异主要表现在文化内涵和审美趣味对形式的影响。商周以后大体上可分为三种风格：一是秦汉风格，其特点是宫殿、陵墓为代表的高大团块状“台榭”，屋顶无曲线，装饰诡异，审美倾向阳刚为主；二是隋唐风格，其特点是建筑形象恢宏，屋顶舒展，装饰富丽，既有阳刚又糅入阴柔；三是明清风格，其特点是民间建筑百花齐放，造园之风南北勃兴，官方建筑定型，外形雍容华贵，总体上全面体现出了中华民族和谐包容，既有理性规范又有浪漫情调的审美趣味。

3. 类型风格

中国古代建筑在定型化的制度约束下，通过综合多种艺术手段，能够显示出不同类型的风格。在功能上有人居类和神道类两种类型，每一类又可分出若干种。神道类中有陵墓、祠堂、祭坛、大型寺观、小祠庙等。人居类中从皇宫到民宅都有各自不同的“制度”，从总体布局、建筑形式、色彩装饰至小品配置，各有规矩，风格各异。

4. 近代风格

19 世纪中期以后，通过三条渠道，西方建筑开始影响中国传统建筑：一是外国人在华的租界、租借地和占领地中的“殖民地式”建筑；二是外国传教士在内地建造的教堂；三是海外华侨引进的欧式建筑。其中第一种由外国建筑师设计，形式规范，是后两种的“范本”。后两种是由中国工师设计建造，他们仅靠对这些“范本”的一知半解，再加传统审美趣味的影响，所以出现了中西混合，土洋杂处的形形色色“近代”风格的建筑。过去有人说它们是一种“怪胎”，但实际上是传统建筑在近代化过程中孕育的新生儿。它们是婴儿，有自己特殊的婴儿风格，它们的形式似乎很幼稚，但是文化内涵相当丰富，很值得研究鉴赏。

天然图画
——中国古典园林的美学思想

引　　言

黑格尔从他的美学体系出发，认为园林是一种“不完备的艺术”或“不是一种正式的建筑”。因为按照他归纳的美的“进化过程”，园林是介乎古典型的建筑和浪漫型的绘画之间的一种特殊的艺术。所以他说：“讨论到真正的园林艺术,我们必须把其中绘画的因素和建筑的因素分别清楚”[1]。这位博学的大师敏锐地指出，中国的园林艺术“是一种绘画”，而“最彻底地运用建筑原则于园林艺术的是法国的园子”[2]。

所谓法国园林艺术的“建筑原则”，是继承着16世纪意大利文艺复兴的文化思潮而出现的。它的审美标准和当代的建筑一样，都是以追慕古罗马严格的几何构图和宏阔的气派为原则。时当17世纪下半叶，欧洲大陆唯理主义借着文艺复兴的余波，在法兰西文化中发展成为严谨规整的古典主义潮流。法王路易十四时期建立的法兰西建筑学院的教程，是指导当时建筑艺术创作的绝对权威，它的中心内容是把建筑艺术的永恒法则归结为纯粹的几何结构和数学关系。于是从意大利传来的园林艺术——主要是府邸花园，结合着这一文化潮流，在法国形成了更加规格定型的园林构图形式。从第一座成熟的作品——巴黎郊外的孚·勒·维贡 Château de Vaux-le-Vicomte 约1656～1660年府邸花园到欧洲园林的最高典范凡尔赛宫 Versailles 约17世纪60年代，都是以建筑为构图重心，轴线分明，路径笔直，气派宏伟，一览无余。几何形的道路、水池、花坛、树木和建筑化的喷泉、

1　本段引文均见《美学》第三卷上册第103～105页 朱光潜译 商务印书馆1982年版
2　本段引文均见《美学》第三卷上册第103～105页 朱光潜译 商务印书馆1982年版

雕像等，更加强调出古典主义建筑端庄凝重的风格。在这里，园林是陪衬，是背景，是建筑的附属物，确实不是独立完备的艺术。中国园林则不然，它源远流长；它的审美主体长期受着深厚的哲学——美学的陶冶，而客体本身又是经过多种成熟的艺术——诗词、绘画、工艺美术和建筑长期交融渗透后独立发展出来的一个形态完备的艺术部类。“诗情画意”是中国园林追求的审美境界，而诗中的画意与画中的诗情，又是中国诗画艺术的主要美学特征之一。所以黑格尔说中国的园林是一种绘画，但那是充满诗意的天然图画。它不是“纯粹”的建筑，但却是融合了一切建筑手法在内的高级建筑艺术。

然而颇耐人寻味的是，这全然不同的两大园林体系，几乎在同一时期共放异彩。中国从明朝中叶起，江南和北京的造园艺术并峙南北。17 世纪初北京海淀一带名园迭兴，像著名的清华园、勺园等，一时名噪都门；南京、吴兴、苏州、杭州等地的私家园林更是脍炙人口，多不胜举。当时中国最大的造园理论家计成字无否，1582 ~？和最大的造园实践家张涟字南垣 1587 ~ 1673 年，都约略与前述法国两大名园的设计者也是欧洲古典园林的代表人物勒 · 诺特 Andre' le Nôtre 1613 ~ 1700 年同时；而计成的造园理论著作《园冶》刊于 1631 年与法国造园家布阿依索 Jacques Boyceau de la Barauderie ？ ~ 1635 年的名著《论造园艺术》刊于 1638 年也几乎同时问世。可是到了 18 世纪的上半叶，洛可可 Rococo 的潮流涌起，自由活泼委婉轻松的审美趣味一下子就把勒 · 诺特的几何构图冲垮了。本来就“不完备”的欧洲园林艺术，不得不另寻出路。与此同时，中国清朝的康乾盛世园林，却在前代的基础上更臻绚烂多彩。北京西郊的三山五园，皇城西侧的三海御苑，长城以外的避暑山庄以及江南、岭南数以千计的私家园林，以其新奇迷人的情调和手法，通过商人、传教士的介绍，涌进了欧洲传统文化的堡垒。中国园林热包括建筑形式、装饰手法风靡西方世界，先是英国，继而法国、德国，莫不群起效仿，一时大西洋彼岸出现了许多大大小小千奇百怪的中国式园林[1]。直到 19 世纪中期，随着东西方社会各自走到完全不相同的历史进程，这股潮流才衰落下去；古典的建筑艺术也各自走到另外的“进化过程”，即近代建筑的历史阶段中去了。于是中国园林事实上成了东西方古典建筑艺术共同的最后高峰。所以，考察中国古典园林美的“进化过程”，探讨进化的规律，其美学意义恐怕就不会是太狭隘的了。

1 关于 18 世纪时中国园林对欧洲的影响，是一个很值得注意的现象。
详见窦武：《中国造园艺术在欧洲的影响》
清华大学建筑工程系编《建筑史论文集》第 3 辑 1979 年出版

早期苑囿

园林是一种高级的艺术品，游赏园林是一种高级的文化享受，在游赏中获得诗画情感，则是更高级的审美活动。但起初却是原始的游乐。

夏代社会现在还不好说。商、周则无疑已经进入了文明时代。在奴隶白骨筑成的财富顶端，商朝奴隶主开始了自己的享乐游戏——狩猎。恩格斯说："打猎在从前曾是必需的，如今也成为一种消遣了"[1]。从卜辞的记载来看，商王的狩猎嗜好实在浓烈得惊人，以至《史记·殷本纪》在描述纣的特征时称他是"材力过人，手格猛兽"；在提到纣的奢侈时特别指出了他的狩猎场所："益广沙丘台苑，多取野兽蜚即飞鸟置其中[2]。"据《竹书纪年》称，纣时南距朝歌，北据邯郸及沙丘，皆为离宫别馆[3]。沙丘以苑、台并称，台是人造的建筑物，苑中放养鸟兽，可见沙丘苑是人工经营的猎场。《殷本纪》又载，纣"厚赋税以实鹿台之钱"[4]，台以鹿名，显然是又一所以猎鹿为主的苑。沙丘苑与鹿台苑是我们现知中国最早的享乐性猎场了。又据《周礼·地官》："囿人掌囿游之兽禁，牧百兽"[5]，可见商的苑即周的囿，囿游连文也说明苑囿都是以狩猎为活动内容的游乐场所。就游赏的功能来说，苑囿已初具园林的性质了。

西周奴隶主的游赏苑囿，有灵囿、灵沼、灵台。据《诗·大雅·灵台》：

> 经始灵台，经之营之。王在灵囿，麀鹿攸伏。
> 麀鹿濯濯，白鸟翯翯；王在灵沼，于牣鱼跃。[6]

在周文王的这个苑囿里，有兽有台以外，还有水鸟游鱼在池沼中游嬉，风景因素更丰富了。

虽然无论商的沙丘鹿台或是周的灵囿灵沼，都不过是某种草创的狩猎游戏场，还不能算作真正的园林艺术，但从人类审美经验的发展来看却包涵着无限生机。林木、草原、飞鸟、游鱼、鹿群并不是作为谋生的手段而存在，而是作为一种物质财富被占有，从中获得心理的满足并由此而导致审美的情感活动。

---

1 恩格斯《家庭、私有制和国家的起源》第51页 人民出版社1972年版

2、3、4 《史记》第一册卷3《殷本纪》："帝纣……厚赋税以实鹿台之钱，而盈钜桥之粟。益收狗马奇物，充仞宫室。益广沙丘苑台，多取野兽蜚鸟置其中。"《正义》引《竹书纪年》，"自盘庚徙殷至纣之灭二百五十三年，更不徙都，纣时稍大其邑，南距朝歌，北据邯郸及沙丘，皆为离宫别馆"。中华书局《二十四史点校本》第105页

5 《周礼注疏》卷16《地官司徒》第749页《十三经注疏》影印本中华书局1979年版

6 《毛诗正义》卷16《大雅·灵台》第524～525页同上本。

而更为重要的是，狩猎的游戏激起了人们重温过去生活的愉悦情绪。昨天曾经是非常危险困难的谋生手段和推进文明发展的艰苦经历，如今竟成了自由享受的广阔天地，这怎能不令人心旷神怡！在这里，显示了人类掌握自然改造自然征服自然的力量，而这被掌握、改造和征服了的自然界，也就变成了审美的对象；越是过去艰难困苦危险胁迫的对象，一旦被人们所征服，它的美感也就越强烈。所以在许多不朽的艺术作品中，这种对于人类自身童年生活的回味，往往是美的永恒魅力的源泉。人工苑囿的出现，就是这种魅力的一种反响，因此可以说在苑囿中已经有了美的因素了。从战国、秦、汉的铜器和砖石画像上多以狩猎为题材这个事实来看，园林中这种美的因素一直延续了十几个世纪。

苑囿中美的因素又不仅于此。苑中筑“台”表现了古人对于园林的另一种审美要求。据《诗·大雅·灵台》朱熹注：“国之有台，所以望氛祲、察灾祥、时观游、节劳佚也”[1]。虽然这是以后人的观念推测古代，但还是符合当时社会的意识实际的。商周时巫史混合，笃信占卜，望气祈命是生活中不可或缺的内容。刘向《新序》说纣作鹿台“临望云雨”，也是巫祝活动。奴隶主登高望气，占测灾祥祸福，向上帝祈求荫佑，将自身的存在融合在虚幻神秘的冥冥之中。这就产生了精神上心理上的陶醉，只待有了适合的题材就能够进入审美的意识之中。春秋战国时期，神话传说开拓了一个新的审美领域，其中最流行的一种是齐燕方士们宣传的东海神仙和蓬莱仙境。望气察灾只是梦呓式的宗教式的心灵幻化，而仙山妙境却是有明确意识的审美要求了。于是模拟东海仙境就成了后世帝王苑囿重要的内容，从而给予园林艺术以新的审美领域。而自春秋以来，“高台榭、美宫室”的风气遍及大小诸侯，原来只是简单的夯土台，逐渐变成了沿台建屋，回廊曲槛与殿阁楼台相结合的“台榭”建筑。吴王夫差的姑苏台，楚灵王的章华台，周灵王的昆昭之台，齐景公的路寝之台……都是华贵的游乐宫苑。独立的团块状的参差高耸的台榭，渐渐成了仙山楼阁的模拟对象。加以“仙人好楼居”的传说《汉书·郊祀志》深入统治者的观念，于是独立高层的楼、观大量出现在宫廷邸宅苑囿之中。

这种兼有狩猎游戏和向往神仙的苑囿，在秦皇、汉武手里达到高峰。《史记》、《三秦记》、《三辅黄图》等文献记载，秦始皇在渭河南岸开辟上林苑，苑中掘长池，引来渭水，东西二百里，南北二十里；池中筑土为山名蓬莱山，刻

---

1 《毛诗正义》卷 16《大雅·灵台》序郑氏笺：“天子有灵台者，所以观祲象，察气之妖祥也……” 又《诗集传》卷 16“经始灵台……庶民子来”句，朱熹注：“国之有台，所以望氛祲，察灾祥，观时游，节劳佚也”。上海古籍出版社 1980 年版

石鲸长二百丈，象征东海仙境[1]。不过秦始皇一生忙于征伐巡狩，又大肆营造咸阳宫殿和骊山皇陵，似还来不及细致地经营园林。可是咸阳三百里内弥山跨谷建造离宫别馆的气派却被汉武帝继承了下来。这位“茂陵刘郎秋风客”实在是一位享乐至上而又迷信极深的皇帝。他在秦苑基础上继续营造上林苑，又造周围四百里的西郊苑，五百四十里的甘泉苑等。其中最著名的就是建元二年公元前138年兴造的长安西郊上林苑。据《汉书》、《三辅黄图》、《西京杂记》等书描述，上林苑周围三百里，北抵渭水，南傍南山，苑中豢养百兽，种植中外奇果异树。内分三十六苑三十六表示很多，不必拘泥数目，有离宫七十所，大宫殿十二所，观较小的楼台三十五处，还有大水池十多处。其中最大的水面名昆明池，池中有豫章台，又刻石鲸长三丈，池东西岸立牵牛、织女二石像，俨然河汉形象。苑中最大的宫殿即建章宫，它的神仙味道更浓。宫内有神明台，台上置铜仙人，举臂舒掌捧铜盘玉杯以承云表之露。宫北部为太液池，池中筑三岛，岛上建台榭，象征东海中蓬莱、瀛洲、方丈三仙山；池边设石龟、石鱼。此外的各处宫苑中也多建楼观，从其命名也可看出浓厚的神仙气息，如：望鹄台、眺蟾台、燕升观、观象观、三爵观、阳禄观、阴德观、元华观、仙人观、封峦观、鳷鹊观、茧观、白鹿观、鱼鸟观、走马观等等。至于建筑物，更是以名材贵料修建装饰，千门万户，重闺幽闼，包罗万象，无所不至仙人无所不能，无所不至，《长门》、《上林》、《两京》、《两都》诸大名赋都有详尽的描述，这里就不征引了[2]。

帝王苑囿也影响到贵戚富商，《西京杂记》上记录了两个园子：

> 梁孝王……筑兔园。园中有百灵山，山有肤寸石、落猿岩、栖龙岫；又有雁池，池间有鹤洲凫渚。其诸宫观相连，延亘数十里，奇果异树，瑰禽怪兽毕备。
>
> 茂陵富人袁广汉……于北邙山下筑园，东西四里，南北五里，激流水注其内。构石为山，高十余丈，连延数里。养白鹦鹉、紫鸳鸯、牦牛、青兕，奇兽怪禽，委积其间。积沙为洲屿，激水为波潮，其中致江鸥、海鹤……奇树异草，靡不具植。屋皆徘徊连属，重阁修廊，行之，移晷不能遍也。[3]

---

1 见《三辅黄图校证》第16页《兰池宫》陕西人民出版社1980年版又《三秦记·兰池》有同样记载，引自《古今图书集成·经济汇编·考工典》第124卷总第790册《池沼部汇考一》中华书局影印本。

2 见《三辅黄图校证》建章宫第63～65页苑囿第83～88页池沼第92～102页台榭第107～111页观第125～129页诸条正文及引文。

3 《西京杂记》卷2第15页卷3第18页中华书局1985年版

可以看出，无论是帝王宫苑或是私家园池，都鲜明地展现了早期苑囿的特有风貌。它们气派宏大，包罗万象，尽量显示豪华富有。这里没有诗情，没有画意，没有韵味，没有含蓄，没有悬想、有的只是铺陈罗列以及简单幼稚的模拟象征。这是和当代文学的排比大赋，绘画的厚重浓烈，音乐舞蹈的集体陈列，工艺装饰的淋漓满铺这类美学特征完全一致的。好像是人的审美意识刚刚从童年进入了少年，一下子发现了一个久已渴求而终于可以获得的琳琅满目的世界，不由得迸发出全部的朝气，袒露出全部的胸怀，恨不得把这个世界立刻全部掌握起来。然而这是稚气的，是过分显露的。从审美经验来看，人们还来不及细品慢尝这个世界——自然的、物质的、神话的世界。人们渴望着全部把握它，但还只是机械的把握，直观的把握，形式的把握。审美经验有待深化，艺术创作有待突破，而魏晋六朝的风流和情调，则给予深化和突破以可能。早期苑囿在汉代完成了自己的审美任务，走完了自己的历程。汉以后，历代帝王都筑有巨大的苑囿，或以狩猎为主，或以神仙为主，或以游乐为主，但大都走着汉代上林苑的路子，从审美经验的发展来说，它们都过时了[1]。

开掘自然的美

现代中国美学家李泽厚在论述中国古典艺术美的“历程”时说，魏晋时期，“在没有过多的统治束缚，没有钦定的标准下，当时文化思想领域比较自由而且开放……一种真正抒情的、感性的‘纯’文艺产生了[2]。”但在谈到玄言诗、山水诗的作者们时又说：这类题材的诗，“并不与他们的生活、心境、意绪发生亲密的关系这作为时代思潮要到宋元以后，自然界实际就并没能真正构成他们生活和抒发心情的一部分，自然在他们的艺术中大都只是徒供描画、错彩镂金的僵化死物……谢灵运尽管刻画得如何繁复细腻，自然景物却并未能活起来。”[3]

这确是合乎事实的。魏晋到六朝，风流倜傥，文质彬彬，对哲学——美学的探索，一方面冲破了两汉枯燥繁琐的谈经说纬和冗长做作的铺陈排比，向更深更广的领域——人情和人性前进；另一方面又不能完全摆脱传统的影响，终不免带着矫揉造作的痕迹。这是一个充满矛盾的“历程”。然而正因为充满着矛

1 如魏文帝曹丕的洛阳芳林园，明帝曹叡的灵禽之园；十六国至北朝时的邺城华林苑，后燕慕容熙的龙城龙腾苑，北魏道武帝拓拔珪的平城鹿苑等。而最巨大的是隋炀帝在洛阳修筑的西苑，唐代长安城西的禁苑。

2 李泽厚《美的历程》第 107 页《魏晋风度 · 人的主题》中国社会科学出版社 1984 年版

3 《美的历程》第 121 ~ 122 页《魏晋风度 · 文的自觉》

盾，才促使人们有可能在一定程度上突破外在的机械的形式的审美认识，从人情和人性中观照自然宇宙万物，认识自己的生活环境，并力图从审美中把握它们。尽管还是静止的观照，是错彩镂金式的把握，但还是认识了或体验了生活环境中更深更美更能震动情感的境界。这时期，由憧憬喧闹华贵铺张罗列转而追求自然恬静，情景交融，不能不说是崭新的开拓。

对老庄哲学的再认识，是这个时期文化思潮一个突出的特点。老庄哲学以“道”解释世界，又以“道”规范生活，但文约意赅，陈义过高，那精微细密的思辨距离现实生活又太遥远，终于被人们从不同角度引申诠释，直至变成荒诞的宗教教条。在战乱频仍，命如朝露的残酷生活面前，人们被迫从所谓全性葆真，崇尚自然，垂拱无为的生活态度里寻求出路，力求在自然空灵的世界里获得精神的解脱、陶醉、寄托和升华。清谈玄理，标榜空灵，寄情山林，隐世遁名，虚无厌世，放诞不羁，修炼丹药，推求象数……都可以从“道”这个总的命题里得到解释。然而归纳到一点，上述种种都需要，都欣赏，都追求某种共同的和现实生活有所距离的物质的和精神的世界；随之也就对生活环境形成了新的审美标准。一个广阔奇妙的审美客体——富有自然美趣味的，空间韵律变化幅度较大的，时间序列延续程度较长的生活空间被开掘了出来。试看当时人们对这种生活环境的审美态度——

缘溪行，忘路之远近。忽逢桃花林，夹岸数百步，中无杂树。芳草鲜美，落叶缤纷……林尽水源，便得一山。山有小口，仿佛若有光……

陶潜《桃花源记》[1]

此地有崇山峻岭，茂林修竹；又有清流急湍，映带左右。引以为流觞曲水，列坐其次，虽无丝竹管弦之盛，一觞一咏，亦足以畅叙幽情……

王羲之《兰亭集序》[2]

桐间露落，柳下风来。琴号珠柱，书名玉杯。有棠梨而无馆，足酸枣而非台。犹得敧侧八九丈，纵横数十步；榆柳三两行，梨桃百余树……

庾信《小园赋》[3]

虚檐对长屿，高轩临广液。芳草列成行，嘉树纷如积。流风转还径，清烟泛乔石……

王融《栖玄寺听讲毕游邸园七韵》[4]

1 《古文观止》卷 7 第 290 ～ 291 页 中华书局 1981 年版
2 《古文观止》卷 7 第 286 页
3 《庾子山集》卷 1《四部丛刊》本 商务印书馆
4 《先秦汉魏晋南北朝诗》中册《齐诗》卷 2 第 1395 页 中华书局 1983 年版

古楂横近涧，危石耸前洲。岸绿开河柳，池红照海榴。野花宁待晦，山虫讵识秋……

江总《山庭春日》[1]

玲珑绕竹涧，间关通槿藩。缺岸新成浦，危石久为门。北荣下飞桂，南柯吟夜猿……

——梁·简文帝《山斋》[2]

应当承认，这类以游园赏景为题材的诗文当时数量很多，但多数艺术价值并不高，大多不过是描绘景物的记录。这正如同当时的绘画一样，虽然出现了独立的山水题材，但艺术形式也是不高的，所谓“群峰之势若钿饰犀栉。或水不容泛，或人大于山。率皆附以树石，映带其地，列植之状，则若伸臂布指[3]”。尽管如此，以山水林木与亭廊楼阁相结合为构思题材的绘画，也还是逐渐在人们开掘自然美的基础上成长了起来。庾信有《咏画屏风诗二十五首》[4]，记述了一座画屏上所绘园林景色，颇为形象。摘句如下——

逍遥游桂苑，寂绝到桃源。狭石分花径，长桥映水门。　　其一
石险松横植，岩悬涧竖流。小桥飞断岸，高花出迥楼。　　其二
高阁千寻起，长廊四注连。涧水才窗外，山花即眼前。　　其三
千寻木兰馆，百尺芙蓉堂。流水桃花色，春洲杜若香。　　其四
洞灵开静室，云气满山斋。古松栽数树，盘根无半埋。　　其五

这山水树石、楼阁馆廊等组成的画面，恐怕是现在所知最早的一幅园林设计图了。构图和技法水平可能是不高的，但其中所寄寓的情趣则无疑是反映了当时人们对新的生活环境美的向往，表达了对自然美的开掘。

这种对自然美的开掘，极大地震撼着人们的审美心理。首先是寄情思于山水而超乎山水本身以外，充分发挥出审美经验的能动作用：

简文入华林园，顾谓左右曰：会心处不必在远，翳然林水，便自有濠

1　同上书下册《陈诗》卷8第2587页
2　同上书《梁诗》卷22第1955页
3　唐·张彦远《历代名画记》卷1第15页 人民美术出版社1983年版
4　《先秦汉魏晋南北朝诗》下册《北周诗》卷4第2395～2398页

濮间想也。觉鸟兽禽鱼，自来亲人。[1]

王司州至吴兴印渚中看，叹曰：非唯使人心情开涤，亦觉日月晴朗。[2]

王子敬云：从山阴道上行，山川自相映发，使人应接不暇，若秋冬之际，尤难为怀。[3]

其次，还普遍地表现为拟人的品藻标准：

其地坦而平，其水淡而清，其人廉且贞。[4]

其山靠巍以嵯峨，其水泙渫而扬波，其人磊砢而英多。[5]

嵇叔夜之为人也，岩岩若孤松之独立，其醉也，傀俄若玉山之将崩。[6]

有人叹王恭形茂者云：濯濯如春月柳。[7]

观朝荣则敬才秀之士，玩芝兰则爱德行之臣，睹松竹则思贞操之贤，临清流则贵廉洁之行，览蔓草则贱贪秽之吏。[8]

就是在这种对自然美的欣赏之中，对环境美的渴求之中，对空间韵律和时间延伸的开掘之中，魏晋六朝为中国古典园林的美学思想和艺术实践打下了坚实的基础。江南得山川气候的天赋优越条件，园林之美盛极南朝。

（谢安）于土山营野，楼馆林竹甚盛。[9]

（戴颙）出居吴下。吴下士人共为筑室，聚石引水，植林开涧。少时繁密，有若自然。[10]

（茹法亮）宅后为鱼池钓台，土山楼馆长廊将一里。竹林花药之美，公家苑囿所不能及。[11]

（太子萧长懋与萧子良）开拓玄圃园与台城北堑等，其中起出土山池

---

1 均见南朝·宋·刘义庆：《世说新语》卷上之上《言语第二》上海古籍出版社 1982 年版

2 均见南朝·宋·刘义庆：《世说新语》卷上之上《言语第二》上海古籍出版社 1982 年版

3 均见南朝·宋·刘义庆：《世说新语》卷上之上《言语第二》上海古籍出版社 1982 年版

4 《世说新语》卷上之上《言语第二》

5 《世说新语》卷上之上《言语第二》

6 同上书卷下之上《容止第十四》

7 同上书卷下之上《容止第十四》

8 《晋书》第七册卷 86《张天锡传》第 2250 页 二十四史点校本 中华书局

9 《晋书》第七册卷 79《谢安传》第 2075 页

10《宋书》第八册卷 93《戴颙传》第 2277 页

11《南史》第六册卷 77《茹法亮传》第 1929 页

阁楼观塔宇，穷奇极丽，费以千万。多聚异石，妙极山水。[1]

北方园林也不逊色。洛阳是名园荟萃之处，兹摘《洛阳伽蓝记》所载：

（张伦）造景阳山，有若自然。其中重岩复岭，嵚崟相属，深溪洞壑，逦迤连接。[2]

（寿丘里）崇门丰室，洞户连房，飞馆生风，重楼起雾。高台芳榭，家家而筑；花林曲池，园园而有。莫不桃李夏绿，竹柏冬青。[3]

（河间寺后园）沟渎蹇洄，石磴嶕峣，朱荷出池，绿萍浮水，飞梁跨阁，高树出云。[4]

魏晋风度的旷逸，六朝流韵的潇洒，老庄哲理的玄妙，佛道教义的精微，再加诗文绘画清新的趣味以及造园艺术实践的经验积累，使得这一代人们的审美心理结构萌发出茁壮新鲜的根芽。中国古典园林的审美观完成了第一阶段的飞跃。如果说商周秦汉的苑囿是土壤、肥料、种子，那么由此而萌发的六朝园林则是它们的茎、叶、花卉。中国古典园林的美学观形成了，人们热爱自然，渴望着把握自然，力图开掘自然美的奥秘。往后，对诸如意境、构图、风格、手法等艺术美的探索，都是在这个基础上发挥创造。从这时起，在开发自然美的规律方面，创造环境美的技法方面，陶冶人性美的标准方面，中国古典园林迈出了自己独特的步伐。

走向诗情画意

短促的隋代，却在中国建筑史上留下了许多令后人瞠目的巨大作品。大兴城即唐·长安以空前的规模与格局独步世界；万里长城和大运河的宏大气派，至今仍是中华民族的骄傲；河北赵县的安济桥，无论工程结构或是艺术造型都是世界第一流的杰作；敦煌、龙门、天龙山的石窟，展示出佛教艺术民族化的新趋向。而隋炀帝大业元年（605年）修造的洛阳西苑，则是继汉武帝上林苑以来最豪华壮丽的一座皇家园林。据《大业杂记》载：

1 《南史》第四册卷44《齐文惠皇太子长懋传》第1100页

2 北魏·杨衒之《洛阳伽蓝记》卷2《正始寺》第90页 中华书局校释本1963年版

3 同上书卷4第163、167页

4 同上书卷4第163、167页

西苑周二百里，内造十六院，屈曲周绕龙鳞渠。各院间杨柳修竹，四面郁茂，名花美草，隐映轩陛。院内置屯，屯内穿池养鱼，为园种植蔬菜瓜果。又造山为海，周十余里，其中有方丈、蓬莱、瀛洲诸山，山上有通真观、习灵台、总仙宫……[1]

这些，都给予六朝风流以重大的冲击，并深深影响到初盛唐时期园林和建筑的审美观。

严格说来，从隋到盛唐时期，都不具备发展六朝以来园林美学的政治文化条件。那是一个朝气蓬勃，功业辉煌的时代，又是一个琳琅满目，意态爽朗的时代。儒学仍是正统，但充满进取精神；道家也是道教很受推崇，但颇富浪漫气息；佛教不甘落后，但世俗味道很浓；胡风弥漫市井，但融于华夏声色。没有什么真正的避世退隐，也没有什么真正的林泉格调。时代的审美标准不是高山流水、花间柳下，而是赤裸裸地追求佻达、浑放、豪迈、业绩、功名、声色……铁马金戈，神仙怪异，高歌酣饮，胡乐胡舞，纷然杂陈；同时，也不断地营造园林，不断地经修山水，创造富有自然趣味的生活环境。唐代的园林数量不少，然而绝大多数没有了开拓自然美的主观力量，有的只是一个自然曲折的形式，那是在功名利禄，奢靡放纵以后的一点退缨休息的场所，或者说是采用了自由形式的宫殿府邸而已。宰相张说一语破的："兹所谓丘壑夔龙，衣冠巢许也。"[2]

汉魏西晋已有山庄别业，但它们主要是地主庄园。住宅以外，更有良田、果林、水碓、仓庾，并不是从审美要求上处理环境。南朝谢灵运在会稽修建别业，"傍山带江，尽幽居之美，与隐士王弘之、孔淳之等纵放为娱，有终焉之志"[3]，应是比较早的以创造幽美的生活环境为目的的山居别业。谢灵运为此制作长篇大赋《山居赋》[4]，叙述别业四周远近山川环境，又记南北两山建筑集中处的布局形式和附近山池。值得注意的是已很注意人工造景，从审美要求出发开辟游览路线和布置建筑，构成流动的风景画面。《赋》说：

远堤兼陌，近流开湍。凌阜泛波，水往步还。还回往匝，枉渚员峦。

1 载《续谈助》卷4粤雅堂丛书三编第23集

2 《扈从幸韦嗣立山庄应制并序》引自《古今图书集成·经济汇编·考工典》第121卷总第790册《园林部艺文·三》中华书局影印本

3 《宋书》第六册卷67《谢灵运传》第1754页

4 《全上古秦汉三国六朝文》第三册《全宋文》卷31第2604～2609页中华书局1985年版

呈美表趣，胡可胜单。抗北顶以葺馆，殷南峰以启轩。罗曾崖于户里，列镜澜于窗前。因丹霞以赪楣，附碧云以翠椽。

——以上为正文

葺基构宇在岩林之中，水卫石阶，开窗对山。仰眺曾峰，俯镜濬壑。去岩半岭复有一楼，迴望周眺，既得远趣。还顾西馆，望对窗户。绿崖下者，密竹蒙迳。从北直南，悉是竹园……北倚近峰，南眺远岭，四山周回，溪涧交过，木石林竹之美，岩岫山曲之好，备尽之矣。

——以上为注文

其后，梁简文帝的山斋，刘峻的山居，王褒的山家，江总的山庭，庾信的山斋等，从有关的诗文叙述来看，和谢灵运的会稽山居都很类似。入唐以后，山居别业更甚，达官贵戚在营造高门大第之外，颇多山庄、山庭。如太平公主南庄、安乐公主山庄、韦嗣立山庄、长宁公主山池、玉真公主山庄、崔驸马山池、杨氏别业、裴度东溪别业、燕王别业、李德裕平泉山居……诗人也大多是官僚经营山庄更是一种风气，如宋之问陆浑山庄、蓝田别墅，岑参终南山双峰草堂，王维辋川别业，白居易庐山草堂，钱起谷口书斋，刘长卿碧涧别墅……无论是贵戚官僚诗人墨客，他们的山居别业都是和斗鸡走马，声色华堂一样，是作为一种享受和生活价值来对待的。他们或者在膏粱纨绔之余，从山庄环境中获得肉欲以外的趣味享受；或者标榜衣冠巢许的两重身价，违依于周济天下与独善其身之间，都是非常清醒，非常实用地在山池别业里寻求另外一种生活的享受，感受另外一种生活的价值，因此也就不可能如六朝园林那样，再从大自然中获得美的灵魂。审美经验跃入了另一个境界。社会风尚和创作实践把园林的审美观推到一个新的阶段。人们开始从高度发达的抒情诗和内容丰富的山水画[1]中寻求再现自然美的途径。艺术家们把创造山居别业当作一种诗画的创作，力求把自然美凝练在笔下。这是对美的进一步把握。是诗，但是立体的诗；是画，但是流动的画。中国园林从开掘自然美到掌握它，又由掌握它而提炼它，并进而将它典型化，这才达到了一个新的高度，进入了一个新的阶段。王维和白居易的别业、草堂，是这个阶段的标志。

王维是盛唐著名诗人、画家，晚年得终南山宋之问蓝田别墅作辋川别业。

1 朱景玄《唐朝名画录》谓王维自绘辋川图，“山谷郁郁盘盘，云水飞动；意出尘外，怪生笔端。”载《美术丛书》第二集第六辑 清宣统神州国光社版据两《唐书》本传载："维别墅在辋川，地奇胜，有华子冈，攲湖，竹里馆，柳浪，茱萸沜，辛夷坞。"他在《山中与裴秀才迪书》中说：

北涉玄灞，清月映郭。夜登华子冈，辋水沦涟，与月上下。寒山远火，明灭林外。深苍寒犬，吠声如豹……步仄径，临清流也。当待春中，草木蔓发，春山可望。轻鯈出水，白鸥矫翼。[1]

这已是很入画的描述了，再从《辋川集》的诗句来进一步体味别业的画意：

华子冈：飞鸟去不穷，连山多秋色。
文杏馆：文杏裁为梁，香茅结为宇。
斤竹岭：明流行且直，绿筱密复深。
茱萸沜：结实红旦绿，复为花更开。
鹿砦：空山不见人，但闻人语声。
南垞：轻舟南垞去，北垞森难即。
攲湖：湖上一回首，山青卷白云。
临湖亭：当轩对樽酒，四面芙蓉开。
柳浪：分行接绮树，倒影入清漪。
栾家濑：飒飒秋雨中，浅浅石溜泻。
金屑泉：潆渟澹不流，金碧如可拾。
白石滩：清浅白石滩，绿蒲向堪把。
竹里馆：深林人不知，明月来相照。[2]

此外，还有木兰柴、宫槐陌、辛夷坞、漆园、椒园……无论从景物的题名还是从人的感受来说，辋川别业都充满了诗和画的意味。这所别业在终南山中，这里的自然气候条件未必胜过南方，造园技巧也未必高于其他山庄，但那种淡雅超逸耐人寻味的诗画境界，那惹情牵意的山水亭馆，通过诗人的描绘，却强烈地显示了一代艺术巨匠的审美理想，规定出时代的审美标准。

如果说辋川别业还是层层引人入胜，使人流连反顾的山水长卷，那么到了白居易的庐山草堂，则完全是一幅淡墨晕染的山居小景了。《草堂记》[3]：

---

1 《王右丞集注》卷 18《四部备要》中华书局影印本
2 《王右丞集》卷 4《辋川集》《四部丛刊》商务印书馆
3 《白氏长庆集》卷 26《四部丛刊》商务印书馆

草堂三间二柱，二室四牖……木，斫而已，不加丹；墙，圬而已，不加白。墄阶用石，幂窗用纸，竹帘紵帏，率称是焉。堂中设木塌四，素屏二，漆琴一张，儒道佛书各三两卷……

是居也，前有平地，轮广十丈，中有平台，半平地。台南有方池，倍平台。环池多山竹野卉，池中生白莲、白鱼。又南，抵石涧，夹涧有古松、老杉，大仅十人围，高不知几百尺……松下多灌丛，萝茑叶蔓，骈织承翳，日月光不到地……下铺白石为出入道。堂北五步，据层崖积石，嵌空垤块，杂草异木盖覆其上，绿荫蒙蒙，朱实离离，不识其名，四时一色。又有飞泉植茗，就以烹燀，好事者见，可以永日。堂东有瀑布，水悬三尺，泻阶隅，落石渠，昏晓如练色，夜中如环珮琴筑声。堂西，倚北崖石址，以剖竹架空，引崖上泉，脉分线悬，自檐注砌，累累如贯珠，霏微如雨露，滴沥漂洒，随风远去……春有锦绣谷花，夏有石门涧云，秋有虎溪月，冬有炉峰雪，阴阳显晦，昏旦含吐，千变万状，不可殚记……

中唐，无论在文艺思想上还是文艺创作上都是一个重要的转折时期。初盛唐文艺风格上的雄浑豪放逐渐向细腻精致转变；而审美意识上所显示的那种坦荡的直抒胸臆的精神则转向了刻意追求外在的技巧雕琢。我们从唐末五代诗词中可以看出，那是通过严密的精巧的格律散发出来的一缕缕情思意念，而它们又往往是用同样的清词丽句勾画出柔和朦胧缠绵悱恻的环境气氛作为衬托，真正是有景有情，情景交融。《庐山草堂记》描述的环境是恬静幽雅的，而更重要的是通过文字所表述的诗人对环境的细心体味以及其中鲜明的审美观。白居易自称，“从幼迨老，若白屋，若朱门，凡所止，虽一日、二日，辄复篑土为台，聚拳石为山，环斗水为池，其喜山水病癖如此”。《草堂记》仅仅是篑土、拳石、斗水，未必就能构成一个动人的环境，但它们在诗人画家的眼里却早已超出了本身的实体而升华为艺术形象了。庐山草堂的一掬山泉，“好事者”可以永日消磨其下；仅仅三尺瀑布，可以化作匹练以飨目，变为琴声以悦耳；用竹管引来的水流，可以如贯珠，如雨露。这是景，还是情？是实，还是虚？是物，还是心？是技巧，还是精神？是客观描写，还是主观创造？庐山草堂较之辋川别业在诗画意境上开拓得更丰富多姿了。到五代以后，这种“创造”性也就发挥得更加完美了。

追求形式美

中国园林从唐末五代以至宋，所谓的诗情画意全然走到了对形式美的追求方面去了。李肇《国史补》说：“长安风俗，自贞元侈于游宴，其后或侈于书法图画，或侈于博弈，或侈于卜祝，或侈于服食”[1]。“近郭皆有园池，以至樊杜数十里间，泉石占胜，布满川陆……省寺皆有山池”[2]。东都洛阳的侈靡更在长安以上，就中园林之盛，也说明风俗之侈。开元以后，洛阳城郊邸园达一千余所[3]。做官不算太大的白居易，晚年在洛阳因杨氏旧园营造宅园，广达十七亩，度地分景，精心布局，有楼台亭馆，池滩泉润，异常精美[4]。

又要奢侈享乐，又要悠游林泉，这种心理显然不能够在真正质朴自然幽雅宁静的山水中得到满足，形式美顺理成章地被提到了重要的地位。要有诗情，但那是在格律严谨的框子里体现委婉悱恻的诗情；要有画意，但那是在章法合度的基础上体现深远变化的画意。要有自然林泉之美，但它必须是被占有的财富；要有朴素淡雅之风，但它必须是被创造的对象。宰相李德裕造宅园，“舍宇不甚宏侈而制度奇巧，其间怪石古松，俨若图画”[5]。唐·懿宗“于苑中取石造山，崎危诘屈，有若天成……造屋如庶民家，未及半年，奇花异草，自然生满宫殿”[6]。在这种审美观的指导下，园林的人工技巧加重了，所谓的诗情，正是唐末五代的词风。如：

柳丝长，春雨细，花外漏声迢递。惊塞雁，起城乌，画屏金鹧鸪。
香雾薄，透帘幕，惆怅谢家池阁。红烛背，绣帘垂，梦长君不知。
星斗稀，钟鼓歇，帘外晓莺残月。兰露重，柳风斜，满庭堆落花。
虚阁上，倚栏望，还似去年惆怅。春欲暮，思无穷，旧欢如梦中。

——温庭筠《更漏子》[7]

庭院深深深几许？杨柳堆烟，帘幕无重数。玉勒雕鞍游冶处，楼高不见章台路。

雨横风狂三月暮，门掩黄昏，无计留春住。泪眼问花花不语，乱红飞过秋千去。

1 《唐国史补》卷下第60页 上海古籍出版社 1983年版

2 唐·张舜民《画墁录》《稗海》丛书第二函

3 宋·李格非《洛阳名园记》书后论：“洛阳之盛衰者，天下治乱之候也。方唐贞观开元之间，公卿贵戚开馆列第于东都者，号千有余邸。”文学古籍刊行社 1955年版

4 《白香山诗集》卷38《别集·格律诗之一》《池上篇并序》：“都城风土水木之胜在东南隅，东南之胜在履道里，里之胜在西北隅。西闬北垣第一，即白氏叟乐天退老之地。地方十七亩，屋室三之一，水五之一，竹九之一，而岛桥道间之……乃作池东粟廪……乃作池北书库……乃作池西琴亭，加石樽焉……每至池风春，池月秋，水香莲开之旦，露清鹤唳之夕，拂杨石，举陈酒，援崔琴，弹姜《秋思》……”《四部备要》中华书局影印本

5 唐·康骈《剧谈录》卷下《李相国宅》古典文学出版社 1958年版

6 清·王士禛《池北偶谈》下册卷22《谈异三·懿徽二宗事相类》引《学圃萱苏》中华书局 1984年版

7 载《唐宋名家词选》第11页 古典文学出版 1956年版

六曲阑干偎碧树，杨柳风轻，展尽黄金缕。谁把细筝移玉柱，穿帘海燕双飞去。

满眼游丝兼落絮，红杏开时，一霎清明雨。浓睡觉来莺乱语，惊残好梦无寻处。

——冯延巳《鹊踏枝》[1]

这种情调，说是无病呻吟也不为过，然而确也是一种情思，一种意念，一种格调，尤其是在那严密的格律所规定的词句里勾勒出的环境气氛：游丝、落絮、红杏、碧树、钟鼓、滴漏、燕飞、莺语、香雾、残月、庭院深深、帘幕重重、六曲阑干、谢家池阁……确实是一幅幅情牵意惹，令人心醉的立体画面。到宋，这种曲折的环境里呈现的婉转的情调更加浓重细腻。如：

柳外轻雷池上雨，雨声滴碎荷声。小楼西角断虹明，阑干倚处，待得月华生。

燕子飞来窥画栋，玉钩垂下帘旌。凉波不动簟纹平，水精双枕，旁有堕钗横。

——欧阳修《临江仙》[2]

鞦韆院落重帘幕，彩笔闲来题绣户。墙头丹杏雨余花，门外绿杨风后絮。

朝云信迷如何处？应作襄王春梦去。紫骝认得旧游踪，嘶过画桥东畔路。

——晏几道《木兰花》[3]

借景抒情，融会交织，无限缠绵的情思都从那小桥流水，一角红楼中泄漏出来。诗情如此，画意也不例外。宋以前的山水画究竟如何已难见真迹，但从敦煌石窟、懿德太子墓等的壁画来看，唐代山水树石的绘画水平远不如宫观画即匠画界画的水平高。传为大小李将军的青绿山水，看来都是赝品，估计所谓的山水画并没有什么园林趣味。传为王维的《山水诀》、《山水论》，全是元明文风，而且很像后代的造园观点，至少可以肯定不是唐代更不是王维所作。二阎擅美“匠学”见张彦远《历代名画记》，又都做过工部尚书，曾主持宫廷建筑工程，由他们倡导流布的界画，倒是很有可能成为唐至五代时风景画的主流。《历代名画记》记阎立本有“田舍屏风十二扇，位置经略，冠绝古今”，大约就是富有林泉趣味

1 《唐宋名家词选》第 59 页

2 《唐宋名家词选》第 73 页

3 同上第 97 页

的山水风景画。界画到宋，愈画愈精，终于出现了《清明上河图》那样忠实写生的巨幅[1]。可惜现知是北宋的山水画，尚未见过如南宋《四景山水图》、《楼台夜月图》、《夜潮图》那种富有园林韵味而又忠实细节的界画；但那些山峦重叠，树木繁密，溪桥渔浦，茅店板桥等摄取了自然美的精华又集形式美的技法的画面，则无疑是当代园林创作的楷模。北宋的园林就是通过诗词中雕砌的环境气氛和绘画中提炼的环境形象，实现了主观对客观环境的把握，寄托了主观对客观的希冀；更体现了人们对客观环境形式美的深刻认识。欧阳修说："夫穷天下之物，无不得其欲者，富贵者之乐也。至于荫长松，籍丰草，听山溜之潺湲，饮石泉之滴沥，此山林者之乐也……彼富贵者之能致物矣，而其不可兼者，惟山林之乐尔"[2]《浮槎山水记》。其实，富贵者既能"穷天下之物"，当然也可以把长松、丰草、山溜、石泉当作"天下之物"的一种加以攫取而享受"山林者之乐"。郭熙《林泉高致》[3]对当时山水画所以受到格外重视，有很透彻的分析：

直以太平盛日，君亲之心两隆，苟洁一身，出处节义斯系，岂仁人高蹈远引，为离世绝俗之行，而必与箕、颖埒素，黄、绮同芳哉？……然而林泉之志，烟霞之侣，梦寐在焉，耳目断绝。今得妙手，郁然出之，不下堂筵，坐穷泉壑；猿声鸟啼，依约在耳；山光水色，滉漾夺目。此岂不快人意，实获我心哉？此世之所以贵夫画山水之本意也。

他又说：

山有可行者，有可望者，有可游者，有可居者……但可行可望，不如可居可游之为得。何者？观今山川，地占数百里，可游可居之处十无三四，而必取可居可游之品。君子所以渴慕林泉者，正谓此佳处也。

原来"君子"们要求的是"不下堂筵，坐穷泉壑"；可行可望只是一般的欣赏，可居可游才能够"得其欲"。绘画尚且能满足这样的占有欲心理，那么营造园林，取得实在的审美享受，岂不更是"快人意，实获我心哉"。于是由山居别业而城市山林，由因山就涧而人造丘壑，由开发自然山水而叠山凿池，由利用山

1 唐·张彦远《历代名画记》卷9 人民美术出版社1963年版

2 《欧阳文忠全集·居士集》卷40《四部备要》中华书局影印本

3 载《说郛》卷90 宛委山堂本

重水复的自然空间而建造曲折高低的建筑空间。因而大量叠造假山、人工理水，大量建造成组成片的房屋，就成为宋代园林的重要标志了。先看姑苏朱氏“乐圃”：

> 圃中有堂三楹，堂旁有庑，所以宅亲党也。堂之南又有堂三楹，名之曰“遂经”，所以讲论六艺也……“遂经”之西北隅，有高冈，名之曰“见山冈”，上有琴台。台之西隅有“咏斋”……“见山冈”下有池，水入于坤维，跨篱为门。水由门萦纡曲引至于冈侧，东为溪，薄于巽隅。池中有亭，曰“墨池”……池岸有亭，曰“笔溪”，其清可以濯笔。溪旁有钓渚，其静可以垂纶也。钓渚与“遂经堂”相直焉。有三桥，度溪而南出者谓之“招隐”；绝池至于“墨池亭”者，谓之“幽兴”；循冈北走，度水至于西圃者谓之“西涧”。西圃有草堂。草堂之后有“华严庵”。草堂西南有土而高者，谓之西丘，其木则松、桧、梧、柏、黄杨、冬青、椅桐、柽、柳之类……[1]

再看洛阳园林。据李格非《洛阳名园记》[2]所记，各园均有自己的特色。有以借景取胜的，如“环溪”：

> 榭南有多景楼，以南望，则嵩高、少室、龙门、大谷，层峰翠巘，毕郊奇于前。榭北有风月台，以北望，则隋唐宫阙楼殿，千门万户，岧峣璀璨，延亘十余里。[3]

有以山林景物取胜的，如“湖园”：

> 洛人云，园圃之胜，不能相兼者六：务宏大者少幽邃，人力胜者少苍古，多水泉者艰眺望。兼此六者惟湖园而已……若夫百花酣而白昼眩，青苹动而林阴合，水静而跳鱼鸣，木落而群峰出。虽四时不同，而景物皆好。[4]

有以建筑布局取胜的，如“刘给事园”：

---

1 引自陈植、张公驰选注《中国历代名园记选注》第 29 ～ 31 页安徽科学技术出版社 1983 年版

2 1955 年文学古籍刊行社本 下叙各园只注本书页码

3 第 3 页

4 第 11 页

凉堂高卑，制度适惬可人意……西南有台一区，尤工致，方十许丈地，而楼横堂列，廊庑回缭，栏楯周接，木映花承，无不妍稳。[1]

还有以树木花卉取胜的，如“归仁园”等，兹不赘述。

江南、洛阳以外，岭南、湖南均有园林。汴京作为首善之城，“宗戚贵臣之家，第宅园圃……极一时之鲜明”[2]。从有关记载来看，至北宋时的园林，在构造亭廊，莳花种树，引流辟池，乃至经营位置等方面都有了成熟的手法。但大规模用石叠山造景，按既定要求规划景区，创造既定的诗画境界，则在宋徽宗亲自指导修建的汴京艮岳才得到全面的发挥。特别是假山手法，据元祐至崇宁间编修的《营造法式》，在“泥作”功限中规定每方丈“垒石山原注：泥假山同五功，壁隐假山一功；盆山每方五尺三功”[3]，指的应是庙宇道场、壁塑和盆景一类，并不是真正园林假山。周密《癸辛杂识》说：“前世叠石为山，未见显著，至宣和艮岳始兴大役……工人特出吴兴，谓之山匠。”[4]艮岳这座由人工建造，平地而起，又以大假山为全园主体的园林，实是集前代一切园林手法和鲜明地体现了当代审美观的代表杰作。

宋徽宗政和七年至宣和四年（1117 ~ 1122 年），于汴京宫城外东北部平地修建御园艮岳。综合《宋史·地理志》宋徽宗《御制艮岳记》张淏《艮岳记》袁褧《枫窗小牍》等载[5]，此园初名凤凰山，后改名寿山艮岳，又名阳华宫。园的设计者就是以书画著称的赵佶本人[6]。园周围十余里，以人工叠石的艮岳为全园景物构图中心，北引景龙江水入园，“冈连阜属，东西相望，前后相属，左山而右水，后溪而旁陇。”以石山艮岳、寿山和土山万松岭构成骨架，池沼渠流穿插其间，以山、水、桥、树和路径划分景区。有开有合，有障有连，有幽有敞，有高有低，曲折流连，“徘徊而仰顾，若在重山大壑、幽谷深崖之底，而不知京邑空旷坦荡而平夷也”。

据李质、曹组《艮岳百咏诗》，艮岳几乎囊括了所有构成园林的一切可以见到、想到的名目，计有建筑亭、馆、轩、楼、堂、阁、厅、斋、庵、庄、关、寮、门四十六处；水池、江、湖、溪、川、泉、峡、渚、岩十三处；山冈、岭、岳、台、洞、山、峰、岫、岩、谷、屏、石、壁、崖、蹬、岿 28 处；路岸、路、径、栈八处；坞二处；苑一处；园一处。至于园景分区，

---

1 第 4 页

2 宋 · 司马光《论财利疏》载《温国文正司马公集》卷 23《四部丛刊》商务印书馆

3 宋 · 李诫《营造法式》卷 25《诸作功限二 · 泥作》商务印书馆《万有文库》本 1933 年版

4 宋 · 周密《癸辛杂识 · 艮岳》《无一是斋丛钞》第五册 清 · 宣统刊本

5 均见《古今图书集成 · 经济汇编 · 考工典》第 53 ~ 55 卷 总第 785 册《苑囿部》汇考、艺文卷 以下引文不另注出处

6《御制艮岳记》：“遂以图材付之，按图度址，庀徒僝工，累土积石。”

有以峰岭取胜的艮岳、万松岭、寿山；有以植物取胜的梅岭、药寮、松冈等区；有以田野风光取胜的西庄区；还有溪谷区、洲渚区、平源池沼区、庙宇区道教……正如《御制艮岳记》所说：

> 设洞庭、湖口、丝溪、仇池之深渊，与泗滨、林虑、灵壁、芙蓉之诸山。取瑰奇特异瑶琨之石，即姑苏、武林、明越之壤，荆楚、江湘、南粤之野。移枇杷、橙、柚、桔、柑、榔、栝、荔枝之木，金蛾、玉羞、虎耳、凤毛、素馨、渠那、茉莉、含笑之草。——四时朝昏之景殊，而所乐之趣无穷也……东南万里，天台、雁荡、凤凰、庐阜之奇伟，二川、三峡、云梦之旷荡，四方之远且异，徒各擅其一美，未若此山并包罗列，又兼其绝胜。飒爽溟涬，参诸造化，若开辟之素有，虽人为之山，顾岂小哉！

这里要着重指出艮岳这座大假山，全用太湖奇石叠砌，为中国园林假山的冠军。为了收罗奇石异草，特设"花石纲"，命朱勔董其事，大太湖石"载以大舟，挽以千夫，凿河断桥，毁堰拆牐，数月乃至"[1]。艮岳和寿山可说集倚山造景的大成：山中有洞有谷，山上有峰有石，山岩有洞有瀑，山腰有蹬有栈，山脚有溪有峡，山顶有亭有台，不但平面布局曲折多变，而且立体轮廓参差有致，叠山的工程技巧和对山的形式美的掌握都是很高的。然而总的看来，这里不见了六朝园林中自然山水的空灵之美，也不见了初盛唐山庄别业中坦率质直的诗画之美，有的是精巧细致之美，是充满外在物质的，形式技巧的市井工艺之美。好像是一个螺旋的运动，它和秦汉苑囿在另一个高度上得到契合。再往前，直到南宋、元、明，又向着新的美的高度运动去了。

创造环境美

山外青山楼外楼，西湖歌舞几时休？暖风吹得游人醉，直把杭州作汴州。靖康二年（1127 年），金人围汴梁，百姓入艮岳拆宫室亭榭木料，御寒举炊，一代名园被毁。金世宗大定三年（1163 年），挖掘中都今北京东北郊海子今北海，垒土成岛山今琼华岛，接着拆运艮岳奇石，在山上筑假山石洞，同时建造离宫别馆。金承宋制，宋代园林技艺流布到了北方。而在江南，以杭州为中心，创造出更加绚丽多姿的园林环境。艮岳毁灭了，西湖却繁盛了。

1 《宋史》第七册卷 85《地理志一》第 2102 页

从南宋到明代中晚期，这四百余年是中国文化史上一个非常重要的阶段。绘画的章法和技巧不断有新的突破，对形式美的理解更精微了。戏曲舞台艺术空前发展，对艺术的时空关系开掘得更深入了。建筑艺术追求精雕细刻，形成了柔和秀美的风格，对园林美景风光胜地的开发经营，成为表现建筑艺术最重要的领域之一。人们对自然美的认识大大提高了，对形式美包括造园技巧的运用大大娴熟了，对园林的审美视野大大开阔了，如果说，六朝时期人们向往自然山水主要是寻求精神的寄托，那么，经过了唐宋时期对诗情画意的自觉追求，和对园林艺术的形式的自觉探索，就必然会在一定的契机下将自然美与形式美结合起来，创造出环境美。而这契机，就是两宋之际动荡不安、征战频仍的社会现实对人们的生活意识包括审美意识的猛烈冲击。在生活稳定，经济繁荣的北宋两个半世纪中，积累了非常丰富的灿烂的文化，创造了名目众多的物质的和精神的享受方式。请看看北宋诗词散文中迷漫的那种闲情逸致，平话小说中欣赏的那种缱绻温馨，山水绘画中追求的那种丰满充实，雕塑纹饰中表现的那种潇洒流畅，再结合诸如《东京梦华录》等书记载的那种繁华自在的城市生活风貌，当时人们是浸沉在一种多么充裕的生活环境当中。然而，铁骑刀兵，玉石俱焚，连风流尔雅的艺术大师宋徽宗也不免被掳荒漠，人们就不得不对过去的生活重新加以认识。但是，南宋的半壁江山中有相当长的时间和相当大的地域并未遭到蹂躏，经济文化在原有的基础上进一步发展了；随着中原士人的南渡，北宋的高度文化也促进了南宋的文明活跃。因此，那时人们的精神和意识显然是处于一种高度亢奋的状态。人们深切怀念过去的美好生活，重新评价过去的伟大创造，热情赞赏过去的文化传统。南宋一代的所谓歌舞升平和文化创作，与其说是苟安偷生，毋宁说是在新的现实面前人的精神世界重放异彩，人的创作力量再现光辉。要继承，更要创造；要重温昔日乐趣，更要开拓新鲜境地。旧的毁灭了，新的更兴盛了。仿佛是六朝时期对自然美景的开掘，宋以后的风景胜地被大量开发出来，但并不是消极地陶醉于自然美，而是积极创造环境美，这是一个螺旋运动的二点重合。

当然并不是说对环境美的认识与创造就开始于南宋，如前述六朝和唐代一些著名的山居别业，都是很美的诗画环境，谢灵运、惠远、沈约、王维、白居易等人都是创造环境美的先行者。柳宗元在当时所谓夷狄之地的永州湖南零陵，发现和开辟了几处风景小区见《永州八记》[1]能使人“乐居夷而忘故土”[2]，使“贵游之

1 载贝远辰、叶幼明选注《历代游记选》湖南人民出版社 1980 年版
2 同上书第 11 页《钴鉧潭记》

士争买者，日增千金而愈不可得”。白居易在杭州早已领略了湖山之美，他寄诗张籍：“好著丹青图与取，题诗寄与水曹郎”，欲借图画传写美景。欧阳修、苏东坡也都写过不少动人的游记，然而时代愈早，能够对环境美认识的人也愈少。滕王阁、黄鹤楼本身固然很美，但由于王勃写出了“落霞与孤鹜齐飞，秋水共长天一色”，崔颢唱出了“晴川历历汉阳树，芳草萋萋鹦鹉洲”的佳句名篇，那南浦云，西山雨，悠悠白云，霭霭烟波的环境也才有了美的价值。永州的美景，在柳宗元经营开发以前，有的是“农夫渔父过而陋之”[1]，有的是“永之人未尝游焉”[2]，仍然不能发挥其美的价值。大约在北宋中期以后，我国的名山秀水，诸如五岳五镇，佛教四山峨眉、普陀、九华、五台，五当、匡庐、武夷、青城诸名山以及漓江、沅江、富春江等著名的风景区才逐渐被人们所认识，并逐渐开发经营，成为游览胜地。固然，清明修禊，重阳登高，桑间濮上，赛社朝山，人们总是选择风景优美的所在，也总能在其中领略到胜地的风光，但主要的审美客体还不是风景本身。作为纯粹的“游山玩水”，那是一种新的审美要求，游览胜地的审美价值，则是需要得到多数人的承认。环境美不能仅仅是少数人情感寄托的画面，而更是多数人喜游乐往的现实生活实体；不能仅仅是自在的奇山秀水，还必须是自觉的规划经营。这种由自然与人工密切结合的美的环境，主要表现在宋以后陆续完备起来的邑郊风景区。

所谓邑郊风景区，不是某些达官贵人私人享用的山居别业，而是能够供多数人纵情玩赏的公共游览场所。构成邑郊风景区的主要因素是山、水、园、庙。奇山秀水，名花古树，亭台楼阁，危登曲径，仙祠古刹，精舍浮屠等等自然的人工的造景因素综合在一起，组成一个面积较私家园林大得多，而较平畴野岭小得多的风景区域。这是园林审美的一个重大发展。宋代以后，江淮、蜀中、岭南、中原等地都出现了许多这种风景区，如苏州的虎丘、天平山，扬州的瘦西湖、平山堂，南京的栖霞山、清凉山，武昌的鹦鹉洲，长沙的岳麓山，昆明的西山滇池，太原的晋祠，绍兴的鉴湖、兰亭，肇庆的七星岩，桂林的西山，济南的千佛山，滁州的琅琊山，宣州的敬亭山，池州的齐山，颖州的西湖……而几乎每座城邑都有的“八景”、“十景”之类也大都是当时被人们认识开发的风景区。其中，集邑郊风景区一切因素大成的，在全国首推杭州的西湖。

西湖之成为游览胜地，首先是那里的山峦和水面的尺度适合于作为一个大都邑的公共活动场所。它不像太湖、洞庭湖那样浩淼，又不像一般池塘水洼那

1 同上书第 15 页《钴鉧潭西小丘记》

2 同上书第 23 页《袁家渴记》

样只能适应私家造园。它自身的尺度和它与周围山岭的比例都与当代人们习见的城郭、市肆、屋宇、车马等生活环境和生活节奏很谐调。而湖中的两道长堤，几座桥梁和湖畔的矮山小岭，幽谷溪泉，更增加了山水的层次。苏东坡有诗："水光潋滟晴偏好，山色空濛雨亦奇；欲把西湖比西子，淡妆浓抹总相宜"[1]。说的就是山水的比例和景物层次有如美人西施一样，美得恰到好处。其次，西湖周围气候温润，阴晴雨雪，各有千秋。不但"晴方好"，"雨亦奇"，秋夜景色则"一望晴烟破暝幽，湖山滟滟月初浮"[2]，冬日雪后则"人间蓬岛是孤山，高阁清虚类广寒"[3]。总之风景画面丰富多彩，四时都可供人游玩。但自然条件只是构成风景区的基础。尚有待于人的开发。中唐诗人李贺写的名作《苏小小墓》[4]把西湖景物拟人入诗："幽兰露，如啼眼。""草如茵，松如盖，风为裳，水为佩"。"冷翠烛，劳光彩，西陵下，风吹雨"。眼前仍是一派萧瑟寂寥的气氛。北宋人描写西湖，一般也只提湖光山色，白沙碧草，最多说到佛寺。到南宋时就不同了。明人田汝成辑《西湖游览志余》[5]称：

西湖巨丽，唐初未闻也。自相里君、韩仆射辈继作五亭，而灵竺之胜始显。白乐天搜奇索隐，江山风月，咸属品题，而佳境弥彰。苏子瞻昭旷玄襟，追踪遐躅。南渡以后，英俊丛集，昕夕流连，而西湖底蕴，表襮殆尽。[6]

前宋时，杭城西隅多空地，人迹不到。宝莲山、吴山、万松岭，林木茂盛，阒无民居。城中僧寺甚多，楼殿相望。出涌金门，望九里松更无障阻。自辇驻跸，日益繁艳，湖上屋宇连接，不减城中。有如诗云："一色楼台三十里，不知何处觅孤山"，其盛可想矣。[7]

杭州内外及湖山之间，唐以前为三百六十寺，及钱氏立国，宋朝南渡，增为四百八十。[8]

从此西湖成为最大的公共游玩场所，周密《武林旧事》卷三称：

---

1 《饮酒湖上初晴后雨二首》之二《东坡七集》卷 4《四部备要》中华书局聚珍板
2 明·田汝成《西湖游览志余》卷 20《熙朝乐事》引诗 见第 365 ~ 366 页，上海古籍出版社 1980 年版
3 明·田汝成《西湖游览志余》卷 20《熙朝乐事》引诗 见第 365 ~ 366 页，上海古籍出版社 1980 年版
4 明·田汝成《西湖游览志余》卷 16《香奁艳语》第 299 ~ 300 页并引白居易等诗句
5 上海古籍出版社 1980 年版 以下引文只注卷数及页码
6 卷 24《委巷丛谈》第 425 页
7 卷 24《委巷丛谈》第 408 页
8 同前书卷 14《方外玄踪》第 260 页 又据宋·吴自牧《梦粱录》载：杭州城内外有佛寺五百八十余所，道观七八十所。见中国商业出版社 1982 年合刊本 卷 15《城内外诸宫观》《城内外寺院》第 124 ~ 126 页

杭人亦无时而不游……凡缔姻、赛社、会亲、送葬、经会、献神、仕宦、恩赏之经营，禁省台府之嘱托，贵珰要地，大贾豪民，买笑千金，呼卢百万，以至痴儿呆子，密约幽期，无不在焉……都人士女，两堤骈集，几乎无置足地；水面画楫，栉比如鱼鳞，亦无行舟之路。[1]

又《西湖老人繁胜录》及《梦粱录》所载节日西湖盛况，如：

仲春十五日为花朝节……都人皆往钱扩门外玉壶、古柳林、杨府、云洞，钱湖门外庆乐、小湖等园，嘉会门外包家山王保生、张太尉等园，玩赏奇花异木。[2]

清明节：店舍经营，辐辏湖上，开张赶趁。[3]

寒食前后，西湖内画船满布，头尾相接，有若浮桥……岸上游人，店舍盈满，路边搭盖浮棚，卖酒食也无坐处，又于赏茶处借坐饮酒。南北高峰诸山寺院僧堂佛殿，游人俱满。[4]

佛生日：士民放生会亦在湖中。[5]

端午节：朝乡会亦在湖中，或借园内。[6]

朝廷官府更有意助长公共游玩。每年二月初“修葺西湖南北二山，堤上亭馆园圃桥道油饰装画一新，栽种百花，映掩湖光景色，以便都人游玩”[7]。“咸淳间，朝家给钱，命守臣增筑堤路，沿堤亭榭再一新，补植花木”[8]。甚至宫中苑圃也模仿西湖名胜，“禁中及德寿宫皆有大龙池、万岁山，拟西湖冷泉、飞来峰”[9]。另在清波门、嘉会门外，葛岭、孤山等地兴建御园十多处。由于朝廷官府的提倡，以西湖为中心，形成了十条游览路线，共有四五白处游览点[10]。其中西湖周围，经过画师们的描绘，诗人们的题咏，从南宋开始公认有“十景”，它们是：苏堤春晓、曲院荷风、平湖秋月、断桥残雪、柳浪闻莺、花港观鱼、雷峰夕照、

1 宋·周密《武林旧事》卷3《西湖游幸》第43～44页 中国商业出版社1982年合刊本
2 宋·吴自牧：《梦粱录》卷1《二月望》版本同前第7页
3 《西湖老人繁胜录》版本同前第6页
4 同上书第8页
5 同上书第9页
6 同上书第11页
7 《梦粱录》卷1《二月望》第6页
8 《梦粱录》卷12《西湖》第93～97页 版本同前
9 《梦粱录》卷12《西湖》第93～97页 版本同前
10《梦粱录》卷12《西湖》第93～97页 版本同前

两峰插云、南屏晓钟、三潭印月[1]。湖滨一带，“皆台榭亭阁，花木奇石，影映湖山”；[2]“西林桥即里湖内，俱是贵官园圃，凉台画阁，高台危楼，花木奇秀”[3]。酒楼饭馆也多据景而设。如丰乐楼，“据西湖之会，高峰连环，一碧万顷，柳汀花坞，历历栏循间”[4]。祠庙寺观，更是重要的风景点。如苏堤上的三贤祠，“前挹湖山，气象清旷；背负长冈，林樾深窈；南北诸峰；岚翠环合，遂与苏堤贯联也”。[5]广化寺“建竹阁，四面栽竹万竿，青翠森茂，阴阳朝暮，其景可爱”[6]。从此，“春则花柳争艳，夏则荷榴竞放，秋则桂子飘香，冬则梅花破玉，瑞雪飞瑶。四时之景不同，而赏心乐事者亦与之无穷矣”[7]。经过了人力的加工妆点，西湖的自然美变成了典型的、完美的环境美。中国传统园林艺术也开始向着成组成群的风景序列发展开去。明清的北京西郊的园林区，清乾隆时期的扬州郊区，就是继杭州以后大规模营建的园林环境。但是艺术手法更熟练，人工的、形式美的成份更重了。

明清私家园林

元朝可以说是一个光怪陆离的时代，在残酷近于奴隶制的统治下，社会经济文化却有着不容忽视的成就，创造出了许多足令后世引为骄傲的灿烂文明。马可波罗笔下的城镇，几乎是一幅幅使欧洲人钦慕不已的天国图画。大都今北京是当时世界上规划最整齐，市政最完备的都城。大运河和大都的水利工程，登封测景台和许多天文仪器，证明当时的科学技术已经达到世界上很先进的程度。遗留至今许多著名的宗教文物，属于佛教主要是喇嘛教的，有西藏的夏鲁寺和萨迦寺，北京的妙应寺和居庸关云台；属于道教的，有山西永济的永乐宫和晋城的玉皇庙；属于伊斯兰教的，有福建泉州的清净寺等。这些宗教建筑和其中的绘画、雕刻等，都有着第一流的艺术水平。戏曲更是空前发展，关、王、白、马的伟大作品，堪称戏剧史上光彩夺目的明珠。倪云林、王蒙等文人画中表现的写意特征，终于奠定了中国山水画的风格基础。从元代戏曲、绘画所表现的

---

1 《梦粱录》卷 12《西湖》第 93 ～ 97 页 版本同前

2 《武林旧事》卷 4《故都宫殿》第 57 页 版本同前

3 《武林旧事》卷 5《湖山胜概》载：计有游览路线及各线风景点为：南山路 66 处方家峪 50 处 小麦岭 38 处 大麦岭 14 处 西湖三堤路 26 处 孤山路 9 处 北山路 111 处，葛岭路 121 处 西溪路 1 处 三天竺 17 处 共 10 路 453 处。有些大风景点中包含许多小景点。版本同前第 76 ～ 115 页

4 均见《梦粱录》卷 12《西湖》第 95 ～ 97 页 版本同前

5 均见《梦粱录》卷 12《西湖》第 95 ～ 97 页 版本同前

6 均见《梦粱录》卷 12《西湖》第 95 ～ 97 页 版本同前

7 均见《梦粱录》卷 12《西湖》第 95 ～ 97 页 版本同前

美学特征来看，当时的市井文人的创作精神状态是非常旺盛亢进的。由于写意画的发展以及戏曲中对故事环境的铺陈，元代的园林完全有可能继承前代，更有可能向更高更精的境界开拓。然而在上层统治者方面，却长期沉湎在粗俗、浅陋、愚昧的肉欲享受方面，并没有提出怡情山水这样高级精神享受课题。除了极个别的文人官僚，一般士人的社会地位很低，没有条件让他们能在现实物质环境中享受园林美景，在园林中抒发自己的审美理想。所以，尽管大都西北郊区风光很好，还为水利开辟了瓮山泊今颐和园昆明湖，但始终没有有意识地经营成游览胜地。原来南宋园林荟萃的杭州、吴兴，兵燹之后也没有恢复起来。在元一代虽然有赵孟頫在归安造莲庄，倪云林在无锡造清閟阁，僧维则等在苏州造狮子林，但整个园林创作还是大大衰落下来。明朝初年，更励行礼法统治，用严刑峻法压制一切礼制异端，在很长一段时间内窒息了艺术创作。洪武元年谕中书省："近代风俗相沿，流于奢侈。闾里之民，服食居处，与公卿无异。贵贱无等，僭礼败度……宜明立禁条颁示中外，俾各有所守，以正名分"[1]。洪武二十六年定制："不许于宅前后左右多占地，构亭馆，开池圹，以资游眺"[2]，这就从制度上限制了园林创作的可能性。但从明中叶起，随着资本主义因素的发展，市民力量的勃兴和由此而促成的文艺思想上的浪漫主义洪流，一下子就冲决了礼法的堤防。好像是被埋藏压抑在地底的根芽，中国园林艺术又破土而出，无论在实践上还是在理论上，突然呈现出一派花园锦簇的景象。从明中叶到清前期，即16世纪中叶至18世纪中晚期，是中国园林硕果累累的黄金时代。

首先是大江南北的私家园林如雨后春笋般地突然兴起，或葺旧园，或筑新构，湖州吴兴，杭州、苏州、扬州、南京、太仓、仪征、嘉兴等地名园迭兴，造园高手辈出，著述很多。其次是帝王宫苑在局部保存一池三岛，铺陈华丽的俗套以外，更多向私家园林靠拢，或仿其手法，或采其意境，或拟其形式，发挥着皇家的物质优势，又采集了私家的艺术成果，从而创造了不少大型苑囿。在这个园林创作的高潮里，从审美观来看，经历了两个不同倾向的阶段。

大抵在明中叶至清初，造园创作受文人画的影响还比较大，园林审美多倾向于清新自然，质朴无华，这和文学中公安派所提倡的"独抒性灵，不拘俗套"。一类的审美标准相一致。因而在园林创作中注重的是意境，是趣味，是风格，是物质世界中的精神世界；在园林审美中注重的是情绪，是寄托，是交融，是在有限的物质中无限空灵之感。试看王世贞《游金陵诸园记》所欣赏的东园景致：

1 《明会要》上册卷14《礼九·禁逾侈》引《圣政记》第239～240页 中华书局1956年版
2 《明史》第六册卷68《舆服志·百官第宅》第1671页

初入门，杂植榆、柳，余皆麦垄，芜不治。逾二百武，复入一门，转而右，华堂三楹，颇轩敞，而不甚高，榜曰："心远"，前为月台数峰，古树冠之。堂后枕小池，与小蓬莱对，山址潋滟，没于池中，有峰峦洞壑亭榭之属，具体而微。两柏异干合杪，下可出入，曰：柏门。竹树峭蒨，于荫宜，余无奇者。已从左方窦朱板垣而进，堂五楹，榜曰："鉴"，前枕大池……出左楹，则丹桥迤丽，凡五、六折，上皆平整，于小饮宜。桥尽有亭翼然，甚整洁，宛如水中央，正与一鉴堂面。其背，一水之外，皆平畴老树，树尽而万雉层出，右水尽，得石砌危楼，缥缈翚飞云霄，盍缵勋所新构也。画船载酒，由左溪达于横塘，则穷。园之衡袤几半里，时时得佳木。[1]

再看张岱笔下的小园意趣：

砎园，水盘据之，而得水之用，又安顿之若无水者。寿花堂，界以堤、以小眉山、以天问台、以竹径，则曲而长，则水之；内宅，隔以霞爽轩，以酣漱、以长廊、以小曲桥、以东篱，则深而邃，则水之；临池，截以鲈香亭、梅花禅，则静而远，则水之；……缘城，护以贞六居、以无漏庵、以菜园、以邻居小户，则闷而安，则水之用尽……[2]

再看米万钟在北京海淀建造的勺园：

园仅百亩，一望尽水，长堤大桥，幽亭曲榭。路穷则舟，舟穷则廊。高柳掩之，一望弥际。[3]

再看费元禄在铅山的园林：

吾家瀛洲小隐，门前有池，东南阡陌条旸，波水交流，每两则波涌若轮。四面侧湖入晁采，池上豫章之荫十亩，灵山九阳倒景其下，左右楸桐竹槐，负日俯仰，细鳞游泳。水木明华，可谓濠梁之性，物我无违矣。[4]

---

1 引自《中国历代名园记选注》第 161 页 版本见前

2 《陶庵梦忆》卷 1《砎园》第 5 页 上海古籍出版社 1982 年版

3 明·孙承泽《春明梦余录》卷 65 古香斋鉴赏袖珍本

4 《晁采馆清课》卷下第 30 页《丛书集成》本 商务印书馆

又王世贞有《邹园十咏》诗，诗题为钓矶、柳堤、碁墅、瀑布、桃溪、鱼渊、濯清、蓼滩、松壑、杏坞。清初朱彝尊在嘉兴造竹垞，有桐阶、兰砌、槐洴、荷池、芋坡、青桂岸、绣鸭滩、落帆步等“景”。无论从记述中的欣赏趣味或是诗题景名都可以鲜明地感受到旷达、潇洒、淳朴、超逸的情调。虽然有亭台错落，曲房婉转，但不过是审美中的陪衬，主体还是自然风光，虽然有奇峰幽壑，泉流溪瀑，但不过是大自然的浓缩，并不以叠石理水的技巧取胜。正如张岱笔下的扬州范长白园，对“缯楼、幔阁、密室、曲房，故匿之不使人见”，叫人们着意欣赏的则是“峭壁回湍”,“茂林修竹”。他写下的另一座园子于园,虽然“奇在累石”，但山石是和周围的建筑、水池、花木融合在一起，使人感到“如深山茂林,坐其中颓然碧窈”[1]。这种审美特征,在今天还遗留有当初格局的少数实物中尚能领略得到一些。如无锡的寄畅园，建于明正德年间，明末清初，江南叠山名手张涟南垣从子张钺为叠假山。园中建筑不多，重心是水面和透迤起伏的土石相间的假山。驳岸、池湾、水口、涧滩和古树花木层次安排得体，显得落落大方。锡山宝塔隔墙借入园中，衬以山势余脉，使得园境大为开阔。人至园中，确能感受到高远爽致的气氛。清初人称它“古木清渠，攫舞澄泓”，[2]是很有体会的评价。又如苏州拙政园，明嘉靖初年建，历经兴衰，但主体部分仍是明代结构。它的布局以空旷的池山与曲折的建筑互相映托，茂盛的林木和土石相间而颇有气势的假山显示出清新高雅的格调，直至道光年间戴熙绘制的拙政园图，仍有明人山水画的风味。

这种清新高雅的格调到清朝的乾隆时期起了巨大的变化。清初大兴文字狱的直接后果，是使一部分文人在考据、训诂中去发泄他们的创造力量，取得了极可钦佩的成绩；另一部分文人则按照官方的文化标准，醉心于八股制艺，其精雕细琢也同样达到很高的程度。结果是富有浪漫气息的文艺思想被窒息了，艺术创作走向两个方面：一是宫廷御用文艺非常发达，如意馆的绘画、书法，昇平署的戏剧、音乐，内务府的工艺美术，样房属内务府的建筑，形成了一套程式化极严格，形式美极讲究，技术性极重要的创作方法，它们有着共同的审美倾向，统一的风格特征，代表着盛清文艺的面貌，可称之为乾隆风格；再是市井文艺大大发展起来，地方的民间的戏剧、音乐、文学、曲艺、绘画、工艺美术、建筑住宅、会馆、祠庙、商邸等都更加兴盛，它们也有着共同的艺术倾向，同样代表着盛清文艺的面貌。这两个方面殊途同归，异曲同工，都是排斥抒放性灵，

---

1 《陶庵梦忆》卷 5《范长白》《于园》第 41 ～ 42 页

2 转引自童寯《江南园林志》第 35 页：“清初姜西溟记寄畅园，称其‘古木清渠，攫舞澄泓’”。中国建筑工业出版社 1984 年版

排斥内在的精神世界，而讲求形式美观，技术巧妙，讲求外在的物质创造。从本质上说，乾隆风格实际上就是市民艺术的精神。

乾隆风格的园林代表是在扬州。扬州有很好的造园自然条件，有丰富的历史文物，还有平山堂这样著名的名胜古遗迹。但是它作为盛清私家园林的总汇，还是在乾隆皇帝辛未乾隆十六年（1751年）第一次“南巡”以后。袁枚在乾隆五十八年为《扬州画舫录》作序说：

> 记四十年前，余游平山，从天宁门外，拕舟而行。长河如绳，阔不过二丈许，旁少亭台。不过匽潴细流，草树卉歙而已。自辛未天子南巡，官吏因商民子来之意，赋工属役，增荣饰观，奓而张之。水则洋洋然回渊九折矣，山则峨峨然隥约横斜矣；树则焚槎发等，桃梅铺纷矣；苑落则鳞罗布列，闸闻然阴闭而霅然阳开矣”。[1]

当时的画家刘大观说：“杭州以湖山胜，苏州以市肆胜，扬州以园亭胜”。[2] 康熙以前，除平山堂外，有明末郑氏四园；康熙间有董其昌所筑影园等八大名园。至乾隆时，载于《扬州画舫录》中的就有卷石洞天、西园曲水、白塔晴云等二十四“景”[3] 是一般邑郊风景常见的“八景”的三倍，而且多是私家园林；此外还有八大名刹均带花园和黄、江、程……诸家名园二十余所；[4] 其余为迎接“南巡”，在市河两岸用所谓“档子法”临时搭建的园林“点景”更不计其数。[5]

扬州园林所表现的乾隆风格有以下一些特征：首先，全面地组织园林环境序列，把若干名园胜景组织成一“片”景区，使之互相借资，构成广阔的美的环境。如二十四景中的四桥烟雨即黄氏花园，就将虹桥、长寿桥、春波桥和莲花桥周围的“景”——白塔晴云、水云胜概、长堤春柳、虹桥览胜以

---

1 清·李斗《扬州画舫录》袁枚序 第4页 江苏广陵古籍刻印社1984年版 以下凡引本书者均用此本，只注卷数及页码

2 《扬州画舫录》卷6《城北录》第144页

3 同上书卷10《虹桥录上》第218～219页：“乾隆乙酉，扬州北郊建拳石洞天、西园曲水、虹桥揽胜、冶春诗社、长堤春柳、荷浦熏风、碧玉交流、四桥烟雨、春台明月、白塔晴云、三过留踪、蜀冈晚照、万松叠翠、花屿双泉、双峰云栈、山亭野眺，临水红霞、绿稻香来、竹楼小市、平冈艳雪二十景……乙酉后，湖上复增绿杨城郭、香海慈云、梅岭春深、水云胜概四景。”

4 八大名刹，见同上书卷1《草河录上》第23页：“八刹：建隆、天宁、重宁、慧因、法净、高旻、静慧、福缘也。”

5 同上书卷1第19页：“自高桥起至迎恩亭止，两岸排列档子；……档子之法，后背用板墙蒲包，山墙用花瓦，手卷山用堆砌包托，曲折层叠青绿太湖山石，杂以树木，如松、柳、梧桐、十日红、绣球、绿竹，分大中小三号，皆通景象生。又，卷10第226页：“（流波华馆）西步平桥入湖心亭，复于东作版廊数折入舫屋，曰小江潭。皆用‘档子法’，谓之点景，如‘邗上农桑’、‘杏花村舍’之类”。

及其他的山水亭阁联系起来,成为一“片”园林区。或者是沿游览路线按“段”设景,构成一条“线”的景区序列。如乾隆二十二年开莲花埂新河直抵平山堂,北岸构白塔晴云、石壁流淙、锦泉花屿三“段”,南岸构春台祝寿、筱园花瑞、蜀冈朝旭、春流画舫、尺五楼五段。而这些“线”上的景物又和“片”上的交融结合,使序列变化极为丰富。其次,更加注重突出每一景,每一园自身的特征。它们不再是一般的高雅或玲珑,清旷或幽邃,而是突出其外在特征,使人一望而知它们所要给人的审美内容。如邗上农桑和杏花村舍取材于“织耕图”,是郊野风味;拳石洞天以山洞屈曲取胜;砚池染翰九峰园以湖石取胜;虹桥揽胜以曲水取胜等。即临水建筑一项,也各有制胜的地方:“倚虹园之胜在于水,水之胜在于水厅”[1];“湖上水廊以‘四桥烟雨’之春水廊为最,水阁以九峰园之风漪阁、‘四桥烟雨’之锦镜阁为最;水馆以‘锦泉花屿’之微波馆为最;水堂以‘荷蒲熏风’之来熏堂为最;水楼则以倚虹园之修禊楼为最”。[2]阁道也各有特点,如冶春诗社西园“阁道之胜,比东园而有其规矩,无其沉重;或连或断,随处通达”。[3]再次,更加重视园林建筑的布局和建筑与山石水流的联系。如洪氏别墅即“虹桥揽胜”,“临水建饮虹阁,阁外‘方壶岛屿’,‘湿翠浮岚’”;堂后开竹径,水次设小马头,逶迤入涵碧楼。楼后宣石房,旁建层屋,赐名致佳楼。直南为桂花书屋,右有水厅面西,一片石壁,用水穿透,杳不可测厅后牡丹最盛,由牡丹西入领芳轩,轩后筑歌台十余楹。台旁松、柏、杉、槠,郁然浓阴。近水筑楼二十余楹,抱湾而转,其中筑修禊亭。[4]“饮虹阁峭廊飞梁,朱桥粉郭,互相掩映;目不暇接。涵碧楼前怪石突兀,古松盘曲如盖,有崖峻嶒秀拔,近若咫尺,其右密孔泉出,迸流直下,水声泠泠,入于湖中”[5];“其旁有小屋,屋中叠石于梁栋上,作钟乳垂状”[6]。更次,园中假山的地位更加重要。“扬州以名园胜,名园以叠石胜”。[7]宋以来专叠石山的匠师,已经不能创造出满足明清士大夫审美所要求的作品了。画家文人中颇有留心于叠山艺术者,如计成、张涟、石涛、李渔、戈裕良等,或出入公卿士大夫家造园叠山,或自营小园叠造假山。当时园林中假山必须出自名家才算上品。扬州余氏万

1 《扬州画舫录》卷10《虹桥录上》第210页
2 同上书第211页
3 同上书第229页
4 同上书第208页
5 同上书第210页
6 同上书第210页
7 同上书卷2《草桥录下》第38～39页:“释道济,字石涛……工山水花卉,任意挥洒,云气迸出。兼工叠石,扬州以名园胜,名园以叠石胜,余氏万石园出道济手,至今称胜迹。”

石园出道济石涛手，白沙翠竹江村石壁出张涟手，怡性堂石山出仇好石手，九狮山出董道士手，皆为一时名选。而一般的叠山匠师，相比之下都被贬为“石工”。其中张涟，是明末清初江南著名叠山艺术家，吴梅村曾为他作诗。他叠山讲究总体手法，反对专以奇石取胜，常用土筑冈陇陂丘，其间点缀少量山石，似是截取大山之麓，富有山势不断的意趣。石涛是大写意的著名画家，叠石也重在总体位置的经营，以少胜多。《扬州画舫录》只举出少量的名家作品，看来绝大多数园林的假山是以众多的奇石和屈曲的构图为主。假山可土可石，土石相间固然能有张涟等这样的名家叠成佳构；全用奇石屈曲，同样也可以叠出妙品，如戈裕良叠石山，专能钩带大小石块如造环桥，与真的洞壑不少差。不过全用石叠，人工的因素更重，细致的程度更高，形式美的法则更严，倒不一定就低于土石相间的假山，而这，恰恰也就是乾隆风格的特征之一。事实上，张南恒的叠山，逐渐也就曲高和寡，他的子孙世业叠山，也不免随着时代的审美观有所变化了。沈复在《浮生六记》中对扬州园林也是中国园林盛期的特征作了很概括的描述：“平山堂离城约三四里，行其途有八九里。虽全是人工，而奇思幻想，点缀天然，即阆苑瑶池，琼楼玉宇，谅不过此。其妙处在十余家之园亭，合而为一，联络至山，气势俱贯”。[1] 充分利用自然，又竭力发挥人工；重视环境总体，又突出各园特征；布局奇巧变化，而工艺精致考究；空间诡谲参差，而尺度法则严谨，这就是乾隆时期园林艺术的审美特征。它全面地展示了人的创造能力，充满着世俗的人情味道；同时，又尽量摄取、利用、改造、融合自然界一切美的因素，开辟出了园林艺术的新途径。它不再追求那已经过时了的清旷、超逸、高雅、闲适的韵味……而是在因袭着历史审美意识的同时，更执着于新鲜的创造。正如同唐宋时期对所谓诗情画意的追求实际上是人对自然的积极把握一样，盛清园林蓬勃新鲜的风貌更进一步表现了人对创造环境美的进取精神，这又是一个螺旋运动的二点重合。

论《园冶》及其他[2]

中国古代谈美论艺著述最多的是文论，其次是画论和书论。乐论、舞论多结合礼仪典章和伦理观念，雕塑只有个别塑像比例法则，基本上都没有艺术审美专著。戏曲和园林相似，明中期以前，实际佳作甚多而理论论述绝少，但以

1 《浮生六记》卷 4《浪游纪快》第 43 页 人民文学出版社 1980 年版

2 本节引用《园冶》原文均见陈植注释《园冶注释》本，中国建筑工业出版社 1981 年版

后又突然涌现出一批很精彩的著作。其中有关造园的著作以明崇祯四年（1631年）吴江人计成所著《园冶》最为重要，其次有明末文震亨著的《长物志》，清初李渔著的《闲情偶寄》等；另外明人文集中程羽文的《清闲供》，费元禄的《晁采馆清课》，沈仁的《林下盟》，陈继儒的《岩栖幽事》等均有专章论园林，明清文人如杨慎、王世贞、袁中道、张岱、郑燮、袁枚、曹雪芹、钱泳等，也都有关于造园的精避论述。出现这种现象不是偶然的。理论应是实践的总结，审美需要文化的素养，升华到美学高度更要有哲学的概括。既有艺术实践，又有文化素养包括鉴赏水平，才能在美的王国里探幽发微，深得艺术三昧。汉因文举士，唐以诗登科，流风所及，文人吟诗作赋，推及填词作曲，一般说来只有好或不好，而没有会或不会，所以历来文论最多。唐以来文人画流行，宋代更以诗入画，加以宫廷大力倡导如宫中有画院，设待诏，画技成为高级文化，画论自然也就不少。书画同源，书法艺术历史久远，更是文士的门面技艺，官学中还常设有书学，科考又颇重视书法，书论自然应运而生。戏曲和园林则不然。前者真正有了完备的形态是在金元，而其时文人的地位卑下，社会上不但视戏剧为解颐侑酒一流，作家也被当作优伶乐工一体，纵有动人的创作，也不具备向美学总结的条件。后者更普遍被当作工巧技艺，文人们尽管可以面对园林欣赏吟唱，描述铺陈，但却很少有人亲身参与造园，史书中所谓某人造某园，乃是出资营造，并不是自己设计园林，自然也不可能写出造园专著。近人论中国园林的创作理论，常常引用宋以来的画论，据而推论历史上一切园林创作都是以画论为蓝本。这是想当然的推想。诚然，唐宋时期的园林曾深受山水画的影响，一度自觉追求诗画意境；但明代以后，园林的审美观则更多反映了市民的物质生活要求。[1]从创作上说，会画的人未必能造园，造园高手也未必都是画家。李渔对这一点说得很透彻："幽斋磊石按：可泛指造园，原非得已，不能致身岩下与木石居，故以一卷代山，一勺代水，所谓无聊之极思也"[2]。当时造园的本意，只在创造一个具有自然风味的居住环境，倒不定要想造出一幅立体的风景画来。然而，"变城市为山林，招飞来峰使居平地，自是神仙妙术，假手于人以示奇者也，不得以小技目之"[3]。绘画与造园各是一种艺术，亲缘虽近但非一族类，技艺各有所长。"磊石成山，另是一种学问，别是一番智巧。尽有丘壑填胸，烟云绕笔之韵士，命之画水题山，顷刻千岩万壑，及倩磊斋头片石，其技立穷，似向盲人问

1 可参看《金瓶梅》《红楼梦》等小说中对园林的描述
2 《闲情偶寄》卷4《居室部·山石第五》第180页 浙江古籍出版社1985年版
3 《闲情偶寄》卷4《居室部·山石第五》第180页 浙江古籍出版社1985年版

道者。故从来叠山名手，俱非能诗善绘之人”。[1] 从明中叶开始，作为礼法的反动，浪漫主义的洪流同样冲击着士大夫的生活情趣，规格整齐的府邸布局体现了严格的礼法制度，同时也是束缚精神的桎梏。因而创造一个能以比较自由地抒发个人情感的生活环境，就成为一时的风尚。文震亨说："居山水间者为上，村居次之，郊居又次之。吾侪纵不能栖岩止谷，追绮园之踪，而混迹廛市，要须门庭雅洁，室庐清靓，亭台具旷士之怀，斋阁有幽人之致"。[2] 说明文人们普遍要求能有一个比较清雅幽致变化多端的居住环境。和当时有一些官僚文人自己编曲演戏，以至粉墨登场一样，也有一些人留心造园技艺，并亲身参与园林设计。作为一种社会风尚，又有众多的实践，造园著述又必然也就产生出来。但无论戏论或园论都是蓬勃兴盛的城市生活的要求，都属于市民文化。而市民文化的主要特点是重物质轻精神，重功利轻玄藐，重机械轻性灵；它所强调所追求的是一字一句，一笔一画，一招一式，一丁一卯的款式、规矩、尺寸、做法都是实实在在、明明白白、原原本本、真真切切的现实的外在的机械的美。尽管如上节所述，明至清初人们的园林审美趣味在于追求空灵、超逸、清雅、淡泊的境界，常常借助园林环境抒发所谓的性灵。然而无论如何空灵超逸，园林实体还是需要实际的技艺才能完成，也正因为所谓的空灵超逸本身就是一种刻意的自觉追求，实质上也还是未能真正超脱的市井生活的折射，因而对实现这种追求的手段也就更加自觉地注意起来。所以，明清文人的造园论述，绝大部分都是造园技艺或规划设计法则，即中国园林的形式美法则。虽然有些文章也写了不少有关情景意境的语句，但大多是因袭前人标榜高雅的套话，实在并没有什么新意。

《园冶》的作者计成，崇祯年间游食于官僚文人门墙，曾在镇江、扬州、常州、仪征造园，名播大江南北。晚年写成《园冶》，基本上总结了明代的造园经验。全书共三卷。卷一开始为《兴造论》，总叙园林审美的基本法则，概括为"巧于因借，精在体宜"八字总领全书。其次为《园说》，专论园林造址，不论园林造在什么地段，但都须要"得景随形"，做到"宛自天开"。本章又分相地、立基、屋宇、装折四节，专论规划和建筑手法。卷二全讲栏杆式样。卷三分门窗、墙垣、铺地、缀山、选石、借景六节，前五节分类讲述房屋以外多种人造景物的手法或式样，第六节实际是全书的总结，把借景提到造园手法中最主要的地位。全书绝大部分用骈文写成，有不少浮泛的文句，但重要的造园原则却概括得很精炼。

---

1 《闲情偶寄》卷 4《居室部·山石第五》第 180 页 浙江古籍出版社 1985 年版

2 《长物志》卷 1《室庐》第 1 页《丛书集成》本 商务印书馆

书中附图 235 幅，列选石品种 16，说明作者确实有实践经验。

《园冶》的写作宗旨，是在告诉人们如何能够创造出一个幽美清雅的生活环境。明清之际，营造园林的风气很盛，然而庸匠不少，庸主更多。郑元勋为《园冶》作题词说："若本无崇山茂林之幽，而徒假其曲水；绝少鹿柴文杏之胜，而冒托于辋川，不如嫫母敷粉涂朱，只益之陋乎"？[1]看来并不是无的放矢的担心。如计成在镇江看到有人用很好的山石于林木间叠筑假山，却造成了"迎勾芒者之拳磊"的怪相；还有些假山不管环境条件，"排如炉烛花瓶，列似刀山剑树；峰虚五老，池凿四方；下洞上台，东亭西榭"[2]，把叠山艺术弄得毫无趣味。曹雪芹借《红楼梦》中贾宝玉的话也说："古人云天然图画四字，正恐非其地而强为其地，非其山而强为其山，即百般精巧，终不相宜"。[3]李笠翁见到的更加严重：

> 必肖人之堂以为堂，窥人之户以为户，稍有不合，不以为得，而以为耻。常见通候贵戚，掷盈千累万之资以治园圃，必先谕大匠曰：亭则法某人之制，榭则遵谁氏之规，勿使稍异。而操运斤之权者，至大厦告成，必骄语居功，谓其立户开窗，安廊置阁，事事皆仿名园，纤毫不谬。[4]

针对这些弊病，《园冶》明确提出"构园无格"、[5]"得景随形"，[6]"巧于因借"，[7]"相地合宜"，[8]似乎造园没有什么法则可言。其实，造园和其他艺术创作一样，就其艺术手法即形式美来说，仍然是有法可循，有式可依的，只不过要求符合园林艺术特有的美学法则而已。李渔又说：

> 新异不诡以法，但须新之有道，异之有方，有道有方，总期不失情理之正……以有道之新易无道之新，以有方之异变无方之异。[9]

明清之际一些有意于造园的文人，正是在探求新道异方，即造园的形式美法则

1 《园冶·题词》《园冶注释》第 31 页
2 《园冶》卷 3《掇山》《园冶注释》第 197 页
3 《红楼梦》第十七回 第 192 页 人民文学出版社 1973 年版
4 《闲情偶寄》卷 4《居室部·房舍第一》第 144 页
5 《园冶》卷 3《借景》《园冶注释》第 233 页
6 《园冶》卷 1《相地》《园冶注释》第 49 页
7 《园冶》卷 1《相地》《园冶注释》第 49 页
8 同上书《兴造论》第 41 页
9 《闲情偶寄·序·一期规正风俗》第 4 页

方面写出了许多精彩的园论。《清闲供·小蓬莱》说：

门内有径，径欲曲。径转有屏，屏欲小。屏进有阶，阶欲平，阶畔有花，花欲鲜。花外有墙，墙欲低。墙外有松，松欲古。松底有石，石欲怪。石面有亭，亭欲朴。亭后有竹，竹欲疏。竹尽有室，室欲幽。室旁有路，路欲分。路合有桥，桥欲危。桥边有树，树欲高。树阴有草，草欲青。草上有渠，渠欲细。渠引有泉，泉欲瀑。泉去有山，山欲深。山下有屋，屋欲方。屋角有圃，圃欲宽。圃中有鹤，鹤欲舞……[1]

文震亨的《长物志》从建筑、花木、水石、禽鱼、书画、家具、陈设等方面全面论述了创造一个幽雅环境的规范。如山斋的内外空间：

宜明净，不可太敞……或傍檐置窗槛，或由廊以入，俱随地所宜。中庭亦须稍广，可种花木、列盆景。夏日去北扉，前后洞空。庭际沃以饭沛，雨渍苔生，绿褥可爱。绕砌可种翠芸草令遍，茂则青葱欲浮。前垣宜矮，有取薜荔根瘗墙下，洒鱼腥水于墙上以引蔓者，虽有幽致，然不如粉壁为佳。[2]

又如建筑诸“忌”摘引：

楼前忌有露台卷篷；筑台忌六角；前后堂相承忌“工”字体；庭院忌长而狭，忌矮而宽；亭忌上锐下狭，忌小六角，忌用葫芦顶，忌以茆盖，忌如钟鼓及城楼式。忌为卍字窗傍填板。忌墙角画各色花鸟。凡入门处必小委曲，忌太直……[3]

又如花木配置摘引：

庭除槛畔，必以虬枝古干，异种奇名，枝叶扶疏，位置疏密，或水边石际，横偃斜坡，或一望成林，或孤枝独秀……桃李不可植于庭除，似宜远望。红梅绛桃，俱借以点缀林中，不宜多植……[4]

---

1 引自《古今图书集成·经济汇编·考工典》第 129 卷 总第 790 册《山居部汇考》，又载（明）陈继儒《小窗幽记》卷六百花文艺出版社 2007 年版

2 《长物志》卷 1《山斋》第 3 页

3 同上书卷 1《楼阁》《海论》《台》等诸节 第 4 ~ 5 页

4 《长物志》卷 2《花木》第 7 页

牡丹芍药……用文石为栏，参差数级……玉兰宜种厅事前，对列数株……碧桃、人面桃差久，较凡桃更美，池边宜多植，若桃柳相间便俗……李如女道士，宜置烟霞泉石间……[1]

李渔在《闲情偶寄》中虽一再标榜自己“创造园亭，因地制宜，不拘成见，一榱一桷，必令出自己裁”，[2] 可是他所列举的许多新奇的方案都是一般形式美即构图法则的灵活运用。如论房屋立体轮廓的设计说 ：“房舍忌似平原，须有高下之势……然地不如是而强欲如是，亦病其拘，总有因地制宜之法。高者造屋，卑者建楼，一法也 ；卑处叠石为山，高处浚水为池，二法也。又有因其高而愈高之，竖阁磊峰于峻坡之上；因其卑而愈卑之，穿塘凿井于下湿之区”[3]。他又说：“窗栏之制，日新月异，皆从成法中变出”，[4] 还画了窗格、栏杆和匾联的一些图样，意在提供一些新鲜的但又是符合人们审美习惯的式样。李渔在北京亲自设计建造了“一亩园”和“芥子园”，又为人叠山，“用以土代石之法，既减人工，又省物力，且有天然委曲之妙”，[5] 也是叠山艺术手法的总结。这种对于园形式美法则的探讨，甚至影响到一般市井文人对园林的欣赏。沈复《浮生六记》说 ：

若夫园亭楼阁，套室回廊，叠石成山，栽花取势，又在大中见小，小中见大，虚中有实，实中有虚，或藏或露，或浅或深，不仅在周回曲折四字，又不在地广石多徒烦工费……大中见小者，散漫处植易长之竹，编易茂之梅以屏之。小中见大者，窄院之墙宜凹凸其形，饰以绿色，引以藤蔓，嵌天石，凿字作碑记形，推窗如临石壁，便觉峻峭无穷。虚中有实者，或山穷水尽处，一折而豁然开朗，或轩阁设厨处，一开而可通别院。实中有虚者，开门于不通之院，映以竹石，如有实无也，设矮栏杆墙头，如上有月台，而虚实也……[6]

上面摘引的著作，或在《园冶》之前，或在之后，总的旨趣都是一致的。但《园冶》的体例最完整，提炼得最精辟，总结得最实际，确实是相当全面地总结了中国古典园林的艺术法则。综其大略，重在突出三个重要因素。

1 同上书《牡丹芍药》《玉兰》《桃》《李》诸节第 7 ～ 8 页
2 《闲情偶寄》卷 4《居室部 · 房舍第一》第 144 页
3 同上书《居室部 · 房舍第一 · 高下》第 141 页
4 同上书《窗栏第二》第 151 页
5 同上书《山石第五 · 大山》第 181 页
6 《浮生六记》卷 2《闲情记趣》第 19 页

一是利用因借的手法，调动周围环境一切美的因素为造园服务。“因者，随基势之高下，体形之端正，碍木删桠，泉流石注，互相借资”，[1]“借者，园虽别内外，得景则无拘远近。晴峦耸秀，绀宇凌空，极目所至，俗则屏之，嘉则收之”。[2]这叫做“精而合宜”，“巧而得体”。[3]《园冶》论造园法则，首在“相地”，但只讲规划布局的原则，而不谈利用地形和布置花木的具体手法，就是告诉人们，造园必须充分利用自身的和周围既有的自然条件，该借则借，该屏则屏，因势利导，景到随机。切不可削足适履，画蛇添足。看来似乎没有什么规则，其实这就是总的造园法规。全书最后写道 ：“夫借景，林园之最重要者也，如远借、邻借、仰借、俯借、应时而借。然物情所逗，自寄心期，似意在笔先，庶几描写之尽哉”。[4]寥寥数语，概括了园林创作的基本法则。

二是强调园林构图主要体现为建筑的构图，园林构图法则基本上就是园林建筑的构图法则。全书有一半以上的文字讲述建筑，235 幅图样全都是建筑图。《园冶》如此重视建筑，是因为自宋以后，城市园林数量极多。这类园林不仅是为了赏景怡性，还有更多的生活实用要求居住、会客、宴饮、读书、演戏等，所以园林中的建筑份量越来越大。同时，由于城市园林一般占地面积不可能很大，为了扩大空间感，必须延长游赏路线，分隔景物空间，而众多的建筑组合，正是达到这种需求最恰当的手段。园林建筑增多，空间构图丰富，设计手法巧妙，说明人们对形式美法则运用得更加成熟。明中期以后，中国建筑的程式化、规格化已经到了非常成熟的程度，建筑做法的规则非常严格。《园冶》首先承认这些已经定型了的规则，进而力求在这些规则中间寻求某些突破，尽量使得人造的建筑富有新鲜的趣味。它反对按照风水迷信布置建筑“选向非拘宅相”[5]，也不拘泥三间五间的定型平面“一室半室，按时景为精”[6]，更不必套用常见的一般形式“按基形式，临机应变而立”[7]。尤其重视建筑的“立基”即总图布局关系和单座建筑造型的审美特征，为此专论了六类建筑的立基原则和十五种单体建筑的造型设计要点。作为园林建筑风格的审美标准，书中提出建筑风格应当是“时遵雅朴，古摘端方”，[8]一再反对金碧辉煌，雕镂纷藻。为了取得这种风格，

1 《园冶》卷 1《兴造论》《园冶注释》第 41 ～ 42 页
2 《园冶》卷 1《兴造论》《园冶注释》第 41 ～ 42 页
3 《园冶》卷 1《兴造论》《园冶注释》第 41 ～ 42 页
4 《园冶》卷 3《借景》《园冶注释》第 237 页
5 《园冶》卷 1《立基》《园冶注释》第 63 页
6 同上书《屋宇》第 71 页
7 同上书《书房基》第 67 页
8 同上书《屋宇》第 71 页

除了在建筑的色彩、装饰方面尽量俭朴以外，特别重视在人们生活中接触最多，给人视觉印象最深的建筑构件的式样。为此用整整一卷的篇幅讨论了栏杆，又用大量的篇幅讨论了从门窗、天花到铺地、墙垣的式样。这是深知建筑设计甘苦的实践总结。确实，在严格的规则限制下，中国建筑就是依靠着总体布局和细部式样的高度灵活，幻化出多种风格，使本来是千篇一律的定型建筑，出现了千变万化的艺术效果。

三是给叠山以特殊的地位。中国园林几乎无园不山，无山不水。《园冶》以一节篇幅专论“掇山”，一节专述“选石”。假山首先是假，欣赏假山，绝不会给人身临真山的感觉；但叠得好的假山是以真山为蓝本，是若干真山的典型集中，因此它更“像”真山，给人的审美感受是比一般的真山还“像”真山。《园冶》说，“有真为假，做假成真”，[1] 也就是在承认它是假的前提下，探讨如何可以更“像”真的法则。一般认为，有山有水，山水相依是最美的画面，所以《园冶》说“池上理山，园中第一胜也”，[2] “假山以水为妙”。[3] 但既然是做假成真，不过要求给人以真山水的感受和印象，也就不必过多追求山石本身如何奇秀，而应着眼于布局经营，仅求其“像”而已。所以计成、张涟、李渔等都主张假山最好是土石相间，以土为主；布局吸取绘画的手法，重在山麓山脚。因此《园冶》说，“未山先麓，自然地势之嶙嶒；构土成冈，不在石形之巧拙”。[4] 即使用石，也应就近取材，因材施用，为此书中列举了 16 种山石的产地及石材特点。至于园中何处宜用何种假山，何处假山和何种假山有何种艺术特点，书中都有细致的分析，这都是中国园林艺术特有的美学法则。

圆明园和避暑山庄的意义

建筑是石刻的史书，中国传统建筑的兴衰一直和封建社会的兴衰相始终。清朝的康乾盛世是中国封建社会经济、政治、文化的最后一次高潮，乾隆以后便江河日下，走向衰败了。仿佛是为整个封建时代作总结似的，这段时期集中兴建的一大批优秀建筑犹如丰碑突起，铭记着传统文化的伟大成就，此后也就衰退下去了。其中，北京的圆明园和承德的避暑山庄是最杰出

1　同上书卷 3《掇山》《园冶注释》第 197 页
2　同上书《池山》第 203 页
3　同上书《涧》第 211 页
4　同上书卷 3《掇山》《园冶注释》第 197 页

的代表作。[1]

圆明园在北京西北郊区，包括圆明、长春、绮春三园，占地约5200余亩，有各类建筑145组座，共约15万平方米。它的基础是明代的私园，康熙四十八年（1709年）赏给皇四子胤祯即后来的雍正帝，历雍正、乾隆不断扩建，大约在乾隆三十七年（1772年）完成，历时近70年。避暑山庄又名热河行宫，位于承德武列河即热河西侧，占地约8400亩，有各类建筑120组座，共约十万平方米。康熙四十二年（1703年）开始兴建，至乾隆五十五年（1790年）完成，历时80余年。圆明园是利用当地的泉流水泊，全部由人工造景的水景园；避暑山庄中的山地占4/5，是充分利用自然地势造景的山地园。两者一以水胜，一仗山奇；一靠人力，一倚地势；几乎同时兴建，又几乎同时完成，它们共同显示了盛清建筑的全貌。圆明园一毁于1860年“英法联军”，再毁于1900年“八国联军”，除个别遗址外，只余地貌残迹。避暑山庄自道光以后即日见衰败，民国以来更遭到地方军阀肆意破坏，建筑只余约1/10。但两园都有较完整的资料保存下来，仍能比较切实地了解到它们的具体形象。

中国传统建筑包括造园艺术的审美内容，主要表现在三个方面，即环境气氛给人以意境感受，造型风格给人以形象知觉，象征涵义给人以联想认识。在传统建筑两三千年的历程中，这三方面在不同的时期、不同类型的建筑中侧重也不相同。但清乾隆时期完成的这两个园子，这三方面都得到了充分的发挥，它们全面体现了传统建筑的美学思想。

先说环境气氛。北京西北郊区泉水充沛，依地势形成许多原始湖泊，叫作淀或淓，由此往西，距离不远即是参差秀丽的西山。这一带堤圹畴野，绿柳青山，景色宜人，造园的环境条件很好。明代开始有不少贵戚官僚在这里营造私园。清朝时更盛，至乾隆时属于皇家的大型园林就有三山五园，即畅春园、圆明园、万寿山清漪园慈禧时改名颐和园玉泉山静明园和香山静宜园；另有熙春园、近春园、鸣鹤园、蔚秀园、朗润园、澄怀园、承泽园等。除静宜园与碧云寺、卧佛寺、樱桃沟等组成西山脚下一组风景区外，其他园林都在玉泉水系和万泉水系之间约20平方公里的一个范围内，构成一个园林环境。圆明三园正处于这个环境的东北部，它的南面密集着十几处中小型园林，西面几乎等距离地排列着万寿山和玉泉山，再往西，隔着一倍的距离就是西山的叠嶂层峦。向南，它处于高屋建瓴的地位，面南而尊；向西，万寿、玉泉

1 关于圆明园，可参看中国圆明园学会筹备委员会编：《圆明园》辑刊第1.2.3辑（中国建筑工业出版社1981 1983 1984年出版），清刻本《御制圆明园图咏》。关于避暑山庄，可参看天津大学建筑系、承德市文物局编著《承德古建筑》中国建筑工业出版社1981年版及清刻本《热河志》。

和西山形成几个层次的景观，是借景的主题。向南，水取其近，延伸了园本身的水景；向西，山取其远，开拓了景观的环境。早在明代的一些诗人咏唱中，就对西山借景作了突出的描述："竹里高楼翠色寒，西山隐隐见峰峦"；[1]"更喜高楼明月夜，悠然把酒对西山"，[2]把园林环境拓展开来。待到雍正践位，乾隆继统，一再扩大圆明园，总的目的就是尽量丰富它的环境艺术。乾隆在《圆明园图咏》中描述"天然图画"一景说："远近胜概，历历奔赴，殆非荆关笔墨所能"；[3]描述"山高水长"一景时说："每一临瞰，远岫堆鬟，近郊错绣，旷如也"；[4]而描述"西峰秀色"这一景时，更特意指出"是地轩爽明敞，对西山，皇考指雍正最爱居此"，[5]有诗说："西窗正对西山启，遥接峣峰等尺咫。霜晨红叶诗思杜，雨夕绿螺画看米"。[6]圆明园的造园意图是立足于整个西郊风景区的。

避暑山庄占地广阔，4/5是山岭，其余1/5是平原和水面。这种比例恰如同常见的一幅崇山秀水的山水画。当初选地营造时，确实也是首先注意到了这里的环境特点。康熙在《芝径云堤》诗中说：

> 草木茂，绝蚊蝎；泉水佳，人少疾。
> 因而乘骑阅河隈，弯弯曲曲满林樾。
> 测量荒野阅水平，庄田勿动树勿发。[7]
> 自然天成就地势，不待人力假虚设。
> 君不见，磬锤峰，独峙山麓立其东。
> 又不见，万壑松，偃盖重林造化同
> ……
> 命匠先开芝径堤，随山依水揉辐齐。[8]

在这里，原有的山林野趣被保留了下来；早在《水经注》中已经提到的"石挺"——磬锤峰被当作造园借景的主题，山岭沟岔，林樾古松是必须保护的环境特色。建园之初，就在园内山顶上建造了北枕双峰、南山积雪、锤峰落照、四面云山

1 明·米万钟《海淀勺园》十首之四 引自洪业《勺园图录考》第21页注50 燕京大学图书馆引得编纂处1933年版

2 明·黄建（勺园）《翠葆榭望西山》引书同160第20页注42

3 均见清刻本《御制圆明园图咏》中有关各景诗文

4 均见清刻本《御制圆明园图咏》中有关各景诗文

5 均见清刻本《御制圆明园图咏》中有关各景诗文

6 均见清刻本《御制圆明园图咏》中有关各景诗文

7 发即伐《周礼·考工记》"匠人一耦之伐"。疏："伐，发也。以发土于其上，故名伐也"。

8 《钦定热河志》卷26《行宫二·芝径云隄》

四座亭子，从题名的用意和实际观赏效果看，是有意将周围景色全部包容在一个环境之中。到乾隆时，在山庄外围仿蒙、藏地区和南北方著名庙宇形式兴建了外八庙共12座，其中2座是康熙时建，如同众星拱月一般成为山庄外围的又一层景观。由山庄到外八庙又到周围奇峰峻岭，构成了一个约20平方公里的山水园林和雄伟寺庙交织的绚烂环境。造园之前明确地利用自然美，造园之后又不断开拓环境美，这表明康乾时代的造园审美水平确是大大提高了。

从审美感受来看，圆明园水道千回百转，大小岛屿七八十个，尺度不大而逶迤曲折的人造山脉把空间景区分隔得迷离恍惚，造成了山重水复，柳暗花明，千门万户，洞天福地，无尽无休，幽深委婉的艺术气氛。在这些气氛中，人的情感被带入了无限的美好，无尽的巧思，无穷的流动，无边的悬念这样酣畅而富有弹性的意境之中。避暑山庄则恰恰相反，它的山岭绝对尺度都不是很大最大高差不超过120米，但沟岔纵横，冈陂连绵，松榛遍谷，很有气势；几处水面，层次清晰，岛堤通贯；一片平原，绿草如茵，槐柳成林；周围借景又多是奇山怪石。总的艺术气氛是雄浑磅礴，苍莽寥廓，给人以质朴纯净，自然天成，超然物外，野趣横生的意境感受。

再说造型风格。明代以后的中国园林以建筑为主体，园林风格很大程度上体现为园林建筑风格。形成一种建筑的造型风格无非是由两个方面表现出来：一是群体的平面布局和竖向空间组合；二是单体的外形式样和内部装修手法。在这两方面，圆明园和避暑山庄各有所长，各树一帜。

圆明园是平地造园，地形起伏很小，只能依靠水面岛屿和建筑的交错穿插，建筑物自身的形式变化以及室内装修的丰富多彩来增加趣味。在圆明园的约15万平方米的建筑中，可以说是囊括了中国古代建筑可能出现的一切平面布局和造型式样。从建筑类型来说，有庄重严肃的宫殿，金碧辉煌的庙宇，小巧秀丽的点景小筑，恬静安详的斋舍庭院，错落有致的亭台楼阁，曲折幽深的山水小园等等。仅单座建筑的平面式样就多达四十多种，除了常见的：一字形、丁字形、工字形、圆形、六角、八角以外，还有十字形、田字形、山字形、卍字形以及曲尺、套方、眉月等式样，更有用二卷、三卷、四卷以至五卷的屋顶以加深建筑的纵深，使内部空间变化灵活。这些各式各样的建筑又经过巧妙的组合安排，点缀以假山、池塘、花木、桥梁，所形成的一片片群体组合就更加绚丽多姿了。除此以外，从乾隆十二年至二十五年（1747 ~ 1760年），还在长春园北部建造了一区仿巴洛克Baroque风格的“西洋楼”，其中有建筑，有喷泉，还有其他外国园林小品，给圆明园众多的建筑造型中又增添了一部分异国情调。圆明园的内部装修手法同样是集传统装修的大成。由于建筑布局的形式很多，室内的分隔形式也就有了更多的组合余地。许多分隔空间的构件扇、罩、博古架、屏风、板壁等穿插组合，把各种形式的建筑分隔得空间多变，井井有条。而装修本身又多采用扬州“周制”，即以紫檀、花梨等贵重木料制作，上镶珠玉、螺钿、金银、象牙等，更突出了它们的装饰趣味。外部造型绚丽精巧，内部装修华丽细致，给人的美感异常深刻，使人强烈地感知到人在发掘、掌握形式美的法则中表现了多么高超的技能以及形式美一旦恰当地运用于艺术作品中，又有着多么巨大的生命力。

如果说，圆明园是以建筑造型的技巧取胜，显示了人对一般形式美法则的熟练掌握，那么，避暑山庄就是以利用地形的技巧取胜，显示了人对组织竖向空间这类特殊形式美法则的进一步开掘，比如人工与天然，规则与自由，程式化与多样化等矛盾的和谐法则。康熙皇帝在《御制避暑山庄记》中对这一点作了很好的说明：

> 度高平远近之差，开自然峰岚之势。依松为斋；则窍崖润色；引水在亭，则榛烟出谷。皆非人力之所能，借芳甸而为助。无刻，桷丹楹之费，有林泉抱素之怀。[1]

张廷玉《御制避暑山庄诗·跋》也说：

> 乃相其冈泉，发其榛莽，凡所营构，皆因岩壑天然之妙。开林涤涧，不采不斫，工费省约而绮绾绣错，烟景万状。[2]

这里再没有圆明园那样奇巧多变的建筑造型了。十万多平方米的建筑，单体式样不会超过七八种，但由于充分地结合地形，利用地形，就使得建筑造型的立体轮廓和竖向空间形象产生了非常强烈的艺术感染力。几十处景物的建筑，有的据山脊，有的负山坳，有的临山崖，有的依山壁，有的顺山坡，有的跨山涧，大的组群可占地数十亩，小的只有几分。由于自然地势起伏很大，建筑的竖向空间必然参差错落，景观角度就能有很大的伸缩幅度，景观效果就能有很大的感受差别。如乾隆皇帝形容罨画窗的景观是“下临无地一窗虚，带水层山揽结余”，[3] 视野很开阔；形容秀起堂却是“构舍取幽不取广，开窗宜画复宜吟”，[4] 景

---

1 载《钦定热河志》卷25《行宫一》

2 同上书　卷108《艺文二》

3 《钦定热河志》卷32《行宫八·罨画窗》

4 同上书　卷38《行宫十四·秀起堂》

物又很幽深；形容绿云楼是“就岩构精舍，出树得高楼，骋望天无际，憩身云上头”[1]，令人心旷神怡；形容食蔗居又是“石溪几转遥，岩径百盘曲，十步不见屋，见屋到尺咫”，[2]渐觉转入佳境。为了结合地形变化空间，除了个别的宫殿寺庙，绝大部分的组群都是非对称的，然而作为一个巨大的园林群，按照自然地貌的尺度和各个景区的呼应要求，群体布局是有一定法则的。以亭子的分布为例，湖区按游览的实际空间尺度，大约200左右置一座，本身体量较小而式样较丰富；山顶亭子则按视线交叉的关系，大体分布在山区一周，体量较大而式样较简单。再以组群关系为例，一般必三组连成一片，前后再配置独立的点景亭阁；数片依地形又联成一区，各片间再点缀个别小组群。避暑山庄的山区面积占全园4/5，而建筑只有全园的1/3，可是由于组群与单位配置很得体，空间序列很有条理，它们与整个园子的其他部分还是很和谐统一的。一些特殊的山地造园法则，如高低、曲直、陡缓、幽敞、深浅、平斜等等，都运用得很巧妙成熟。在单体建筑高度程式化简单化的条件下，创造了如此丰富多变的空间形式和立体轮廓，这些形式美法则是非常值得详细加以总结的。

最后说象征涵义。审美虽然是一种情感的活动，但深入到一定境界以后，又必然会出现联想，也就是说，对美的欣赏的深化，必然会出现对善的追求。中国传统美学观非常重视这一审美经验的实践意义，在许多艺术领域里据此为创作和鉴赏的准则。建筑和园林就是如此。圆明园和避暑山庄都是皇家园林，都是在统一的多民族国家最后形成的盛清时期兴建的，因而它们也就不可避免地体现了当代皇家艺术的审美观。它们所追求的最高审美境界，就是运用一切艺术手段唤起联想，使美的形式体现出寰宇一统，富有天下，和对传统文化的全面继承。

象征寰宇一统的手法两园各有特色。圆明园的重心名“九州清晏”，是在一个中型湖面的周围布置九个岛屿，每岛上一组园林，正中岛上的正殿就叫九州清晏，显然这是采用了《禹贡》大九州的传统说法以象征国家的统一，政权的集中。为更加强调它的象征性，在园的西北角垒土成山，上建一组园林名“紫碧山房”，从它所处的方位和以紫、碧为名的涵义看，这是代表了昆仑山；因此和它相对应的东边大片水面福海，以及福海中的三岛蓬岛瑶台，无疑就代表着东海了。这种以山水象征全国形象的手法，自秦汉以来屡见不鲜，但并不见得都有园林趣味。圆明园则主要是从现有的园林环境尺度出发，首先是符合园林的

1 同上书 卷36《进宫十二·绿云楼》
2 同上书 卷37《行宫十三·食蔗居》

审美要求，其次才在这个基础上进行某些象征性的处理，在灵活轻松的形式里糅进了严肃的象征主题，而园林的艺术美还是主要的。避暑山庄则手笔要大得多。它东南部的湖区和湖区中几处模仿江浙名胜的园林代表着东南水乡；大片的山峦地带当然就是西北和西南高原山地；由平原区可以直接望到的山峰上仿建泰山碧霞元君祠的广元宫，五岳之长也就耸立在众山之上了；湖区以北是一片草地和试马场，中间布置着一组蒙古包，显然这就是蒙古草原的缩影；而北部沿山脊蜿蜒起伏的宫墙，犹如万里长城再现；因之宫墙以外的外八庙，以其多民族的建筑形式，自然也就代表了边陲地带，象征着中央与外藩的政治关系。避暑山庄和外八庙的建筑很恰当地表现出了当代中国的形象。建筑的象征作用在这里被充分发挥出来了。

如何在一个有限的面积中体现出"普天之下，莫非王土"，帝王无限富有这样的观念，两个园子采取了共同的手法，这就是后人所说的："直把江湖与沧海，并教缩入一壶中"戴启文《圆明园词》[1]和"移天缩地在君怀"王闿运《圆明园宫词》[2]的手法。这种"移天缩地"、"缩入壶中"的手法，就是选择具有代表性的寺庙、名胜、园林等，通过剪裁，"循其名而不袭其貌"见乾隆《笠云亭》诗注[3]移植在园中。两园中举其大者有：西湖十景、江南四大名园、[4]云梦之泽、天台山和庐山以上圆明园、镇江金山寺、泰山碧霞元君祠和斗姥阁、南京报恩寺塔、苏州千尺雪和笠云亭，嘉兴烟雨楼、杭州放鹤亭以上避暑山庄、苏州狮子林、绍兴兰亭、宁波天一阁以上二园都有等。而避暑山庄的小长城、蒙古草原和蒙古包以及实际是和山庄连成一体的外八庙也都是直接的模仿收罗。但以上这些不过是有限的一些具体形象，更进一步又求助于无限的抽象概念，即数字的时空涵义。经皇帝亲题，避暑山庄有康熙、乾隆各三十六景共七十二景，这显然是附会了道教所谓天下有"三十六洞天，七十二福地"[5]的说法，而三十六、七十二向来为传统概念中极多数的代表数字如三十六行当、七十二变化等。避暑山庄其实远不止七十二景，但"钦定"了七十二，也就意味着无限的富有了。圆明园先为胤祯赐园，景物题名者二十八，是较皇帝的三十六 4×9 低了一等 4×7，至乾隆时又增十二景，合为四十景。同样，圆明园不止四十景，之所以取四十这个数字，是因为它的涵义更广阔。五、八相乘得四十，五是五行、五德，代表时间观念；八是八方、八卦，代表空间观

1 引自《圆明园》辑刊第 111 页。

2 同上书第 34 页

3 《钦定热河志》卷 37《行宫十三 · 笠云亭》

4 南京瞻园 苏州狮子林 杭州小有天园 海宁安澜园

5 《云籍七谶》卷 27《洞天福地 · 天地宫府图》："其次三十六小洞天在诸名山之中……其次七十二福地在大地名山之间。"《四部丛刊》商务印书馆

念；四十总括了宇宙一切。现在看来，这当然是一些荒唐幼稚的观念，但在当初，统治者却真正在这些数字概念里获得了高度的精神满足[1]。

上述种种象征手法，体现了皇家园林在空间观念方面的审美内容；再深入一步，还要求体现时间观念的内容。所使用的手法是，给各种景物以一定的主题，题名兼容并蓄，力图表现出对历史文化传统的全面继承。举其大者，如继承秦汉以来神仙传说的有，蓬岛瑶台、方壶胜境、海岳开襟、长春仙馆、芝径云堤等；取材佛国圣地的有珞迦胜境、舍卫城、鹫云寺等；寓意四海升平、帝王功德的有九州清宴、正大光明、海宴堂、涵虚朗鉴、廓然大公、澡身浴德、坦坦荡荡、万方安和、颐志堂、永恬居等；显示重视农业的，有多稼如云、北运山村、甫田从樾、乐成阁等；赞扬哲人君子品德的，有香远益清、淡泊宁静、曲水荷香、濂溪乐处等；欣赏诗文绘画意境的，有万壑松风、夹镜鸣琴、月色江声、武陵春色、洞天深处、杏花春馆、濠濮间想、玉琴轩、知鱼矶、采菱渡、冷香亭等；再加上长春园的西洋楼，避暑山庄的蒙古包和赛马场，真可说是纵横几万里，上下数千年，万物皆备于我了。

圆明园和避暑山庄全面体现了中国传统建筑的审美观，它们把建筑艺术的审美价值推到一个新的高度。它们是皇家园林，但更是中国传统文化和民族审美心理的结晶；在 18 世纪世界建筑的舞台上，它们还是令观众倾倒的伟大角色。这里，不妨引用当时外国人的客观评价。法国传教士王致诚清朝如意馆画师在写给国内的一封长信中，详细地描述了圆明园。他说："人们所要表现的是天然朴野的农村，而不是一所按照对称和比例的规则严谨地安排过的宫殿"；"道路是蜿蜒曲折的……不同于欧洲那种笔直的美丽的林阴道"；"美丽的池岸变化无穷，没有一处地方与别处相同……不同于欧洲的用方整的石块按墨线砌成的边岸；"游廊不取直线，有无数转折，忽隐灌木丛后，忽现假山石前，间或绕小池而行，其美无与伦比"。总之，"一切都趣味高雅，并且安排得体，以致不能一眼就看尽它的美，而必须一间又一间地赏鉴；因此可长时间地游目骋怀，满足好奇之心"。英国第一位赴华使臣马格尔尼在 1793 年参观了避暑山庄，他的随员巴罗在《中国游记》中记录了他对山庄的描述。他说："山庄的美丽、高雅和愉悦几乎是无与伦比的。"他论述中国的园林："总体上说，主要的面貌是兴高采烈的，每个

---

1 40 还有代表"千"的涵义，而"千"在佛教中又有"无限"的意义。即以 25 为一成数，与 40 相乘得 1000。《佛学大辞典》第 185 页《千手观音》："两眼两手外左右各具二十手。手中各有一眼，四十手四十眼配于二十五有（身？），而成千手千眼，表度一切众生有无碍之大用也。"文物出版社 1984 年版 上述关于象数涵义的分析，并不是任意的假定，而是从传统象数观念中推导的结论，其中实际上也包含着对某种时空观念的认识，是有其客观基础的。

景都气色明朗。为了使景更有生气，就借助于建筑物。所有的建筑物都是它那一类里的佼佼者，根据预定要求的效果，不是雅致简洁，就是堂皇华丽，间隔合宜，恰到好处地互相衬托，从不乱七八糟地挤在一起，也不故作姿态，毫无意义地对峙着。适当的建筑物造在适当的地点。凉亭、台榭、塔，各有切合的位置，它们点缀和美化所在环境，而如果换一座建筑物，就会损害或者丑化这个环境。”[1] 从鉴赏角度说，这些评价是合乎实际的。

原载《美学》1984、1985 年第 5 ~ 6 期

1 以上引文录自窦武：《中国造园艺术在欧洲的影响》载《建筑史论文集》第三辑，清华大学建筑工程系编 清华大学出版社 1979 年出版

承德古建筑群体现的中华民族建筑审美观

继承和总结

人类创造建筑，从脱离了单纯荫蔽防御的要求以后，就开始有了艺术的因素，随着也就开始探求建筑艺术的审美价值。人类在创造一切文明成果的时候，他们的认识总是自觉或不自觉地从宏观和微观两个方面同时着眼，并逐渐向心探索，力求在两者之间选择一个最佳的结合点。建筑也不例外。从宏观方面看，由一座房屋的选址开始，进而探求一个组群，一个村镇，一个城市以及一个区域的环境构成关系，再进而探求若干区域间的环境构成关系，目的是从当时人们可能把握的空间范围中去探求它们的审美价值。从微观方面看，由一座房屋的设计和工艺开始，进而探求一种式样，一种做法，一种构件以及一种对这些式样、做法、构件的处理手法，目的是从当时人们可能解剖的细致程度中去探求它们的审美价值。这两方面都属于空间的审美关系。更进一步，还要开掘历史的即时间的审美关系。从宏观来看，由一个国家，一个区域，直至一组宫殿、庙宇、住宅、园林都可能以自己的整体环境形象"述说"出某些历史的生活的主题。从微观来看，由某种类型或某种地区的时代的建筑处理手法，也有可能表达出一些特定的主题思想。正如欧洲人称建筑是"石头写成的史书"那样，建筑的历史即时间的审美因素也是它自身固有的特征。空间关系和时间关系的交汇融合，尤其是当它们由宏观和微观两个方面向心靠拢时的交汇融合，那时的艺术形象就最美，审美价值就最高。中国建筑史的史实证明，中国的传统建筑就是按照这条线索在探求最美的形象和最高的审美价值。中华民族在建筑的时间、空间两个审美关系的融合，在宏观、微观两个方面的向心靠拢这个历史的运动中，比较早地认识到了从环境、造型和象征手法三个方面去探求最佳的交汇点。

作为自觉的探索，这个历史的运动大约开始于战国至秦汉公元前5世纪至1世纪。首先是探求宏观的空间关系。如《尚书》和《周礼》成书均在战国时期，前者的《禹贡》和后者的《夏官》、《地官》都提到天下分为九州。按照《禹贡》九州的划分，以黄河中游的豫、兖二州为中心，其他七州均匀分布在四周。[1] 又按《夏官》职方氏："掌天下之图，以掌天下之地，辨其邦国、都鄙、四夷、八蛮、七闽、九貉、五戎、六狄之人民"；量人："掌建国之法，以分国为九州，营国、城、郭……造都邑"；司险："掌九州之图，以周知其山川林泽之阻，而达其道路，设国之五沟、五涂"；土方氏："以土地相宅而建邦国都、鄙"。[2] 而《地官》中大司徒、小司徒、封人、遗人、遂人等，也都分别掌管国土的区域规划，城市规划，道路规划等。[3] 可见，最迟在战国时期，已经是从整个国土的区域着眼去进行城镇建设了。具体的构图方案，在《周礼》有以井田为基本模数的四进制四井为邑，四邑为丘，四丘为甸，四甸为县，四县为都，四都为同[4]；在《尚书》有以王城、王畿为核心的五服区域制[5]；在《礼记》有以王畿为中心的"井"字九州制[6]。据此可见那时的宏观建筑审美观是相当自觉的。

《禹贡》与《夏官》的九州名目有所不同，彼此相同者七，互异者二。后世疏证者以为《禹贡》合并了《夏官》，其实两者名目不同正说明当时人们的地理

---

1 《尚书正义》卷六《禹贡第一》第146～150页："禹别九州……冀州既载……济、河惟兖州……海、岱惟青州……海、岱及淮惟徐州……淮、海惟扬州……荆及衡阳惟荆州……荆、河惟豫州……华阳、黑水惟梁州……黑水、西河惟雍州。"，"冀州既载"下孔颖达《正义》："冀，帝都，于九州近北，故首从冀起，而东南次兖，而东南次青，而南次徐，而南次扬；从扬而西，次荆；从剂而北，次豫：从豫而西，次梁；从梁而北，次雍……"据此可知豫、兖二州与其他七州位置的关系。《十三经注疏》影印本中华书局1979年版

2 《周礼注疏》，第861页《职方氏》，第842页《量人》，第844页《司险》；第864页《土方氏》。同上本

3 《周礼注疏》卷10《大司徒》第702页："大司徒之职，掌建邦之土地之图，与其人民之数……"卷11《小司徒》第710页："小司徒之职，掌建邦之数法，以稽国中，及四郊都鄙之夫、家九比之数……"卷12《封人》第720页："封人，掌诏王之社壝，为畿封而树之……"卷13《遗人》，第728页："遗人，掌邦之委积以待施惠，乡里之委积以恤民之难厄，门关之委积以养孤老，郊里之委积以待宾客，鄙野之委积以待羁旅。县都之委积以待凶斋。"卷15《遂人》，第740页："遂人，掌邦之野，以土地之图，经田野。造县鄙形体之法：五家为邻，五邻为里，四里为酂，五酂为鄙，五鄙为县，五县为遂。皆有地域沟树之使，各掌其政令刑禁……"同上本

4 《周礼注疏》卷11《地官·小司徒》第711页："九夫为井，四井为邑，四邑为丘，四丘为甸，四甸为县，四县为都……"郑注："四井为邑，方二里；四邑为丘，方四里；四丘为甸……乡八里，旁加一里则方十里，为一成积，百井，九百夫……四甸为县，方二十里；四县为都，方四十里；四都方八十里，旁加十里，乃得方百里，为一同也……"同上本

5 《尚书正义》卷5《益稷》第143页："弼成五服，至于五千。州十有二师，外薄四海，咸建五长……"孔安国传："五服，侯甸绥要荒服也。服，五百里，四乡相距为方……"同上本

6 《礼记正义》卷11《王制》第1323页："凡四海之内九州，州方千里。"郑注："方三千里，三三而九。方千里者，其一为县，其余八各立一州"。同上本

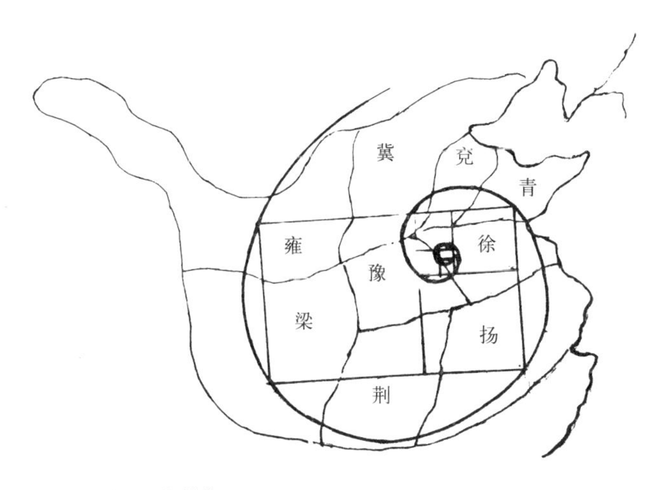

图 1 《禹贡》九州构图

概念并不止九州。而所以都在采用或追求“九”这个成数，主要是受到子思、孟轲、邹衍的影响。思孟创五行说；[1] 邹衍创世界大九州说 [2]；《尚书·洪范》一方面讲五行，同时讲九畴 [3]，从此九、五两数字经常联用，有很丰富的审美内容。但它的根本实际还是当代人们的基本生活空间——井田的扩大，也是当代人们的基本生活时间——四季的扩大。“井”字构图共九个空间；间隔为四个空间，加中心则为五个空间，过其中点可有无限的对称轴线，是一个无限循环往复的时空图像。但《禹贡》九州的方位并不符合对称的“井”字构图，说明它还没有完全接受子思、孟轲、邹衍的理论，但它又恰恰是一个按照黄金分割率无限分隔的矩形各点联结的螺旋曲线（图 1）。或许，它的时空观念包涵着另外一种哲学——美学的思想。

秦设六畤祭祀神灵的坛庙，但只祭白、青、黄、赤四帝。至汉高祖，才正式确

---

1 《荀子》卷上《非十二子》：“案往旧造说，谓之五行，甚僻违而无类，幽隐而无说，闭约而无解，……子思唱之，孟轲和之”。《百子全书》第一册浙江人民出版社 1984 年版又郭沫若对五行学说源于子思、孟轲有详细考证见《十批判书·儒家八派的批判》载《郭沫若全集·历史编》第 2 卷第 135 ～ 138 页人民出版社 1982 年版

2 《史记》第七册卷 74《孟子荀卿列传》第 2344 页：“邹衍……以为儒家所谓中国者，于天下乃八十一分居其一分耳，中国日赤县神州。赤县神州内自有九州，禹之序九州是也，不得为州数。中国外如赤县神州者九，乃所谓九州也”。中华书局二十四史点校本

3 《尚书正义》卷 12《洪范》第 187 页：“天乃锡禹洪范九畴，彝伦攸叙”。孔传：“天与禹洛出书，神色负文而出，列于背有数至于九，禹遂图而第之以成九类；常道所以次叙……”“初一曰五行，次二曰敬田五事……次四曰协用五纪……次九曰乡用五福……”《十三经注疏》本

定祭五方五帝，确立五畤，战国以来的五方九州观念被继承下来《史记·封禅书》。同时，从汉代起，确立了祭祀五岳、四渎的礼制。五岳代表五方东、南、西、北、中，四渎江、淮、河、济流经九州，表现了同样的空间宏观观念。而从井田的观念引导出来的"井"字形空间分隔的关系也刺激着建筑审美的微观观念，其最典型的代表就是《礼记》和《考工记》中的明堂布局形式。它是空间的构图与时间的意识的统一：五方东、南、西、北、中、五行金、木、水、火、土、五帝青、白、赤、黄、黑、五时春、夏、季夏、秋、冬、五味、五音……[1] 宏观与微观在这里是完全一致的同态对应，然而却是机械的对应，更高的审美价值尚有待于进一步的探索。

但这是一个很可贵的启示，它启发人们进一步去发掘这种对应的关系，即寻求宏观与微观、空间与时间的最佳结合点。秦朝的咸阳是这个寻求过程中的一座极为重要的里程碑。秦始皇灭六国，图绘、拆运各国宫殿，按原状建造在咸阳北阪上，犹如列阵侍卫，护持秦朝正宫。都城跨渭河，河流贯穿宫室以象征天汉银河。正宫阿房宫朝宫正对南山，以山巅为双表象征宫殿的门阙。又引樊川进入宫墙。都城以外，还在渭河以南开辟上林苑，苑中掘长池，池中垒土为山，刻石鲸长二百丈，象征东海仙境。[2] 又在骊山筑皇陵，陵内墓室地面雕刻全国地形，以水银灌注河道；墓顶雕绘天文星象，镶嵌珠宝以为星宿。[3] 而从考古发掘的遗址和建筑构件来看，当时的建筑布局很整齐，造型有可能是相当丰富多样的组合；铜构件和砖瓦上的纹饰题材诡谲，线条流畅，构图丰满，颇富有浪漫的气息。据此可知，咸阳的空间环境非常广阔，时间历史的和神话的意识也非常丰富；同时，建筑细部也很精致。虽然文献记载，秦时关中三百里一说七百里范围内离宫别馆连绵不绝，山池阁道动辄百里以上，但这些超人的尺度和许多不着边际的象征

---

1 《礼记正义》卷16《月令》第1371 ~ 1372页："季夏之月……，中央土，其日戊己，其帝黄帝，其神后土，其音宫，律中黄钟之宫，其数五，其味甘，其臭香，其祀中霤，祭先心，天子居太庙太室，乘大路，驾黄骝，载黄旂，衣黄衣，服黄玉，食稷与牛，其器圜以闳……"其他春、夏、秋、冬四季十二月，均有相应的帝、神、数、色等配置，不全录。又，关于明堂的构图、涵义，详见王世仁《明堂美学观》。

2 《史记》第一册卷6《秦始皇本纪》第239页："（咸阳）诸庙及章台、上林皆在渭南。秦每破诸侯，写仿其宫室，作之咸阳北阪上，南临渭，自雍门以东至泾、渭，殿屋复道周阁相属，所得诸侯美人钟鼓以充入之"。又第256页："三十五年……乃营作朝宫渭南上林苑中。先作前殿阿房，东西五百步，南北五十丈，上可以坐万人，下可以建五丈旗。周驰为阁道，自殿下直抵南山。表南山之颠以为阙。为复道，自阿房渡渭，属之咸阳，以象天极阁道，绝汉抵营室也……"《二十四史点校本》

又《三辅黄图》卷1《咸阳故城》第14页："阿房宫，亦曰阿城。惠文王造，宫未成而亡。始皇广其宫，规恢三百余里。离宫别馆，弥山跨谷，辇道相属，阁道通骊山八十余里。"陈直校证《三辅黄图校证》陕西人民出版社1982年版

3 《史记》第一册卷6《秦始皇本纪》第265页："始皇初即位，穿治骊山，及并天下，天下徒送诣七十余万人，穿三泉，下铜而致椁，宫观百官奇器珍怪徙臧满之。令匠作机弩矢，有所穿近者辄射之。以水银为百川江河大海，机相灌输，上具天文，下具地理。以人鱼膏为烛，度不灭者久之"。《二十四史点校本》

已远离了审美价值的最佳点，所以真正着意经营的还是在咸阳附近几十平方公里的范围。西汉的长安和它西郊的上林苑是继秦以后又一个大规模的环境整体。汉长安城是在秦离宫兴乐宫的基础上陆续扩建的，名为都城，事实上是一个宫殿群，总面积约 30 平方公里。看来作为一个当时人的审美把握的空间范围来说，这个面积和秦咸阳附近的范围相似，都是比较合适的。同时，在这个范围以外又营建了超人尺度的大苑——上林苑。据记载，上林苑周围达 300 里，内有 36 苑，70 多处离宫；有巨大的水面昆明池，池两岸立牵牛、织女石像。[1] 这个大约一千多平方公里的大苑，实际上已远远超过了对象本身提供的审美内容所要求的尺度，因此更着重经营的是其中的建章宫及太液池。饶有趣味的是，建章宫几乎是整个上林苑的具体而"微"。比如，太液池中垒土筑三岛，岛上建宫殿台阁，又有渐台；而上林苑则有昆明池，池中有豫章台。太液池边置石鳖、石鱼；而昆明池边有石鲸和牵牛、织女石像。建章宫设 36 殿一说 26 殿，而上林苑有 36 苑。建章宫有别风阙一名凤凰阙、神明台、井干楼等引仙望气的高台，上林苑中则有白鹿观、观象观、元华观等。建章宫周 20 余里，总面积约十几平方公里，这样的尺度应当是经过长期的审美经验积累的结果[2]。上林苑中的其他宫苑，可能都具有同样的尺度。由宏观审美的超级巨大环境到具体而"微"的若干小型宫苑集合，中国人在其中找到了比较合适的尺度结合点。自此以后，魏晋的洛阳、邺城，隋唐的长安、洛阳，五代至宋的汴梁、金陵、临安，元之大都，明清之北京、南京，除隋唐长安以外，首都城市的规模大约都是 30 ～ 40 平方公里这种尺度，而御苑的组合方式也大都沿袭着上林苑和建章宫这样的大小关系发展下来。宋以后的许多邑郊风景区的环境关系及组成方式，也大多是走的这条路子。它们都在宏观和微观、空间和时间的交错汇合中寻求到了最佳的审美价值。直到清朝，避暑山庄和外八庙在这个寻求的历程中作了最出色的总结。下面，就从环境、造型和象征手法三个方面谈谈它们的美学内容。

1 《三辅黄图》卷 4《苑囿》引《关中记》："上林苑门十二，中有苑三十六，"又正文："汉上林苑，即秦之旧苑也……周袤三百里。离宫七十所，皆容千乘万骑。"又引《关辅古语》："昆明池中有二石人，立牵牛、织女于池之东西。以象天河"。又引《三辅故事》："池中有豫章台及石鲸，刻石为鲸鱼、长三丈，每至雷雨，常鸣吼，鬣尾皆动。"又正文："上林苑有昆明观……又有……白鹿观……元华观……"《三辅黄图校证》第 83 ～ 101 页

2 《三辅黄图》卷 2《汉宫 · 建章宫》："（宫门）右神明台，门内北起别风阙，高五十丈，对峙井干楼，高五十丈……建章有骀荡、驭娑、枍诣、天梁、奇宝、鼓簧等宫。又有玉堂、神明堂、疏圃、鸣銮、奇华、铜柱、函德二十六殿……"卷 4《池沼》引《汉书》："建章宫北治大池，名曰太液池，中起三山，以象瀛洲、蓬莱、方丈，刻石为鱼龙、奇禽、异兽之属"。又引《三辅故事》："太液池北岸有石鱼长三丈，高五尺。两岸有石鳖三枚，长六尺"。卷 5《台榭》引《汉武帝故事》："建章宫有太液池，池中有渐台，高三十丈"。《三辅黄图校证》第 40 ～ 45 页 97 ～ 98 页 104 页

尺度和气氛

建筑的环境空间艺术是由许多关系构成的，其中最主要的是建筑与周围地形地貌的关系和建筑自身的空间组织关系。而每一处具有巨大艺术感染力的环境，又不仅是单纯的空间关系，其中必然同时包涵有历史的主题即时间的内容。环境艺术作为审美的客体，它表现为各种尺度的关系综合；而对于审美主体的感受，则表现为对于艺术气氛的情感关系综合。尺度是相对的，是客观的存在；气氛则是主观的感受。主观的情感感受来源于客观的尺度关系。承德古建筑的环境尺度有以下几种关系。

运动与凝聚的关系　承德古建筑群的宏观空间概念，并不局限在避暑山庄和外八庙本身，而是着眼于一条巨大的环境序列链，承德则是这个链的中间环结。这个序列链的一端是首都北京，另一端是木兰围场，两端相距四百多公里。木兰围场创建于康熙二十年（1681年），总面积约一万多平方公里，有东西两个出入口，内分72围场，界以栅栏，区划分明，是中国历史上也是世界历史上罕见的有规划的狩猎场。作为一条巨大的序列链，北京至围场间建造了大小不等的20座行宫。沿着北巡的御道，在延绵不断的山岭、河谷、森林、古堡、长城之间，这些行宫构成了这条序列链中间的节奏符号。这是一条凝聚着清代前期生机勃勃的民族气质的序列。它是运动的跳跃的线，是充满浪漫色彩的线。在这条线上，北京是秩序井然，华贵端庄的巍巍宫阙和皇皇礼仪，围场则是起伏跳跃，苍莽寥廓的茫茫原野和汹汹豪情。它们在空间意识上形成强烈的对比：一个是静止整齐的，另一个则是动荡自由的，它们同时也在历史意识上形成强烈的对比：一个是严肃的礼制楷模，另一个则是豪放的民族习俗。在这两个极端的中间，也恰恰是绝对距离的中间，承德的行宫——避暑山庄正是兼采两者之长，或者说是两者的向心协调。热河行宫沿中轴线布置九进院落，前朝后廷，东西侧宫，是北京朝廷宫殿的具体且微。松鹤斋皇太后宫殿与正宫相似而等级略低，东宫是专门举行外朝宴乐的宫殿，也都是礼仪的象征。但宫殿以北的苑景部分，则是湖光山色，亭阁参差，充满着自然的运动美，尤其富有浪漫气息的是驯鹿坡、试马埭和万树园这三“景”，它们可说是木兰围场的缩影。山庄以外的喇嘛庙，则无论在空间的组织或历史的题材方面都更鲜明地体现了上述的对比关系。绝大多数庙宇的前部都是规整、严肃、静止的，而后部实际上是主体部分则是自由、活泼、运动的。无论是避暑山庄还是外八庙，从选地、布局到它们所包涵的历史主题，都是18世纪中国社会时代精神的凝聚。山水、花木、宫殿、庙宇，它们是静止的，但只要人们去游览，去品鉴、去观赏、去体味，它们就有了生命，有了共鸣，有了运动。

序列与层次的关系 建筑和建筑，建筑和环境之间的空间关系，可以表现为线的序列，有直进、转折、升降、回环等等形态；也可以表现为面的层次，有内敛、外张、交融、借资等形态。承德古建筑群在线、面两种关系方面，有自己特有的尺度，形成特有的艺术气氛。

在总体上，避暑山庄和外八庙有两条序列线，四个层次面。一条线是纵贯山庄的御路，即从正宫门丽正门至西北门，全长约 3.5 公里；另一条线是连贯外八庙的沿河线，即从流杯亭门开始沿宫墙河坝北行，越狮子沟至普宁、普佑寺，又沿山麓溯狮子沟西行至狮子园，全长约 6.5 公里。这两条线控制了全部小区的环境。在纵贯山庄的线上，又岔出几条首尾连贯的分支线：一是以芝径云堤为骨干的湖区风景线；二是沿湖北四亭、苹香沜、春好轩、永佑寺至翠云岩的平原区风景线；三是以山区三条主峪松云峡、梨树峪、榛子峪为骨干的山区风景线。至乾隆时，又新辟了东宫至东湖一线，实际是湖区风景线的一条辅线。不论是主要的序列线还是支分的序列线，都是起始连贯，节奏明晰的富有运动感的空间序列。连贯外八庙的弧形序列线，它的一侧是绵亘起伏的宫墙，那是基调，是铺垫，是烘托，是背景；另外一侧则是间距基本相等，主体鲜明突出，形式变化多端的喇嘛寺院，同样是富有运动感的，有着和谐韵律的空间序列。这一条线的绝对长度大约是纵贯山庄线的两倍，但它所控制的环境范围和主要建筑的绝对尺度也扩大为前者的两倍左右，因而在环境的权衡上，它们是统一而匀称的。

在面的层次关系方面，同样也有着相当成熟的尺度关系。四个层次中，中心部分，即宫殿和湖区苑景，这里建筑密集，建筑尺度和建筑与山水花木的尺度关系与一般人的直观审美心理频率接近。第二个层次，即以宫墙为界的避暑山庄山区和平原区，这里建筑疏朗，建筑与山水的尺度关系比例模糊，似在真山巨壑的天然景物与假山曲涧的人造园林之间，这种关系与人的悬念或想象的审美心理频率相协调。第三个层次，即外八庙与它们所依托的地形所构成的弧形面，虽然这里的环境尺度扩大了，但建筑的尺度也增加了，彼此的尺度关系仍是和中心部分一样接近人的审美直观心理频率。第四个层次，即承德盆地四周的奇峰险岭，如棒槌峰、罗汉山、蛤蟆石、天桥山、僧帽山等，面积扩大至二十平方公里左右，各个层次的绝对尺度与环境形象的关系又比较模糊，使人的审美心理又跃入了另一个悬念或想象的境界。这四个层次交错地拨动着两种审美心理频率，大大深化了这一环境层次的艺术气氛。而在中心部分和第二层次之间，又插入了不少支分的层次。如山庄的山区六亭：锤峰落照、南山积雪、北枕双峰、四面云山、古俱亭、放鹤亭大体是沿山区一周布置，它们构成了一个距离大体相等的视线交叉网，从而控制了整个山区环境。又如结合地形，避暑山庄的山区园林基本上采取“三位一体”的组群关系如南山积雪、北枕双峰、青枫绿屿；广元宫、山近轩、敞晴斋；含青斋、碧静堂、玉岑精舍；秀起堂、鹫云寺、静含太古山房；珠源寺、绿云楼、涌翠岩；风泉清听、松鹤清越、绮望楼；旃檀林、水月庵、创得斋，各个组群都控制着一部分山区环境。又如湖区的亭子大体上是等距离约 200 米布置而形式各不相同，亭子的连线也构成了一部分环境的控制网。再如以高达 60 多米的巨大佛塔——永佑寺塔作为平原的过渡，将河东寺院与山庄连成一个空间环境等。这些面的层次又与上述线的序列相互交错，以线为经，以面为纬；线为骨干，面是延伸；彼此借资，相得益彰（图 2）。

山形与水系的关系 承德古建筑群所在的盆地表里山河，山形与水系错综交汇。武烈河即热河和狮子沟的尺度与盆地周围峰峦怪石的尺度很协调；而山庄的曲折水面和溪流涧瀑又与园内的山区尺度一致。从绝对尺度来看，水少山多；山是基调，是骨架，水是陪衬，是筋脉。但实际上这一环境艺术的灵魂却

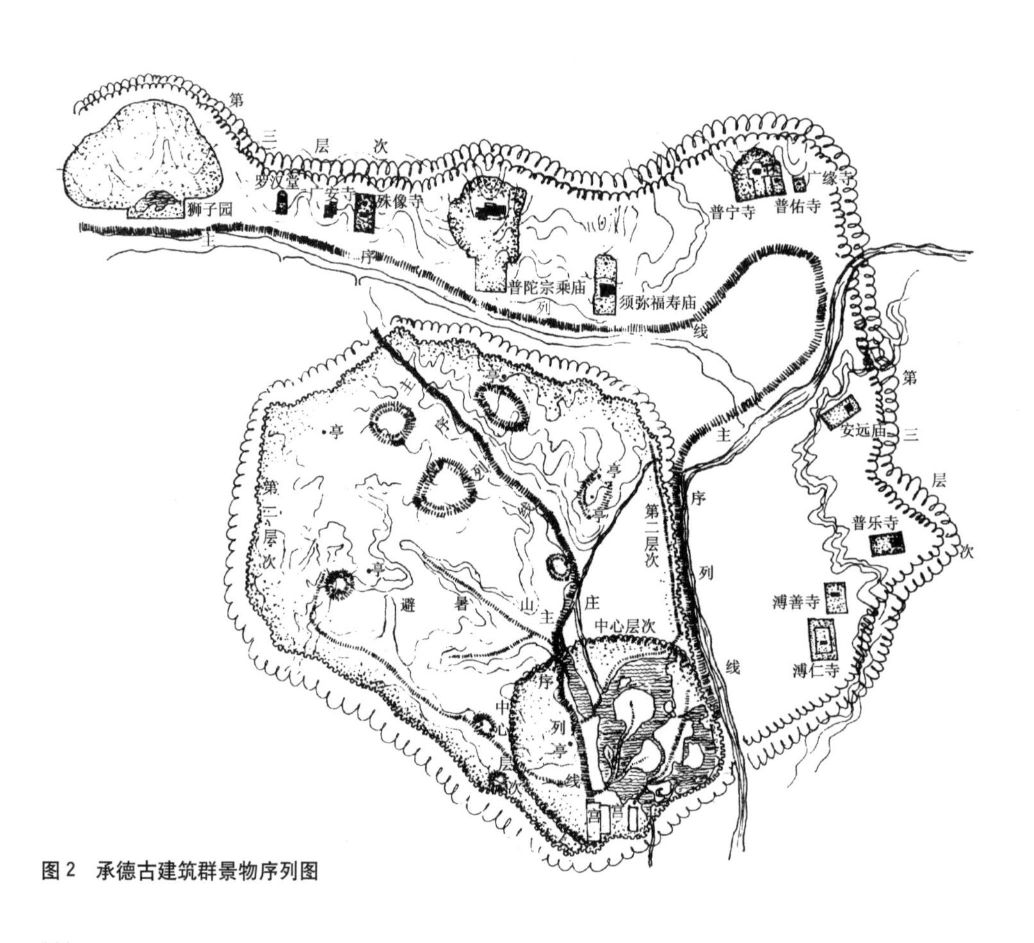

图 2　承德古建筑群景物序列图

在那沟通、联络、烘托以至将山丘峰岭、亭台楼阁组成一个整体的水系。从外八庙来看，倚山只是建寺的一般形式，而面河才是它们特有的风格。起伏纵横的山丘如没有平缓如练的河流绕束，很难形成紧凑的浑然一体的风景线，即使是狮子沟那样的旱河，也同样是一条统率山丘与建筑的组带练条。而避暑山庄内的水系，更是山庄艺术魅力的精粹所在。山庄内有两大水系，一是湖区的大小 7 个湖面，它的妙处在于湖面绝对尺度都很小最大的澄湖不足 9 公顷，但经过堤、桥、岛、坝的划分，以丰富的景物层次增加了它们的相对尺度；又在于这样的尺度和峰岭虽峻但高差不是太大最大高差只 120 米左右，沟岔虽多但间隔不是很远的地形特征很适应；还在于上述这些地形尺度和整个山庄采取的小尺度建筑物和朴实无华的造型风格很协调。可以说，这湖区的尺度就是规划整个避暑山庄景物的一把比尺。另一个水系是山区的沟溪。由暖溜暄波水闸引入的武烈河水沿山麓而南，沿途汇截山区的泉流溪涧。在它们之中有石壁泉流“泉源石壁”，有人造瀑布“涌翠岩”、“千尺雪”，有旺盛泉涌“远近泉声”、趵突泉，有曲水婉转后期“曲水荷香”，有天池旃檀林，庭湖“梨花伴月”、文津阁，溪涧秀起堂、碧静堂、玉岑精舍等，坝桥“长虹饮练”。许多山区妙境又大多是倚托着这些涧瀑溪泉所构造的庭园，所以这一沟溪水系实在是避暑山庄主要的骨架。试以它和北京香山静宜园比较，两者山形相似，但香山一则缺少像避暑山庄那样的一片湖面，再则也缺少同样的贯通山区的溪流，所以虽然局部造景手法相似，也不乏生动活泼的小园，但在总体的尺度关系上和气势关系上终觉稍逊避暑山庄。不但如此，避暑山庄的庭园精华，大多都是建筑与山、水密切结合。不论是湖区的重点景物金山、文园、戒得堂、香远益清、环碧、月色江声、临芳墅、烟雨楼、远近泉声等全都是依水造景，即山区最好的园林玉岑精舍、碧静堂、秀起堂、涌翠岩、旃檀林、有真意轩、食蔗居等也都是借助水的处理才显示出山区景物的妙处不同一般。

题材与形象的关系 上述的三种关系，都属于空间的尺度。然而仅仅由空间关系构成的艺术气氛，有广度而缺少深度，只有加入了历史的即时间的关系，才能使尺度关系更加明晰实在，艺术气氛更加浓郁厚重，也才能把若干不同尺度的空间关系统一起来。这种历史的即时间的关系，主要表现在给建筑环境以特定的题材，使它富有特定的艺术形象。

从尺度这个建筑审美的范畴来看，承德古建筑群的题材和它的空间关系一样，仍是线与面的交汇。整个环境的题材有两条线：一是民族联合，宇内一统；二是尊崇传统，表彰伦理；还有一个面，即展现祖国广阔无垠的雄奇山河。第一条线在外八庙表现为以庙宇的形式概括了当代最重大的一桩历史事件，即对蒙古地区特别是厄鲁特蒙古的最终统一，并以此“说明”了祖国南北和各民族地区“普天之下，莫非王土；率土之滨，莫非王臣”。康熙时建的溥仁、溥善寺，是内地传统佛寺的形式。到乾隆时建的各寺，有仿西藏的三寺普宁寺、普陀宗乘庙、须弥福寿庙，仿新疆的一寺安远庙，仿蒙古都纲的一寺广安寺，仿南方的一寺罗汉堂，仿北方的一寺殊像寺，另有模拟喇嘛教曼荼罗的一寺普乐寺，其他汉式二寺普佑寺、广缘寺。用这些代表边疆的和南北方的寺庙形式环绕在行宫周围，是作为历史的见证，是形象的记录；它与前述秦始皇灭六国诸侯后仿造其宫殿建于咸阳北阪的用意是一致的。在避暑山庄中，荟萃了祖国各地景物的典型，有仿自江南水乡的金山、狮子林、烟雨楼、天一阁、千尺雪、放鹤亭等等，也有仿自著名的泰山碧霞祠、斗姥阁和南京报恩寺，还有象征蒙古草原的万树园、试马埭、驯鹿坡。它们与外八庙一起，概括了国家的形象，突出了宇内一统的涵义。第二条线和前者不同，它不是通过某种具象的造型给人以具体的形象感受，而是通过抽象的题名唤起人们的联想认识。这两方面恰恰是互为补充，相辅相成的。从题名来看，是以尊崇儒家的传统道德为主，又辅之以道家逍遥自然的情调。这在康熙、乾隆等人的文章中都有所说明：

> 无刻桷丹楹之费，喜林泉抱素之怀。静观万物，俯察庶类。文禽戏绿水而不避，鹿映夕阳而成群。鸢飞鱼跃，从天性之高下；远色紫氛，开韶景之低昂。一游一豫，罔非稼穑之休戚；或旰或宵，不忘经史之安危。劝耕南亩，望丰稔筐筥之盈；茂止西成，乐时若雨旸之庆。此居避暑山庄之概也。至于玩芝兰则爱德行，睹松竹则思贞操，临清流则贵廉洁，览蔓草则贱贪秽，此亦古人因物而比兴，不可不知。
>
> ——康熙《御制避暑山庄记》
>
> 若夫崇山峻岭，水态林姿，鹤鹿之游，鸢鱼之乐；加之岩斋溪阁，芳草古木，物有天然之趣，人忘尘世之怀，较之汉唐离宫别苑，有过之无不及也。若耽此而忘一切，则予之所为膻芗山庄者，是设陷阱，而予为得罪祖宗之人矣。
>
> ——乾隆《御制避暑山庄后序》
>
> 奉慈闱则征寝门问膳之诚，凭台榭则见茅茨不剪之意，观溉种则念稼穑之艰难，览花莳则验阴阳之气候，玩禽鱼则思万物之咸苦。
>
> ——张廷玉等《御制避暑山庄诗跋》

由此基本思想出发，有诸如淡泊敬城、坦坦荡荡、香远益清、甫田丛樾、勤政殿、颐志堂、澄观斋、宁静斋、知鱼矶、永恬居等标榜儒家传统道德的品题；有莺啭乔木、松鹤清越、风泉清听、水流云在、采菱渡、沧浪屿、玉琴轩、涌翠岩等反映道家追求自然纯真的景物。另外，在山庄内还有佛、道、祠的庙宇，但有寺庙而无僧道，只是表示对于传统文化的兼容并蓄。而上述这两条互为补充的历史的线又是紧紧地和空间关系交织在一起，如沧浪屿、知鱼矶必为临水小景；松鹤清越、万壑松风必有古木参天；莺啭乔木、濠濮间想必在水畔花间等。这种时空的相互交织，就使得环境艺术的形象异常鲜明起来。而最后，它们都融合在反映了祖国大好河山的历史横截面里，从漠北到西藏，从中原到江南，大河上下，长城内外，高山流水，草原广漠，文物风景，庭园寺观，在十几平方公里这样一个不大的空间尺度里，扩大成为上下千年，纵横万里的巨大的历史尺度。

形式和风格

建筑风格是建筑审美观最集中最直接的显现。风格主要是由建筑的形式构成。形式是客观的、简单的、机械的实体；风格则渗入了主观的、综合的、丰满的感受。中国传统的建筑审美观，不仅仅是探求简单的、机械的形式美，更重视的是探求如何使形式美转变为风格美。这种探求在清代盛期的许多建筑中取得了很可贵的经验，逐渐形成许多关系法则，承德古建筑的形式和风格中，主要有以下四种关系。

单体与群体的关系　早期的中国古典建筑秦汉为代表，重视单体的造型胜于群体的组合；中期唐宋为代表两者并重；后期明清为代表又变为群体胜于单体。这个转变的物质基础，是木结构为主体的建筑实践经验的积累，即设计和施工的标准化、程式化、装配化；而它的美学基础则是人们对于建筑艺术特征的不断开掘以及对它的审美价值的认识深化。古典建筑发展到了清代，特别是以雍正二年（1734 年）颁发的《工部工程做法则例》为标志，标准化、程式化已达到非常成熟的阶段。也就是说，单体建筑已经简化到几乎极限的地步，随之，匠师们的创作才能以及审美趣味也几乎全部转移到了群体组合方面。而对群体组合的创作又不仅限于若干单体组成的群体空间，同时在单体建筑的造型上也尽可能运用程式化、标准化的基本单元结构的和造型的单元组成丰富多彩的形式。这种群体与单体的关系在承德古建筑中表现得非常纯熟，发挥得非常出色。外八庙的群体，除普陀宗乘之庙外，都是中轴对称，但主要的单体，包括那些汉藏结合的红台、白台，都是运用严格的殿式、大式做法而组成新颖多姿的造型。如普宁寺的大乘之阁，普乐寺的阇城旭光阁，安远庙的普渡殿，广安寺的戒台，罗汉堂的主殿，须弥福寺之庙的大红台和妙高庄严殿，普陀宗乘之庙的大红台，都是寓群体手法于单体建筑的杰作。同样，避暑山庄中也有不少类似的单体造型，如水流云在：如意湖、临芳墅、云帆月舫、西岭晨霞后期、云绘楼秀起堂、延山楼山近轩、净练溪楼碧静堂、畅远台等。但是，在承德古建筑中表现最突出的还是由最简单最程式的单体组成的最丰富最自由的建筑组群。在山庄中，除永佑寺、碧峰寺、鹫云寺、珠源寺、广元宫等几处大型庙宇使用殿式做法外，其余全是大式和小式。论单体，主殿不过单檐歇山，个别使用硬山或悬山，其余殿全是硬山式。楼房不过二层，也只有歇山或硬山。走廊的布局形式最多，但只有四檩卷棚一种。大门不过两三种。只有亭子式样最多，但在群体中绝大部分只是单檐方亭。山庄中近五十组庭园就是使用着这些最简单最朴素的单体建筑，创造出了最丰富最迷离的空间艺术。在平地的组合中，像万壑松风那样，只依靠几个殿座平行错列，走廊曲折闭合，便出现了迷宫般的效果。而在山地，像碧静堂、秀起堂、玉岑精舍、山近轩、有真意轩、旃檀林等，每处的单体形式都不超过三四种，但又都有着非笔墨可以形容的仙山楼阁的动人形象。它们都标志着中国古典建筑已进入了建筑艺术高度成熟的阶段。

规则和自由的关系　中国的古典建筑多为群体组合，其中单座的殿堂亭榭等都是规则的，一般说来，群体组合也主要是规则的。这种规则主要表现为对称的平面布局和有规律的立体轮廓，它们都是形成和谐、匀称的形式美的主要法则；相反，如果同时糅合了自由活泼的、非规则的形式，不但仍然可以获得和谐、匀称的效果，还能给人以动态的美感。在本质上是静态的建筑形式中取得动态的美感，这无疑是对建筑艺术的深化和发展。承德古建筑中的绝大多数寺庙、宫殿都是规则的对称型。但它们中有的由于地形起伏较大如普乐寺、广元宫、珠源寺、梨花伴月，有的由于本身也带有灵活的园林处理如普宁寺、殊像寺、如意洲、乐寿堂、绮望楼、寝宫等，所以尽管平面是对称的，但立体轮廓却是自由活泼的。另外有一些小型庭园也采用了对称的布局形式如春好轩、澄观斋、烟雨楼、苹香沜等，但由于配置了多量的山石花木，也并不显得呆板。再加这些群体所处的环境又多依山傍水，花木扶疏，实际上是园林整体的一个组成部分，它们给人的美感仍然是富有动态美的。但是在承德古建筑中，规则与自由的关系结合得最成功，自由活泼的手法发挥得最成功的，还是避暑山庄特别是其中山区的中小型庭园，和完全自由布局的普陀宗乘之庙。普陀宗乘之庙仿西藏布达拉宫，但它与布达拉宫不同，是经过周密的规划，用统一的标统化程式化做法修建的，不但它的前半部是对称型，大红台的主体也取对称构图，就是整体的大红台和大白台，几十座大小不等、形式不同的白台建筑，也是按照严格的权衡布局，实际上是形成了一条轴线的。但这组庙宇最终还是由于它突破了绝对对称的布局，又采用了许多平面、轮廓都不对称的单体建筑，所以它在外八庙中的动态美最强，给人的印象最深。避暑山庄中非规则型的庭园又分为两类：一类是虽然在平地或基本是平地上造园，平面也基本是对称的，有明显的中轴线，但却在对称中略有变化，如月色江声、香远益清、青枫绿屿、环碧、戒得堂、玉琴轩、文津阁、宜照斋、水月庵等。它们给人的审美感受是平衍中稍有曲折，静止中略显动态，端庄中微露活泼，含蓄隽永，耐人寻味。另一类则是大起大落，回环婉转，充满着运动感，如金山、玉岑精舍、有真意轩、秀起堂、山近轩、碧静堂、文园狮子林、食蔗居等。介于上述两类之间的，是平面虽不完全对称，但规则方整，主要靠高低悬殊以增加自由的气氛，如敞晴斋、含青斋、旃檀林等。总之，无论哪一种构图手法，它们都有一个统一的基调，这就是规则与自由，和谐与对比，平静与运动，端庄与活泼，建筑手法与园林环境，一般形式美法则与特殊审美趣味都是互为补充的。对这些不同的美学特征，不同组群可以有不同的侧重，但最终都给人以和谐、匀称和富有节奏感的美感。

外部与内部的关系 这种关系包括两个内容：一是建筑组群的外部环境与内部空间的关系；二是建筑物的外观造型与室内空间的关系。承德古建筑在这两方面都有不少新的探索。

中国传统建筑的组群关系基本是内向的，无论是一个独立的空间或是一组序列的空间，它们的重心都在内部，建筑物的主要立面都朝向内院，空间序列的运动也都是在内部进行，也就是说，外部是封闭而内部是开敞的。从故宫、孔庙、天坛到苏州园林和北京四合院都是如此，承德的外八庙和避暑山庄中相当一部分组群也是如此。但是，在避暑山庄中最有艺术价值的建筑组群，却突破了这一基本特点，将内向的空间向外开放。有的殿座前后两面都是面向景物的主要立面，如万壑松风、天宇咸畅、绮望楼、沧浪屿、卷阿胜境、罨画窗、云山胜地、绿云楼、烟雨楼等，它们往往向内是庭院的主殿，向外又是一个风景画面的主体。有的似是庭院大门，实是主要殿堂，如青枫绿屿、环碧、萍香泮、月色江声、香远益清等，它们的主要面向外，是容纳外部风景的所在。有的组群似乎是封闭的庭院，但大部分不设围墙，主要由殿、廊等建筑围绕，这些建筑既是内向空间的遮拦，又是外部环境的观赏点或被观赏的画面，如山近轩、青枫绿屿、旃檀林、万壑松风、玉琴轩、绿云楼、金山等。还有的从平面布局来看是内向的空间，但由于地形错落较大，实际上的效果则是外向的，如梨花伴月、广元宫、敞晴斋、玉岑精舍、含青斋等。这种开闭结合、内外贯通的手法，显然是出于千余年来大型皇家园林总体环境艺术的经验总结。许多独立的小型庭园都是从总体空间的尺度出发，从对景和借景的画面效果出发，全面地安排内外关系。这是承德古建筑中最珍贵的创造之一。

至于室内和室外的空间关系，在这里也有很鲜明的美学法则，即这种关系是与人的正常生活的心理状态相适应，越是生活气息或人情味浓重的建筑，外部就越是朴素，内部就越是丰富；反之也恰恰相反。从后者来看，外八庙的主要艺术处理都放在建筑的外部，内部只是一般的程式，个性不明显。而在山庄，特别是供起居玩赏的殿堂亭榭，外檐装饰极力简朴，多数雷同，但室内处理却很丰富，很少相似。有的利用廊步隔成夹道，从内部沟通各个空间，不取传统的明暗分间手法；有的主要入口不在明间，打破了传统的中轴对称格局；有的设置仙楼、戏台、室内有室；有的以圆光罩、炕罩、栏杆罩、花罩、几腿罩、博古架、板壁、帏幔分隔室内，使绝对尺度不大的空间出现多层次；还有的在山墙开门辟窗，使室内透视的方向有所变化。在很简单朴素的殿座中展现出很丰富精致的内部空间艺术，这同样是承德古建筑最足珍贵的创造之一。

和谐和对比的关系 承德古建筑艺术风格给人的感受处处是对比，但总体又是非常的和谐统一。和谐是一切艺术美最基本的要素，但和谐又最容易流于平淡无奇，必须寓和谐于对比，在强烈的对比中获得和谐，这才是艺术的上乘。而在对比中求得和谐，或在和谐中显示对比，正是中国传统建筑艺术的精华所在。在承德的这个建筑环境里，和谐与对比的关系处理得很巧妙，它主要表现为若干层次。第一个层次是每一座单体建筑的程式美。作为一些孤立的、个别的房屋，虽有殿式、大式、小式之分，殿座、楼阁、亭榭之分，但由于它们都是按照经过千锤百炼的法式即程式化的比例法则修建的，而这种法则又包含着以和谐为基调的形式美法则，所以它们的自身是和谐的，与人之间的审美距离也最小，因而由它们的程式美所形成的美感也最强烈。第二个层次是由这些具有和谐关系的个体组成的建筑群体的造型美。作为一个组群，在这里主要使用了对比的手法，用对比的关系强调它们的艺术个性。这里，有封闭与开敞的对比，有高耸与低平的对比，有平缓与曲折的对比，有华丽与朴素的对比，有质地与色彩的对比，有内外空间与大小体量的对比等等。无论是富丽堂皇的外八庙或是幽静雅致的山庄庭院，凡是引人入胜的空间造型，都是由对比的效果造成的。第三个层次是一个组群团，或者说是一个小区环境中若干组群间的和谐关系。这些组群团，如普宁寺、须弥福寿庙和普陀宗乘庙，罗汉堂和殊像寺，安远庙和普乐寺，溥仁寺和溥善寺，虽然每一组寺庙都有着第一层次的和谐单体建筑都用统一的殿式则列和第二层次的对比，但人们仍然很自然地也把它们划分成上述的这些组群团，这就说明在组群团之间存在着和谐的关系。在山庄中也有明显的组群团，如宫殿区的一片，芝经云堤三岛的一片，东湖的一片戒得堂、清舒山馆等，沿湖的亭子一片，东北角澄观斋等的一片，里湖的一片玉琴轩、文津阁等，旃檀林一片，碧静堂一片，山近轩一片，青枫绿屿一片，绿云楼一片，风泉清听一片，秀起堂一片等。它们或是由于与地形环境有共同的结合关系，或是建筑组群有类似的处理手法，因而形成了若干片和谐的建筑环境。第四个层次扩展为整个承德古建筑群许多大的对比关系。有外八庙的雄大绚丽与避暑山庄的精巧朴素的对比，有建筑密度小的山岳区与建筑密度大的平原湖泊区的对比，有蒙古草原风光与江南水乡景色的对比，有规则严谨的宫殿寺庙与自由活泼的园林庭院的对比，有极简单平凡的单体建筑与极丰富变化的群体空间的对比，有汉式与藏式风格的对比等。由于这些尺度相当广阔的对比，就使得整个环境生机勃勃，趣味浓厚，大大开阔了它们的审美广度。但到了第四个层次以后，即渗入了历史的人文的因素以后，又将这种大尺度的对比归复于高度的和谐，这就是，整个建筑环境的风格集中地体现了 18 世纪中华民族传统的建筑审美观。它们无论在建筑的处理的手法上，空间组合的基本构图上，或是在时代的风格上，都贯穿着当代建筑审美的基本尺度。而更重要的是，它们共同记录了当代历史最重大的题材——最终巩固了统一的多民族国家，这就必然要引起若干代人永远的追慕、回味、评说，从而形成了历史意识的和谐感，最终大大加深了这一环境审美的深度。以上五个和谐与对比的层次相互交叠，层层扩大又层层深化，使这一环境艺术获得了高度的审美价值。

模拟和联想

人对建筑艺术的审美心理主要有三个层次，即感受 Feeling、知觉 Per-ception 和认识 Understanding; 与之相应的建筑艺术的三个方面则是环境、造型和象征涵义。前两者开拓了建筑艺术的审美广度，后者则发掘了它的审美深度。早期的建筑艺术尤其重视象征涵义。世界各民族都探索过建筑的象征手法，中国也不例外。但是，建筑由于受实用功能、材料种类、结构方式和由此而产生的特有的形式美法则的制约，它的象征形式就不如其他造型艺术来得具体；然而也正因为同样的原因，它的象征内容却有可能比其他艺术有可能包涵得更加广泛。象征首先要模拟恰当，然后才能触发联想。承德古建筑在模拟和联想方面主要表现为以下四种关系：

具象与想象的关系　从一般地反映生活来说，建筑造型的具象能力是很差的；但从特殊地反映生活来说，它那些基本是抽象的几何形象却有可能取得比一般具象艺术更大的象征效果。这是因为，建筑可以通过自身的造型和综合其他艺术手段，赋予抽象的造型以象征的可能，触发、引导人的想象能力，使之发挥出巨大的审美价值。承德古建筑在使抽象通过想象而获得巨大的象征效果方面，确有许多巧妙的手法。例如，避暑山庄中山峦起伏的西部山区与水道婉转的东南部湖区，以及它们在面积上的悬殊比例；北部广袤的草原和随山势蜿蜒的宫墙以及宫墙以外多民族形式的庙宇，这些具象的环境就象征着中国的西部山区，东南水乡、北部草原、雄伟长城和长城以外的蒙藏地区的典型风貌。由这个直接的感知出发，又可以联系到祖国的疆域无比辽阔，河山无比壮丽，从而又激发起对于国家统一，民族团结这个宏伟主题的联想与认识。又如，"万壑松风"这组庭园，题材直接取自五代名画家巨然的同名山水画，但它又显然不是原画的翻版。可是通过它的环境特征——地处高岭，古松浓密，殿阁隐约，山势嶙峋，也就很容易触动人们对原画的想象，使得这组庭园的诗情画意更浓。再如"濠濮间想"这一景，取材于《世说新语》中东晋简文帝入华林园的一段议论："会心处不必在远，翳然林水，便自有濠濮间想也，觉鸟兽禽鱼，自来亲人"。[1] 这一景的建筑，不过只是临水一亭，但周围有嘉树芳草，碧波荡漾，水中有鱼，林中有鸟，丛中有鹿，这样的环境与题名的典故联系起来，典故中包含的那种物我交融，全性葆真，超脱名利，归复自然的道家思想联系起来，就可以使人进入更深的美学境界。外八庙也有很成功的实例。如普宁寺的后半部，全依密教经典布置成世界图像，有须弥山、铁围山、四大部洲与八小部洲、日月山、四轮、七山、五峰等，其实都不过是些几何形体的组合而已。但由于它们的布局形式和某些带有模拟性的造型，"说明"了它们的象征涵义，所以也就能使人们从宗教的意义上加以想象，它的美学价值也就远远超过了前半部。又如殊像寺原是五台山文殊菩萨的道场，它除了一般地模仿山坡寺院的形式以外，更着意于后部的一组大假山。假山参差而富有韵律，以大小不等的灵芝或云朵状的山石群穿插组叠，远望好似朵朵祥云凝聚在一起。山顶置宝相阁，奉文殊塑像，象征着文殊端坐云端，庇护人间。这个形象所触发的联想也是相当生动的，它的美学价值同样胜过了前半部庄严规则的形式。

模仿与创造的关系　承德古建筑中有相当一部分是模仿国内其他地方的建

1　刘宋·刘义庆：《世说新语》上册，卷上之上《言语》。梁·刘孝标注："濠、濮，二水名也。《庄子》曰：庄子与惠子游濠梁水上，庄子曰：'鯈鱼出游从容，是鱼乐也。'惠子曰：'子非鱼，安知鱼之乐邪？'庄子曰：'子非我，安知我之不知鱼之乐也。'""庄周钓在濮水，楚王使二大夫造焉，曰：'愿以境内累庄子。'庄子持竿不顾曰：'吾闻楚有神龟者，死已三千年矣，巾笥而藏于庙。此宁曳尾于涂中，宁留骨而贵乎？'二大夫曰：'宁曳尾于涂中'。庄子曰：'往矣，吾亦宁曳尾于涂中'。"上海古籍出版社 1982 年版

筑修建的。从大的象征涵义看，体现了“普天之下，莫非王土”的皇权一统思想。但这种模仿只是“略师其意”，只是取原物的典型特征，而不是生搬硬套，更不是削足适履，扬短避长。外八庙中普宁寺仿西藏桑鸢寺，主要在后部的大曼荼罗，它取的是总体布局形式和大殿有五顶的特征，全部建筑与原寺相距甚远。普陀宗乘庙仿拉萨布达拉宫，须弥福寿庙仿日喀则扎什伦布寺，安远庙仿伊犁固尔札庙，也都是模仿外形的主要特征，仔细加以分析，就全然不是原庙了。罗汉堂仿海宁安国寺，殊像寺仿五台山同名寺院，也都只取其最重要的一部分。避暑山庄中模仿的各处景物，金山取镇江金山寺“寺包山”的特征；烟雨楼取嘉兴南湖烟雨楼岛上建阁，岛小阁大的特征；文津阁取宁波天一阁暗三明二的层数，六开间的平面和阁前临水，水后有山的特征；文园狮子林则取假山曲屈环绕建筑，水道四通八达和建筑密集的特征；广元宫取泰山碧霞祠山门高峙顶峰，殿阁全用黄琉璃瓦的特征；永佑寺舍利塔取南京报恩寺塔八角楼阁式砖塔的特征等，它们都和原物相去甚远。至于千尺雪苏州、斗姥阁泰山、曲水荷香绍兴兰亭、放鹤亭杭州，则只有那么一点意思，全靠题名来触动人对原物的联想了。总观上述这些模仿的手法，主要还是传达一种审美的理想，它对客体的处理模仿，只要求取得主体的对应反响就足够了。因此也就有必要结合当时当地的具体条件地形、面积、环境、工程做法等进行新的创造。它摒弃了秦始皇营咸阳“写仿六国宫殿”那样照搬原物的办法；也舍弃了隋炀帝造西园，十六院中充斥全国各处物产以显示富有天下的办法；又不取宋徽宗造艮岳，只重视豪华奇丽，以工程浩大显示国力雄厚的办法，而使用“移天缩地”，仿造景物这种最省力的办法，体现出了最巧妙的构思，取得了最美好的美学效果。

内涵与外延的关系 凡是象征，都有具体的涵义，也是象征对象限定的主题内涵。但建筑艺术的特征之一是它的内涵可以合乎逻辑地外延出去，直至相当广阔的范围。盛清建筑的一个重大成就就是设计者包括康熙、乾隆自觉地认识到了这一特征，广泛运用象征的手法，把有限的内涵尽量外延出去，使建筑艺术发挥出伦理的和政治的实际效用。这些手法主要有三种：第一，用具体的形象“说明”主题思想。如曼荼罗本来是密教经典中关于法坛布置的图像说明，是一幅神佛菩萨次序图，外八庙中普宁寺是一个大曼荼罗，普乐寺是完全照密教金刚界羯磨曼荼罗 Karma-mandala 法式的建筑，须弥福寿庙大红台、普陀宗乘庙五塔门也都是曼荼罗。它们的内涵本是一种宗教法式，但在乾隆时期却得到大力提倡，北京的雍和宫、北海小西天、碧云寺金刚宝座塔和西黄寺清净化城塔都是曼荼罗，这说明当时又赋予了它们新的涵义：以教义中的五方方位，主佛大日如来居中，群佛配列比附国土社稷和皇帝与群僚外藩的位置；而那种方圆同心，“井”字分隔，十字对称的构图，也可以引申为帝王居中，永恒不变的意义，总之都体现了王权集中，唯我独尊，天下一统的思想，是一个统一的大帝国的理想图像。又如避暑山庄的芝径云堤一景，堤岛呈灵芝、如意或云朵状，本身的涵义无非是象征着方外仙境，但由于它是整个行宫苑景区的中心，与正宫的主体“淡泊敬诚”殿和东宫的主体“勤政殿”相对应。而所谓“淡泊敬诚”、“勤政亲贤”都是儒家标榜的统治者修身准则；因而芝径云堤的涵义也就对应地代表着道家清静自然的情趣追求。儒道互补，儒主道辅，芝径云堤的涵义就要深远得多了。第二，用对景物题名的形式“说明”景物的特点内涵，但更主要是表达对某种道德或政治的追求外延。如“天宇咸畅”系因殿处高阜，可以畅怀远眺而得名，但由此也可以或者说主要是表述了天下太平，政治清明的意思。“香远益清”是因地处荷花池边而得名，但它的题名却引自周敦颐《爱莲说》，显然景物的主题涵义就成为对清高自爱，出污泥而不染的品格的赞扬了。“沧浪屿”是因临水支阁而得名，但题名的实际涵义是引用古民歌“沧浪之水清兮……”的典故，[1] 原意为有道之时行志，无道之时全身，这里借喻为政治清明，有如沧浪水清。“甫田丛樾”、“乐成阁”靠近瓜圃农田，题名显然是表示皇帝不忘农事。其他如永恬居、素尚斋、颐志堂、宁静斋、知鱼矶、石矶观鱼、水流云在等，都或多或少与实际景物环境有一点关系，但更重要的还是外延出所追求、企慕、标榜、赞扬的思想或行为。第三，以环境的风貌显示某些特定的主题。外八庙富丽堂皇，雄伟壮观，这种风貌特征绝不仅限于寺庙建筑艺术本身的要求，而是重在表明这些庙宇是一代历史的见证，是当代重大事件的纪功碑，也是清朝政府处理边疆民族问题的基本政治态度。而避暑山庄朴素淡雅，则表明了康熙、乾隆对修建这所行宫的基本态度，即康熙所谓“一游一豫，罔非稼穑之休戚；或旰或宵，不忘经史之安危”。这种“无刻桷丹楹之费”，“崇朴爱物”的思想，当然更远远超出景物自身所包涵的内容。“至于玩芝兰则爱德行，睹松竹则思贞操，临清流则贵廉洁，览蔓草则贱贪秽”，这种所谓“因物而比兴”的外延效果，就更加显著了。

主题与陪衬的关系 为了突出艺术的主题，必须同时注意它的陪衬关系。不论是具象的或象征的艺术都是这样。承德古建筑在运用象征的手法触发人们对某一主题的认识时，对陪衬关系的处理也是颇具匠心的。外八庙的中心主题是纪念对蒙古地区的最终统一，但它的陪衬却是包括外八庙和避暑山庄在内的整体环境处理，即再现中国的全貌于这一环境之中。有了这个陪衬的

1 《孟子注疏》卷 7《离娄上》第 2719 页：“有孺子歌曰：‘沧浪之水清兮，可以濯吾缨，沧浪之水浊兮，可以濯吾足’。孔子曰：‘小子听之，清斯濯缨，浊斯濯足矣，自取之也’。”《十三经注疏》中华书局 1979 年版

背景，外八庙的象征纪念意义才更加突出。也正由于有了这个“移天宿地”的环境作为陪衬，外八庙中的“曼荼罗”才更能体现出向心集中，宇内归一的主题思想。就一些重要的庙宇来说，它们所要表现的主题都在后半部，但庙宇的宗教主体神佛的地位和建筑的等级却在前半部，这里就有很巧妙的处理。如普宁寺的主题是以大曼荼罗象征皇权一统，体现在以大乘之阁为中心的后半部；但宗教主体却是以奉三世佛的大雄宝殿为主体的一组。将宗教的主体处理成艺术上的陪衬，反衬得艺术上的主题更加鲜明突出，这确是很大胆新颖的处理手法。普乐寺、殊像寺也是这样。同样，避暑山庄作为一所行宫，它的主体应是正宫和东宫，它所要求体现的主题是王权集中，富有天下，但从艺术处理和美学效果来看，单独的正宫和东宫都不能体现这一主题。只有加上了性质上是陪衬的苑景区，只有将苑景区处理得包罗万象，移天缩地，才显示出了整个行宫的主题涵义。在这里，人们所看到，所领悟到的，并不是一处处孤立的园林亭阁，而是一个整体的象征形象。将占全园百分之九十的苑景区作为陪衬去突出那个以宫殿为象征的主题，这实在是极大胆的创举。然而唯其大胆创造，主题形象才特别鲜明。从这里可以看出，辩证地处理主题与陪衬的关系，是能发挥出巨大的象征力量的。

综上所述可以看出，承德古建筑所以能有高度的艺术价值，就在于它相当成功地调动了建筑审美的心理因素，相当准确地把握住了构成建筑美的若干种关系。在这个建筑环境中，以相对的时空尺度构成了绝对的环境气氛，使人有所感受；以简单的建筑形式体现了综合的造型风格，使人有所知觉；以客观的象征手法触发了主观的领悟联想，使人有所认识；它们又彼此交融，使得这一环境获得了巨大的审美价值。

原载《避暑山庄论丛》1986 年紫禁城出版社

承德外八庙的多民族建筑形式

承德避暑山庄，是清朝前期一个重要的政治活动所在。山庄以外的东、北山麓，从康熙五十二年（1713 年）到乾隆四十五年（1780 年）建造了十二座喇嘛庙。其中有八座驻有喇嘛，属北京喇嘛印务处管辖，所以一般称外八庙。当时，我国厄鲁特蒙古上层反动分子勾结沙俄侵略势力，多次叛乱，妄图分裂统一的祖国。清朝皇帝在民族团结的巨大历史潮流推动下，严肃处理了这种罪恶活动，反击了沙俄侵略势力，取得了维护国家统一的胜利。外八庙就是在这个过程中陆续兴建的纪念物。它们生动地记录了 18 世纪我国多民族统一国家巩固与发展的过程；它们的形象也表现出与上述政治内容相适应的丰富多彩的多民族建筑形式的融会。

喇嘛教有许多非常荒谬的内容，作为清朝皇帝用以统治少数民族主要是藏族、蒙古族人民的政治工具，其中有大量的糟粕应当深加批判。但是，正如在阶级压迫的社会里一切物质文明都是被压迫阶级创造的一样，外八庙也是当时各民族工匠创造的建筑珍品，尤其是在融合各民族建筑形式进行再创作时所表现出来的创新精神，在创作思想方面很值得研究参考。下面以现存最有特点的五个庙为典型，谈谈它们在这方面的一些成就。这五庙是：

普宁寺　乾隆二十年至二十三年（1755 ~ 1758 年）建，仿西藏三摩耶庙桑鸢寺。

安远庙　乾隆二十九年（1764 年）建，仿蒙古准噶尔部在伊犁河北岸的固尔扎庙，又称伊犁庙。

普乐寺　乾隆三十一年（1766 年）建，主要部分阁城、旭光阁按喇嘛教金刚界“羯磨曼荼罗”坛城的形式建造。

普陀宗乘之庙　乾隆三十二年至三十六年（1767 ~ 1771 年）建，仿西藏布达拉宫。

须弥福寿之庙　乾隆四十五年（1780 年）建，仿西藏扎什伦布寺[1]。

总 体 布 局

喇嘛教即藏传佛教，其中包含大量密宗内容，但在内地，现存密教寺院并无特殊总体布局形式。唐宋以后，禅宗成为中国佛教的主流。禅宗寺院有所谓“伽蓝七堂”的制度，成为所有佛寺的基本布局形式。密教寺庙也都采用这种制度，只是把密教特有的一些建筑如大佛阁、“曼荼罗”以及供奉密教佛像的殿宇附建在禅宗寺院的后部。“伽蓝七堂”自来说法不一，从现存实物看，大致是指——山门、天王殿、钟楼、鼓楼、东配殿、西配殿和大殿七座建筑[2]，其特点是严格按中轴线布置建筑，保持着传统的宫廷、邸宅形式。承德的喇嘛寺中，溥仁寺、溥善寺、殊像寺、罗汉堂，都是这种布局，普宁、普乐两寺前半部，也是这种形式。安远庙的普渡殿周围群房至山门间，有大片空地，从尺度推测，很可能原来也规划有“伽蓝七堂”。

这种把汉族传统的“伽蓝七堂”放在前面，后面放置主体建筑的布局形式，在明、清时期已成为一种固定的制度，例如北京的智化寺禅宗寺院、碧云寺[3]、卧佛寺、北海的西天梵境、雍和宫[4]等。在内蒙古地区，明末至清初建造的蒙古族喇嘛寺，也有相当一部分采用了这种形式，只是有些省去了钟、鼓楼，而大殿则是一座喇嘛教特有的大经堂，如呼和浩特市席力图召、大召、小召、乃木齐召，达茂联合旗的贝勒庙百灵庙等[5]。在甘肃、青海，邻近汉族地区的一些藏族喇嘛寺，也基本采用这种形式。如青海乐都的瞿昙寺[6]。由此可见，这种平面布局已经体现了汉、蒙古族的建筑交流，并影响到藏族。

绝大多数藏族和相当一部分蒙古族主要在牧区的喇嘛寺，和上述布局形式完全不同。它们没有受禅宗寺院的影响，自有一套喇嘛教特有的建筑，最主要的

1　外八庙建造历史见清《钦定热河志》卷 79、80 及各寺碑记。

2　刘敦桢：《北平智化寺如来殿调查记》载《中国营造学社汇刊》第 3 卷 3 期 1932 年

3　碧云寺，位于北京市香山，创建于元代，中经多次扩建，清乾隆十三年（1748 年）扩建为现在规模。其前部是“伽蓝七堂”的格局，后部建金刚宝座塔，南跨院建五百罗汉堂。

4　雍和宫在清初为胤祯（康熙皇四子，后为雍正帝）藩邸，即帝位后改建为喇嘛庙，驻蒙古族喇嘛。其前部是“伽蓝七堂”的格局，法轮殿则改建为喇嘛教大经堂形制，正中上部置天窗，顶部凸出五个小顶；最后为万佛阁，形制与承德普宁寺大乘之阁相同，规模较小。

5　刘致平《内蒙、山西等处古建筑调查记略》载《建筑历史研究》第 1 辑第 17 ~ 24 页中国建筑科学研究院建筑情报研究所编 1982 年出版又《内蒙古古建筑》文物出版社 1958 年版

6　瞿昙寺建于明初，后部隆国殿为宣德二年（1427 年）增建，前面碑亭、山门为清代建筑，中间是原有格局，为“伽蓝七堂”形制，其中有一部分带有喇嘛教“曼荼罗”的意味。参看张驭寰、杜仙洲《青海乐都瞿昙寺调查报告》载《文物》1964 年第 5 期

是喇嘛学习经文的扎仓经堂和供奉佛像的拉康佛殿。这类寺院大都依山建造，而且往往不是一次建成，个别组群虽有一定规划，但整体比较散漫，寺内主要建筑——扎仓和拉康都建在地势的高处，甚至以山势为基座，尽量突出其形象，成为这类寺院的一个重要特点[1]。外八庙的普陀宗乘庙和须弥福寿庙，据称是仿西藏的布达拉宫和扎什伦布寺，但实际并无西藏喇嘛寺的那一套建筑，布局虽然取其模仿对象的特征，不那么严格对称，尤以普陀宗乘庙更灵活一些，可是仍然以内地佛寺的传统布局为基调，依轴线均衡布置建筑，主体建筑大红台，位于中轴线的高地上（图 1、图 2）。

外八庙在总体布局方面的一个重要发展，是在传统平面的基础上，立体轮廓发挥了上述藏族寺院的特征，即对主体建筑采用加大体量，提高基座的手法，尽量使其形象突出。以山门外地面为基准，普宁寺大乘阁前高出 13.25 米，阁通高 36.75 米；普乐寺旭光阁基高出 17.60 米，加阁城通高 39.60 米，兀突于其他建筑之上。普陀宗乘庙和须弥福寿庙的大红台本身就是一个大体量的基座，前者高达 42 米余，其中一半以上是利用自然山势，后者较矮，但中部妙高庄严殿高达 28.81 米，突出于其他建筑以上，在它们前面的建筑，只起陪衬作用。至于安远庙，虽然主体建筑普度殿通高达 27.6 米，但地形平衍，既无山势可借，又无高大的基座，如果前面按通例布置“伽蓝七堂”等一片建筑，势必对主体造成遮挡，可以推测它前面的空地原来应是布置“伽蓝七堂”的地段，由于考虑到对普度殿形象的影响，以后没有再建。这是不乏先例的，像北京智化寺、雍和宫、北海西天梵境等寺院，都以高阁为主体建筑，但由于地势平坦，前有大片建筑遮挡，其形象远不如外八庙给人印象之深刻。而北京颐和园的排云殿佛香阁和碧云寺金刚宝座塔，则成功地利用地形，加高了基座，形象异常突出。这两个庙都是喇嘛寺，同样形成于乾隆年间[2]，手法和外八庙一样。看来当时西藏和内蒙古的一些喇嘛寺的立体轮廓，给予内地寺庙设计者以有益的启示，打破了古代建筑群体以水平线条为基调的风格，使立体轮廓的处理手法大大丰富了起来。

1 参看王毅《西藏文物见闻记》载《文物》1960 年第 6、8 ~ 10 期 1961 年第 1.3.6 期史理《甘南藏族寺院建筑》载《文物》1961 年第 3 期

2 颐和园在乾隆时名清漪园，排云殿位置原为大报恩延寿寺，佛香阁位置上原拟建为九层大塔，未建成即拆改。

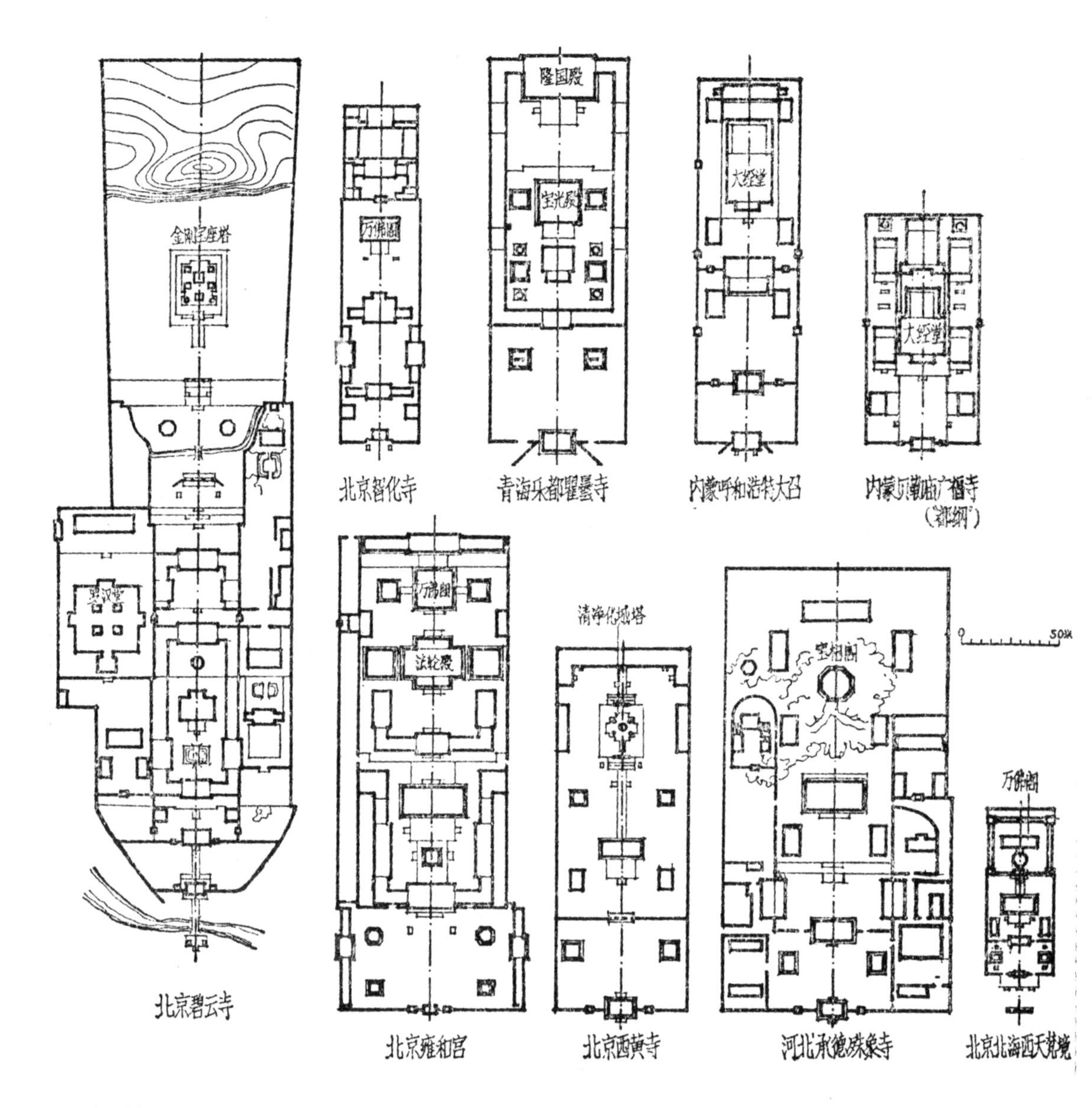
金刚宝座塔
罗汉堂
北京碧云寺
万佛阁
北京智化寺
隆国殿
宝光殿
青海乐都瞿昙寺
大经堂
内蒙呼和浩特大召
大经堂
内蒙百灵庙广福寺
万佛阁
法轮殿
北京雍和宫
清净化城塔
北京西黄寺
宝相阁
河北承德殊象寺
0
50m
万佛阁
北京北海西天梵境

图1　寺庙总平面（一）

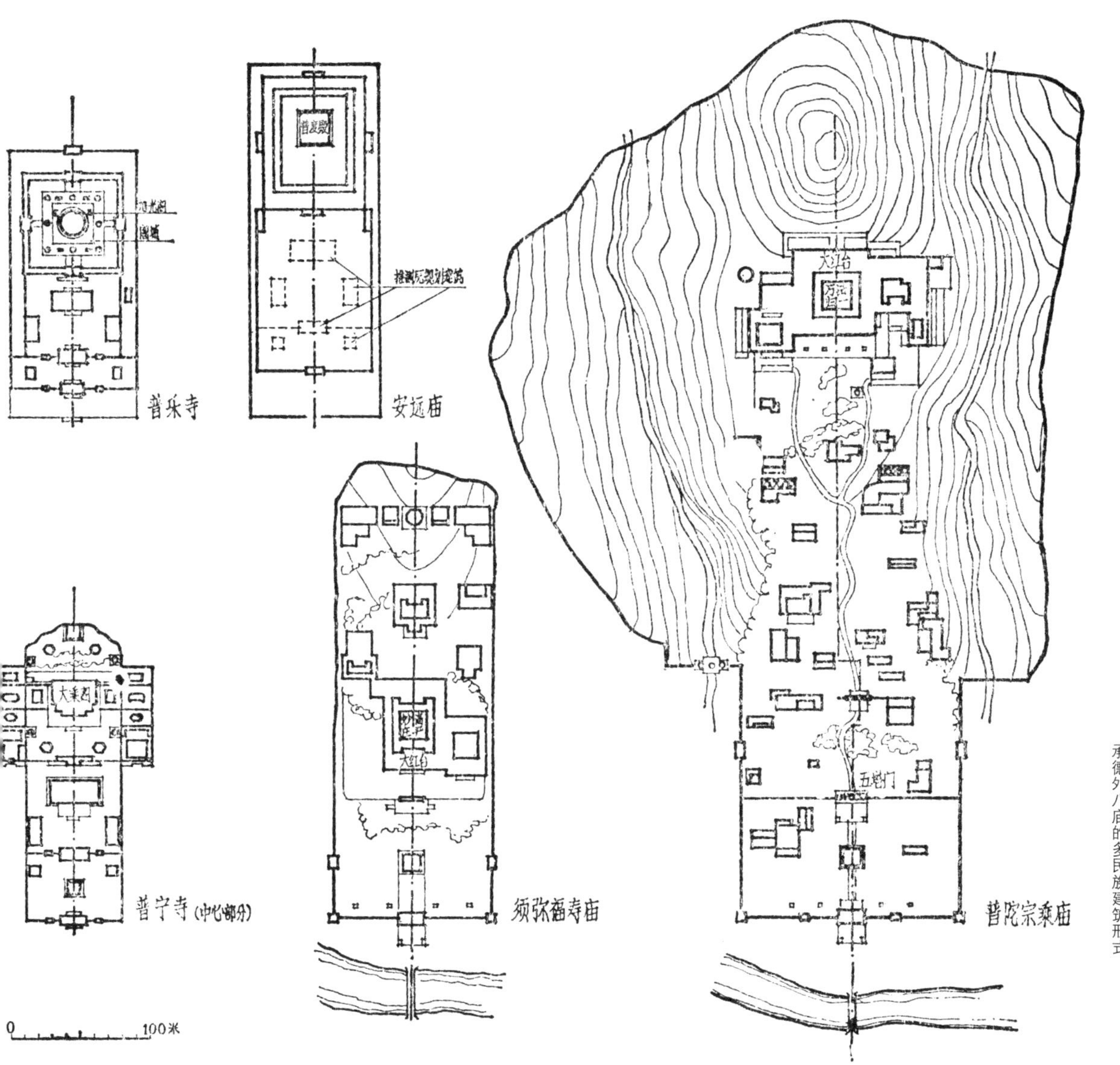

图2　寺庙总平面（二）

都纲法式

乾隆三十六年（1771年）《普陀宗乘之庙碑记》称西藏图伯特布达拉宫为“西藏都纲法式”，《热河志》则称为“西藏布达拉都纲式”。《热河志》又称须弥福寿庙的妙高庄严殿为“都纲殿楼”。乾隆三十年（1765年）《安远庙瞻礼书事·序》称固尔扎庙为“都纲三层”。按藏蒙地区喇嘛庙的主要建筑是扎仓和拉康，其中地位、规模为全寺之冠的称为“都纲”藏语音译，意为大会堂。其建筑形制是纵横排列柱网，外围一圈楼房，装修向内，中部凸起形成天窗，平面像个“回”字，外形是周围平顶，中部突起木构坡顶多用歇山式，也有的用平顶。藏族建筑，平顶部分巨大厚重，窗户狭小，坡顶不大，整体风格厚重雄壮[1]。蒙古族建筑有一些与藏族接近，如包头五当召；但更富有民族风格的是平面、空间与藏族的接近，多用两三个硕大的木构坡顶搭接，突出在砖石墙面以外，建筑外部木装修面积较大，近似汉族楼阁建筑，形成汉族和藏族两种风格交融后的一种雍容华丽的新风格[2]；某些甚至与其邻近的回族清真寺风格接近。[3]但不论平面有多种组合，外形风格各异，其中心部分保持“回”字形，中部突起天窗，则是一致的，是一种定型化的建筑规制，因而称为“法式”。外八庙中所说的“都纲”，就是指具有上述特征的建筑。所以《热河志》称须弥福寿庙的妙高庄严殿为“都纲殿楼”。以这种“法式”来衡量，外八庙中可以称为都纲的有：普宁寺大乘之阁，5×7间，三层，中空部分3×5间；安远庙普度殿，7×7间，三层，中空部分3×3间；普陀宗乘之庙大红台，11×11间内向部分，三层；万法归一殿相当于中空部分，7×7间；须弥福寿之庙大红台，11×13间；三层，妙高庄严殿相当于中空部分，7×7间；妙高庄严殿，三层、中空部分3×3间（图3、图4）。

上述这些建筑，在保持“都纲法式”形制的同时，在造型上都作了创造性的发挥。大乘之阁外部六层屋檐，但下部两山墙上又辟盲窗三层，通体如五层高阁。用辟盲窗的方法以增加建筑立面层数，是藏族的传统手法；[4]而用大体量的木构屋顶和大面积的菱花格装修，又富有蒙古族建筑意味；上部五个屋顶组

1 比较典型的实例如西藏拉萨大昭寺，日喀则扎什伦布寺觉干厦大殿，甘肃夏河拉卜楞寺的寿喜寺等。

2 比较典型的实例如内蒙古呼和浩特市的席力图召（延寿寺）、大召（无量寺）、小召（崇福寺），达尔罕茂名安联合旗的贝勒庙（百灵庙 广福寺）等。

3 在内蒙古、新疆、甘肃、青海、宁夏居住的蒙古族，往往与回族（或撒拉族）聚居地靠近。回族清真寺礼拜殿平面多呈“凸”字形或“日”字形，用两三个木结构坡顶组合，构造与外形和蒙古族喇嘛庙经堂接近，许多手法显然是彼此影响所致。

4 如甘肃夏河拉卜楞寺的寿喜寺内部四层，外观六层，合作扎木喀尔寺九层楼内部六层，外观九层。

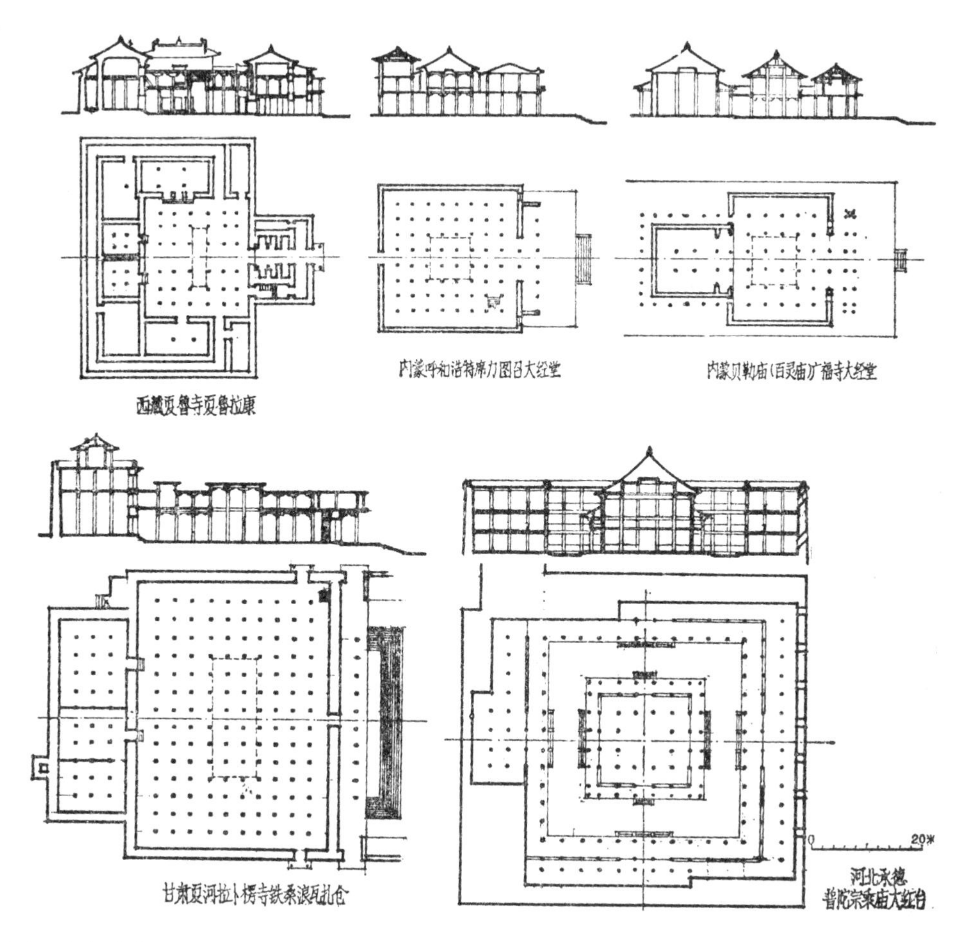

图 3　都纲法式（一）

成一个整体，既保存它所模仿的西藏三摩耶庙原型，又做了新的组合，发挥出汉族屋顶的艺术形象。阁通高 36.75 米，负荷屋顶的四条大梁，跨度达 10.62 米，都是国内同类建筑中最大的，但由于屋檐轻飏，立面比例匀称，毫无笨拙之感。安远庙普渡殿的立面，吸收了汉族传统城楼形式，把下面两层处理成汉族城楼的基底，厚墙上又辟狭窗，略带藏族建筑意味。殿通高 27.6 米，下两层仅 7.86 米，不足总高 1/3，上层则全部处理为楼阁形式，而以屋顶最富有特征。屋顶两重檐，上檐 5×5 间，方形，檐柱跨距 16.1 米；下檐 7×7 间稍间为半间，檐柱跨距 19.3 米。仅上层檐即高达 8.8 米，占了整个立面 1/3，这种比例和其绝对尺度，在古代楼阁建筑中是仅见的，再加以大面积的黑琉璃瓦黄剪边屋面，给人的印象异常深刻。普陀宗乘之庙和须弥福寿之庙的大红台，在周围群楼围成的庭院当中建方形高

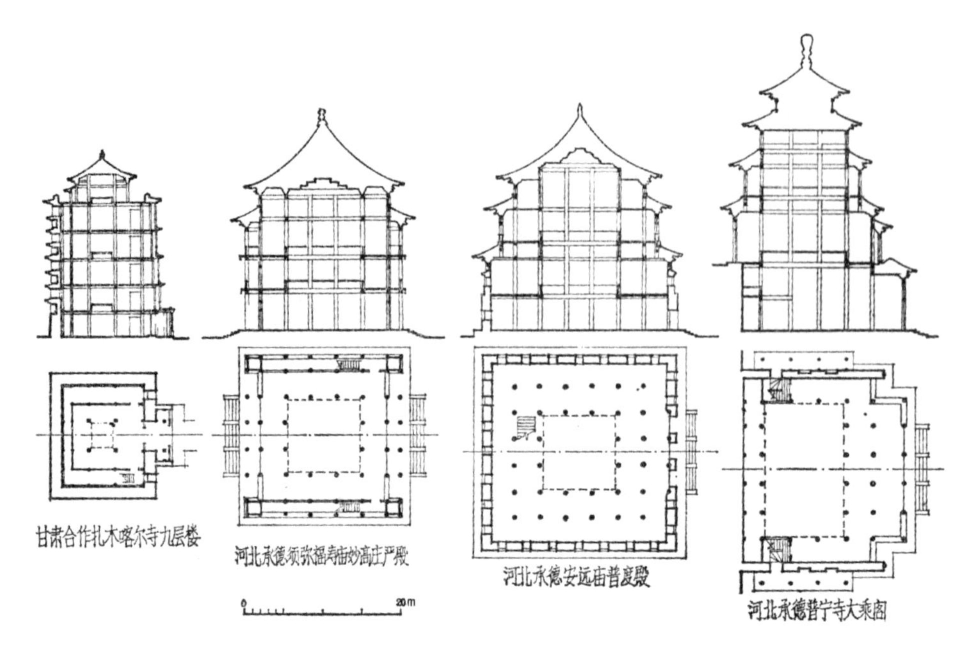

图 4　都纲法式（二）

阁，以代替“都纲法式”的中空部分；屋顶略高于红台平顶，以取得与藏蒙建筑相似的效果；群楼顶部另建若干小型亭阁殿宇，一方面满足宗教要求，同时丰富了立体轮廓线。在这里，汉、藏、蒙建筑手法相互融会，相得益彰，名为模仿，实际上是创造出了新的建筑风格。

外八庙“都纲”的结构和装饰，除个别装饰构件如喇嘛教的“八宝”和孔雀、鹿形脊吻等直接采自藏、蒙建筑外，基本上都是依照清《工部工程做法则例》的官式做法，和藏、蒙建筑有许多重要差别。例如：藏、蒙建筑除极少数的例外，柱子均按柱网满布，天窗部分不减柱，柱子直通屋顶，而外八庙则以相当于天窗的中空部分区分内外槽，内槽减柱；藏、蒙建筑的楼面和屋面平顶结构，多为纵向布梁，梁上横排木楞，外八庙则依柱网横向布置大梁，大梁上放次梁；藏、蒙建筑梁柱结合处以弓形大托木为过渡，外形似汉族的雀替而结构功能完全不同，梁柱间无连系构件，外八庙则为雀替，额枋、垫板等标准清式做法。

藏族寺庙最富有民族特色的构件，是在有收分的折角方柱上置大斗，斗上放弓形大托木，托木上放承重纵梁，其间又有非常繁复而定型的线脚和雕刻，几乎成了一种定型化了的“柱式”。蒙古族喇嘛寺也有这种“柱式”，有一些与藏族的相似，有一些略有简化，另有一些则受汉族建筑的影响，使用了圆形或讹角方形柱，以及雀替、额枋、垫板等，只是在雀替的轮廓上有所变化，使它保持上述“柱式”的意味。至于外八庙，则完全是标准清官式做法，毫无这种“柱式”的痕迹。但从清代大雀替的轮廓来看，汉族的雀替似也受到藏、蒙“柱式”的影响。[1]此外，藏族建筑特有的梯形刷色窗套和多层方椽出挑的窗檐，在内蒙古有的已变为镶砖窗套和布瓦窗檐；外八庙则多用磨砖做一点外形的模拟，而须弥福寿之庙则取清式垂花门罩形式，改变比例成为窗罩。平顶女墙部分，藏族寺院多以棕色“巴喀草”做饰带，镶嵌镏金铜饰件，内蒙古寺院大体仿其形制，但多为瓦檐、砖线组合，比例有所变化；到了外八庙，绝大部分是清官式琉璃或磨砖宇墙，普陀宗乘之庙大红台则又处理成连续的琉璃佛龛。藏族建筑往往在高墙面上设置凹阳台，外面挂褐色帷幕，这种立面特征也吸收到普陀宗乘之庙的大红台立面上，主要部分以一列琉璃佛帐龛象征，次要部分则处理成三层清式瓦檐拱门龛。总之，只求大轮廓富有藏、蒙建筑意味，细部则加以改造。至于几座镏金铜瓦屋面，虽然内地传统建筑早有使用的先例，[2]但明、清以来许多藏族寺院使用这种屋顶，几乎成为喇嘛寺庙的特有风格，所以也用于藏族风格比较浓厚的普陀宗乘之庙和须弥福寿之庙，使之富有模仿对象的特点（图5)。

曼荼罗　须弥山　喇嘛塔

乾隆二十年（1755年）《普宁寺碑文》说普宁寺“肖彼须弥山”，又说“作此曼拿荼罗”，“肖彼三摩耶”，说明在当时人们的观念里，须弥山、曼荼罗是同一内容的东西，并体现为西藏三摩耶庙的形象。须弥福寿庙以“须弥”命名，主殿妙高庄严即须弥的意译，主体建筑大红台就象征着须弥山。普乐寺阇城在《热河志》中称为经坛，下层门额题为“须弥臻胜”，经坛即密教修法时的坛，又叫曼荼罗，在这里也就是须弥山的形象。看来这二庙中的主体建筑与三摩耶庙也有密切关系。据《西藏王统记》载，西藏三摩耶庙又译桑鸢寺是完全按照喇嘛教经典建成的一种曼荼罗形象。[3]曼荼罗是密教关于宇宙的形象图式，它的中心部分“效须弥山山王形”，“须弥山，天帝释所住，金刚山也”，又叫“金刚围山”、“铁

1 从明、清雀替轮廓的变化看，沈阳故宫还有使用弓形托木的地方，显然采自蒙古族建筑。清式雀替外形酷似蒙、藏建筑大托木典型的轮廓，似可推测，清式雀替形式曾受蒙、藏建筑的影响。

2 《旧唐书》第十册卷118《王缙传》第3418页，记唐代“五台山有金阁寺，铸铜为瓦，涂金于上，照耀山谷”，是使用镏金瓦屋顶的最早记载之一。
中华书局《二十四史点校本》
又，宋·吴自牧：《梦粱录》卷8《大内》：“大内正门曰丽正……复以铜瓦，镌镂龙凤，飞骧之状，巍峨壮丽，光耀溢目”。中国商业出版社合刊本1982年版

3 王沂暖：《西藏王统记》第八章·四《建桑耶寺》五·《兴建其余各殿堂》第67～72页，商务印书馆1955年版

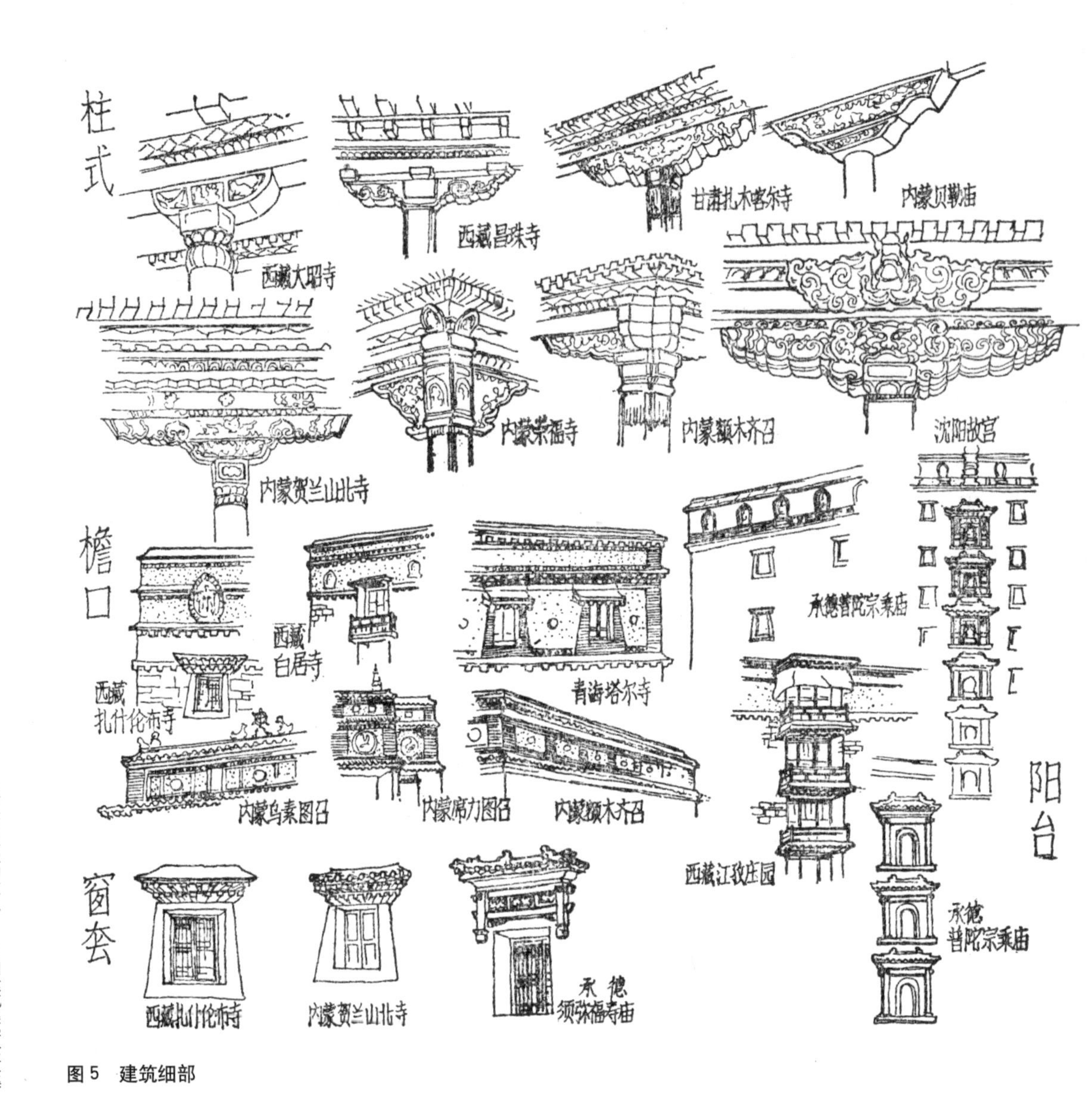

图 5　建筑细部

围山”、“金刚轮坛”等。[1] 尽管由于喇嘛教有许多派别，各种佛都有各自的曼荼罗须弥福寿之庙现有七个，但都是极端荒谬虚妄的东西，完全不必认真推敲它们的内容。可是成为一种形象，尤其是建筑物，却不能凭空捏造出来，只能是现实中建筑的组合变化。

西藏三摩耶庙，据《西藏王统记》载，系 17 世纪初重建。主殿下层“依西藏法建造之”，中层“依内地法建造之”，上层“依印度法建造之”；“下殿为石，

1　见《佛学大辞典》：《金刚山》第 657 页《金刚围山》第 666 页。文物出版社 1984 年版

中殿砖，上‘越量宫’宝木成木构建筑”；主殿四方有“四大部洲”，各三殿；又有日、月殿；四角建绿、白、黑、红四色塔。该庙除“四大部洲”已毁，不明原状外，下层的“西藏法”，就是西藏传统的高层、厚墙、平顶建筑；[1] 中层“内地法”，就是汉族的木构腰檐、平座、栏杆；上层的“印度法”，就是仿照印度的菩提迦耶大塔[2] 以及类似的如中世纪婆罗门庙宇的形式，其特点是十字对称，中央一座大塔，四隅四小塔，到了三摩耶庙，则取其意匠成为五个拈尖屋顶，也就是“须弥山山王形”。

西藏三摩耶庙的创作手法，看来给予了当时创作以表现须弥山为特征的曼荼罗这种新型建筑某种启示，即可以把汉、藏族的传统建筑，用改变比例尺度或重新组合的手法，造成一种十字对称，中心突出的形象，用以附会宗教内容。首先出现了称为“金刚宝座塔”的形式，[3] 如北京正觉寺塔明成化九年（1473年）、内蒙古呼和浩特市慈灯寺塔清雍正五年（1727年）、北京碧云寺塔清乾隆十三年（1748年）、北京西黄寺清净化城塔清乾隆五十年（1785年）等。它们都是以金刚宝座象征坛城，坛城上中央一座大塔，四隅四小塔象征须弥山山王。塔的外形略似菩提迦耶，实际就是辽金以来北方传统的密檐方塔。外八庙中，普陀宗乘之庙的五塔门，上面五塔并列，大小相同，两侧四塔与普宁寺四色塔相同，都取自三摩耶庙四色塔原型，中为双层八角喇嘛塔，下部坛城辟三门洞，外形仿西藏三层平顶建筑，完全是新的形式。在它以后建造的北京西黄寺清净化城塔，中央为瓶形喇嘛塔，四隅小塔呈幢形，则是有了更进一步发展（图6）。

其次是以木构殿宇模拟“须弥山山王”形，如北京北海的“极乐世界”即小西天一组，中央为方形重檐大亭，四隅为方形小亭，亭间环水，又在中央大亭中用泥塑须弥山，即为一例。另如前述青海乐都瞿昙寺的前部、内蒙古贝勒庙广福寺，都是在主殿四隅布置四小殿，不难看出带有“须弥山山王”构图的基本形式。外八庙中的须弥福寿之庙，以“须弥”命名，其主体大红台以妙高庄严殿为中心，配以大红台四隅的护法神殿，十字对称，五顶耸立，大红台成了一个硕大的坛城（图7）。

---

1 《旧唐书》第十六册卷169《吐蕃传》第522页记当时西藏建筑，“屋皆平头，高者数十尺”。《二十四史点校本》

2 现在的菩提迦耶大塔是十九世纪初叶重修后的样子，但参照中世纪印度庙宇（包括婆罗门庙宇）的一般风格，重修后仍具有中世纪时的基本特征。

3 按密宗金刚界的佛具多冠以“金刚”，又据《佛学大辞典》“金刚围山”条引《无量寿经下》：“金刚围山，须弥山王，大小诸山……”所以金刚宝座塔也就是表现须弥山的一种曼荼罗。五塔的基座，即金刚宝座，就是经坛、坛城（如北京西黄寺金刚宝座名清净化城），五塔即象征须弥山山王形。

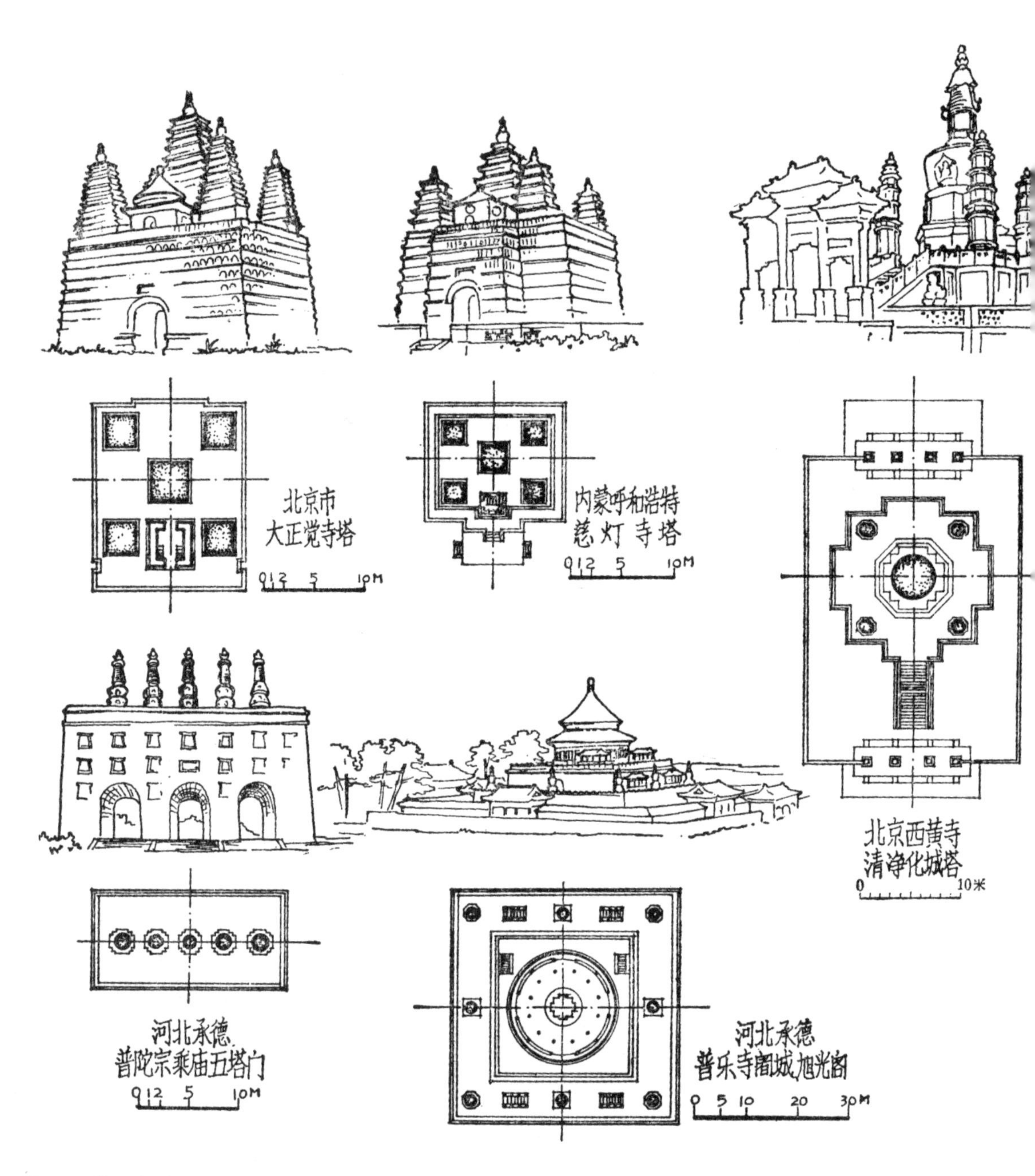
北京市
大正觉寺塔
0 1 2 5 10M
内蒙呼和浩特
慈灯寺塔
0 1 2 5 10M
北京西黄寺
清净化城塔
0 10米
河北承德
普陀宗乘庙五塔门
0 1 2 5 10M
河北承德
普乐寺阇城旭光阁
0 5 10 20 30M

图6　曼荼曼（一）

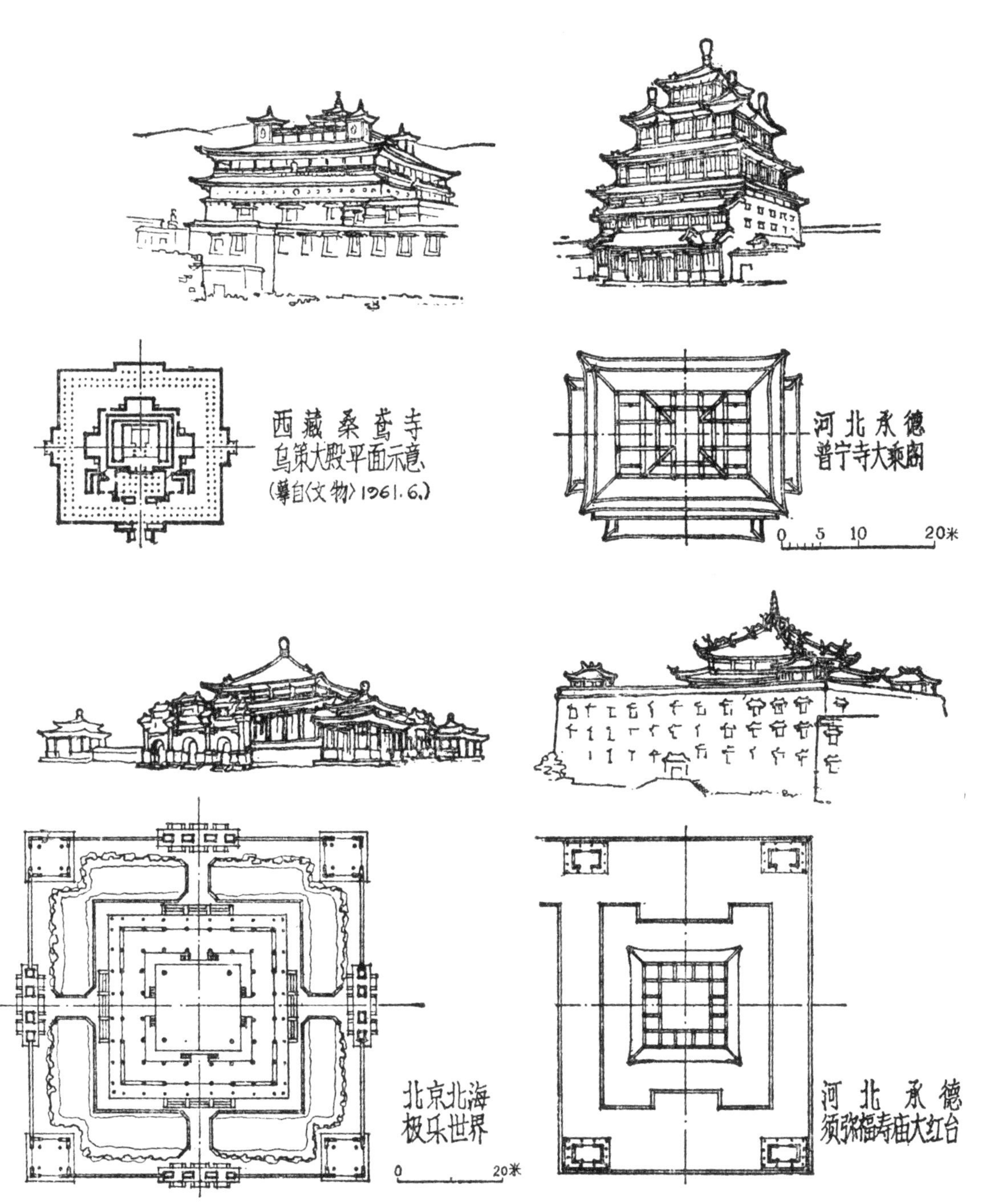
西藏桑鸢寺
乌策大殿平面示意
(摹自〈文物〉1961.6.)
河北承德
普宁寺大乘阁
0 5 10 20米
北京北海
极乐世界
0 20米
河北承德
须弥福寿庙大红台

图7　曼荼曼（二）

普宁寺大乘之阁和它周围的建筑，则是一个巨大的群体曼荼罗，它以汉族建筑为基调，糅杂了大量的藏族建筑手法，又完全摒弃了印度建筑成份，虽说仿自三摩耶庙，但创新多于模仿，自成特殊风格。三摩耶庙乌策大殿五顶分离。基本保持西藏“都纲法式”原型，大乘之阁五顶组成一个整体，不离汉族楼阁风貌。“四大部洲”的主殿和日月殿，是把藏族建筑缩小尺度作为基座，上建汉族木构殿宇，外形根据宗教要求略有变化；而附殿则造成仿藏族建筑的矩形、六角形白台，穿插布列。[1] 四隅四色塔，取三摩耶庙塔为基调，统一比例，下加仿藏族建筑的基座，和“四大部洲”及日月殿的风格统一起来。

普乐寺的阇城和旭光阁，表现的是密宗金刚界的羯磨曼荼罗形象。[2] 本来喇嘛教的曼荼罗，尽管名目繁多，但其基本形象见于壁画、挂幅、模型，大同小异，都是十字对称，方圆相同，井字分隔。例如现存须弥福寿之庙内的七座模型和旭光阁中央的大型曼荼罗，都是在圆形石台座上放一四出厦的方殿，殿内八柱支撑井字梁，上又放圆形梁，最上为方形拈尖屋顶，出厦的门廊和一些装饰采用印度建筑形式，结构紊乱，造型离奇。阇城和旭光阁就完全舍弃了这种不伦不类的东西，仍以汉族建筑的城台、殿宇为基础，大体照顾到也就是附会宗教的内容，进行了艺术的再创造。阇城为石砌，方形二层，檐部为雉堞栏杆和黄色琉璃瓦檐。下层台上置紫、黄、绿、黑、白五色小琉璃喇嘛塔八座，象征曼荼罗内的神佛菩萨，同时与旭光阁共同构成“九会”或“九山八涨”的说法。旭光阁为重檐圆殿，建在方形阇城上面，是表示曼荼罗方中套圆的形象，也表现了八根柱子支撑圆梁的意思。它虽是一个曼荼罗，与前述几种已大不相同。由此可见，从普陀宗乘之庙的五塔门到普宁寺大乘之阁、普乐寺旭光阁，以至须弥福寿之庙大红台一组，所谓曼荼罗、须弥山的宗教内容，完全服从了匠师们的实际创作，这种创作，则是牢固地植根于传统的建筑土壤中的。

---

1 据《西藏王统记》南瞻部洲为“肩胛骨形之相”，这里为矩形基座，梯形庑殿殿宇（俗称三角殿），二附殿为下层正六角，上层正方形白台；西牛贺洲为“圆形之相”，这里为椭圆形基座，矩形庑殿殿宇，二附殿一为二层扁长六角白台；一为二层矩形白台；东胜神洲为“半月形之相”，这里为月牙形基座，矩形庑殿殿宇，附殿同西牛贺洲；北俱卢洲为“方形之相”，这里为方形基座，方形盝顶殿宇，二附殿为二层正六角形白台。日殿（妙满殿）、月殿（妙宝殿）在大乘之阁两侧，皆为矩形基座，矩形庑殿殿宇。

2 密教羯磨曼荼罗 karma-mandala 为金刚界中表现神佛“威仪”的形象体。《佛学大辞典·羯磨曼陀罗》：“羯磨曼陀罗，威仪也，谓木像泥等作业之义”。第 1313 页；又称“九会曼荼罗”见第 84 页；《九会曼荼罗》第 959 页；《金刚界曼荼罗》条中心为大日如来，以东方为正面（《九会曼荼罗》条），四方为四波罗密——东方阿閦如来，黑色；南方宝生如来，黄色；西方无量寿佛（阿弥陀佛），红色；北方释迦如来（不空佛），青色。（《四波罗蜜》条引《两部曼荼罗钞》第 384 页）又据《四供养》条第 682 页，金刚界曼荼罗有四内供——鬘、嬉、歌、舞；又有四外供——香、花、锁、涂，或练、钩、索、铃。均见《佛学大辞典》

上述这些建筑形象，从建筑发展的角度来看，它们绝不可能在短时间内突然创造成功，更不可能仅仅按照喇嘛教的内容就能制造出来。它们应当有自己的传统，有长期积累的建筑手法才行。从历史上看，至少在汉武帝筹建明堂时，已出现了上圆下方，十字对称的布局形式。[1] 其后两汉儒生关于明堂五室或九室的讨论，从建筑上看，也是这种形式的进一步演化。遗址实例则有西汉末年在长安南郊建的明堂辟雍。[2] 西晋的某些青瓷罐上的建筑形象，也提供了这类建筑的基本形式，说明当时这类建筑手法有所流行。北魏《洛阳伽蓝记》描述的洛阳著名大寺永宁寺，周围廊庑，四面辟门，中为方形大塔，平面十字对称，显然是与明堂辟雍一脉相承。北魏云冈石窟中和某些造像小塔，有在大塔四隅附小塔的形象，它们和金代的河北正定广惠寺华塔一样，俨然类似明清金刚宝座塔。其后，历代祠祀建筑中有相当一部分，如明堂、辟雍、圜丘、社稷坛等，大体也是方、圆、八角等十字对称的几何形体，现存实例则有北京天坛、国子监辟雍等。唐代祭祀礼仪中，有一种祭九曜星辰的"九宫坛"，井字排列坛位，数字五行和色彩竟与西藏喇嘛寺中的九宫图完全一样。[3] 密教中又有"九曜曼荼罗"的宇宙图式，据称来自唐代僧一行所著《梵天火罗九曜》。[4] 现存山东历城的唐代九顶塔，很可能是初步据以尝试的形象。外八庙的这些曼荼罗、须弥山，从建筑上看，不能说与上述这些传统没有嬗递继承的关系。祭祀制度、九宫、九曜、五行排列，都源于儒家、方士，而为道教所吸收的东西。密教设坛符咒，捉鬼驱妖，许多荒唐仪式剽取道教，建筑自不能不受影响。佛、道、儒中都有荒谬的说教，但它们互相补充、吸收，尤其是通过建筑加以融汇的这个现象，却从一个侧面反映了我国多民族统一国家文化交流的悠久历史（图 8）。

下面再谈谈喇嘛塔在外八庙的新形式。

喇嘛塔是随着佛教传入中国的，但从现有资料看，这种瓶形塔从元代以后才在内地大量出现。早期的实例北京妙应寺白塔，明确标出"取军持之像"[5]，可

1 《汉书》第四册卷 25 下《郊祀志下》第 1243 页《二十四史点校本》
2 王世仁《汉长安南郊礼制建筑原状的推测》载《考古》1963 年第 9 期
3 唐代"九宫坛"的排列见《旧唐书》第三册卷 24《礼仪四》第 932 页《二十四史点校本》又据中央民族学院王尧同志调查，西藏喇嘛寺中的"九宫图"，藏名"坡章古林" pho brang dgu gling，与唐代"九宫坛"完全一致。
4 见《佛学大辞典》第 86、89 页《九曜曼陀罗》、《梵天火罗九曜》条
5 宿白《元大都〈圣旨特建释迦舍利灵通之塔碑文〉校注》载《考古》1963 年第 1 期"军持"为梵语音译 kundika，是洗澡用的水瓶。

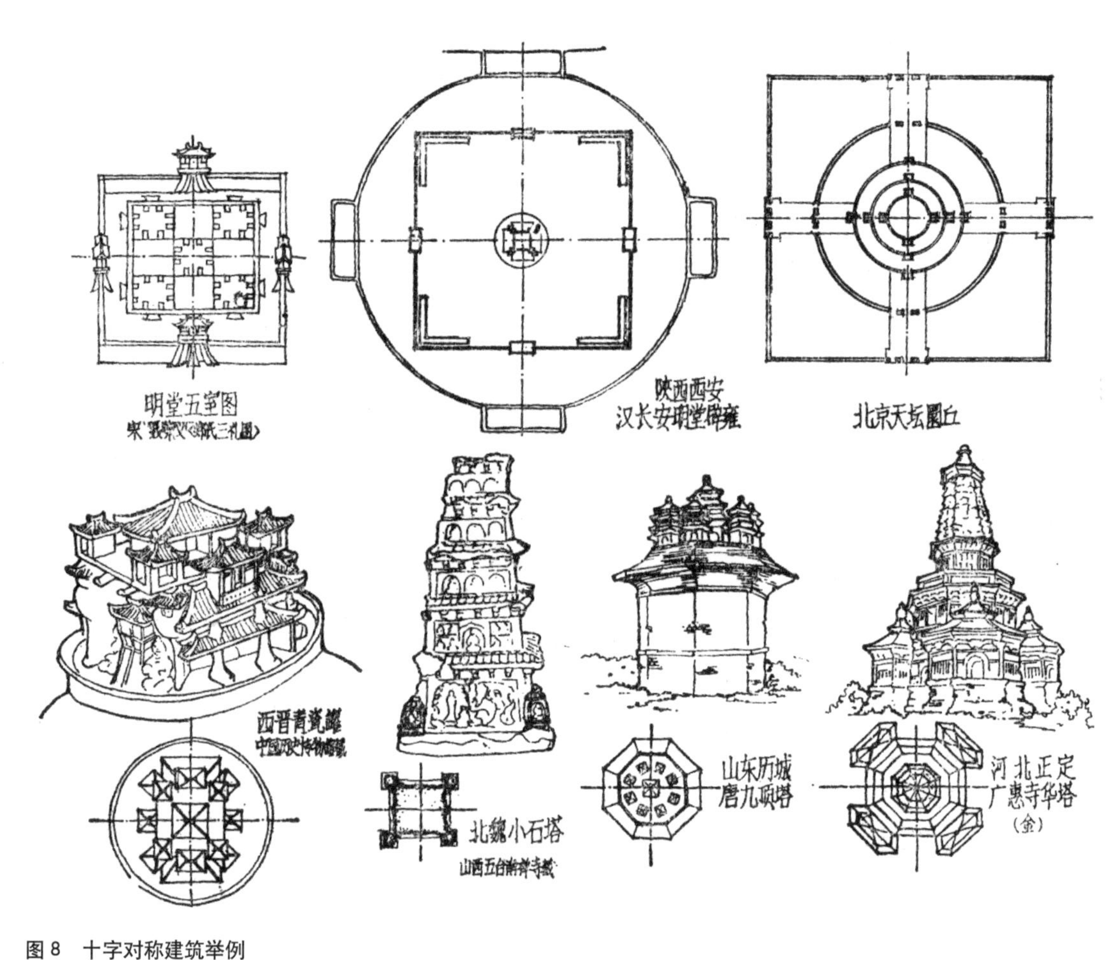

图 8　十字对称建筑举例

能与当时大量制造、出口军持有关[1]。这种瓶形喇嘛塔虽然大体相似，但规模、形式和各部比例则因时代、地域不同，也有不少差别。例如塔身、相轮、伞盖的比例，明中叶以前的塔身矮壮，相轮粗短，伞盖宽大，以后则相反。塔的基座，也有高低之分，有无门洞之分，有无龛室之分，以及层数多少之分等；至于内地和边疆，藏族和蒙古族地区，也有不少区别，总之并不都取军持的原样。外八庙的喇嘛塔，从各部的比例看，属于内地的后期风格，但都糅合了藏、蒙地区的手法，创造出一些不同于以往的新形式。例如塔身，就有折角形、覆钵形、

1　据宜兴陶瓷公司调查，宜兴地区在宋元时期即大量生产“军持”。“军持”在国内使用的不多，多数是出口。见南京博物院《文博通讯》1976 年第 5 期

图 9　喇嘛塔

仰钵形、八角形以及单层、双层等；色彩除部分用喇嘛塔常用的白色外，还有紫、绿、黄、黑、蓝等色，并有许多加以琉璃饰件，伞盖部分则有仰覆盘，日月宝珠等。塔的基座又模仿各种体形的藏族平顶建筑，并有单塔、三塔、五塔的组合。普乐寺阇城的八个小琉璃塔，以多种型式的琉璃构件拼合，相轮上又加流云饰带，色彩鲜艳，把喇嘛塔的比例、色彩推敲得非常纯熟。总之，这些大小喇嘛塔也充分表现出各时代、各地区的艺术风格的密切融合（图 9）。

外八庙的多民族建筑形式，充分证明了毛泽东同志所作的“各个少数民族对中国的历史都做过贡献”《论十大关系》这个确当的评价。出现在 18 世纪历史舞台上的反分裂，反侵略的正义斗争，同时也推动了各民族文化的交流与发展。

外八庙的建筑就是这样用形象记录了各民族人民共同创造祖国文化的功勋。他们模拟其表，创新其实，善于继承，敢于开创，生动活泼，朝气蓬勃，这种充满生命力的18世纪的中国作风和中国气派，至今我们仍可从中汲取一些有利于创造社会主义新文化的养料。

原载《文物集刊》第2集文物出版社1980年

塔的人情味

中国古代建筑构图严谨，铺陈舒展，以横向线条展开层叠的序列节奏，形成变幻多端的空间艺术。但其中，却有突兀而出的竖向建筑直插上空，势如涌出，孤高耸天，打破了平缓的格局，成为几乎每一座城镇或风景胜地的重要标志，这就是塔。大概除了住宅以外，在中国建筑中数量最大，形式最多的也就是塔了。

塔是佛教建筑。俗谚："救人一命，胜造七级浮屠。"浮屠是"佛"的梵文音译 Buddha，这里借喻为塔，说明在中国人的观念里，塔就是佛的表征。但中国的佛塔在人们的心目中并不是虚无缥缈的天国形象，也不会产生阿罗地狱的恐怖联想。唐朝进士及第，少年名士雁塔题名，抒怀畅咏，多么潇洒旷达。《西厢记》描写崔张爱情，恰恰选中了黄河边上的普救寺塔院之旁作为典型环境，情景交融，别具风流。"雷峰夕照"是西湖名胜，高耸的塔身给西子湖增添了美景。唐长安的慈恩寺塔院里，也传出过晚上有仙女绕塔"言笑甚有风味"的轶事。[1]就连皇帝游玩的园林里也少不了佛塔，颐和园、香山、玉泉山、北海、避暑山庄，哪一处充满诗情画意的园林中不见高塔！置身无锡名园寄畅园中，锡山龙光塔隔墙入景，被称为园林借景的佳作。明代末年造园名著《园冶》说，"晴峦耸秀，绀宇凌空"，[2]"刹宇隐环窗，仿佛片图小李"，[3]俨然将佛塔造景入画。佛塔与园林本来风马牛不相及。阿拉伯的"米那楼"[4]，欧洲的哥特教堂尖塔也有许多构成了名胜美景，但从来不曾有意识地赋予它们尘世的内容。只有在中国，才把这种

---

1 《太平广记》卷 69《女仙十四·慈恩寺塔院女仙》："唐太和二年，长安城南韦曲慈恩寺塔院，日夕忽见一美妇人，从三四青衣来绕佛塔，言笑甚有风味"。
《笔记小说大观》(二) 第 133 页 江苏广陵古籍刻印社 1983 年版

2 《园冶》卷 1《兴造论》第 41 页 陈植《园冶注释》中国建筑工业出版社 1981 年版

3 同上卷 1《园说》第 44 页

4 米那楼 Minaret，伊斯兰礼拜堂前高大的塔楼。在中国内地的清真寺中演变为楼阁，又名帮克楼、唤醒楼、望月楼。

毫无实用价值的纯宗教的建筑引到人间美好的生活环境中来。中国的佛塔是“人”的建筑，不是“神”的灵境；它凝聚着“人”的情调，而没有发射出“神”的毫光。它有很浓烈的人情味。

塔是随着佛教传到中国来的。佛教是外来宗教，佛塔是外来建筑，“塔”也是外来语。塔是梵文 Stupa 和巴利文 Thūpo 的译音，佛经中译为“窣堵坡”，简称为“塔”。传说释迦牟尼圆寂后，弟子们火化遗体，骨殖变为许多黑白珠子，名“舍利” Sarira。诸弟子将舍利分散埋葬，在地面上筑一个半圆形坟丘，下有基座，顶上正中立一根“刹”以为装饰，就是窣堵坡。“刹”是梵文 Ksetya 的音译，它的形式一般是以一根长杆串连许多圆盘，互相重叠。因为它的形象奇特，装饰性很强，所以后来中国人就把它当作是佛塔的主要标志，再往后，也常把佛寺称为刹。

佛教在东汉初年传入中国，但是，佛、舍利、窣堵坡、刹等这一类印度佛教名物，在中国的传统社会里却是完全陌生的，就连佛教是什么东西也很茫然。汉光武帝的儿子楚王刘英：“诵黄老之微言，尚浮屠即佛之仁祠”；[1] 汉桓帝“宫中立黄老浮屠之祠”，[2] 都把佛教与黄老等同对待。而这种宗教化了的道家黄老，又与神学化了的儒学互为表里，彼此借资。那时，在天人感应，五行生克，河图洛书，谶纬之学的“理论”里，还混合着接引修炼，飞行虚空，祈福永命，燔牢胙食等荒唐的宗教轨仪，总的称为“祠祀”。祠祀是宗教的形式，但内容却是礼制规范，是当代社会政治伦理秩序的重要一环，有着严肃的理性精神。对皇天后土、列祖列宗是祠祀；对佛，也是祠祀。祠祀的场所即祠庙。所以，当时人们也把佛寺叫做“浮屠祠”。塔，“犹言宗庙也，故世称塔庙”，[3] 那是和明堂、辟雍、太庙、灵台等礼制祠庙一体看待的。

汉代的祠庙是什么样子呢？

汉武帝在泰山立明堂，它的形式是，“中有一殿……为复道，上有楼”[4]。考古发掘出的西汉长安的明堂辟雍和十几处祠庙[5] 以及东汉洛阳的灵台[6] 都是十字轴线对称，正方形的楼台建筑。三国时笮融在徐州建佛寺，顶上“垂铜槃九重，

1 《后汉书》第五册卷 42《楚王英传》第 1428 页中华书局《二十四史点校本》
2 《后汉书》第五册卷 30 下《郎顗、襄楷列传》第 1082 页
3 《魏书》第八册卷 114《释老志》第 3028 页
4 《史记》第二册卷 12《孝武本纪》第 480 页
5 明堂辟雍见唐金裕《西安西郊汉代建筑遗址发掘报告》《考古学报》1959 年第 2 期王莽九庙见考古研究所汉城发掘队《汉长安城南郊礼制建筑遗址群发掘简报》《考古》1960 年第 7 期
6 见中国社会科学院考古研究所洛阳工作队《汉魏洛阳城南郊的灵台遗址》《考古》1978 年第 1 期

下为重楼阁道”。[1] 就是在类似明堂、灵台那样的楼台顶上，放一个以九层铜盘为刹的窣堵坡。上面是“浮屠”，下面是祠庙，合成了“浮屠祠”。颇耐人寻味的是，北魏正光年间，居然改造礼制，在东汉的灵台顶上造了一个“砖浮屠”[2] 可真是浮屠与祠庙合而为一了。

东汉以后，无论是宫廷或豪强邬堡都盛行建造木构高楼。这种高楼叫做“观”，除了防卫以外，还有求仙望气，承露接引的作用。在考古出土的明器和砖刻、壁画上都留下了很忠实的写照，它们的形象是异常触目的。佛塔又和这种木楼阁结合起来。汉魏时期，“凡宫塔制度，犹依天竺旧状而重构之，从一级至三、五、七、九”[3]。“天竺旧状”指的就是印度的窣堵坡，“重构之”就是多层木楼阁。木楼阁顶上放窣堵坡，就是那时佛塔的基本形式，现在敦煌、云冈、麦积山等北朝石窟中，还保存了不少这种单层的和多层的木塔的形象。

中国没有滋生印度佛教的社会土壤，佛教只好依附传统的礼制祠祀，佛塔也和传统的楼台结合起来。印度窣堵坡那种充满神秘的象征意义的形象无法与祠祀楼台清醒实用的理性内容匹敌，它只能作为一只标志放在顶上。汉魏之际的佛塔反映了当代人们的意识风尚。

河南登封嵩山有一座北魏正光四年（523 年）建造的砖塔——嵩岳寺塔还留存到现在。它是佛塔史上一个非常重要的典型。塔身十二边形，下层特高，每个角上有砖砌的倚柱，柱头和柱基带有印度建筑装饰手法，各面的门和龛上也都有印度式的火焰纹拱券。塔身以上是十五层密排的砖檐，最上是一个砖雕的窣堵婆式的刹。塔身是富于异国情调的，密檐部分呈现出丰满柔和的抛物曲线。它的创作构思，既摆脱了汉魏传统的楼阁也不拘泥于印度形式，而是把印度窣堵坡和婆罗门教密檐式的“天祠”和“大精舍”[4] 结合起来，又加以夸大，尽力在追求一种宗教的内在力量。它的外形非棱非圆，朦胧浑厚，密檐与塔身对比强烈，各部尺度富有夸张感，丰满的曲线体和密密层层的砖檐又仿佛包含着无穷无尽的外张力量，弥漫着宗教崇拜的非理性的浪漫气息。[5] 北魏自孝文帝迁都

---

1 《三国志》第五册《吴书 · 刘繇传》第 1185 页

2 北魏·杨衒之《洛阳伽蓝记》卷三第 120 页：“至我正光中造明堂于辟雍之西南，上圆下方，八窗四闼。汝南王复造砖浮图于灵台之上”。
周祖谟《洛阳伽蓝记校释》中华书局 1963 年版

3 《魏书》第八册卷 114《释老志》第 3029 页

4 印度在公元三世纪时出现了和婆罗门教的“天祠”相类似的密檐塔，平面方形或“亞”字形，玄奘《大唐西域记》称为大精舍。

5 黑格尔把中世纪哥特式 Gothic 教堂作为浪漫型建筑的代表，以为这种类型的建筑已经超越了理性的界限，充分表达了人的内心情感。
详见朱光潜译 黑格尔《美学》第 3 卷上册 商务印书馆 1982 年版

洛阳，贵族豪强腐化到极点，人民痛苦异常，边镇军心不稳，社会上充满一触即发的矛盾，混战迫在眉睫。而贵族们则把全部的希望寄托在佛的保佑上，广修“功德”，大建寺塔。传统的礼制又受到致命的冲击，大乘空宗的般若说摆脱了对礼制的依附，成为虔诚的宗教徒新的精神寄托。嵩岳寺塔大概就是某一位狂迷于佛教的宗教建筑师的杰作。密檐的曲线体是空前的，它那闪烁着宗教光辉的情调，在当时大概确实让人领受到了无限深邃又朦胧莫测的神佛法力。不过，中国人在造型艺术上始终保持着清醒的实践理性观点，崇尚明确、秩序、逻辑、机能，所以它那夸张浑厚的线条组合也成了空前绝后的昙花一现。密檐的形式保留下来了，但那种夸张的浪漫的内在精神却在往后越来越淡薄了。

盛唐的长安城里，有两座雁塔还留存到现在。

大雁塔名慈恩寺塔，建于高宗永徽三年（652年），小雁塔名荐福寺塔，建于睿宗文明元年（684年）。前者继承了东汉以来重楼式塔的形式，而后者则是密檐式的嵩岳寺塔的发展。

唐代的中国，一方面尊崇儒学，强化礼制，用严格的传统伦理规范着统治的秩序；另一方面，却是大量吸收着异国情调的、自由浪漫的风尚习俗，人们生活中散发着浓烈的放达的个性气息。骏马轻裘，胡市豪饮，剑器回旋，旗亭赌酒，仗剑去国，云梦高歌以至龟兹乐，浑脱舞，骊山浴，曲江游，人间天上，仙灵并治，糅合着严肃的规范与佻达的情调，构成了唐代艺术的风格特征。大雁塔和它相同类型的香积寺塔、兴教寺玄奘塔等，都是正方形的平面，每一层都用砖砌出仿木结构的梁、柱、斗栱，划分成整齐的间架，使人一望而知是木结构楼阁的再现。但它们只是神似而已，除了淡淡的几处传神点缀并没有刻意去追求细节的真实，那是在木结构严格的逻辑机能和砖结构比较自由的塑形表现中追求一种综合和谐的内在力量。简练而明确的线条，稳定而端庄的轮廓，亲切而和谐的节奏。概念是清晰的，风格是明朗的，比例是匀称的，不夸张，不矫情，显示出人间的理性美。

密檐式的小雁塔，显然在塑形表现方面更前进了一步。它接受了嵩岳寺塔那种朦胧、夸张、深邃的格调，但更多的是吸收着现实人间的人性风味。它舍弃了多边形的模糊轮廓，以正方形的平面表现出明确的线条；底层塔身没有什么装饰，上层的密檐也只是简单地用砖挑出。但整体上还保持着丰满柔和的曲线，层层密檐仍然显示着异域的风貌，干净利落而又令人心旷神怡，真仿佛面对着盛唐半裸的石刻菩萨像。也许是这种塔既包含着传统的理性精神而更多却是表达了唐人佻达的神韵，所以它们似乎得到更多人的欣赏，从关中到燕蓟，从中原到洱海，都留下几乎同一造型的小雁塔式的砖塔——简练、明朗而又婀娜、强烈，生气勃勃，耐人寻味。

但是唐人对佛的世俗力量，却在单层的高僧墓塔中得到尽情的发挥。盛唐建造的河南登封净藏禅师塔已经是八角形的，各面的柱、梁、斗栱、门窗都表现得准确而清楚，可以看成一个八角木结构亭子的模型。中唐以后，出现了更多的方形、八角、六角、圆形的小塔，它们几乎都采用同一种艺术手法，塔身忠实地表现出木结构的明确机能，而把更多的创造力发挥到塔刹上去。刹，再也不是“累铜槃九重”的窣堵坡了，而是盛开的荷花，丰硕的蕉叶，流畅的云水，圆润的珠宝。尽管下面埋着死去的和尚，上面却是一个蓬勃明朗的亭阁，它们的人情味更浓。

果然，这种暂时还只能在低层小塔上发挥的世俗人情味，随着整个社会风尚的转变而更加生发了。五代末年南唐建造的南京栖霞寺塔，八角五层，高约15米，实际还是一个石刻的模型，但它那雕琢华丽的外貌却在尽力显示新的趣味，构成一种外在的、装饰的、纯表现的力量。之后不久，就出现了杭州的雷峰塔、苏州的虎丘塔那样八角形仿木结构的多层楼阁塔了。

在五代十国的纷扰中，杀伐、篡夺、叛变、苟安，层出不穷，传统伦理道德丧失殆尽，社会需要新的精神纽带来维系，理学应运而生，一代新的理性主义抬头了；但这是压抑、窒息人性的理性。纲常名教可以规范社会秩序却不能遏制人性的奔放。理学内容的虚伪和形式的刻板，把奔放的人性逼到另一个极端，加之经济生活有了重大的变化，这首先表现在中原和南方的城市手工业、商业的空前发展，随之而来的是市民生活内容和情调以及由此而影响到士大夫审美趣味的新倾向。于是唐人的旷达不羁转成了宋人的刻意追求细腻纤秀，精雕细琢，柔和清丽。勾栏杂剧取代了戏弄伎乐，词曲小令取代了绝句律诗，平话小说取代了怪异传奇；造型艺术也向装饰的、外向的、表现的方面开拓新的境界，毫不含蓄地追求着外在的物质美。

这好像一股决堤的洪流，宋塔一下子全都改变了以往的形式。简练明朗的方塔几乎绝迹了，代之而起的大都是富有装饰意味的八角形塔。除了构造技术进步的原因以外稳定度与刚度都大大提高，实质上是上述新的审美倾向在主导着这个变化。显然，八角形的棱、线要比方形的更加丰富，又多了两个对称轴线和四个正视面，可能包含的装饰内容和展视角更多，轮廓线也更加“热闹”。这是一个基调，它有多种表现形式，是许多各具特色的乐章组成的协奏曲。

河北定县开元寺塔是现存最高的一座砖塔，八角11层，通高84米。它所表现的就是它那高大的体量美。它是重楼式的，但没有什么令人目眩的轮廓变化，节奏简单而强烈，虽有一些仿木构造的装饰，但和那高大的体量比较起来，这些装饰显得微不足道。真好像是一个装束利落的兵士，质朴健壮。而当人们知道了它当初是作为宋辽对峙边界上宋军的瞭望塔名料敌塔时，就会更加领略到它那造型的审美特征了。

河南开封佑国寺塔，高 57 米，八角 13 层，每面只有 4 米多宽，是一个瘦长的造型。通体用铁褐色琉璃镶砌又名“铁塔”，连各层屋檐的梁、椽、斗栱也全用琉璃制作。塔面的琉璃砖上刻着飞天、飞天行龙、行龙、麒麟、菩萨等，工艺精巧细致。它的比例造型实在没有什么可取之处，但也许正因为是这样，更显得那些琉璃装饰件诱人可爱了。虽然它与开元寺塔相反，表现的是工艺、装饰的美，但却是异曲同工，显示出物质的外在力量。

重楼式的木塔逐渐减少了，这不仅是因为木塔容易遭雷击起火，建造技术复杂；而从人的审美观来看，宋代那种强调表现，重视外在特征的风尚，又引导着为表现木结构的构造逻辑的美丽采取了另外的手法。其一，砖砌的塔体外面套上一圈木构造的廊檐，在这个廊檐上尽情显示木结构的机能，全部都是八角形的，檐牙高啄，勾心斗角，栏楯周匝，彩绘缤纷，像苏州报恩寺塔，杭州六和塔那样木廊檐是后代改建过的。其二，为更强烈地展现构造工艺的表现力，就完全用砖、石忠实地模仿木楼阁。像福建泉州开元寺双石塔，八角 5 层，高达 48 米，全部都是用石块雕琢砌造，一切梁枋、斗栱、门窗与木结构的几乎没有区别。和唐代大雁塔比较，两种重楼式的塔显示了迥然不同的美学特征。这两个塔建于南宋年间，或许是因为已至宋风末流，竟以这样尽情地精雕细刻，精湛的工艺技能，参差的造型轮廓，谱写了重楼式塔的挽歌。

与宋对峙的北方辽、金，是在中原文化与少数民族习俗混杂的局面下形成了自己的艺术风格的，这在塔的形象上也表现了出来。

唐代建造了许多木结构的重楼式塔，但没有一座留到现在。现存唯一的一座木塔，是建于辽道宗清宁二年（1056 年）的山西应县佛宫寺塔。它继承了中唐以后在北方流传的八角形式，又糅杂了唐塔丰满而富于节奏的轮廓线，六层屋檐舒展遒劲，没有任何“附加”的装饰，和唐塔一样展现着建筑物内在机能严格的逻辑，把物质的结构的力量充分显示出来，可以强烈地感觉到当代人们对于物质的内在因素透彻的理解，并尽力发扬到外在的美上来这样新鲜的创造力。在这里，我们不妨拿佛宫寺塔和在它 8 个世纪以后建造的巴黎埃菲尔铁塔[1]作一个对照。尽管它们彼此的造型完全不同，但所揭示的内在物质因素却是那么相同，气质是那么类似，它们所展现的都是合乎理性的人性的美。

1 埃弗尔铁塔 Eiffel Tower 建于 1889 年，高 328 米，全部用铁架结构，造型优美，是巴黎的标志。

宋人完全抛弃了嵩岳寺塔——小雁塔式的密檐塔形，但在辽、金地区却继承了下来。也许是契丹、女真人更能欣赏这种富于异域情调的造型，或是他们对宗教的崇拜还停留在巫、佛混沌的阶段，因而在那些非理性而又强烈刺激的艺术形式中感到精神的抚慰。当时大量建造的密檐式塔绝大多数是八角形，实心不能登临，只能供人参拜，繁琐华丽，有一种慑人的力量。某些塔的外轮廓虽然还保留着曲线造型，但由于细部过分的装饰，而把整个体形冲淡得失去了韵味。这类密檐塔的塔身特高，各面都有砖刻的门窗、佛像以及其他结构构件的形式，塔身下面衬托着莲瓣、栏杆、佛龛和线条繁复的基座。塔身以上的密檐层层相接，各层檐下都有砖雕的建筑构件，极其琐碎。总之是当时可能使用到一座建筑上去的一切构造的装饰的手法全部都用了上去。它没有嵩岳寺塔那种朦胧的神秘感，更没有小雁塔那种飘逸的人情味，有的只是强烈、爆发、繁琐、刺激，它恰当地反映出了那个时代那个地区的风貌和情调。

宋以后的塔，不但数量大大减少，而且大都僵滞呆板，缺乏性格甚至出现了道教的塔，文峰塔、魇胜塔等，不过粗制滥造而已。

但是元代随着喇嘛教的传播，瓶形的喇嘛塔进入了中国佛塔的行列。这种塔完全是外来的形式。据记载，它是仿自印度僧人生活中常用的储水瓶，又名澡灌，梵名叫做“军持”Kundika。[1] 还有一种说法，说它模仿僧人坐禅修行的穹窿形洞窟或草庐。不论模仿什么，都是一种象征。这类塔起初都是高僧墓塔或纪念塔，也就是一个变了形的窣堵坡。以生像死，塔形取与死者生前最密切的事物以为象征，但不过是一种低级的象征。它只是显示了坟墓的外在特征并没有表现出宗教的内在精神，当然更没有人性的光辉。

喇嘛塔虽然像窣堵坡一样以外来的原型传入内地，但却失去了当初得以改造得以进行再创作的时代审美基础。北京妙应寺白塔和山西五台山塔院寺白塔都是尼泊尔匠师阿尼哥的作品，如果说它们那庄重硕壮而又匀称丰满的造型还多少能与元朝大帝国雄浑的气派有所联系，那么以后明·清时期建造的千百座大大小小的喇嘛塔就只不过是为了显示喇嘛教的本质而已。喇嘛塔可能构成的美学特征距离健康人的审美趣味太远，既不能产生飘逸高昂，也不能产生亲切含蓄，不可能激起人们的美感。虽然由元至清建造了千百座，花样也很多，其中还有许多装饰得富丽堂皇，砖雕的、石刻的、琉璃的、镏金的、镶嵌珠宝的，五光十色。可是那些几乎是一个模子铸出来的细脖大肚子的白色喇嘛塔，给人的感受却是毫无生气。

1 北京妙应寺白塔的造型，据元·大都《圣旨特建舍利灵通之塔碑文》记——“取军持之像”。

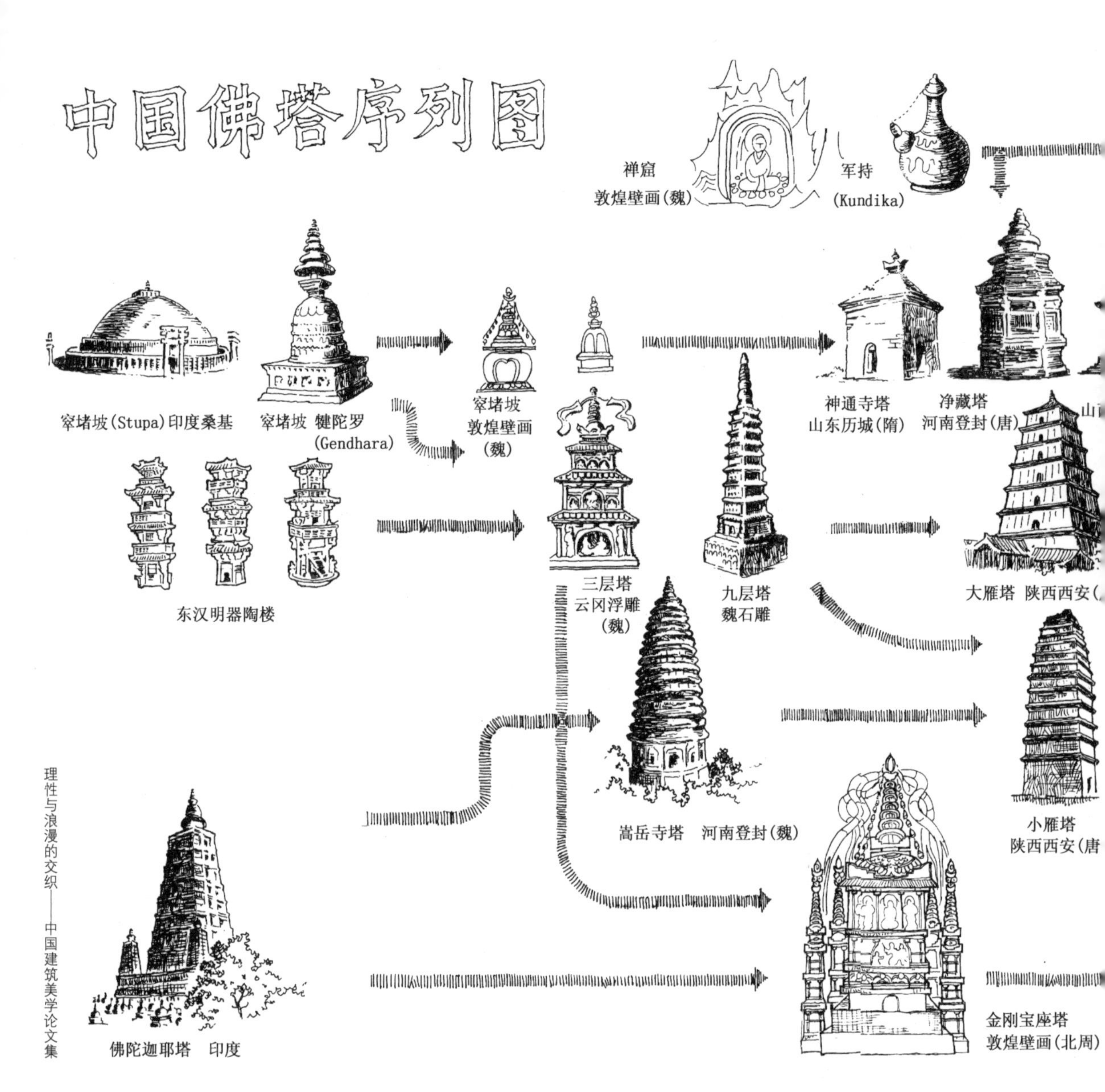
中国佛塔序列图
禅窟
敦煌壁画(魏)
军持
(Kundika)
窣堵坡(Stupa)印度桑基
窣堵坡 犍陀罗
(Gendhara)
窣堵坡
敦煌壁画
(魏)
神通寺塔
山东历城(隋)
净藏塔
河南登封(唐)
东汉明器陶楼
三层塔
云冈浮雕
(魏)
九层塔
魏石雕
大雁塔 陕西西安(
嵩岳寺塔 河南登封(魏)
小雁塔
陕西西安(唐
佛陀迦耶塔 印度
金刚宝座塔
敦煌壁画(北周)

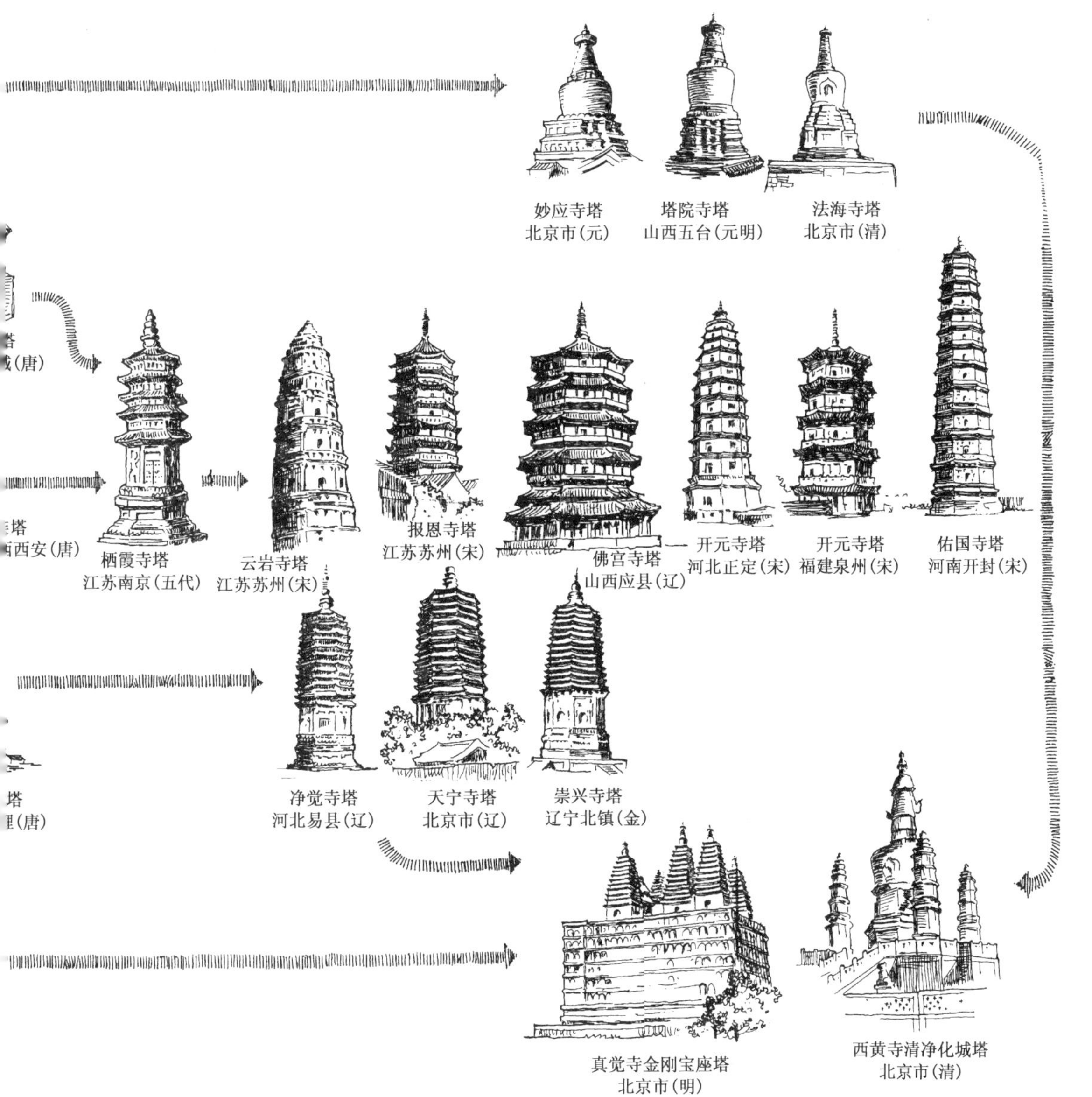

妙应寺塔
北京市(元)
塔院寺塔
山西五台(元明)
法海寺塔
北京市(清)
栖霞寺塔
江苏南京(五代)
云岩寺塔
江苏苏州(宋)
报恩寺塔
江苏苏州(宋)
佛宫寺塔
山西应县(辽)
开元寺塔
河北正定(宋)
开元寺塔
福建泉州(宋)
佑国寺塔
河南开封(宋)
净觉寺塔
河北易县(辽)
天宁寺塔
北京市(辽)
崇兴寺塔
辽宁北镇(金)
真觉寺金刚宝座塔
北京市(明)
西黄寺清净化城塔
北京市(清)

然而这时期有一种塔还保持着一点人性的余晖，这就是金刚宝座塔的塔组。毫无疑问，这种以高台座、五个塔对称排列的形式，其原型仍然是来自印度[1]；而且就其宗教喇嘛教的象征性来说也是极其低级荒诞的[2]。但它们都建造在内地，在修建的时候也就不可避免地受到当时世俗风尚的影响。参差错落的轮廓是丰富而动人的，每一个单体——从单独的小塔造型到各种雕刻细部又多保留着人们所熟悉的形式和传统特征，因而人们也就能够用比较简单的常人眼光去品鉴它们。下面是一个方形的砖石台座，表面布满雕刻；上面是十字轴线对称的格局，正中是主塔，四隅各有一座小塔，其中又夹一个小小的木构式亭阁，构图活泼而不失世间风味，似乎努力在表现出自身茁壮新鲜的生命力。它们的每一个单体建筑，每一个构件，每一处花饰，每一种比例尺度都非常成熟妥帖，几乎集中了当代公认的建筑程式，完美到无懈可击的程度。然而恰恰就是因为它们太"成熟"了，太"完美"了，因而也使人感到太一般了，好像是科场的应制诗，孔庙的中和乐，堂会的加官舞，如意馆的字画，织造衙的锦绣……那样"成熟""完美"的僵滞呆板，死气沉沉。结果，使得它们在总体构图上的创造力终于没能进入新的境界，多少使人觉得是似曾相识，有点人老珠黄的味道。对于它们，人们感到由衷的遗憾——产生佛塔的人情味的时代基础不复存在了，它们貌新而实旧，是明日黄花，生不逢辰的落伍者。

美的时代特征就是这样鲜明。只有作为一个整体的时代风貌，才能赋予一种艺术作品包括佛塔这种很特殊的作品以美的内容；而创造这种美，又只能在那个时代的人和人性、人情味中进行。美贯注着当代人的力量，失去了人性、人情、人的力量，作品也就失去了美的基础。这从佛塔风格的演化中不是可以看得很明白吗？

原载《美学》1982 年第 4 期

1 最典型的是菩提伽耶 Bodh Gaya 大塔，该塔创建于公元二世纪，十四世纪时重建。砖砌塔体，主塔高 65 米，四隅小塔与主塔相同，下有台基。北京大正觉寺（五塔寺）、碧云寺、内蒙古呼和浩特慈灯寺（五塔召）的金刚宝座塔的造型和它很相似，但全为传统手法。

2 有的代表"五方佛"或"须弥山"，有的代表坛城，即"曼荼罗"

佛国宇庙的空间模式

古印度的摩羯陀国，即今日印度比哈尔邦迦耶城 Gayā 的南郊，矗立着一座著名的佛塔，名佛陀迦耶 Budda Gayā。在方形台座的中央是一座高达五十多米的方锥体砖塔，塔身布满佛龛雕刻，塔顶安装铜瓶；四隅是四座与它相似的小塔，东面凸出一个小殿堂。中国人把这种塔叫做金刚宝座塔（图 1）。

金刚之名源出印度佛经《俱舍论》《金刚仙论》等是梵文 Vajra 和巴利文 Vajira 的意译，意思是坚硬无比，永远不坏。传说释迦牟尼在成道时遇大地震，唯独此

图 1　印度佛陀迦耶大塔

处有一菩提树，其下因有金刚结构岿然不动，于是坐在树下而成“金刚定”，或叫“成正觉”，也就是成佛了。从此这里就成了圣地，名为金刚座或金刚宝座梵文 Vajrāsana。公元前 3 世纪时，孔雀王朝的阿育王即无忧王，A'soka 大兴佛教，在金刚宝座以东建一小“精舍”以为纪念。当时，原来的婆罗门教徒纷纷改换门庭加入佛教，并趁机说动阿育王，将这所小精舍改建为“大精舍”，并在其中供奉佛像。本来佛教不供佛像，也没有专门祭佛的庙宇，所谓“精舍”梵文 Vihāra 主要是供僧人居住修习，也兼有纪念性质。而婆罗门教则重祭祀，建有专门祭天神的“天祠”。早期印度的精舍和天祠已无实物可考，唯有与印度佛教同一源流的师子国斯里兰卡还保存许多早期精舍遗迹，其格局是中央一座大殿，四隅对称四座小殿（图 2）；婆罗门的天祠形象则在中国唐代高僧玄奘西行求法的笔记《大唐西域记》中有所描述，其特点是屋顶高耸如尖塔，上面有华丽的雕饰。玄奘亲眼见到这座大精舍，记载说它每面宽二十余步约 50 多米，高一百六七十尺约 53 米左右，恰与现在佛陀迦耶塔的尺度基本相同。唐贞观十九年，李义表、王玄策等出使印度，也曾亲见此大精舍，对其豪华富丽极为赞赏，称它为“灵塔”。可见，后来称为金刚宝座塔的，其实是在真正金刚宝座东面的大精舍，只不过它因金刚座而建，外形又和中国人观念里的塔一致，故而如此称呼罢了。原来印度佛教的塔，本名窣堵婆或塔婆梵文 Stupa，巴利文 Thūpo，省译为塔，它是一种半球形的纪念建筑，而精舍是僧人修行的庙宇，两者决不混淆。自佛教传入中国以后，窣堵婆与中国的楼阁结合到一起，变成了中国的塔；反过来，中国人又把印度那种高耸如楼阁的建筑叫做塔了。

佛教自释迦牟尼死后便分裂成许多派别。其中一派是密宗，此派自称其经典仪轨都是由释迦牟尼亲自秘密传授，乃真正佛教正宗，因此又叫真言宗。原

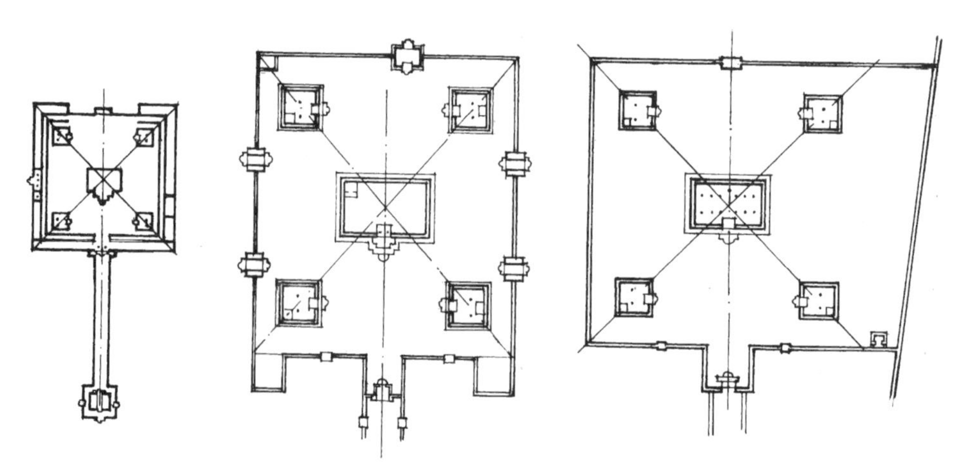

图 2　斯里兰卡无畏山寺精舍三例　公元前 2 世纪

来自公元前3世纪阿育王统治印度，大弘佛法，许多婆罗门教徒改入佛教，也给佛教带来许多婆罗门的神灵名物和宗教仪轨，其中密宗接受最多。密宗作法受戒有一套仪式，要在“曼荼罗”中进行。曼荼罗梵文Mandala意为道场、坛城、阁城，是一种十字轴线对称，九宫“井”字形布局分隔，方圆相间的祭坛建筑，中心供大日如来或其变相，周围各个空间对称布置神佛器物。曼荼罗又是一种修习的境界，把它画在布上，刻在碑上，或做成模型摆在殿堂里，令僧人从中观照佛界宇宙的涵义（图3、图4）。晋怀帝永嘉中（307 ~ 313年），西域僧人帛尸梨蜜多罗翻译密宗经典《大孔雀王神咒经》，密宗传入中国，也带来了包括曼荼罗在内的祭坛仪轨。由于密宗的作法仪轨和中国传统的祭祀形式很相似礼制的、道教的和民间的，曼荼罗的构图又和中国的坛庙如明堂构图基本一致，所以密宗也容易被中国人理解接受。从南北朝至唐，印度、西域僧人来传佛教，大都要用密宗引路。印度佛陀迦耶——那个由婆罗门教徒改建过的、糅合着婆罗门天祠形象的大精舍，与密宗曼荼罗的格局相当吻合；而密宗自奉《金刚顶经》为主要经典以后，即自称为金刚乘，追慕“金刚不坏”的永恒境界，又与佛陀迦耶原来金刚座的涵义契合到一起，于是金刚宝座便与曼荼罗合为一体；而精舍式的格局和天祠高耸如塔的形象，也被赋予许多佛教内容。这些内容大都记载在佛经中如《阿含经》、《俱舍论》，反映了古代印度人对于宇宙构成的认识，综合起来大致是：

图3　密宗“阎曼德加曼荼罗”画　摹绘

图4　承德须弥福寿之庙中供奉之立体曼荼罗

一、宇宙构成的基础是地、金、水、风四“轮”或四“天”；另一说是六“大”地、水、风、火、空、识。佛居宇宙正中，向四方衍变为四种“波罗蜜”相，代表佛的“四智”。

二、宇宙的中心是须弥山又名苏迷卢山，Sumeru音译，有一主峰及四小峰，日月在其左右升降；主峰中央为佛的住所，名“帝释宫”，四面有供佛菩萨游玩的四苑。

三、须弥山位于大海中央，周围对称有陆地，名“四大部洲”和“八小部洲”，它们与须弥山共同构成“九山八海”；最外是宇宙的边缘，名“铁围山”。

四、在这个格局严谨的宇宙空间中，各种佛、菩萨、天王、协侍都有各自的位置，按密宗胎藏界的说法，曼荼罗即佛国宇宙中有佛菩萨416尊，金刚界则有1461尊之多。

五、总起来说，这是一个十字轴线对称，呈九宫格局的模式，在这个格局中，可以根据佛法所要求的内容，填入不同的神佛名物和不同的事物形象。于是，通过内容与形象互相交融，一个以五塔中心对称、九宫间隔布局为基本形象的金刚宝座塔——曼荼罗便在中国发展起来。

现在所知，这种形象最早的实例是武威天梯山十六国时期北凉4世纪末石窟，窟中心为四面佛柱，四隅为略具塔形的壁柱。其后有5世纪中叶北魏云冈第六窟的一个塔柱和另一个传世的北魏小石塔，它们都是在大塔的底层四隅各附一座小塔，略有金刚宝座塔的意味。比较明显的例子是敦煌北周6世纪中第428窟壁画中表现的金刚宝座塔，但五塔分离，不在同一基座上，看来是强调主塔下面为金刚宝座，其余四塔另有宗教含义（图5-1～4）。此后，唐朝开元年间有印度密宗三大法师来华传教，号称“开元三大士”善无畏、金刚智、不空金刚。他们翻译了许多有关曼荼罗的佛经，都是以曼荼罗正中为金刚宝座，四面八方布置各种冠以“金刚”的器物仪仗如金刚钩、金刚锁、金刚牙、金刚杵等，而总体格局则是以须弥山为中心的九山八海式的宇宙模式。当时各大寺院以至皇宫里面都筑有坛城，但没有一座遗留到现在，估计是在唐武宗会昌五年（845年）灭佛时全

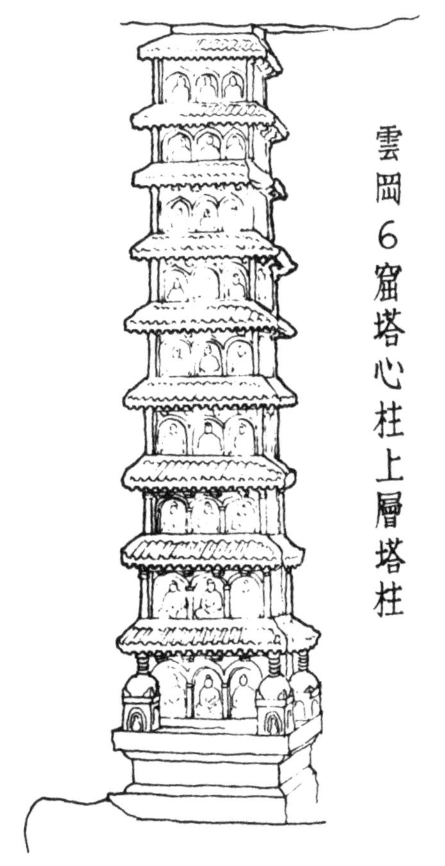

图5-1　大同云冈第六窟石塔柱

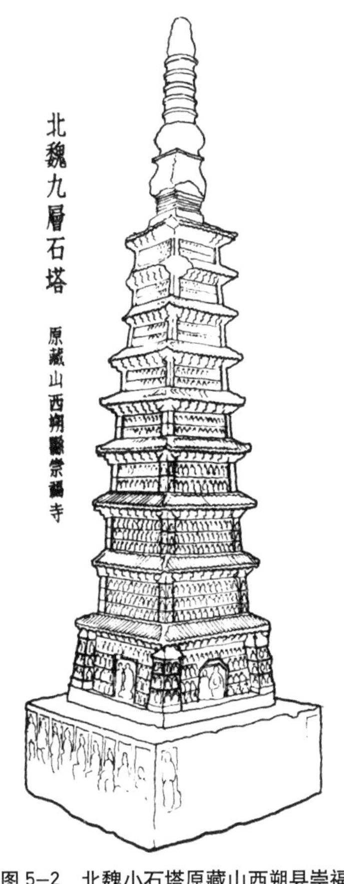

图5-2　北魏小石塔原藏山西朔县崇福寺

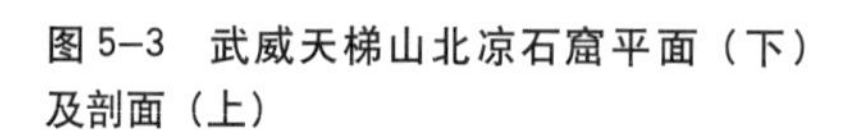

图 5–3　武威天梯山北凉石窟平面（下）及剖面（上）

图 5–4　敦煌 428 窟北周壁画

部被毁。不过山东历城柳埠镇尚留下一座唐开元年间建的九顶塔，塔身八角单层，砖筑，顶部正中一小塔，周围对称有八小塔，总体上是一个九宫格局。按密宗金刚界有“九会曼荼罗”，又有“梵天火罗九曜曼荼罗”，都是对宇宙星宿的形象图解，九顶塔可能就是这种曼荼罗的遗物。但唐代遗物中最完整的还是西藏的桑鸢寺又译三摩耶寺，此寺建于唐代宗大历十四年（779 年），屡经重建，但基本格局和造型未变。该寺主殿名乌策殿，为三层楼阁，顶部有五个方亭，攒尖顶排列状如金刚宝座塔，代表着须弥山五峰。殿外四隅设四色塔，代表佛的“四智”；四个正向有代表四大部洲、八小部洲的殿宇已残毁改变了原貌；最外是圆形围墙，代表铁围山。此寺完全按佛经描述的宇宙模式建造，是典型的密宗曼荼罗建筑形象，无论是总体布局或是大殿造型，都明显地表现出九宫式格局。元代西藏高僧金刚福幢写有《西藏王统记》，对此寺各部分建筑形式所代表的宇宙涵义都有详细解释。将金刚宝座塔的构图形式扩大成一个寺庙的总体格局，在中国建筑史上它是第一座（图 6-1、图 6-2）。

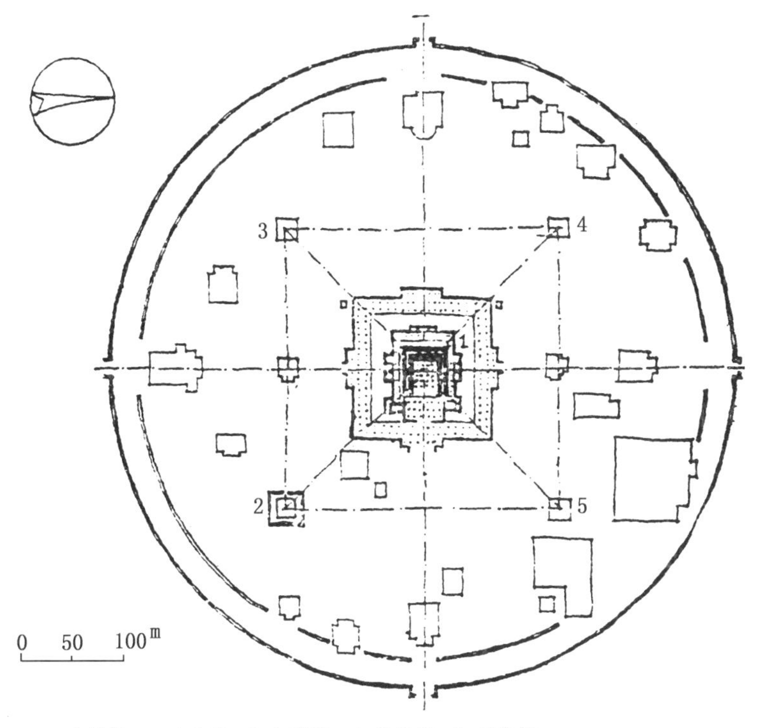

图 6–1 西藏桑鸢寺总平面

图 6–2 桑鸢寺乌策殿

辽金时期佛教尊崇华严宗，此宗号称是融合显密各派的“圆教”，曼荼罗的观念也被吸收其中。北京房山云居寺北塔是辽代砖塔12世纪初，它建在一方形台座正中，四隅各有一座方形单层密檐小石塔，俨然是金刚宝座塔的布局。但小石塔均为唐代遗物，且不是同一年代，估计是辽代建塔时由别处移来。这时期还有一种造型特殊的“花塔”遗留至今。这种塔的特点是在塔的上部有一个粗大的锥形顶，表面布满泥塑的天宫、莲花、飞天及龙、狮等装饰物，异常华丽繁复。据近人研究，这些装饰表现的是《华严经》里描绘的“莲华藏世界”又名“华严世界”。华严世界号为“世界网”，其内“有无数香水海”，其外“裹以金刚大轮围山”，和密宗的宇宙模式很相似。又据近人研究，唐代密宗主要经典《大日经》是受到《华严经》的启发而著见英·渥德尔《印度佛教史》，所以这类花塔也可看作是金刚宝座塔的一种变体。其中最著名的河北正定广惠寺塔，在主塔四隅又各附一座六角形单层小塔已残，就更是一座典型的金刚宝座塔了。

明清时期，藏传佛教——即俗称的喇嘛教特别兴旺。明代佛寺中建造了一些金刚宝座塔，或这种形式的殿宇，在山西、湖北、四川、甘肃、云南等地都有实物遗存。明永乐年间，有“西域梵僧”向皇帝进贡金佛五躯，放在一个金刚宝座上。成化九年（1473年），命仿中印度形式在正觉寺中建金刚宝座塔，五塔即代表五佛。这个“中印度式”的塔，就是前面说的那个佛陀迦耶——金刚宝座塔的形式，但改变了比例，基座特高，满布雕刻佛龛，座上置5座石制密檐方塔，轮廓参差略有佛陀迦耶之意而已。

清朝为抚绥蒙藏，大力提高喇嘛教的地位。由于曼荼罗的造型包含着宇宙万物统于一尊的意义，康、乾时期又是国内各族最终统一臣服的盛世，喇嘛教活佛还承认乾隆皇帝是转轮王大日如来在世，是天上人间的共主，所以这类建筑在清代尤其是乾隆时期最多。清雍正五年（1727年），清帝命在归化城呼和浩特旧城内慈灯寺后部建一金刚宝座塔，其形式模仿北京正觉寺塔。乾隆十三年（1748年），命在北京香山碧云寺后部仿佛陀迦耶建金刚宝座塔，但为调整地形，在石雕基座下面又加一层基座，并在五塔前面左右各加一座小喇嘛塔，意在表示主佛之前有金刚力士持护，整体造型丰富，更有雕刻趣味，风景气氛远比宗教浓厚（图7）。又过了几年，约乾隆十八年（1753年），在御苑玉泉山静明园北部小山之上建妙高塔，这是一座由一个大喇嘛塔和四个小喇嘛组成的整体，远望浑然为一，实际上是一座富有雕塑意味的风景小品。乾隆四十七年(1782年)，为纪念在北京去世的六世班禅，特在他下榻的西黄寺建造金刚宝座塔，基座不高，名清净化城，曼荼罗坛城的含义非常明确。中央为白石大喇嘛塔，顶部安装镏金宝瓶；四隅是白石八角经幢，正面为白石牌坊，整组建筑的造型和工艺水

图 7　北京碧云寺金刚宝座塔

平都很高，但距离佛陀迦耶的原型也更远，倒显得颇有新鲜的创造。乾隆皇帝似乎对这种造型特别感兴趣，以至在一些小品建筑中也不忘使用，比如在西苑中南海、清漪园内和万寿寺的砖门楼顶上也都放了一组小小的砖刻金刚宝座塔（图 8）。明清以来，这种塔的形式很多，但总不离开九宫分隔、中收对称的格局，只有承德普陀宗乘之庙乾隆三十六年（1771 年）建的五塔门是一个例外，它是在一个高大的白色城台上平列了五座喇嘛塔，五塔的造型色彩各不相同，均仿自西藏桑鸢寺，尽管格局变了，仍然还是一个曼

图 8　北京万寿寺五塔门

荼罗。

这种格局也体现在飞檐翘角的木结构殿宇上面。乾隆二十年至二十三年（1755 ~ 1758 年）同时建成了两座高阁，一座是北京清漪园中的香岩宗印之阁，另一座是承德普宁寺的大乘之阁，它们都模仿西藏桑鸢寺的乌策大殿，屋顶由五顶组成，象征须弥山五峰。大约与此二阁同时的北京雍和宫法轮殿，是改造原来王府的寝殿而成佛殿，硬是在普通的大殿的屋顶上加了五个天窗，形成五顶并峙的须弥山格局（图 9）。

金刚宝座塔——曼荼罗在乾隆时期还表现为建筑组建的格局。清漪园的须弥灵境和普宁寺的大乘之阁组群，就是仿照桑鸢寺的形制，把一个建筑组群变成了大曼荼罗。以普守寺为例，大乘之阁是须弥山，左右二台殿代表日、月；东西南北按佛经描述的四大部洲形式布置台殿，并各配二台代表八小部洲；阁四角为四种颜色的喇嘛塔，代表佛的“四智”；外围墙代表铁围山，墙形曲折如波浪则代表茫茫大海（图 10）。承德还有一座普乐寺，建于乾隆三十一年（1766 年），完全按照金刚界曼荼罗的要求布置建筑。它的基座是两层石砌城台，名为“阇城”；上层正中旭光阁代表大日如来金刚宝座，阁内正中放置印度建筑形式的大型曼荼罗模型；下层四正面的四色琉璃塔代表歌、舞、嬉、鬘四“内供”。布局严谨，纪念性格非常显著。还有一些组群，尽管建筑造型有不少变化，但总的格局仍然一致。如乾隆十六年（1751 年）前后建造的清漪园五方

图 9　北京雍和宫法轮殿天窗五顶——曼荼罗

图 10　承德普宁寺鸟瞰图

图 11　北京清漪（颐和）园五方阁

阁，名为“五方”，即为供奉曼荼罗的五方佛而建。正中为铜铸方殿，体量不大，四周围绕廊庑，四隅接建方亭，平面构图严谨，但因建在山坡上，前后高差很大，主体不太突出，更像是一组高低错落的山地风景建筑（图11）。乾隆三十五年（1770年），在西苑北海北岸建“极乐世界”又名观音殿，小西天，正中是一巨大方殿，外面为方形围墙，四隅各有一座方亭；四正面各有一座琉璃牌坊，牌坊入口正对石桥；主殿四面环水。这组建筑轴线明确，主体突出，造型庄重，极富宗教纪念性格。乾隆四十五年（1780年），又在承德建须弥福寿之庙，主殿取西藏“都纲”形制，正中为三层高阁，四周环绕平顶群楼，楼顶四隅建四座护法神殿，十字轴线对称，构成一个曼荼罗式的组群。同年建造的北京香山静宜园昭庙，也取同样的形式。

在今天人们的眼里，金刚宝座也好，曼荼罗也好，精舍天祠也好，都不过是一些历史的陈迹，当然也包含着许多荒诞的内容。但当它们成为实实在在的建筑物时，总不免要渗入当代人们的智慧和创造力量，而这，却是永恒的和有价值的。中国人讲五行生克，九宫八卦，印度人讲须弥五峰，九山八海，都是对宇宙模式的一种求索，总要设法——即使是用宗教的方法表现出来，从中获得自我观照体验。从印度的佛陀迦耶到中国的九宫式木构殿堂，雕刻小品，正是这种观照体验的遗痕。我们今天再对它们作一番了解，其意义恐怕就不止于仅是观赏它们的外在风貌了。

本文部分实例图参见本书《承德外八庙的多民族建筑形式》插图

原载《古建园林技术》1991年第1期

中国近代建筑的民族形式

一、命题阐述

（一）分期标准

众所周知，建筑是有实用功能的技术产品，但从来没有一座建筑的形式纯粹是由功能和技术所决定。因为功能的合理性、技术的先进性和投资的经济性都是可比的，在相同的条件下，只能有一个最佳答案，也就是只能出现一种最佳形式。但事实上所有同类的建筑却远远不止一种形式，由此可见影响建筑形式的还有其他不可比的社会人文因素，其中最主要的就是时代的和民族的审美观念。

功能和技术的急剧变化，无疑会给建筑形式以极大的冲击，“近代建筑”这个概念首先指的就是伴随着18、19世纪以来工业生产而出现的新形式的建筑。“近代”既是一个绝对的时间标准，也是一个区别于古代建筑的形式标准。

古代建筑的形式是和当时的功能要求与技术水平密切契合的，影响形式的社会人文因素往往就凭借着当时的功能和技术表现出来，甚至使功能和技术服从社会人文的因素。而近代建筑的形式却和它的功能、技术若即若离，有时契合得比较密切，有时又相距很大。在古代从来没有出现过的功能、技术与形式的矛盾，在近代则成了一个最敏感的问题，所有创作的和理论的争论，主要集中在形式问题上。建筑的形式问题就是近代建筑的主要问题，而其中争论最大的，又是在新的功能要求和现代技术条件下，要不要和能不能存在民族形式以及什么是民族形式的问题。

中国大约在19世纪中叶进入近代建筑时期。按照中国历史学界的观点，以1840年的中英鸦片战争为标志，中国在世界帝国主义侵略的刺激下开始了近代工业生产，社会性质发生了根本变化，由此进入近代历史时期。随之，建筑也有了新的功能要求，输入了西方先进的建筑技术，带来了西方的近代建筑形式。从此中国传统建筑遇到了新的挑战，出现了在新功能、新技术条件下如何保持和发展民族形式的新课题。所以把中国近代建筑的开始定在19世纪中叶是合适的。中国历史学界将1919年的五四运动定为近代史的下限，但这个社会史的界限显然不能反映建筑的实际，因此中国建筑史的研究者将近代建筑的下限定在1949年，即中华人民共和国的成立。从一般地探讨建筑的社会性来说，把这一影响中国建筑发展方向的重大历史变革划作分界线是可以的；但从特殊地阐述建筑形式，尤其是阐述中西建筑形式的交融汇合这个问题来说，显然这一分界线并没有实际意义。本文认为，应当以建筑现象本身呈现的特征为分期的标准。建筑包含着多种现象，每一种现象都可以有自己的分期标准。建筑形式也有自己发展的脉络，就民族形式来看，到20世纪80年代中期以前还没有本质的改变，所以，直到这时中国建筑仍然属于近代建筑的发展阶段。

（二）民族形式——新概念

中国传统建筑在商朝（公元前16～前11世纪）已初步形成自己的体系，周朝至秦朝（公元前10世纪～前2世纪）这个体系基本定型，以后约两千年间，虽然有些变化，也融合了不少外来因素，但基本形式没有大的改变。它的主要特点是：①重视建筑与环境的谐调；②群体组合胜过单体造型；③单体建筑规格化、标准化；④曲线大屋顶是建筑造型的主要部分；⑤色彩绚丽；⑥山水植物与建筑组合成自然式的园林；⑦追求象征涵义。这些形式特征是和当时的功能、技术条件密切契合的，审美观念是单一的。古代中国人从来没有对自己的建筑形式提出过疑问，从来没有出现过民族形式和非民族形式的问题。

由于中国近代建筑是伴随着外国侵略势力出现的，新功能、新技术来势急促，与旧形式之间缺乏一个正常的交融汇合过程，因此上述那些传统的形式特征显然遇到了尖锐的挑战。原来和谐的城市乡村环境中硬插入了异国情调的教堂、学校、办公楼；以表现单体造型为主的欧美建筑与传统的空间观念格格不入；而单体建筑的造型手法又与传统建筑相距甚远；以木结构为先决条件的曲线屋顶，绚丽的色彩，和新结构新材料一时也很难结合。但同时，牢固的民族审美观念却无时不在顽强地表现自己。传统的形式先是在工匠创作的新建筑中有所体现，后来就变成了建筑师自觉的追求和业主的建设要求，民族形式逐渐成为近代建筑创作的新命题。

曾有人认为，民族形式是建筑发展中的落后现象，提倡民族形式是复古，是开历史倒车。本文不能苟同这种论调。道理很简单，正是因为承认新功能新技术是建筑发展的前途，承认新形式必须满足新功能，运用新技术，因此才提出来可不可以、能不能够保存传统形式的命题；如果一切提倡复古，形式与功能、技术本来就没有矛盾，怎能还有民族形式的命题存在？事实也是这样，从19世纪中叶到现在，无论是匠师还是建筑师，在探索民族形式的道路上尽管走得曲折，但却并没有因此阻碍了建筑的功能和技术日新月异；从全面发挥建筑形象的社会功能来看，倒是增添了许多可贵的内容，证明建筑形式的创作道路异常开阔。今天，中国又兴起了重新认识民族传统，创造新的民族形式的潮流，正说明这一新命题具有茁壮的生命力。

（三）现实意义

艺术风格的发展史证明，一切新形式都是由旧形式脱胎而来，不继承旧形式就不能创造有生命力的新形式，也不能取代失去生命力的旧形式。中国近代建筑的民族形式，从一开始就立足于如何继承旧形式，改造旧形式，最终以新形式取代旧形式。民族形式的主流并不是怀恋过去，而是着眼未来。

在旧功能、旧技术基础上形成的旧形式，不适应新功能、新技术，显然是不能再继续下去了。同时，即使是旧形式本身，在18世纪晚期以后，也出现了没落的危机，总的倾向是，只注重表现单体建筑高大华丽，忽视了群体序列的空间艺术效果；单体建筑又只是追求大面积的华贵装饰，而不注重造型的构图规则；装饰则过分烦琐，工艺水平相对下降。这种不良的倾向，是和中国传统的艺术风格背道而驰的。自19世纪中叶以后，中国建筑的数量并不算少，但却难得有一处能和前朝媲美，如果不加以彻底改造，传统形式也是没有出路的。

旧建筑处于没落危机的胁迫下，又开始了近代建筑的新时期。这样，民族形式的命题就不仅负担着如何使传统形式适应新功能、新技术，同时也负担着如何改造旧形式，使它重新萌发健康生命的重任。近代中国社会发展很不平衡，一些大城市已经逐步成为世界性的现代都会，城市建筑面临着世界近代建筑必须解决的问题；而在中小城镇、广大农村和少数民族地区，却仍然是传统建筑体系占着绝对优势，面临着如何改造、更新旧建筑的问题。因此，民族形式的命题在大城市中负担的使命是如何改造旧形式使之适应新功能、新技术，而在其他地区则要着重解决如何使旧形式重新焕发青春的问题。

图 1　1890 年牛庄海关

图 2　1897 年哈尔滨东省铁路局

二、发展概况

（一）早期民族形式——20 世纪 20 年代以前

这是西方建筑与中国建筑最初的交汇阶段，民族形式尚处于不自觉的摸索之中，主要表现为三种类型：

新功能，旧形式：实用功能已经完全是近代的了，但仍采用旧有的形式。如早期上海江海关（1857 年）、上海江南制造局（机械厂，1865 年）、天津机器制造局（兵工厂，1870 年）、牛庄海关（1890 年）、哈尔滨铁路公司(东省铁路局,1897 年)等，都采用了传统的庙宇、衙署形式。它们显然不能适应新的功能要求，在进入 20 世纪后也就被淘汰了。上海城隍庙湖心亭，原是小型景点建筑，19 世纪末陆续添建，成为公共服务建筑（茶馆），但它的公共性的功能终究受到旧形式的局限，虽然屡加扩建，使用仍很不便（图 1 ～图 3）。

图 3　上海城隍庙湖心亭

洋式门面：与完全采用旧形式以适应新功能相反，20 世纪初出现了一批完全欧洲古典形式的建筑。其中一部分直接模仿当时欧洲流行的“古典复兴”式（Classical Revival），多系政府、学校建筑；另一部分基本构图是欧洲古典形式，但细部掺入了许多中国的装饰，它们多是门面建筑，尤其是商店铺面更多。显然这是对旧形式的否定，也是对旧形式进行改进的一种尝试。如 1906 年建的北京农事试验场大门，在文艺复兴式拱门上面增加了中国的龙雕，很有典型性；又如 1910 年建的南京南洋劝业会场中农业展览馆，在爱奥尼柱式（Ionic Order）的柱廊角上加了中国式屋顶，也是一种常见的形式。由于 18 世纪中叶在圆明园中由西方传教士设计的“西洋楼”的影响，北京的一些商店在改装门面时大都采用了类似的构图，它们的特点是大量使用曲线，花饰烦琐，当时人们习惯把这类店面称为“圆明园式”（图 4、图 5）。

中国式教会建筑：基督教早在 16 世纪（明朝中期）就传入中国。至 19 世纪中叶以前，内地教堂大都采用中国庙宇形式。19 世纪末，基督教在中国势力增大，教会建筑大量涌现。其中一部分完全由欧洲带来设计图纸，但细部仍掺入不少中国手法；另一部分按教堂的功能要求设计平面，但外形则较多采用中国地方形式，有很明显的地方特色。上海浦东教堂（1878 年）、圣约翰学院（1894

图 4　1906 年北京农事试验场大门

图 5　北京瑞蚨祥西鸿记绸布店

年）和北京中华圣公会教堂（1908 年）等，都是重要的实例。在一些偏远小城镇，多是由教会提出基本要求，完全由当地匠师按当地形式建造，地方风格更为明显，如四川的几个小教堂就很典型（图 6、图 7）。

（二）繁荣的创作年代——20 世纪 20 ～ 30 年代

这是民族形式走向比较成熟的时期。在大约十年的时间里，中国近代建筑的民族形式创作方法基本上形成了，出现了一批高水平的作品。

图 6　四川雅安基督教堂

图 7　河南洛阳天主教神学院

这十年所以能成为创作民族形式的繁荣时期，主要原因是：①一批在国外（主要是美国）学习建筑设计的专业建筑师有比较高的文化修养，对中国民族形式比较熟悉，一旦致力于在新建筑中体现民族形式，就能有比较好的创作。如1925年中山陵设计方案竞赛，要求采用民族形式，当时有中外建筑师多人应选，但前三名全是中国建筑师。②国民政府在1929年编制“首都（南京）计划”时明确提出，“政治区之建筑物，宜尽量采用中国固有之形式，凡古代宫殿之优点，务当一一施用”（图8、图9）商业区建筑“外部仍须有中国之点缀”，“外墙之周围，皆应加以中国亭阁屋檐之装饰物”；住宅区建筑中“中国花园之布

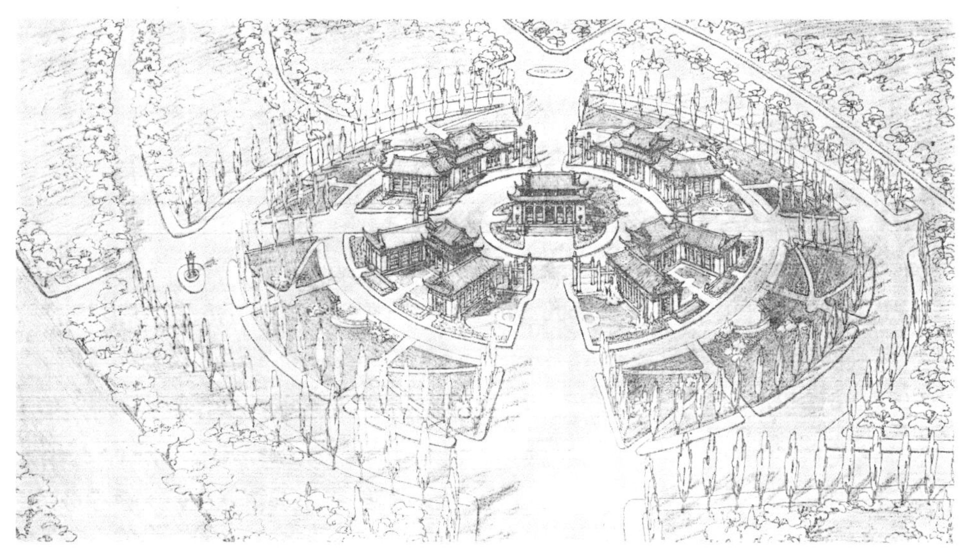

图8 1929年南京《首都计划》中的设计方案（一）

图9 1929年南京《首都计划》中的设计方案（二）

置，亦复适用”[1]。同时期公布“上海市中心区规划”，1931 年兴建中心区主体市政府、博物馆、图书馆和江湾体育场，也明确要求采用民族形式。这些由政府倡导的建筑的形式，对其他建筑有很大影响。③中国建筑学术界对创作民族形式作了有力的推动。1929 年北京成立中国营造学社，1931 年后梁思成、刘敦桢两位教授参加，分别负责法式和文献研究。短短六年间，出版了《中国营造学社汇刊》六卷和《清式营造则例》、《营造算例》、《建筑设计参考图集》等著作；整理出版了《宋营造法式》、《园冶》、《工段营造录》等古籍。1933 年在上海组成了“中国建筑师学会”和“上海建筑协会”，出版《中国建筑》和《建筑月刊》杂志。1936 年在上海举办了中国近代第一次建筑学术活动——“中国建筑展览会”。这些刊物、著作、展览，都以宣传和探讨民族形式，发掘民族建筑遗产为主要内容。④曾经一度垄断中国近代建筑设计的一些外国建筑师和教会主持人，在中国民族形式潮流的冲击下，也比较注意在现代建筑中采用中国的民族形式。其中美国人墨菲（Henry K．Murphy）曾经担任国民政府的建筑顾问，在北京、南京设计了一批规模较大的建筑，就都采用了中国民族形式。同时期，被日本官方提倡的“帝冠式”建筑风格，也被介绍到中国。例如 1935 年《建筑月刊》介绍了日本“东京帝室博物馆”和“日本军人会馆”的全部竞赛获奖方案，它们都是在现代建筑上体现日本的民族形式，对中国建筑师创造民族形式，也应当有所启发。

但是 20 世纪二三十年代民族形式存在一个最主要的缺陷，这就是大多数作品只注重单体建筑的造型设计，而忽略了中国传统建筑中最富有生命力的群体组合艺术，以致有些成组群的建筑，总平面中很少体现出民族形式。就单体建筑造型来说，主要有三种类型：

复古式：这类建筑的造型比例和细部装饰全都模仿定型的古建筑形式。如南京中央博物院（1937 年，梁思成顾问，徐敬直、李惠伯设计）仿辽代木结构大殿；南京中山陵藏经楼（1937 年，卢树森设计）、国民党党史陈列馆（1934 年，杨廷宝设计），仿清代庙宇殿阁；北京燕京大学（1922 年至 1930 年，美国人墨菲设计）校门仿清代府第门殿，方阁仿清代楼阁，水塔仿辽代密檐塔；南京灵谷寺阵亡将士纪念塔（1930 年，墨菲、董大酉设计）仿宋代八角楼阁式塔等都是典型作品。但这种完全复古的形式显然要以损害功能和增加投资为代价，所以总的说来数量不多（图 10 ～图 16）。

1 国都设计技术专员办事处编印：《首都计划》第 33 ～ 35 页，（六）《建筑形式之选择》。1929 年 3 月，商务印书馆印。

图 10　1937 年南京中央博物院

图 11　南京中山陵藏经楼

图 12　南京国民党党史陈列馆

图 13　太原山西省政府大门

图 14　1930 年南京灵谷寺阵亡将士纪念塔

图 15　北京燕京大学水塔

图 16　北京图书馆大门

古典式：这是当时民族形式的主流。它们的特点是基本构图服从功能要求，但构图中心仍保持比较严格的古建筑比例和细部，并使用大屋顶作为造型的主要特征。其中最成功的作品是南京中山陵（1925 ~ 1929 年，吕彦直设计），这是近代建筑中极少数注意体现中国传统群体布局的一项杰作。从单体来说，除主体祭堂的造型有所创新外，牌坊、碑亭、享殿、配殿都保持较严谨的古建筑形式，但由于继承了中国建筑的空间序列手法，充分发挥了环境优势，不但富有浓烈的纪念性格，而且民族风格非常鲜明。中山陵的设计者在 1928 年又设计了广州中山纪念堂，这是在超级体量（跨度 30 米，容座位 6000）的建筑中保持浓厚的古典形式的大胆创作。它是用放大尺度的手法来处理各部分的比例，使它的造型基本上保持了一个完整的传统殿阁形象，毫不显得牵强琐碎（图 17、图 18）。

这类形式的建筑中比较著名的还有北京协和医院和医学院（1915 年）、北京图书馆（1929 年）、辅仁大学（1928 年），上海市政府、博物馆、图书馆（1931 年，均为董大酉设计），南京金陵大学（1927 年）、南京中央研究院史语所（1936 年，杨廷宝设计），武汉大学（1929 ~ 1935 年，开尔斯设计），广州中山大学（1932 年，林克明设计）等（图 19 ~图 31）。

图 17　广州中山纪念堂

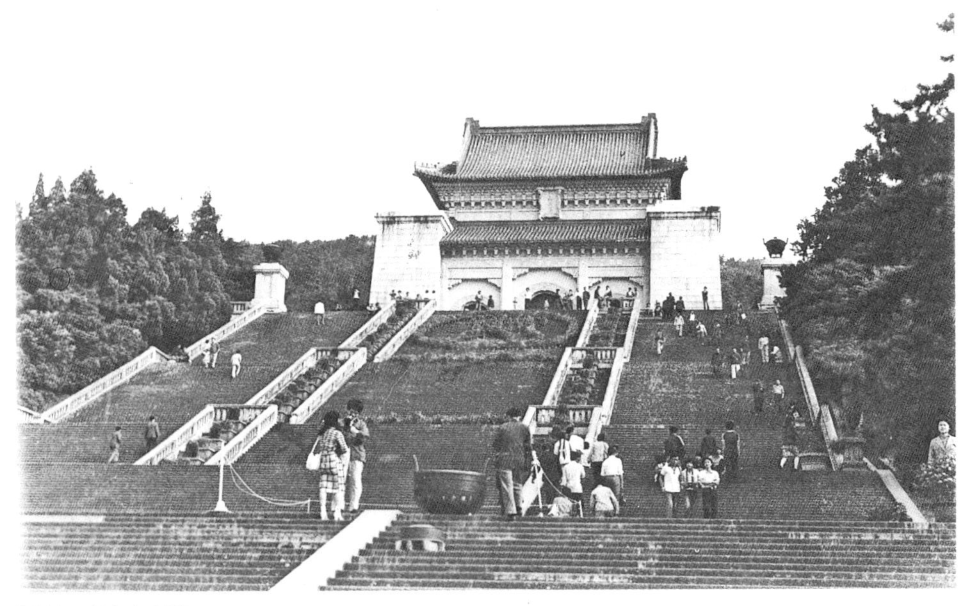

图 18　南京中山陵

图 19　1931 年上海市政府

图 20　1932 年广东省政府

图 21　北京图书馆主楼

图 22　北京协和医学院

图 23　北京燕京大学主楼

图 24　成都华西协和大学教学楼

图 25　北京辅仁大学

图 26　武汉大学

图 27　广州中山大学法学院

图 28　1934 年上海市博物馆

图 29　1934 年上海市图书馆

图 30　1932 年南京中央研究院

图 31　南京国民政府考试院钟楼

折中式：这是对古典式进一步的简化形式。其特点是取消了大屋顶和油饰彩画，也不考虑古典的构图比例，只在立面上增加一些经过简化的古建筑构件作装饰，起符号作用。1930年杨廷宝设计的北京交通银行和1932年梁思成、林徽因设计的北京仁立地毯公司是比较多地使用符号的典型；1933年赵深、陈植、童寯设计的南京国民政府外交部，只在檐下及入口门廊略有点缀，是最简单的一种。1934年董大酉设计的上海江湾体育场组群则是折中式中比较成熟的一组作品。体育场、游泳池、体育馆三座主要建筑都是当时比较新的建筑，主要部分都用红砖砌筑，只在入口部分加以装饰，由于这部分比例恰当，古典符号使用得纯熟，民族形式的特征便显得很鲜明。折中式最主要的成就是在高层建筑中体现民族形式的可贵探索，典型作品有上海中国银行（1935年，英国公和洋行和陆谦受联合设计）和八仙桥基督教青年会（1934年，李锦沛设计）。它们的共同特点是形式完全服从功能，只在屋檐、屋顶和入口处加一些古建筑符号，虽然整体上是一座现代建筑，但使人感到毕竟与外国的有所不同（图32～图40）。

图32　北京基督教中华圣经会

图 33　南京国民政府外交部

图 34　上海江湾体育场

图 35　北京交通银行

图 36　北京仁立地毯公司门市部

图 37　上海劝工银行

图 38　北京中法大学

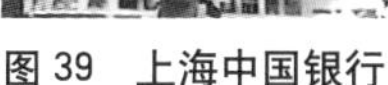

图 39 上海中国银行

图 40 上海八仙桥基督教青年会

（三）日本“帝冠式”在中国的移植——20 世纪 30 年代后期

20 世纪 20 ~ 30 年代虽然有一些外国建筑师也参加了中国民族形式的创作，但总的说来，他们是自由职业者，他们的创作并不直接代表某种政治意图，因而他们的作品仍然属于中国民族形式体系。

1931 年日本帝国主义侵略军发动九一八事变，出兵占领中国东北，1932 年建立了由关东军扶植的“满洲帝国”，中国东北全境变成了日本帝国主义的殖民地。1937 年以后，华北、内蒙古相继建立了地方性的傀儡政府。从 1932 ~ 1941 年太平洋战争发生，这些地方兴建了一批称为“兴亚式”，即在日本称为“帝冠式”的建筑。和 20 ~ 30 年代不同，这批建筑的形式都由日本占领军和傀儡政府指定，生硬地由日本移植过来，政治意图很明显。

“兴亚式”（“帝冠式”）的移植，首先出现在伪满洲国的新京（长春）规划指导思想。该规划（1932 ~ 1937 年）由日本关东军参谋部和伪满洲国政府制订，其中对建筑形式要求的意图是体现日本建立“东亚大帝国”的殖民地理念，即臭名昭著的“东亚复兴”、“大东亚共荣圈”，使富有日本民族形式的建筑成为“国民文化精英之表现”。最初的“兴亚式”建筑是皇宫、大同书院和“八大部”（伪满国务院、最高法院和其他政府机关）；其后，各地政府机关、纪念建筑和某些公共建筑（车站、邮局、学校等）也多采用这种形式。它们的特点是基本构图类似日本的“古典复兴”式，但屋顶、门廊、檐头采用日本的或中国的古建筑式样。中外古今齐集一座建筑中，结合得相当生硬。为了体现“大东亚共荣”，某些地方的建筑也吸收当地民族的建筑形式，如辑安（现吉林省集安市）火车站用朝鲜形式，成吉思汗陵用蒙古形式，承德火车站则吸收了当地喇嘛庙的形式（图 41、图 42）。

图 41　长春伪满洲国国务院

图 42　长春伪满洲国皇宫同德殿

三、新探索——20世纪50年代以后

1949年建立了中华人民共和国，中国的社会起了根本性变化。1952年开始大规模的建设，在建设中，民族形式有了新的发展，做了新的探索。

20世纪50年代的“复古主义”：50年代初，规定一切学习苏联，创作思想也深受影响。当时苏联仍执行30年代的文艺方针，把建筑创作与其他文学艺术创作同等对待，规定“社会主义的现实主义”是指导创作的原则；同时，把意识形态和政治营垒的对立也引申到建筑形式中，针对当时西方流行的现代建筑形式，特别强调建筑的民族风格。在中国，一些权威学者（例如梁思成）又根据毛泽东主席在1940年写的《新民主主义论》中关于新中国文化的方向——“民族的形式，新民主主义的内容”，把建筑创作原则规定为“民族的形式，社会主义的内容”，于是民族形式成为当时评价建筑形式的唯一标准。但对于什么是民族形式，却依然沿着20～30年代走过的路继续在走，大部分形式仍属“古典式”。但建筑的规模加大了，而且大都成组群建设，使它们的形象更为突出。这时期重要的作品有北京中央民族学院（1951年，张开济设计）、“四部一会”大楼组群（1952年，张开济设计）、友谊宾馆（1952年，张镈设计）、地安门宿舍楼（1952年，陈登鳌设计）、人民英雄纪念碑（1950年，梁思成主持建筑造型设计，刘开渠主持雕刻设计）以及重庆人民大礼堂（1952年，张嘉德设计）等。由于这批建筑规模很大，完全采用“古典式”，尤其是大量使用了琉璃瓦屋顶，必然提高了造价，而且有些也损害了功能的经济性。在当时中国经济力量还很薄弱的条件下，这些问题显得特别突出，于是在1955年初以“反对浪费”的名义对这类建筑的设计发动了批判，称它们是“华而不实”的“复古主义”建筑。

国庆工程：批判“复古主义”以后，创作处于低潮。片面追求“节约造价”，连坚固与实用也不能保证，形式问题就更加无从谈起。1959年是中华人民共和国成立10周年，国家决定在北京建造一批名为“国庆工程”的大型公共建筑以为纪念。当时建筑方案采用群众运动的方式，不重视建筑师个人的创作构思，一般是由中央政府的领导人在众多方案中选出若干比较满意的，再委托一个单位加以综合。从总的指导思想来说，要求在这批建筑中体现新的民族形式。正当这批建筑建造中间，1959年5月，建筑工程部和中国建筑学会在上海召开了“住宅标准及建筑艺术座谈会”。会议由建筑工程部部长主持，邀集了全国最权威的建筑师和学者参加，目的是纠正因为批判“复古主义”以后出现的建筑质量过低，创作思想沉闷的偏向，并再次倡导创造新的民族形式。主导思想即体现在建筑

图 43　秦淮河河岸林荫大道鸟瞰图

工程部部长刘秀峰的报告——《创造中国的社会主义的建筑新风格》中[1]。“新风格”要求建筑要注意美观，讲究艺术风格；要继承传统，也要不断革新，不是一概反对使用古典形式。在这种思想指导下，国庆工程的民族形式比以前的古典式、折中式都有所突破。如人民大会堂（赵冬日主持）、中国历史博物馆和革命博物馆（张开济主持），在对特大体量而富有纪念性格的建筑中如何体现民族形式做了有益的探索，建筑尺度和基调的处理比较成功；北京火车东站（杨廷宝主持）、农业展览馆（陈登鳌主持）试图在古典式的基础上再作简化；而民族文化宫（张镈主持）和中国美术馆（戴念慈主持）则基本上保持古典式的构图，但在体形和色调上作了新的处理。这批建筑对以后十几年中其他省市的大型公共建筑创作产生了很大影响。

广州风格：20 世纪 60 年代初期和中期，广州的一批建筑师（佘畯南、黄远强、莫伯治、郑祖良、莫俊英等）对民族形式有了重大的突破。他们设计了一批对全国很有影响的建筑，如友谊剧场、烈士陵园、白云山庄、泮溪酒家、矿泉客舍等。这批建筑造型轻巧通透，色调明快，又都结合园林处理，给人的印象很深。它们都摆脱了中国传统宫殿建筑讲究对称的布局形式，充分发挥自然式园林布局特色，非常讲究空间的灵活和变化，使人工与自然，室内与室外，造型

1　载《建筑学报》1959 年第 10 期。

图 44　1929 年南京《首都计划》中设计方案（二）

与装饰有机地结合起来，逐渐形成了一种统一的格式，即曲折的庭院——轻巧的造型——明快的色调——精致的园林——富有趣味的装饰。这一格式使中国的建筑师们耳目一新，人们通称为“广州风格”。70 年代以后，高层建筑兴起，如何在现代化的高层建筑中体现民族形式，成为创作中的一个难题。广州的建筑师们提出了自己的方法，综合起来是：①扩大底层空间，布置成中国式园林环境；②室内装修吸取传统形式；③重点部位加以民族形式的符号装饰。这种方法也逐渐被其他地区的高层建筑所吸取。其中比较成功的实例是广州白天鹅宾馆（1980 年，佘畯南设计）。

仿古和乡土风格：进入 20 世纪 80 年代，民族形式又受到新的重视。众所周知，中国经过“文化大革命”许多文物古迹被破坏了，民族形式的建筑被批判了，建筑创作消沉了。经过“拨乱反正”，经济大步发展，又出现了建设高潮；精神文明也被提到与经济建设同等重要的地位。人们更加渴求文化，对建筑艺术提出更高的要求。提高民族文化，振兴中华的民族感情，也促使人们对建筑要求有自己的民族形式。一些建筑师探索乡土建筑风格，其中一个重要的创作是著名美籍华裔建筑师贝聿铭在北京设计的香山饭店。这组建筑吸收了中国庭院组合的形式，以灰白色的民居色调为主，并加以民族形式的符号装饰，造型亲切，有时代感也有民族味，是一个成功的设计；但地段选择不恰当，它建造在清朝皇家离宫中间，显然损害了整体环境。乡土建筑风格在四川、广东、江苏、浙江、内蒙古、西藏、新疆等地都有不少新创作，已经形成当代探讨民族形式的普遍潮流。另外，随着对文化遗产的保护，旅游业的要求，许多地方兴建了一批完全仿古的商业建筑和旅游建筑，北京首先开端，其他各地群起仿效，一时也成为风气。在理论界也有一种观点，认为单纯仿古固然不是方向，但多年来创造民族形式中一个致命的弱点，就是绝大多数建筑师并不熟悉传统建筑，如果连仿古都不会，创新就很难了。作为对民族形式的再认识，在个别地方、个别建筑中从仿古开始，也未必不是一条可行的路子。

应当指出，20 世纪 80 年代对民族形式的探索，不但只注意传统建筑外部的形式特征，同时也注意研究民族形式内在的美学特征。建筑师们从更广泛的角度去熟悉、认识民族传统，例如对空间构成、序列规划、村镇布局、民间住宅、园林艺术的研究分析，其深度和广度都大大超过以前。完全有理由相信，经过刻苦的求索，中国当代的建筑师终究会找到自己民族形式的正确道路。

（原载《古建园林技术》1987 年第 1 期）

历史界标与地方色彩
——评梁思成著《中国建筑史》

一切学术著作都是由硬件和软件两部分组成。硬件就是知识，包括材料、考据、阐释、逻辑等；软件就是智慧，包括观念、命题、视角、方法等等。一般说来，只要不失平实认真，后代著作的硬件都会超越前代，如要获取硬件的学问，当以后代著作为主。然而学术的生命首先是软件，在这一点上，后代就未必能超过前代，只要后代的学术智慧一天不能超过前代，则前代的著作就能永葆其生命的光辉。梁思成写于1944年的《中国建筑史》就属于至今在软件上仍处于同类著作前端的著作，因此可以一版再版，常读常新。

欧洲自十九世纪中叶，中国自20世纪20年代以来，对于建筑历史的重视可说是一种很奇特的文化现象。本来，随着生产力的发展，城市功能在扩展，人居质量在改善，结构材料在更新，这是社会进步的潮流，建筑在这个潮流中，完全可以摒弃传统，除旧布新。然而，"复古"的潮流却也同步涌起，而且愈演愈烈。调查、发掘、考证、测绘、展览、出版，以至大学设置必修课程，公司建立专门研究机构，把古建筑的地位提到颇高的程度。在人类一切物质生产的知识和技术储备中，绝对没有比建筑更重视其历史状态的领域。这说明古代建筑在客观上有被社会人群需要而存在自身的价值。对于中国古建筑，虽然早在20世纪初，不论其背景如何，已有一些引起外国学者注意调查研究，并出版了一些著作，然而只有到了30年代，少数具有近代科学精神的中国学者才开始涉足这一领域；也正是由于他们的涉足，才使得中国人对中国建筑史的研究，一出马便占据了这一学科的前沿，前此的和以后的外国著作便显得黯然无光。究其原因，就是他们研究中所显示的智慧——对中国建筑历史的视角和研究的方法水平很高。其中，梁思成便是主要代表人物之一，他所著《中国建筑史》便是主要代表著作之一。

这是当年的一部文字初稿，约16万字。条理清晰，材料精当，基本讲清了从上古直到近代中国建筑的脉络。从硬件说，在20世纪70年代以前它一直是世界上知识量最大最精的一部中国建筑史。但更有价值的是它的软件，主要体现在作为“代序”的“为什么研究中国建筑”一文中显示的智慧。

为什么要研究中国建筑？这是聚讼数十年，至今仍然众说纷纭的一个学术的症结，其中，“古为今用”是20世纪50年代以来被奉为圭臬的权威口号。但，凡论古事者皆为今人以古事尚有可用而为之，古者已矣，为之焉用？所以这其实是一个并无对立命题的大实话，真正的症结是“用”什么和怎样“用”。然而几十年来，一到这个症结，大抵言不及义，或顾左右而言他，最终还是不如半个多世纪以前梁思成说得透彻。

首先，梁思成把“古建筑”用英文表述为“历史的界标”Historical landmark，这真是一个充满智慧的创造。他写道：

> 一切时代趋势是历史因果，似乎含着不可免的因素……中国建筑既是延续了两千余年一种工程技术，本身已造成一个艺术系统，许多建筑物便是我们文化的表现……

历史有阶段，时代有特征，能够形象地表示出各个历史时期特征的，在地面上只有建筑。它们既是工程技术，又是造型艺术，更是物化了的社会结构、生活方式、典章制度、美学时尚。西方人说：“建筑是石刻的史书”就不如“历史的界标”揭示得深刻。或问，我们今天不要这些“界标”，只管向前创造有何不可？答案是，你如果认为失去记忆的民族还算是一个完整的民族，身强力壮的文盲还算是一个完整的人的话，当然可以抹去这些界标而去“创造”；然而你的这些“创造”，却又给后代留下了一段失去记忆的历史界标。

因此，我们可以看到，本书的体例是以时代王朝为经，以类型、实物、细部为纬，其用意就在于指明，何朝何代的界标为何物，有何特征，显示出了何种技术和艺术，以及何种社会意义，“界”和“标”一目了然。这就是“古为今用”。

其次，梁思成又把这些历史界标的主要价值归结为它们的“艺术特殊趣味”，他用英文表述为“地方色彩”Local Color。宇宙间最丰富的现象莫过于色彩，中国古建筑的艺术生命也在于它们有着丰富的时代的、地方的、民族的、社会的、类别的、环境的以及工匠风格的种种趣味，形成了五彩斑斓的色彩。对构成这些趣味、色彩的古建筑进行研究总结，正是为了当今的和未来的新建筑创作使用，也就是梁思成所说，是为了“将来复兴建筑的创作”。梁文反复申明，“艺术创作不能完全脱离以往的传统基础而独立”;“一个东方老国的城市，在建筑上，如果完全失掉自己的艺术特性，在文化表现及观瞻方面都是大可痛心的。”梁思成是一位工艺敏感度很高的建筑师，他认为，当代建筑在技术方面，“必需要用西洋方法”，但“在科学结构上有若干属于艺术范围的处置必有一种特殊的表现”，这就是“美感同智力掺合的努力”。技术愈新愈好智力，但处理的方法必须有地方民族色彩美感，两者“掺合”，才能“复兴”中国建筑。于是，我们从书中可以看到对“中国建筑之特征”的精辟论述，对各个时代的代表作品和各种式样布局、细部的详细分析。这又是“古为今用”。

正如一切学术著作的观点都有可以讨论的地方一样，本书中的某些分析论断也并非“终极的真理”，例如对中国古建筑的特征，此后就有不少新的说法。但是，把研究中国建筑史的目的，也就是“古为今用”的主要方面清楚地指点出来，此书却是迄今为止最有价值的一部著作。研究建筑史，一是为了保存历史的界标，二是为了创造地方民族的色彩，前者在实践上就是保护文物古迹，后者就是规划与建筑创作。几十年的实践证明，这两个目的还没有被新的理论取代。

原载《北京文博》1999 年第 4 期

1944 年《中国建筑史》完稿，梁思成著
1954 年清华大学建筑系因教学使用印出油印本
1985 年 3 月将上述油印本收入《梁思成文集·三》中国建筑工业出版社出版
1998 年百花文艺出版社出版单行本
(2005 年 5 月百花文艺出版社出版修订本——编者注)

挺直脊梁做学问

——为彭海《晋祠文物透视》作序

年轻的同行朋友彭海，一面承担着繁重的古建筑保护工作，一面苦读作文，终于完成这部研究晋祠的专著。付梓在即，嘱我为序。我历来认为，世上没有终极真理，任何著作也不免瑕瑜互见，倘不是借虎皮吓人，作者并不欢迎空洞的吹捧序文；即以朋友道义而论，也应据实坦言。基于此，我也就欣然应命，并借题发挥，以期共勉。

我因工作需要，零零碎碎读过几本文史学术著作，中外古今的都有。尽管其中我有些不大懂，有些我不全赞成，有些曾遭批判，但读后令我感受最深的则是这些作者的治学态度。他们或传古文，或创新说，或训诂考证，或经世致用，或潜心翻译介绍，或致力实验考察，都是在真诚地说话，在勇敢地探索，在挺直了脊梁做学问。即使是像法显、玄奘翻译佛经，严复、容闳介绍西方学术，首先还是把外国的文化当作自己的工具，用以济世救人，开启民智，他们的脊梁是挺直的。

由此我也想到，为什么 20 世纪 50 年代以后我国真正够得上有学问，可传世的学术力作寥若晨星，为什么那么多原来号称“权威”的著作终于显得苍白软弱，为什么曾被严厉声讨过的中外经典名著又能重现光辉，实事求是来看，原因是错综复杂的。但我仍要说，不管有多少原因，有一条必须承认，即凡是传世的不朽之作，必定是作者挺直了脊梁写出来的；反之，只能是昙花一现，无论是作品还是作者。

经过近十几年的思想解放历程，我们看到，20 世纪五六十年代向苏联学来的那套言必称马恩列，文必引党决议，凡西方必反动，是长官必正确的恶劣学风，再加后来的以阶级斗争为纲，大革文化之命，大兴文字之狱种种错误方针政策，这些足以压弯学术脊梁的重负正在解除。同时我们也看到，过去屡遭批判或被禁止的学术领域都可自由发挥，尊孔兴儒固不必说，连相面、算卦、看坟地都能成为学问，“房中术”也堂而皇之进入学术著作。至于西方的人文社会科学，更成为热门的学问，市场经济、股票、房地产自然最受青睐，而心理学、社会学、人类学、美学、宗教学也颇为时髦，涉足问津者不绝于缕。于是，名著翻译，学术专著以及各类丛书、辞书、集成、文库等不断涌入市场。其中确有闪烁着智慧光芒的典册，不但可使人获得有益的学识，更令人佩服作者、编者挺直的脊梁。但毋庸讳言，软脊梁的旧毛病也屡有所见。我想着重说两种状况。

一种是无见地地“编”书。自己无主张，只要是名人、名著就往一起“编”，又往往不求甚解，乃至沿用改订过的旧说和明显的讹误，所以不少的丛书、汇编、集成、文库体例驳杂，相互矛盾者甚多。其实，编书无论在中国外国，都有良好的传统，从儒学宗师孔子编六经，到《儒林外史》中马二先生为书坊编八股文集，或选，或编，或注，或订，都有自己的见地，自己的标准。“述而不作”也是需要挺直了脊梁才能编出真切的学问。在国外，各种学派的经典著作中，很重要的一部分也都是百科全书式的丛书、文集。在这里，我很高兴地看到，年轻的作者面对许多文献和前人包括名人著作，敢于甄辨考订，并力图将前人著述的丝缕编入自己的网络。虽然我现在还不能确切评论这个网络的优劣，但不可否定，他在纺织这个网络时是挺直了脊梁的。

还有一种是无必要的引洋著。有些本是常识性的话，也要引证某洋人著作才显得有份量；有些在外国也只是一家之言或影响并不很大的说法，被引证为自己论述的前提；有些对外国人的思维模式有隔阂，把本来很简单的道理反而弄得玄虚莫测；更有些由于对洋著原书理解或翻译文中的错讹，完全曲解了原来的意思；最突出的是，我们一些著作引述外国著作不是用其材料，而是引其论断，好像用了外国人的话才能证明自己正确深刻博学。每当读到这类著作，我总感到现在引述西方洋著和以前生硬地搬用马列词句同出一辙，是弯着本该挺直的脊梁在说话。

这本研究晋祠的著作，引用了不少外国人的书，也引用了一些中国名人的书。我现在还没有把握对这些书的论断和引用了这些书以后对晋祠研究的价值作出判断；我只是想说，当我读过本书的主要章节以后，觉得作者自己编织的网络已足以证明了自己的论点，或足以得出与所引洋著名著一致的论断。用自己的话已经说得很明白，征引的一部分洋著、名著倒显得有些冗赘了。对此，我愿举例来说明。

比如关于文化，这在时下是一个很热门的话题，但何谓文化，以我的见闻却很少有人说得明白。西方传统的思维有些爱走极端，有人说得很玄虚，形而上学到难以琢磨的境地；又有人说得很机械，一下子把文化具体分成几十种几百种形态。其实，阐述任何事物都应当有逻辑层次的和类型层次的前提，概念是不能含混的。如果从历史的逻辑来看，所谓文化无非是正面的高尚的，过去曾经或现在还能推动社会发展，开启人的智慧，陶冶人的情操的创作。他们有故事，有载体，有形态，这些故事、载体、形态和由它们敷衍的著作就是文化。晋祠的文物和古人今人对这些文物的认识研究包括故事、诗文等就是晋祠文化。研究晋祠文化的功夫应当下在自身逻辑的完整，内涵的丰满，形象的鲜明方面，倒不一定用自己的材料去解释洋人关于文化的说法，反而模糊了自己的个性。

又比如关于符号美学论。西方美学流派多不胜数，古典的偏重于理论构建，思辨性比较强；近代又偏重精神和心理分析，经验描述也有部分实验描述比较强。但由于美学自身存在着短期内很难逾越的科学障碍，所以无论哪一派，严格来说都还停留在假设阶段。其中苏珊·朗格创立的符号美学论，以其对形式的情感内涵分析较之其他学派有所丰富，对于若干艺术门类审美特征的分析信息含量更多，特别对于审美情感活动中理性因素的充分肯定，更是近代美学理论的重大突破。凡此种种，使这一学派一时颇受重视，其代表作《情感与形式》在中国也有所流布。在讨论晋祠的山水文物艺术的审美价值时引入该书观点当然也可以引入别的流派观点，应该说也是借他山之石以攻玉的一种方法。但是依我的愚见，过多拘泥于该书中有特定涵义的概念，尤其是从译文中推敲原义，反而会使明白变得玄虚。比如所谓“基本幻象”、“符号形式”、“概念性形式”，其实都是一个意思，也就是我们常说的“典型性”或“共性”。但这种“典型”是诸多“个性”的集中，在现实的生活中是不存在的，所以是一种“幻象”，艺术作品越接近“幻象”，即越具有典型性，它的审美价值就越高。因此这一命题只存在艺术欣赏的主体范畴中，再延伸就是自寻烦恼了。

又比如“种族领域”是建筑的基本幻象这一论断，单纯从字面的概念上是很难理解明白的。其实这只是西方历史的概念。在中国，“种族”包括的范围太大了，西方则不然。一个部落，一个城邦，乃至一个家族或一群有组织活动的人都是一个“种族”。“领域”就是某种特定行为的活动空间，既有实体空间，也有虚体或负体空间，或者说是一种环境。也就是说，建筑是一种环境的典型，或典型化的空间，这个环境或空间是某一群人种族为满足某一种活动的功能而创造的，或者说这一环境或空间典型地反映了这些活动的功能。比如，要举行祭祀，就要建神坛、神庙，还要有一定的场地设施，这些坛、庙、场地又包含着祭祀者人群的民族习俗，典章礼仪，被祭者的身份，当时可能提供的祭祀物质手段和艺术手法以及创造这些手段、手法的社会背景等诸多因素，这个环境也就是这些因素的“幻象”。说了许多，从理论价值来说，也还是19世纪的老调：“建筑是石刻的史书”，或如雨果所说，建筑“是民族的宝藏，世纪的积累，是人类社会才华不断升华所留下的残渣……”《巴黎圣母院》其实，作者在分析晋祠的山水、文物、建筑环境时，也是依此立论，剖析得相当全面，如果在逻辑上再清晰一些，以东方这一伟大艺术作证，反而可以推进符号美学再前进一步，似乎不必反过来以他人为圭臬。

上面这些话，大部分是我自己的经验反思。我够不上是专门做学问的人，偶尔研究一点问题，写几篇文章，事后总为自己未能事事都挺直脊梁而汗颜。往者已矣。我希望年轻的学者们，当然也包括中年的老年的，大家都挺直了脊梁做学问，振兴中华学术庶几可以有望了。

此文在该书出版时未被采用，但我认为说的还都是真心话，收入本集，以为记录。

《理性与浪漫的交织》初版后记

我的 13 篇小文，是从 1978 年以来陆续发表在一些刊物上的文章中选出来的，谈的都是有关中国建筑艺术和审美问题，文章写得并不很好，问题探讨得也很不全面。这个本来应当是很繁荣的学术园地，应当是建筑师很感兴趣的课题，可是长期以来却是一个禁区。中国建筑工业出版社愿意把这些文章再次结集出版，我想主要还是借以鼓励百家争鸣，繁荣学术，并不是肯定选入的都是好文章。

这里要做一点回忆。远一些的，1954 年批判“复古主义”、1957 年“反右派”、1958 年“拔白旗”、1959 年“反右倾”我都经历过。运动一来，在建筑界首先拿来开刀的便是建筑艺术，尤其是中国建筑艺术。覆巢之下，焉有完卵，凡从事与这类课题有关而真诚工作着的人，包括我这个当时的小青年，除了 1954 年那一次我还是学生得以幸免以外，也自然在被批判之列。那时还有个很流行的口号，叫做“不破不立”。我很听话，别人批，自己也批；别人拔，自己也拔；别人破，自己也破。深信受了批判就能脱胎换骨，拔了白旗就能插上红旗，破了旧的就能立起新的。然而运动一过，总感到茫然得很；而当时的批判者、拔旗者、破除者们似乎也一直没有拿出哪怕是一点点令人信服的货色来。倒是到了大家都饿肚子的时候，从部长开始又重视建筑的艺术特征、民族风格、传统形式这类问题了，又是开大会，又是写文章，又是制订规划，又是培训人才，很热闹了一阵子。曾经在 1958 年被宣布为“两杆大白旗”的梁思成、刘敦桢教授也接受了主持编写中国建筑史的任务。于是从 1960 年开始，以后四五年间我一直作为他们的助手之一，也参加编写工作。不过那时两位教授余悸在心，总怕又扯出“白旗”，所以写的建筑史也就不可能真正涉及建筑的艺术、美学和中国建筑的民族审美特征这类根本的理论问题。虽然在私下忘形之际，两位教授对这类问题都发表过很精辟的见解，他们学贯中西，修养有素，如果不是遭逢那个年代，完全可以把中国建筑的艺术、美学理论这块园地开掘出来。

“十年动乱”的前奏——“四清”，在建筑界叫做“设计革命化”。“革命”的结果更是彻底，机构撤销，人员遣散，资料封存，图书出让，中国建筑的研究连根拔了。开始我还是很听话，依旧俯首听批，三省吾身，但后来就不免产生疑问了。因为我发现，有些批判者的本意并不是要真的批判什么建筑艺术、民族风格，而是另有所图；而另外一些却连要批判的是什么也说不清，实在幼稚得可怜。这就很无聊了。这场连根拔的闹剧，倒促使我深入思考了一些问题。首先，批判者的无能正说明被批判者的有力，建筑的艺术问题、民族形式、建筑审美的民族心理，这是建筑创作的重要内容，这个领域是永恒的；其次，我之所以老老实实挨批，说明自己也是软弱的，因此决心要深入探索这个领域，使自己也强大起来，要真正发掘出建筑艺术、民族传统的巨大力量，用自身理论上的强大去抵制那些苍白幼稚的批判。二十年来这个志愿一直萦绕脑际，总想求得前进。然而十年浩劫，梁刘两位老师相继含冤去世，我也是死里逃生，当然不可能旧话重提了。不过中间还有个小插曲，那就是 1975 年搞“评法批儒”，有人把中国建筑和儒家、法家挂上钩，说中国建筑中充满了儒法斗争，当然这更是荒唐可笑。我又有幸躬逢其事，同样振振有词卷入“评”、“批”之中，而实际上是和大家一样被大大戏弄了一番。粉碎“四人帮”以后，大家都对那一段感到气愤，但我却在气愤之余反躬自责，痛切感到自己对待学术的不严肃、非科学态度，确实应当汲取教训。比如，说儒法斗争是中国社会包括建筑发展的动力，是研究中国建筑的总纲，这个观点是大家都接受，并且加以历史、理论阐述的。先不说“四人帮”提出这个“纲”的政治目的，仅就历史常识来说，谁都应该知道，先秦法家早就随着秦朝的灭亡而消失了，后代并没有再出现过法家，连“后法家”也没有，怎么能得出那个结论呢？倒是儒学顺应时代潮流，深深制约着中华民族的文化传统，也给民族审美心理打上了深深的烙印，给我们民族的艺术创作以深深的影响。这是我自问经过反复思考得出的认识。1985 年 9 月在上海市社会科学院举办的第三次全国美学教师进修班上我讲了这个观点，并且用以说明中国传统建筑的审美功能，得到不少同志的共鸣，就是本书中《中国建筑的审美价值与功能要素》篇的主要内容。

以上的回忆只是想说明一点，我在 20 年前思考的一些问题，现在总算可以大胆地严肃地思考下去，而且有了一些即使是很不成熟的看法，也能够发表出来了。我很珍惜这个时代。我深信关于建筑艺术、建筑美学，特别是中国的民族的建筑审美特征这类理论问题，会逐渐深入展开讨论的。这本小集子，就算是引玉之砖吧。

下面对本书中收入的文章略作说明：

美学是一门既古老又年轻的学科，它出现很早，但直到今天，许多基本概念、定义，甚至美学研究的对象还有争议，更遑论建筑中的美学问题了。还有一个困难，就是作为美学研究对象的各门类艺术，它们的艺术学和美学的界限在哪里，也是不好区分的。建筑无疑是有美学的，同时也有艺术学研究的内容，应当怎样妥善处理两者的关系呢？不能把建筑美学当作一般思辨的，即哲学理论体系中美学的注释，那样会流于抽象，很难深入到建筑自身的审美规律；但也不能就事论事，只看到建筑艺术的特征，那样也抓不住建筑审美的内在核心。我以为建筑美学应当有自己独特的内容，建筑审美有自己独特的规律，沟通思辨的宏观把握与艺术的细致分析，两者的共同渠道就是审美的心理，或审美经验。发掘出一个民族的审美心理要素，正是研究艺术的民族传统和创造民族形式的新艺术的关键。但遗憾的是科学的审美心理学还远远没有形成，目前的研究成果还远远没有达到能够圆满地解释所有艺术现象的水平，因此只好自己探索，“自我作古”了。

这本集子中的前三篇，就是试图从一般的理论角度介绍建筑中的美学问题；其次的三篇则是从理论上探讨民族审美心理的。《民族形式再认识》[1] 被收入了王朝闻同志主编的《中国新文艺大系》的文艺理论三集中，那是从艺术学的角度评价中国建筑的，也可以算作是建筑美学的一个侧面。

其余的七篇都是结合具体对象阐述中国建筑的美学问题。我从中华民族的审美心理分析，中国建筑表现出鲜明的人文主义、理性主义和浪漫主义。人文主义是相对宗教式的痴迷而显示其特征的，主要的代表是宗教建筑，我以《塔的人情味》加以典型说明，日后还可以从寺庙、石窟方面深入阐述。理性主义的一个主要特征是特别重视建筑艺术的社会功能，我以《明堂美学观》原名《明堂形制初探》[2] 来论证这一特征。这篇文章中多了一些考证，似乎与美学无关，但对于明堂形制这个聚讼千载的难题，如果不作比较仔细的耙梳，其审美的理性特征也就失去了依据，只能这样处理了。理性主义还表现在传统的象数观念与建筑的关系上，这在堪舆学上有所反映，在工程法式上也有体现，比如《考工记》，宋《营造法式》，清《工部工程做法则例》和许多地方的工师规矩，就有不少长期积累的以象数为内涵的形式美法则，这都是应当继续深入研究的，好在有关问题在讨论明堂时已经触及，其他则有待日后了。浪漫主义的主要代表是园林，我在《天然图画》中作了比较细致的探讨，证明中国建筑的浪漫主义是有自己独特内涵的。这以后两篇讲承德避暑山庄和

1、2　该二篇文章未收入本版。——作者

外八庙的文章，可以看作是以上三篇即三大主义的补充，因为承德古建筑群是中国传统建筑最成熟，艺术水平最高的组群之一，也是三大主义表现得最典型的作品之一。讲历史文化名城的那一篇，是针对城市艺术的美学内容写的，意在提醒大家，城市艺术决不仅是个构图形式或建筑风格的问题，而是有它们丰富的美学内容。讲近代建筑的那一篇，最不像美学文章，编辑同志曾建议我删去，但我终于还是把它保留下来。这是因为，我以为一切人文科学、社会科学包括建筑美学最终应当服务于社会实践。这几年来，新建筑中“要不要”“能不能”体现民族形式，不但在中国，即使在世界上也成了建筑创作中一个最敏感的问题，很有必要从历史科学方面加以探讨。1985 年 11 月，在日本东京大学生产技术研究所召开的“日本及东亚近代建筑讨论会”，其中心议题之一就是探讨近代东方国家建筑的民族形式。我受邀参加会议，这篇文章就是为该会议撰写的论文。现在看来，尽管理论深度很差，材料收集得也不全面，但基本上讲清了历史脉络，结论也是鲜明的。现在，中国建筑界在“繁荣建筑创作”的总命题下，又一次展开了对民族形式问题的争论，收入这篇文章，也算是“立此存照”，以待日后实践的检验。

1986 年是梁思成先生诞辰八十五周年，谨以这本小册子作为心香一瓣，献给我的恩师。

1986 年 7 月记于北京市文物事业管理局

图书在版编目（CIP）数据

理性与浪漫的交织——中国建筑美学论文集／王世仁著．—北京：中国建筑工业出版社，2014.6

ISBN 978-7-112-16790-6

Ⅰ.①理… Ⅱ.①王… Ⅲ.①建筑美学-中国-文集 Ⅳ.① TU-80

中国版本图书馆 CIP 数据核字（2014）第 088689 号

责任编辑：王莉慧　李　鸽
书籍设计：付金红
责任校对：张　颖　刘梦然

理性与浪漫的交织
——中国建筑美学论文集
王世仁 著

*

中国建筑工业出版社出版、发行（北京西郊百万庄）
各地新华书店、建筑书店经销
北京嘉泰利德公司制版
北京顺诚彩色印刷有限公司

*

开本：787×1092毫米　1/16　印张：20½　字数：378 千字
2015 年 1 月第一版　2015 年 1 月第一次印刷
定价：65.00 元
ISBN 978-7-112-16790-6
(25568)